高等职业技术教育规划教材

JISUANJI YINGYONG JICHU
XIANGMU JIAOCHENG

计算机应用基础

项目教程

主　编　张汉林　闫　军

西南交通大学出版社
·成　都·

内容提要

本书是根据教育部制定的《高职高专教育计算机公共基础课程教学基本要求》及国家信息化计算机教育相关认证规定，结合计算机技术的最新发展和职业院校计算机基础课程改革的最新动向编写而成的。本书采用项目教学模式，以任务驱动引领教学内容，融合了理论与实践知识，突出了操作技能的培养。全书共分为6个项目，每个项目又分解为若干个任务，主要介绍了计算机基础知识、Windows7 操作系统及应用、Word 文字处理与编辑、Excel 电子表格与数据处理、PowerPoint 演示文稿、计算机网络与信息安全。本书针对各个项目配有相应的习题，针对每个任务提供了同步的上机实训题。本书内容丰富全面、操作步骤详细、图文并茂，便于教学和自学。

本书可作为高职高专院校计算机应用基础课程教材，也可作为国家信息化计算机教育认证、全国计算机等级考试及各类计算机应用基础培训教材，还可作为广大企事业单位从业人员的职业教育和在职培训用书。

图书在版编目（CIP）数据

计算机应用基础项目教程 / 张汉林，闫军主编. —成都：西南交通大学出版社，2014.9（2016.9 重印）
高等职业技术教育规划教材
ISBN 978-7-5643-3382-9

Ⅰ.①计… Ⅱ.①张… ②闫… Ⅲ.①电子计算机－高等职业教育－教材 Ⅳ.①TP3

中国版本图书馆 CIP 数据核字（2014）第 202563 号

高等职业技术教育规划教材
计算机应用基础项目教程
主编 张汉林 闫 军
*
责任编辑 陈 斌
特邀编辑 何 桥
封面设计 墨创文化
西南交通大学出版社出版发行
四川省成都市二环路北一段 111 号西南交通大学创新大厦 21 楼
邮政编码: 610031 发行部电话: 028-87600564
http: //www.xnjdcbs.com
四川森林印务有限责任公司印刷
*
成品尺寸: 185 mm × 260 mm 印张: 21.5
字数: 531 千字
2014 年 9 月第 1 版 2016 年 9 月第 4 次印刷
ISBN 978-7-5643-3382-9
定价: 39.80 元

课件咨询电话：028-87600533

前　言

近年来，随着高等教育的不断改革与发展，高等教育的规模也在不断扩大。课程的开发逐步体现出职业能力的培养、教学职场化和教学实践化的特点。当前，计算机的应用已渗透到人类社会的各个领域，运用计算机进行信息处理已成为每位大学生必备的能力；掌握计算机基础知识，是培养学生自主学习和可持续发展能力的基本保障，也是实施素质教育和实现人的全面发展的重要途径。

“计算机应用基础”是非计算机专业高等教育的公共必修课程，是后继课程学习的基础。利用计算机进行信息的提炼获取、分析处理、传递交流和开发应用的能力是高素质人才所必须具备的。本书编写的宗旨是使读者较全面、系统地了解计算机基础知识，具备计算机实际应用能力，并能在各自的专业领域自觉地应用计算机进行学习与研究。本书从现代办公应用中所遇到的实际问题出发，采用“情境引入、项目驱动” 的方式进行编写，体现“基于工作过程”“教、学、做”一体化的教学理念和实践。本书从典型项目入手，将计算机应用基础的知识点恰当地融入到项目的分析和制作过程中。并结合国家信息化计算机教育相关认证及等级考试，将计算机基础知识点总结提炼成多个具体任务，全面介绍了计算机应用的基础知识。在每一个任务之后设置实践技能训练来巩固任务中所涉及的知识点，提高学生解决实际问题的能力。

本书为了解决高校学生计算机应用水平参差不齐的问题，消除初学者对量多面广的书本知识无所适从的心态，大胆采用任务驱动教学法，将基本知识和基本技能融合到实际应用中，着力培养学生的实际操作能力，提高应用技能，知识点集中且突出，实用性强。本书在教学方法、教学内容、教学资源等方面体现出自己的特色。

1. 教学方法

本书精心设计了“情景导入→任务目标→相关知识→任务实施→实训→拓展知识→练习与提高”教学结构，将职业场景引入课堂教学，激发学生的学习兴趣；然后在职场项目的驱动下，实现“做中学、做中教”的教学理念；最后又有针对性地解决常见问题，并通过课后练习全方位帮助学生提升专业技能。

- 情景导入：以主人公“小王”的实习情景模式为例引入本项目教学主题，并贯穿于项目的讲解中，让学生了解相关知识点在实际工作中的应用情况。

- 任务目标：对本项目中的人物提出明确的制作要求，并提供最终效果图。
- 相关知识：帮助学生梳理基本知识和技能，为后面实际操作打下基础。
- 任务实施：通过操作并结合相关基础知识的讲解来完成任务的制作，讲解过程中穿插有"知识提示""多学一招"等小栏目。
- 实训任务：结合任务讲解的内容和实际工作需要给出操作要求，提供操作思路及步骤提示，让学生独立完成，训练学生的动手能力。
- 拓展知识：在完成项目的基本知识点后，再深入介绍一些相关阅读资料及拓展技能训练。
- 练习与提高：结合本项目内容给出难度适中的上机操作题、基础知识的强化练习与巩固练习题，让学生真正强化巩固所学知识与技能。

2. 教学内容

以任务为主线，构建完整的教学设计布局，让学生每完成一个任务的学习，就可以立即应用到实际中，并具备触类旁通地解决以后工作中所遇到的问题的能力。

3. 教学资源

按照操作软件的功能分类，安排了多个任务群，每一个任务群融合了多个知识点。并配套教学实例涉及的素材与效果文件、各项目中实训及习题的操作演示动画、与知识点对应的微课视频。任务结束后，按排实践技能训练，将教师教学与学生上机实训有机结合起来，更加便于教学。

4. 课程学习与计算机技能考证相结合

本书内容全面，紧密联系国家信息化计算机教育相关认证和一级 MS Office 等级考试，并对最基本、最重要的内容进行了新的整合。在实践技能训练中，将各个任务的知识点和等级考试的知识点合二为一，让学生对知识点更明确。本书附录配有具有代表性的练习题、模拟题，有利于读者进行自我测试，加深并巩固所学知识。学生学习完本课程后，可以参加相应的计算机等级考试。

本书由张汉林、闫军担任主编，王启林、王静担任副主编。本书共分 7 个部分，其中，项目一由金钟、孟德编写，项目二、项目三、项目四由张汉林编写，项目五由王启林编写，项目六由张一编写，其中项目一、项目二实训部分由文化、熊磊编写，项目五实训部分由赵天编写，附录部分由董桃利编写。

西南交通大学出版社十分重视本书的出版工作，对本书的编写提出了许多建设性建议，编者在此表示衷心的感谢。由于编写时间仓促，书中难免存在疏漏之处，希望读者多提宝贵意见，以便再版时更正。

最后，我们要对使用本教材进行教学的老师致予衷心的感谢，为了帮助老师更好地完成教学任务，本书免费提供教学电子教案和相关教学素材，该教学资源均可从百度云盘或“课堂派”教学资料下载，提取码通过 E_mail：z_hl1898@126.com获取。

编　者

2016 年 6 月

目　录

项目一 计算机基础知识

工作情景

计算机已经逐步渗透至社会生活的各个领域，并以迅猛的速度进入普通家庭，人们的工作、生活、学习和娱乐都与计算机有关，计算机也已经成为人们日常生活和工作中必不可少的重要工具，掌握计算机的基础知识及基本操作技能逐渐成为当今社会对每个人的要求。

小王被安排在公司办公室工作，今天是他来公司上班的第一天。上班第一件事就是购买一台工作用的计算机，以便处理公司的各种日常往来业务和文档材料。同时，小王为了在业余时间学习、上网查资料、听歌、聊天、看视频等，也计划为自己选购一台计算机。

解决措施

小王需要学习计算机的硬件知识和软件知识，认识计算机硬件的主要部件以及这些部件的功能、性能指标等，了解计算机的软件知识、计算机硬件与软件的关系，进而才能懂得选购计算机，组装、维护和检测计算机。

知识与能力目标

（1）了解计算机的发展史，掌握计算机的特点、分类和应用。

（2）掌握计算机中常用数制转换和信息的编码。

（3）掌握计算机硬件系统和软件系统的组成。

（4）掌握计算机的工作原理，掌握组成微型计算机的主要部件；了解计算机中各主要部件的作用；掌握存储器单位及单位换算。

（5）掌握一种汉字输入法，汉字输入速度达到 25 字/分钟、英文输入速度达到 60 字符/分钟的要求。

1.1 任务：认识计算机

计算机是 20 世纪科学技术最伟大的成就之一，是科学技术和生产高速发展的必然产物，是人类智慧的高度结晶。今天，计算机已渗透到社会的各个领域，它在科学研究、工农业生产、国防建设以及社会其他领域中的应用已成为国家现代化的重要标志；同时，给人类的社会活动带来了日新月异的变化，带领人类步入信息时代。可以说，人类的大部分活动已经离不开计算机，它是现代人必须掌握的一个重要技能。

计算机是一种能够高速计算、具有内部存储能力、由程序控制其操作的电子设备。由于计算机能够模仿人脑的功能，如记忆、分析、判断、推理等，所以人们又形象地把它称为“电脑”。

任务分析

完成此工作任务的步骤：了解计算机的工作原理，计算机的特点、分类和应用，计算机中的数制与编码。

1.1.1 计算机的工作原理和冯·诺依曼体系结构

1. 计算机的工作原理

计算机的基本原理是存储程序和程序控制。预先把指挥计算机如何进行操作的指令序列（称为程序）和原始数据通过输入设备输送到计算机内存储器中。每一条指令中明确规定了计算机从哪个地址取数，进行什么操作，然后送到什么地址等步骤。

计算机在运行时，先从内存中取出第一条指令，通过控制器的译码，按指令的要求，从存储器中取出数据进行指定的运算和逻辑操作等加工，然后再按地址把结果送到内存中去。接下来，再取出第二条指令，在控制器的指挥下完成规定操作。依此进行下去，直至遇到停止指令。

程序与数据一样存储。按程序编排的顺序，一步一步地取出指令，自动地完成指令规定的操作是计算机最基本的工作原理。这一原理最初是由美籍匈牙利数学家冯·诺依曼（John von Neumann）于1945年提出来的，故称为冯·诺依曼原理。到目前为止，尽管计算机发展到了第4代，但其基本工作原理仍然没有改变。

2. 冯·诺依曼体系结构

冯·诺依曼提出“存储程序”的思想，大大提高了计算机的运行速度，奠定了现代计算机的基本结构。冯·诺依曼体系结构如图1.1所示。后人按照这种思想和结构设计的计算机称为冯·诺依曼计算机。“存储程序”思想可以简化概括为三点：

（1）计算机应用包括运算器、控制器、存储器、输入/输出设备。

（2）计算机内部应采用二进制来表示指令和数据。

（3）将编写好的程序和数据送到内存储器，然后计算机自动地逐条取出指令和数据进行分析、处理和执行。

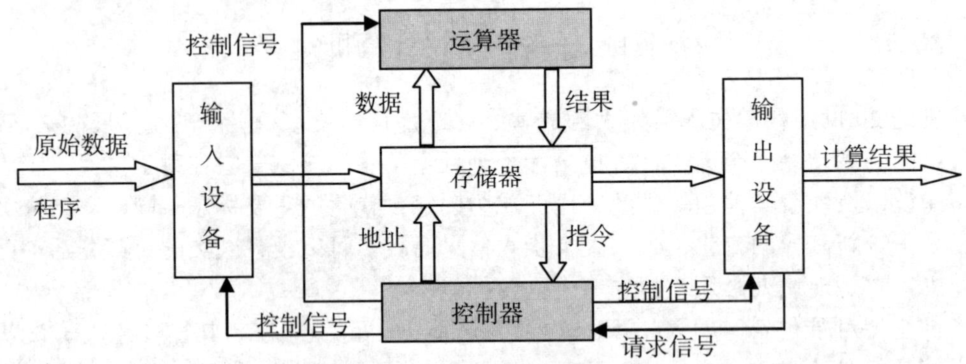

图1.1 冯·诺依曼体系结构图

1.1.2　计算机的特点、分类和应用领域

1. 计算机的特点

计算机主要有以下 5 个方面的特点：

（1）运算速度快。

计算机每秒钟运算次数是衡量计算机性能的重要指标。现已普遍采用计算机执行各种指令的次数，再考虑每一种指令的执行时间，用一定的数学公式求出其平均速度来表示，即 MIPS（每秒执行百万条指令）。现代的计算机运算速度在几十 MIPS 以上，巨型计算机的速度可达到亿 MIPS。过去需要几年甚至几十年才能完成的复杂运算任务，现在只需几天、几小时，甚至更短的时间就可以完成。

（2）计算精度高。

计算机的精度主要表现为数据表示的位数，一般称为字长，字长越长精度越高。一般来说，现在的计算机有几十位有效数字，而且理论上计算机精度不受限制，可以通过技术处理达到更高。

（3）记忆力强。

计算机不仅有计算能力，而且有类似于人脑的记忆能力，可以“记忆”（存储）大量的数据和计算机程序，存储能力惊人。一台大型计算机可以存储和记忆 100 万册以上的图书，如果将这些图书资料放在计算机网络上，则全世界主要图书馆的藏书都可以在网络上查询，实现资源共享。

（4）具有逻辑判断能力。

计算机在程序的执行过程中，会根据上一步的执行结果，运用逻辑判断方法自动决定后续的执行步骤。这使得计算机不仅能解决数值计算问题，而且能解决非数值计算问题，如信息检索、图像识别等。

（5）可靠性高、通用性强。

由于采用了大规模和超大规模集成电路，现在的计算机具有很高的稳定性和可靠性，在计算机常见故障中，硬件故障不超过 1%。现代计算机不仅可以用于数值计算，还可以用于能够数字化的全部领域，具有很强的通用性。

2. 计算机的分类

计算机种类很多，可以从不同的角度对计算机进行分类。

（1）按照计算机原理分类。

① 数字式电子计算机。数字式电子计算机是用不连续的数字量即“0”和“1”来表示信息，其基本运算部件是数字逻辑电路。数字式电子计算机的精度高、存储量大、通用性强，能胜任科学计算、信息处理、实时控制、智能模拟等方面的工作。人们通常所说的计算机就是指数字式电子计算机。

② 模拟式电子计算机。模拟式电子计算机是用连续变化的模拟量即电压来表示信息，其基本运算部件是由运算放大器构成的微分器、积分器、通用函数运算器等运算电路组成。模拟式电子计算机解题速度极快，但精度不高、信息不易存储、通用性差，它一般用于解微分方程或自动控制系统设计中的参数模拟。

③ 混合式电子计算机。数字模拟混合式电子计算机是综合了上述两种计算机的长处而设计出来的。它既能处理数字量，又能处理模拟量。但是，这种计算机结构复杂，设计困难。

（2）按照计算机用途分类。

① 通用计算机。通用计算机是为解决各种问题、具有较强的通用性而设计的。它具有一定的运算速度，有一定的存储容量，带有通用的外部设备，配备各种系统软件、应用软件。一般的数字式电子计算机多属此类。

② 专用计算机。专用计算机是为解决一个或一类特定问题而设计的计算机。它的硬件和软件的配置依据解决特定问题的需要而定，并不求全。专用机功能单一，配有解决特定问题的固定程序，能高速、可靠地解决特定问题。一般在过程控制中使用此类计算机。

（3）按照计算机性能分类。

计算机的性能主要是指其字长、运算速度、存储容量、外部设备配置、软件配置以及价格高低等。1989 年 11 月，美国电气和电子工程师学会（IEEE）根据当时计算机的性能及发展趋势，将计算机分为巨型机、小巨型机、大型机、小型机、个人计算机五大类。现介绍如下：

① 巨型机（Supercomputer）。巨型机又称超级计算机，它是所有计算机类型中价格最贵、功能最强的一类计算机，其浮点运算速度已达每秒万亿次。目前多用在国家高科技领域和国防尖端技术中。美国、日本是生产巨型机的主要国家，俄罗斯及英、法、德次之。我国也进入了生产巨型机的行列。

② 小巨型机（Minisuperscomputer）。小巨型机是 20 世纪 80 年代出现的新机种，因巨型机价格十分昂贵，在力求保持或略微降低巨型机性能的条件下开发出小巨型机，使其价格大幅降低（约为巨型机价格的十分之一）。为此，在技术上采用高性能的微处理器组成并行多处理器系统，使巨型机小型化。

③ 大型机（Mainframe）。国外习惯上将大型机称为主机，它相当于国内常说的大型机和中型机。近年来，大型机采用了多处理、并行处理等技术，其内存一般为 1GB 以上，运行速度可达 300 ~ 750MIPS（每秒执行 3 亿 ~ 7.5 亿条指令）。大型机具有很强的管理和处理数据的能力，一般在大企业、银行、高校和科研院所等单位使用。

④ 小型机（Minicomputer）。小型机结构简单、价格较低，使用和维护方便，备受中小企业欢迎。20 世纪 70 年代出现小型机热，到 20 世纪 80 年代其市场份额已超过了大型机。那时，在我国许多高校、科研院所都配置了 16 位的 PDP-11 及 32 位的 VAX-11 系列。国产的有 DJS-2000 及生产批量较大的太极 2000 等。

⑤ 个人计算机（Personal Computer）。国外简称个人计算机为 PC，国内称其为微型计算机。这是 20 世纪 70 年代出现的新机种，以其设计先进（总是率先采用高性能微处理器）、软件丰富、功能齐全、价格便宜等优势而拥有广大的用户，因而大大推动了计算机的普及应用。现在，除了台式计算机外，还有膝上型、笔记本、掌上型、手表型等。

（4）按工作模式划分。

① 工作站（Workstation）。工作站是一种高档微型机系统。它具有较高的运算速度，具

有大型机或小型机的多任务、多用户能力，且兼有微型机的操作便利和良好的人机界面。其最突出的特点是具有很强的图形交互能力，因此在工程领域特别是计算机辅助设计领域得到迅速应用。典型的产品有美国 Sun 公司的 Sun 系列工作站。

② 服务器（Server）。随着计算机网络的普及和发展，一种可供网络用户共享的高性能计算机应运而生，这就是服务器。服务器一般具有大容量的存储设备和丰富的外部接口，运行网络操作系统，要求较高的运行速度，为此很多服务器都配置了双 CPU。服务器常用于存放各类资源，为网络用户提供丰富的资源共享服务。常见的资源服务器有 DNS（Domain Name System，域名解析）服务器、E-mail（电子邮件）服务器、Web（网页）服务器、BBS（Bulletin Board System，电子公告板）服务器等。

3. 计算机的应用领域

计算机的应用已渗透到人类社会的各个领域，各行各业的专业人员都可以利用计算机来解决各自的问题。归纳起来，计算机的应用主要有以下几方面。

（1）科学计算。

科学计算也叫数值计算，是电子计算机最早的应用领域。从基础学科到尖端科学，从军事技术到工程设计，都需要计算机进行高精度、极复杂的计算。其特点是计算量大，计算方法复杂，而逻辑关系相对简单。目前，在计算机应用中，科学计算在计算机应用中的比例已不足 10%。

（2）数据和信息处理。

数据和信息处理，是指对大量的数据进行加工处理（如分析、合并、分类、统计等），形成有用的信息。其特点是数据量大，但计算相对简单。其中的数据泛指计算机能处理的各种数字、图形、文字、声音、图像等信息。数据和信息处理是目前计算机应用最广泛的方面。

（3）过程控制。

过程控制也称为实时控制，是生产自动化的重要技术内容和手段，是由计算机对所采集到的数据按一定方法计算，然后输出到指定执行机构去控制生产的过程。

（4）辅助系统。

计算机辅助系统是指利用计算机帮助人们完成各种任务，主要包括以下几个方面内容：

① 计算机辅助设计（CAD）：利用计算机来帮助设计人员进行工程或产品设计，以实现最佳设计效果的一种技术。

② 计算机辅助制造（CAM）：利用计算机进行生产设备的管理、控制和操作。

③ 计算机辅助教学（CAI）：利用计算机协助教师进行教学，展示大量图文并茂的教学信息，使教学内容生动、形象，易于理解，如多媒体教学等。

④ 计算机辅助测试（CAT）：利用计算机进行产品等的辅助测试。

（5）人工智能。

人工智能即 AI（Artificial Intelligence），是指用计算机模拟人脑的思维过程，是计算机应用的重要领域，也是计算机应用的前沿科学。

1.1.3 数制、编码以及数据的存储单位

1. 数制的概念

数制指的是表示数的方法和规则。在日常生活中普遍采用十进制表示数，但在计算机内则采用二进制表示数，而这些都是进位记数制。为了明白计算机如何用二进制进行编码和运算，首先要了解进位记数制以及十进制数与二进制数之间的转换规则。此外八进制、十六进制和二进制有密切关系，这里也一并介绍。

数制的表示主要包含三个基本要素：数位、基数和位权。数位是指数码在一个数中所处的位置；基数是指在某种数制中，每个数位上所能使用的数码的个数，例如十进制数中，每个数位上可以使用的数码为 0、1、2、3、…、9 十个数码，即其基数为 10；位权是一个固定值，是指在某种进位计数制中，每个数位上的数码所代表的数值的大小，等于在这个数位上的数码乘上一个固定的数值，这个固定的数值就是这种进位计数制中该数位上的位权。

数码所处的位置不同，代表数的大小也不同。例如在十进位计数制中，小数点左边第一位位权为 10^0，左边第二位位权为 10^1，左边第三位位权为 10^2…；小数点右边第一位位权为 10^{-1}，小数点右边第二位位权为 10^{-2}，以此类推，常用数制的特点如表 1.1 所示。

表 1.1 常用数制的特点

进制数	进位规则	基数	数码	第 n+1 位位权（整数位）	代表符
二进制	逢二进一	2	0，1	2^n	B
八进制	逢八进一	8	0、1、2、3、4、5、6、7	8^n	O/Q
十进制	逢十进一	10	0、1、2、3、4、5、6、7、8、9	10^n	D
十六进制	逢十六进一	16	0、1、2、3、4、5、6、7、8、9、A、B、C、D、E、F	16^n	H

（1）十进制。

十进位计数制简称十进制，有十个不同的数码符号：0、1、2、3、4、5、6、7、8、9。每个数码符号根据在数中所处的位置（数位），按“逢十进一”的原则来决定其实际数值，即各数位的位权是以 10 为底的方幂。例如：

$(215.48)^{10} = 2\times10^2 + 1\times10^1 + 5\times10^0 + 4\times10^{-1} + 8\times10^{-2}$。

（2）二进制。

二进位计数制简称二进制，有两个不同的数码符号：0、1。每个数码符号根据在数中所处的位置（数位），按“逢二进一”的原则来决定其实际数值，即各数位的位权是以 2 为底的方幂。例如：

$(11001.01)^2 = 1\times2^4 + 1\times2^3 + 0\times2^2 + 0\times2^1 + 1\times2^0 + 0\times2^{-1} + 1\times2^{-2}$。

（3）八进制。

八进位计数制简称八进制，有八个不同的数码符号：0、1、2、3、4、5、6、7。每个数码符号根据在数中所处的位置（数位），按“逢八进一”的原则来决定其实际数值，即各数位的位权是以 8 为底的方幂。例如：

$(162.4)^{8}=1\times8^{2}+6\times8^{1}+2\times8^{0}+4\times8^{-1}$。

（4）十六进制。

十六进位计数制简称十六进制，有十六个不同的数码符号：0、1、2、3、4、5、6、7、8、9、A、B、C、D、E、F。每个数码符号根据在数中所处的位置（数位），按“逢十六进一”的原则决定其实际数值，即各数位的位权是以 16 为底的方幂。例如：

$(2BC.48)^{16}=2\times16^{2}+B\times16^{1}+C\times16^{0}+4\times16^{-1}+8\times16^{-2}$。

二进制、八进制、十进制和十六进制之间的对应关系如表 1.2 所示。

表 1.2　二进制、八进制、十进制和十六进制之间的对应关系

二进制	八进制	十进制	十六进制
0000	0	0	0
0001	1	1	1
0010	2	2	2
0011	3	3	3
0100	4	4	4
0101	5	5	5
0110	6	6	6
0111	7	7	7
1000	10	8	8
1001	11	9	9
1010	12	10	A
1011	13	11	B
1100	14	12	C
1101	15	13	D
1110	16	14	E
1111	17	15	F

一般地，一个 r 进制数 $d_n d_{n-1}\cdots d_1 d_0 d_{-1}\cdots d_{-m}$（其中 $m\geqslant0$，$n\geqslant0$，d_i 为 r 进制数的数符）可以写成：$\sum_{i=-m}^{n} d_i r^i$，即 $d_n d_{n-1}\cdots d_1 d_0 d_{-1}\cdots d_{-m}=\sum_{i=-m}^{n} d_i r^i$。

对于某一个数，如果没有约定所使用的数制是多少，从形式上是难以判断它属于何种进制的。因此，有必要同时指明其基数。一般将 r 进制数 $d_n d_{n-1}\cdots d_1 d_0 d_{-1}\cdots d_{-m}$ 记为（$d_n d_{n-1}\cdots d_1 d_0 d_{-1}\cdots d_{-m}$）$r$。

另外，对于十、二、八和十六进制这几种数制还常在数的后面加一个后缀字母的方法来标识该数的进位制。如在十进制数末尾加字母 D，在二进制数末尾加字母 B，在八进制数末尾加字母 O/Q，在十六进制数末尾加字母 H。

2. 不同数制之间的转换

不同进位计数制之间的转换，实质是基数转换。一般转换的原则是：如果两个有理数相等，则两个数的整数部分和小数部分一定分别相等。因此，数制之间进行转换时，通常对整数部分和小数部分分别进行转换。

（1）非十进制数（r 进制数）转换为十进制数。

方法：将 r 进制数按位权展开求和即可，即 $d_n d_{n-1} \cdots d_1 d_0 d_{-1} \cdots d_{-m} = \sum_{i=-m}^{n} d_i r^i$，例如：

$(10110.11)_2 = 1\times2^4 + 0\times2^3 + 1\times2^2 + 1\times2^1 + 0\times2^0 + 1\times2^{-1} + 1\times2^{-2} = (22.75)_{10}$

$(125.24)_8 = 1\times8^2 + 2\times8^1 + 5\times8^0 + 2\times8^{-1} + 4\times8^{-2} = (85.3125)_{10}$

（2）十进制数转换为二进制数。

方法：整数部分采取“除 2 取余法”，小数部分采取“乘 2 取整法”。

【例 1.1】 将十进制数 117.625 转换为二进制数。

① 整数部分转换方法：

除数	被除数/商	余数	位
2	117		
2	58	…… 1	k_0（最低位）
2	29	…… 0	k_1
2	14	…… 1	k_2
2	7	…… 0	k_3
2	3	…… 1	k_4
2	1	…… 1	k_5
	0	…… 1	k_6（最高位）

② 小数部分转换方法：

```
   0.625
×)     2
─────────
   1.250      …… 1   （k1 最高位）
   0.25
×)     2
─────────
   0.50       …… 0   （k2）
   0.5
×)     2
─────────
   1.0        …… 1   （k3 最低位）
```

所以，117.625D=1110101.101B

将十进制转换为其他进制的转换方法跟上述方法类似。

（3）非十进制数之间的相互转换。

① 八进制数与二进制数之间的转换。

由于一位八进制数相当于三位二进制数，因此，将八进制数转换成二进制数时，只需以小数点为界，向左或向右每一位八进制数用相应的三位二进制数取代即可。如果不足三位，可用零补足。反之，二进制数转换成相应的八进制数，只是上述方法的逆过程，即以小数点为界，向左或向右每三位二进制数用相应的一位八进制数取代即可。

【例 1.2】将八进制数（357.162）$_8$转换成二进制数。

3　5　7　.　1　6　2

011　101　111　.　001　110　010

所以，（357.162）$_8$＝（11101111.00111001）$_2$

【例 1.3】将二进制数（101011110.10110001）$_2$转换成八进制数。

101　011　110　.　101　100　010

5　3　6　.　5　4　2

所以，（101011110.10110001）$_2$＝（536.542）$_8$

② 十六进制数与二进制数之间的转换。

由于一位十六进制数相当于四位二进制数，因此，将十六进制数转换成二进制数时，只需以小数点为界，向左或向右每一位十六进制数用相应的四位二进制数取代即可。如果不足四位，用零补足。反之，二进制数转换成相应的十六进制数，只是上述方法的逆过程，即以小数点为界，向左或向右每四位二进制数用相应的一位十六进制数取代即可。

【例 1.4】将（4A2B）$_{16}$转换为二进制数。

4　A　2　B

0100　1010　0010　1011

所以，（4A2B）$_{16}$=（100101000101011）$_2$

【例 1.5】将二进制数（111010110）$_2$转换为十六进制数。

0001　1101　0110

1　D　6

所以，（111010110）$_2$=（1D6）$_{16}$

3. 二进制的算术运算和逻辑运算

（1）二进制的算术运算。

二进制数的算术运算非常简单，它的基本运算是加法。在计算机中，引入补码表示后，加上一些控制逻辑，就可以实现二进制的减法、乘法和除法运算。

① 二进制的加法运算。

二进制数的加法运算法则：0＋0=0，0＋1=1，1＋0=1，1＋1=10（向高位进位）。

两个二进制数相加时，每一位最多有三个数：本位被加数、加数和来自低位的进位数。按照加法运算法则可得到本位加法的和及向高位的进位。

② 二进制的减法运算。

二进制数的减法运算法则：0－0=0，0－1=1（向高位借位），1－0=1，1－1=0。

两个二进制数相减时，每一位最多有三个数：本位被减数、减数和向高位的借位数。按照减法运算法则可得到本位相减的差数和向高位的借位。

③ 二进制的乘法运算。

二进制数的乘法运算法则：0×0＝0，0×1＝0，1×0＝0，1×1＝1。

两个二进制数相乘，若相应位乘数为1，则部分积就是被乘数；若相应位乘数为0，则部分积就是全为0。部分积的个数等于乘数的位数。

④ 二进制的除法运算。

二进制数的除法运算法则：0÷0＝0，0÷1＝0，1÷0＝0（无意义），1÷1＝1。

（2）二进制的逻辑运算。

计算机所以具有很强的数据处理能力，是由于在计算机里装满了处理数据所用的电路。这些电路都是以各种各样的逻辑运算为基础而构成的。

逻辑变量之间的运算称为逻辑运算，它是逻辑代数的研究内容。在逻辑代数里，表示“真”与“假”、“是”与“否”、“有”与“无”这种具有逻辑属性的变量称为逻辑变量。像普通代数一样，逻辑变量可以用A，B，C…或X，Y，Z…来表示。对二进制数的1和0赋以逻辑含义，例如用1表示真，用0表示假，这样将二进制数与逻辑取值对应起来。由此可见，逻辑运算是以二进制数为基础的。值得指出的是，普通代数的变量可以有各种各样的取值，而逻辑变量的取值只有两种：真和假，也就是1和0。

逻辑运算包括三种基本运算：逻辑加法（又称“或”运算）、逻辑乘法（又称“与”运算）和逻辑非（又称“非”运算）。此外，还有“异或”运算等。计算机的逻辑运算是按位进行的，不像算术运算那样有进位或借位的联系。

①“或”运算。

“或”运算通常用符号“+”或“∨”来表示。对于逻辑变量A、B和C，它们的逻辑“或”运算关系为：A+B=C或A∨B=C，读作“A或B等于C”。若逻辑变量取不同的值，则“或”运算规则如下：

$$0+0=0 \quad 0+1=1 \quad 1+0=1 \quad 1+1=1 \text{ 或}$$

$$0\vee 0=0 \quad 0\vee 1=1 \quad 1\vee 0=1 \quad 1\vee 1=1$$

由上面式子可见，只要逻辑变量A或B中有一个为1，或两个都为1，则逻辑或的结果就为1；只有A和B同时为0时，C才等于0。

②“与”运算。

“与”运算通常用符号“×”、“∧”或“·”来表示。对于逻辑变量A、B和C，它们的逻辑“与”运算关系为：A×B=C、A∧B=C或A·B=C，读作“A与B等于C”。若逻辑变量取不同的值，则“与”运算规则如下：

$$0\times 0=0 \quad 0\times 1=0 \quad 1\times 0=0 \quad 1\times 1=1 \text{ 或}$$

$$0\wedge 0=0 \quad 0\wedge 1=0 \quad 1\wedge 0=0 \quad 1\wedge 1=1 \text{ 或}$$

$$0\cdot 0=0 \quad 0\cdot 1=0 \quad 1\cdot 0=0 \quad 1\cdot 1=1$$

不难看出，仅当A和B同时为1时，其逻辑乘积C才等于1，其他情况C都等于0。

③“非”运算。

逻辑非通常用在逻辑变量上方加一横线来表示，对于逻辑变量A和C，其逻辑“非”运算表示为：$\bar{A}=C$。逻辑变量A取值0时，其否定C等于1；反之，A取值1时，其否定C等于0。

逻辑非的运算规则为：$\bar{0}=1$，读作非0等于1；$\bar{1}=0$，读作非1等于0。

4. 编　码

在计算机中，所有的信息都是用特定的二进制代码进行编码表示的。下面介绍数值数据、字符的编码。

（1）数值数据的编码。

一个数在计算机内被表示的二进制形式称为机器数，该数称为这个机器数的真值。机器数有固定的位数，具体是多少位受到所用计算机的限制。机器数把其真值的符号数字化，符号位一般是最高位，用0表示正，用1表示负。例如，假设机器数为8位，其最高位是符号位，那么在整数的表示情况下，对于00101110和10010011，其真值分别为十进制数+46和-19。

机器数常采用原码、反码和补码的表示方法。

① 原码。整数X的原码，是指其符号位的0或1表示X的正或负，其数值部分就是X的绝对值的二进制表示。通常用$[X]_{原}$表示X的原码。

【例1.6】假设机器数的位数是8，则：

$[+36]_{原}=00100100$

$[-36]_{原}=10100100$

注意：由于$[+0]_{原}=00000000$，$[-0]_{原}=10000000$，所以数0的原码不唯一，有“正零”和“负零”之分。

② 反码。在反码的表示中，正数的表示方法与原码相同；负数的反码是把其原码除符号位以外的各位取反（即0变1，1变0）。通常用$[X]_{反}$表示X的反码。例如：

$[+36]_{反}=[+36]_{原}=00100100$

$[-36]_{反}=11011011$

③ 补码。在补码的表示中，正数的表示方法与原码相同；负数的补码在其反码的最低有效位上加1。通常用$[X]_{补}$表示X的补码。例如：

$[+36]_{反}=[+36]_{原}=[+36]_{补}=00100100$

$[-36]_{原}=10100100$

$[-36]_{反}=11011011$

$[-36]_{补}=11011100$

注意：数0的补码是唯一的，即$[0]_{补}=[+0]_{补}=[-0]_{补}=00000000$。

（2）字符的编码。

计算机所处理的字符可以分为两类：一类是实义字符，如英文字母、数字、标点符号等；另一类是控制字符，供计算机与外部设备之间的通信使用，如换行、退格等。所有这些字符都必须用二进制进行编码。在微型计算机中，字符的常用编码是ASCII（American Standard Code for Information Interchange）码，即美国标准信息交换码。标准的ASCII码占一个字节，最高位是 0，用 7 位二进制编码，总共可表示 128 个字符。

5. 数据的存储单位

计算机中表示数据的常用单位有：位、字节和字。

（1）位（bit）。

位是指一位二进制数，英文名称是 bit。位是计算机中最小的数据单位。一位二进制数只能表示两种状态，即“0”和“1”中的一种。

（2）字节（Byte）。

字节来自英文 Byte，简记为 B。在计算机中规定一个字节等于 8 位二进制数，即：1 B=8 bit。

字节是数据处理的基本单位，即以字节为单位解释信息。通常 1 个字节可存放一个 ASCII 码；2 个字节可存放一个汉字国标码。

字节是计算机中用来表示存储空间大小的最基本的容量单位，此外还可以用千字节（KB）、兆字节（MB）、吉字节（GB）及太字节（TB）等表示存储空间的容量。如计算机的内存容量和磁盘容量都以字节作为单位。它们之间的换算关系如下：

1 KB=1 024 B　　或　　1 KB=2^{10} B

1 MB=1 024 KB　　或　　1 MB=2^{10} KB=2^{20} B

1 GB=1 024 MB　　或　　1 GB=2^{10} MB=2^{20} KB=2^{30} B

1 TB=1 024 GB　　或　　1 TB=2^{10} GB=2^{20} MB=2^{30} KB=2^{40} B

（3）字（Word）。

字是计算机进行数据处理和运算的单位，由若干字节构成（一般为字节的整数倍）。字长是字的长度，它是计算机性能的重要指标。

字长越长，在相同时间内传送的信息越多，使计算机运算的速度越快；字长越长，计算机可寻址的空间越大，从而使内存的容量也越大；字长越长，系统支持的指令越多，功能也越强。

知识拓展

1. 第一台电子计算机的诞生

图 1.2　世界上第一台电子计算机 ENIAC

世界上第一台数字式电子计算机ENIAC（Electronic Numerical Integrator And Calculator，电子数值积分计算机）于1946年2月15日在美国宾夕法尼亚大学研制成功，如图1.2所示，其中约翰·莫克利教授和他的学生普雷斯伯·埃克特是主要研制者。这台电子计算机共用了18 800多只电子管，1 500多只继电器，7 000多只电阻，耗电150 kW/h，占地170 m^2；但它的运算速度仅为每秒5 000次加法运算，且存储容量很小，只能存放20个字长为10位的十进制数，其功能还比不上如今一台放在掌上的计算器。另外，它采用线路连接的方法来编排程序，因此每次解题都要靠人工改接连线，准备时间大大超过了实际计算时间。

尽管如此，ENIAC的研制成功具有划时代的意义。它的每一次改进，都给计算机的发展带来很大的影响，其中影响最大的就是“程序存储”方式的采用。它是由美籍匈牙利数学家冯·诺依曼提出来的，其主要思想是：在计算机中设置存储器，将符号化的计算步骤存放在计算机中，然后依次取出存储的内容进行译码，并按照译码的结果进行计算，从而实现计算机工作的自动化。

2. 计算机发展的几个阶段

随着电子制造技术的飞跃发展，ENIAC诞生后的几十年间，构成电子计算机的主要物理元件从真空电子管、晶体管、小规模集成电路发展到今日的超大规模集成电路，从而引起计算机的几次更新换代。每一次更新换代都使计算机的硬件构成大为缩小，但存储容量迅速增大，自动化程度越来越高，功能越来越强，应用领域越来越宽。特别是20世纪70年代微型计算机的出现，使得计算机迅速进入了办公室和家庭，将人类从繁重的脑力劳动和日常事务中解脱出来。归纳一下，计算机的发展过程大致可以分成4个阶段，如表1.3所示。

表1.3　计算机发展情况表

计算机发展阶段	使用时间	主要电器元件
第一代计算机	1946—1957年	电子管
第二代计算机	1958—1964年	晶体管
第三代计算机	1965—1970年	中、小规模集成电路
第四代计算机	1971年至今	大规模、超大规模集成电路

第1代：电子管计算机（1946—1957年）

这一代计算机采用的是真空电子管作基本元件。计算机体积庞大，功耗惊人，价格昂贵，可靠性差，起初只能使用机器语言，20世纪50年代中期以后才出现汇编语言。管理和维护工作繁重。这一代计算机主要用于科学计算和军事方面，但它所采用的基本技术——二进制和程序存储方法为现代计算机的发展奠定了基础。

第2代：晶体管计算机（1958—1964年）

这一代计算机的主要逻辑元件使用了半导体晶体管，主存储器由磁芯组成，这使得计算机速度提高，体积减小，功耗降低，可靠性增强，提高了性能价格比。这一阶段，创立了不少高级程序设计语言，推动了计算机的应用。

第 3 代：集成电路计算机（1965—1970 年）

计算机的主要逻辑元件采用集成电路。集成电路是通过半导体集成技术将许多逻辑电路制作在几个平方毫米的小块上。这样使计算机体积减小许多，可靠性大大提高，速度、精度和容量等主要技术指标也大为改善。

这一阶段，在发展大型机的同时，小型机和超小型机也蓬勃发展起来，性能价格比迅速提高，在计算机语言方面出现了标准化和结构化程序设计，计算机应用开始向社会发展，应用领域和普及程度迅速扩大。

第 4 代：大规模超大规模集成电路计算机（自 1971 年起至今）

计算机的逻辑元件由大规模集成电路组成，主存储器已由磁芯过渡到半导体，这一代的重要成就主要表现在微处理器技术上。由于大规模和超大规模集成电路的普遍应用，计算机在存储容量、运算速度、可靠性及性能价格比等方面都比上一代有较大的突破。现在，计算机系统正朝着超级微机、计算机网络、巨型机和智能机等方向更加深入地发展。

归纳小结

本节主要介绍了计算机的工作原理、体系结构，计算机的特点、分类和应用，计算机中的数制与编码，计算机的发展历史。

强化练习

单项选择题

1. 计算机辅助设计的英文缩写是（　　）。

A. CAD　　B. CAM　　C. CAE　　D. CAT

2. 世界上公认的第一台电子计算机诞生在（　　）。

A. 1945 年　　B. 1946 年　　C. 1948 年　　D. 1952 年

3. 个人计算机属于（　　）。

A. 小巨型机　　B. 中型机　　C. 小型机　　D. 微机

4. 一个字节的二进制位数是（　　）。

A. 2　　B. 4　　C. 8　　D. 16

5. 在计算机中，bit 的中文含义是（　　）。

A. 二进制位　　B. 字节　　C. 字　　D. 双字

6. 计算机内部使用的数是（　　）。

A. 二进制数　　B. 八进制数　　C. 十进制数　　D. 十六进制数

7. 在计算机中，存储容量为 512MB，指的是（　　）。

A. 512×1 000×1 000 个字节

B. 512×1 000×1 024 个字节

C. 512×1 024×1 000 个字节

D. 512×1 024×1 024 个字节

8. 十进制数 14 对应的二进制数是（ ）。

A. 1111 B. 1110 C. 1100 D. 1010

9. 二进制数 1011 + 1001 = （ ）。

A. 10100 B. 10101 C. 11010 D. 10010

10. 十六进制数（AB）$_{16}$变换为等值的十进制数是（ ）。

A. 17 B. 161 C. 21 D. 171

11. 冯·诺依曼为现代计算机的结构奠定了基础，他的主要设计思想是（ ）。

A. 采用电子元件 B. 数据存储

C. 虚拟存储 D. 程序存储

12. 下列各种进制的数中，最小的数是（ ）。

A. 001011B B. 52Q C. 2BH D. 44D

13. 第四代计算机是由（ ）构成。

A. 大规模和超大规模集成电路

B. 中、小规模集成电路

C. 晶体管

D. 电子管

14. 在计算机运行时，把程序和数据一样存放在内存中，这是 1946 年由（ ）所领导的研究小组正式提出并论证的。

A. 图灵 B. 布尔 C. 冯·诺依曼 D. 爱因斯坦

15.将二进制数 101101101 转换成十六进制数是（ ）。

A. 16A B. 16D C. 16E D. 16B

16. 将八进制 154 转换成二进制数是（ ）。

A. 1101100 B. 111011 C. 1110100 D. 111101

1.2 任务：购买计算机

组成计算机的主要部件有 CPU、主板、内存、硬盘、显卡、光驱、键盘、鼠标、显示器、音箱、机箱、电源等。每个部件有不同的品牌、不同的价格、不同的性能，如何选购一台计算机呢？在购买计算机前，一定要明确究竟让计算机做什么工作、具备什么样的功能。明确了这一点，才能有针对性地选择不同档次的计算机。购买计算机只要能满足自己的需求就可以了，不必花大价钱去选购那些配置高档、功能强大的机型。那些机型的一些功能也许对用户来说根本没用，买了可能导致浪费。

任务分析

完成此工作任务的步骤是：了解计算机硬件系统的组成和各硬件的作用、性能指标，了解计算机软件系统的组成、分类和作用。

1.2.1 计算机硬件基本知识

1. 计算机的硬件系统及计算机硬件介绍

计算机硬件（Hardware）是指计算机的各种看得见、摸得着的物质实体，是计算机系统的物质基础。硬件是软件建立和依托的基础，没有硬件对软件的物质支持，软件的功能就无从谈起。

计算机的硬件系统如图 1.3 所示，由五大基本部件组合而成。

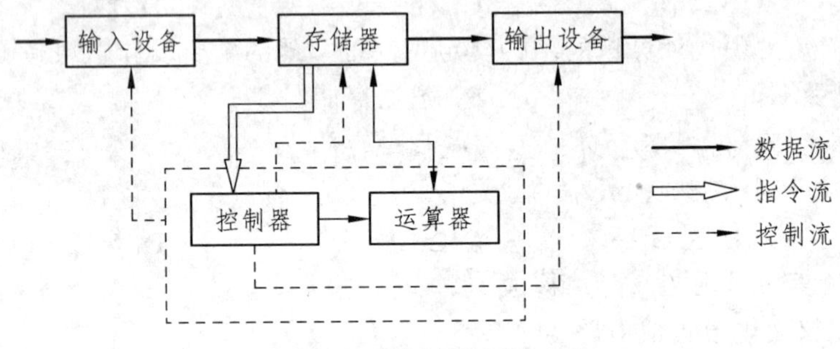

图 1.3 计算机的硬件系统

（1）中央处理器。

中央处理器，简称 CPU（Central Processing Unit）。CPU 由控制器、运算器组成，通常集成在一块芯片上，如图 1.4 所示，CPU 是计算机系统的核心设备。计算机以 CPU 为中心，输入和输出设备与存储器之间的数据传输和处理都通过 CPU 来控制执行。微型计算机的中央处理器又称为微处理器。

图 1.4 CPU

中央处理器的字长与主频是计算机最主要的性能指标（决定计算机的基本性能），主频越高，则计算机的运行速度越高。当然，它只是计算机系统的重要组成部分（核心），但本身不构成独立的工作系统，因而也不能独立地执行程序。

① 控制器。

控制器是对输入的指令进行分析，并统一控制计算机的各个部件完成一定任务的部件。它一般由指令寄存器、状态寄存器、指令译码器、时序电路和控制电路组成。计算机的工作方式是执行程序，当计算机执行程序时，控制器首先从指令寄存器中取得指令的地址，并将下一条指令的地址存入指令寄存器中，然后从存储器中取出指令，由指令译码器对指令进行译码后产生控制信号，用以驱动相应的硬件完成指令操作。

② 运算器。

运算器的主要任务是执行各种算术运算和逻辑运算。算术运算是指各种数值运算，如加、减、乘、除等。逻辑运算是进行逻辑判断的非数值运算，如与、或、非、比较、移位等。计算机所完成的全部运算都是在运算器中进行的，根据指令规定的寻址方式，运算器从存储或寄存器中取得操作数，进行计算后，送回到指令所指定的寄存器中。运算器的核心部件是加法器和若干个寄存器：加法器用于运算；寄存器用于存储参加运算的各种数据及运算后的结果。

（2）主存储器。

计算机的存储器分为内存和外存两种，其中内存又分主存和高速缓存，以字节为单位。在计算机中内存相当于人的大脑，外存相当于人用的记事本。

计算机的内存是记忆或用来存放处理程序、待处理数据及运算结果的部件。内存根据基本功能分为只读存储器 ROM（Read Only Memory）和随机存储器 RAM（Random Access Memory）两种。对于 386 以上的 PC 机，还有高速缓冲存储器，简称“高速缓存”（Cache）。

① 只读存储器（ROM）。

ROM 是一种只能读出不能写入的存储器，其信息通常是厂家制造时在脱机情况或者非正常情况下写入的。ROM 的最大特点是在断电后信息也不会消失，因此常用 ROM 来存放至关重要的、经常要用到的程序和数据，如监控程序等。只要一接通电源，需要时就可调入 ROM，即使电源中断，也不会破坏存储的程序。

② 随机存储器（RAM）。

RAM 如图 1.5 所示，它用于存放计算机中正在运行的程序和处理的数据及其结果。只要打开电源、启动计算机，程序和数据就会首先从外存储设备读入内存中，然后在内存中开始执行，并且将处理的结果也保存在内存中。也就是说，当运行计算机程序时，内存会和 CPU 之间频繁地交换数据，没有内存，CPU 的工作将难以开展。由于 RAM 中的内容具有易失性，关机后 RAM 中的数据随即消失。

图 1.5　内存条

RAM 空间越大，计算机所能执行的任务越复杂，相应地计算机的功能越强。RAM 在工作时用来存放用户的程序和数据，也可以存放临时调用的系统程序；在关机后，RAM 中的内容自动消失，且不可恢复。如需要保存信息，则必须在关机前把信息先存储在磁盘或其他外存储介质上。

③ 高速缓存（Cache）。

Cache 在逻辑上位于 CPU 和内存之间，其运算速度高于内存而低于 CPU。Cache 的内容是 RAM 中的部分内容的副本。CPU 读写程序和数据时先访问 Cache，若 Cache 中没有时再访问 RAM。Cache 分内部、外部两种：内部 Cache 集成到 CPU 芯片内部，称为一级 Cache，容量较小；外部 Cache 在系统板上，称为二级 Cache，其容量比内部 Cache 大一个数量级以上，价格也较前者便宜。

（3）辅存储器。

外存储器是外设的一部分，用于存放当前不需要立即使用的信息。它既是输入设备，也是输出设备，是内存的后备和补充。它只能与内存交换信息，而不能被计算机系统中的其他部件直接访问。计算机中常见的外存储器一般是指软盘、U 盘、硬盘、光盘等。

① 软盘存储器。

软盘存储器由软盘、软盘驱动器和软盘控制适配器（或软盘驱动卡）三部分组成，只有软盘插入软盘驱动器中才能工作。软盘（Floppy Disk）是存储介质，软盘驱动器简称软驱，是计算机存取软盘上的数据必需的设备。由于普通软盘的容量小，单位容量成本高，容易出错，可靠性差，读写速度慢，目前已经被淘汰了。

② U 盘。

U 盘是采用 Flash Memory（也称闪存）存储技术的 USB 设备，如图 1.6 所示。

USB 是英文 Universal Serial Bus 的缩写，中文含义是“通用串行总线”。它是一种应用在计算领域的新型接口技术。目前，USB 已经成为计算机的标准接口。与软盘相比，U 盘具有容量大、读写速度快、使用寿命长、体积小的优点。

图 1.6 U 盘

③ 硬盘存储器。

硬盘存储器简称硬盘（Hard Disk），如图 1.7 所示，是计算机的主要外部存储设备，是内存的主要后备存储器。硬盘存储器系统通常由硬盘机（HDD，又称硬驱）、硬盘控制适配器及连接电缆组成。硬盘从结构上分固定式与可换式两种。目前，使用固定式的较多。固定式硬盘又称为温式（温切斯特 Winchster）硬盘，俗称温盘。以一个或多个不可更换的硬磁盘作为存储介质，故又称为固定盘（Fixed Disk）。还有一种是可更换盘片的硬盘，称为可换式硬盘。硬盘机大部分组件都密封在一个金属体内，这些组件制造时都做过精确的调整，用户无需也不应再作任何调整。硬盘在使用中应避免震动，避免频繁开关机器。

图 1.7 硬盘

目前，一般硬盘的容量为 500G ~ 2TB，转速为 5 400 ~ 7 200 转/分。硬盘容量和硬驱的速度是衡量计算机性能技术的指标之一。

④ 光盘存储器。

光盘存储器是 20 世纪 70 年代的重大科技发明，是信息存储技术的重大突破，如图 1.8 所示。它具有以下特点：① 存储容量大，一张普通 CD-ROM 盘片容量达 650MB，一张 DVD

ROM 的单面单层盘片容量达 4.7GB，双面或双层的 DVD ROM 盘片容量达 9.4GB；② 可靠性高，信息保留寿命长；③ 价格低，携带方便。

图 1.8　光盘驱动器和光盘

目前用于计算机系统的光盘按性能可分为只读型光盘 CD-ROM、一次写入型光盘 WORM 和可擦写光盘 CR-RW 三种类型。

注意：光驱的读取速度以 150 KB/s 数据传输率的单倍速为基准，如 50 速光驱其数据传输率即为 150×50=7 500KB/s。但是，由于数据读取方式的限制，高倍速光驱并不能总是运行在其标称的速度下，只是在读取某一位置时达到最大的数据传输率。

（4）输入/输出设备。

输入设备是用来接受用户输入的原始数据和程序，并将它们变为计算机能识别的二进制存入到内存中。常用的输入设备有键盘、鼠标、扫描仪、光笔等。

输出设备用于将存入在内存中的由计算机处理的结果转变为人们能接受的形式输出。常用的输出设备有显示器、打印机、绘图仪等。

① 键盘。

计算机传统键盘是 101 / 102 键。为了适应网络与其他计算机连接的需要，现在有的键盘已增加到 104 /105 键，如图 1.9 所示。键盘是通过键盘连线插入主板上的键盘接口与主机相连接的。

键盘按键大体分为机械式按键与电子式按键两类，电子式按键又分为电容式和霍尔效应式两种。机械式键盘的优点是信号稳定，不受干扰；其缺点是触点容易磨损，击键后弹簧会产生颤动。电容式键盘的触感好，使用灵活，操作省力。

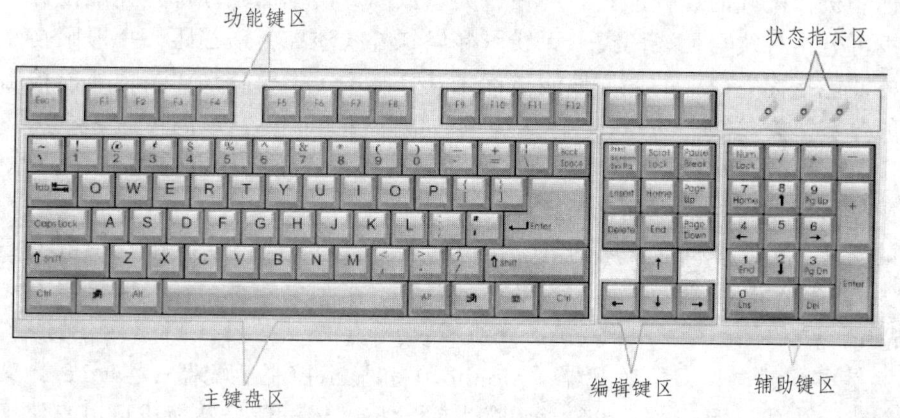

图 1.9　键盘

键盘盘面可分为 4 个区：

A. 功能键区（Function Keys）：功能键区包括 F1 ~ F12 共 12 个键，在不同的软件系统环境下定义功能键的作用也不同。用户可根据软件的需要自己加以定义。

B. 打字键区（又称英文主键盘区、字符键区、Typewriter）：打字键区包括英文打字机键盘的格式，还有一些特殊的符号键，包括：字母键、数字键、运算符号键、特殊符号键（!@# $%^&_ 〔 〕| ， .;:“ &# 等）、特定功能符号键以及管道符“|”。

注意： Ctrl、Alt 和 Shift 三个键不能单独使用，需与其他一些键配合使用（尤其以 Ctrl 键用得最多），完成一些特殊的功能，称为组合键。当 Ctrl 键与别的字母键组合时，一般简记为^。如：Ctrl+P 可以简记为^P。

C. 数字键区（Numeric Keys，又称副键盘区）：数字键区在键盘右边，其中 NumLock 键为数字锁定键，用于切换方向键与数字键。

D. 编辑键区：包括 Insert、Delete、Home、End、PageUp、PageDown 和←、→、↑和↓等键，在使用计算机的编辑软件时，利用这些键实现光标的移动。

以上所讲的是 IBM PC 机的键盘在 Windows 操作系统环境下所显示的功能。其他类型的键盘，在布局上可能略有不同，使用键盘前应注意各键的作用。

② 鼠标。

鼠标（Mouse），因其外观像一只拖着长尾巴的老鼠而得名，如图 1.10 所示，开始出现于 1963 年。利用它可方便地指定光标在显示器屏幕上的位置，对屏幕上较远距离光标的移动，比用键盘上光标移动键移动光标方便得多。鼠标的出现使人们对计算机的某些操作变得更容易、更有效、更有趣味。鼠标与键盘的功能各有长短，宜混合使用。

图 1.10 鼠标

鼠标的分类：鼠标可分为机械鼠标、光学鼠标和光学机械鼠标三大类。

A. 光学鼠标（Optical Mouse）：光学鼠标维护方便，可靠性、精度性都较高，缺点是限制分辨率的提高。

B. 机械鼠标（Mechanical Mouse）：又称机电式鼠标，分辨率高，但编码器会受磨损。

C. 光学机械鼠标（Optical Mechanical Mouse）：又称光电机械式鼠标（简称光机鼠标），是光学鼠标、机械鼠标的混合形式。现在，大多数高分辨率的鼠标都是光电鼠标。

鼠标也可分为有线与无线两类。无线鼠标以红外线遥控，遥控距离一般限在 2 米以内。

鼠标的性能指标：鼠标的主要性能指标是其分辨率（指每移动 1 英寸所能检出的点数），目前鼠标的分辨率为 200 ~ 400 d/i，传送速率一般为 1 200 b/s，最高可达 9 600 b/s。鼠标的按钮数为 1 ~ 3 个。选择时除了考虑分辨率和传送速率外，还应从它的大小、外形、颜色、按钮数目、操作手感及价格等方面来考虑。

鼠标的安装：在计算机上常用的鼠标接口有总线接口、串行接口和 USB 接口三种，现在多数鼠标为 USB 接口。

③ 显示器。

显示器是电脑的窗口，由监视器（Monitor）和显示控制适配器（Adapter，又称显示卡或显卡）两部分组成，用于显示电脑输出的各种数据，将电信号转换成可以直接观察到的字符、图形或图像。常说的显示器是指监视器，按颜色分为单色显示器（又称单显）和彩色显示器（又称彩显）两种。

图 1.11　液晶显示器

单色显示器一般使用黑白两色，分辨率比普通的电视机高得多。彩色显示器既可以显示字符，又可以显示图形，五彩缤纷、赏心悦目，但显示精度却不如单色显示器。目前，19 英寸彩显是显示器中的主流。显示器件按原理大体分两大类：计算机原来多使用以阴极射线管（Cathode Ray Tube，CRT）为核心的显示器，目前计算机逐步采用液晶（LCD）显示器，如图 1.11 所示。LCD 显示器具有体积小、重量轻、省电、辐射低、易于携带等优点，CRT 显示器已逐步遭到淘汰。

④ 打印机。

打印机是计算机最常用的输出设备，也是各种智能化仪器的主要输出设备之一，如图 1.12 所示。打印机的种类和型号很多，一般按成字的方式可分为击打式（Impact Printer）和非击打式（Nonimpact Printer）两种。也可按印字传输方式分为串行式、行式和页式三种。

在击打式中，按字符的形成、构成字符的方式来分，有全字符式（字模式）和点阵式两种。

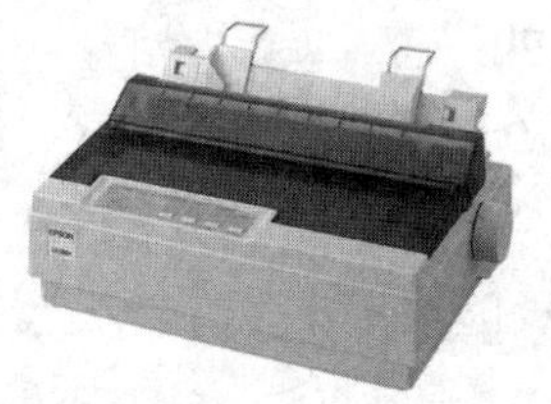  

图 1.12　针式打印机、激光打印机、喷墨打印机

非击打式打印机是靠电磁作用实现打印的，它没有机械动作，分辨率高，打印速度快，有喷墨、激光、光纤、热敏、静电及发光二极管等方式的打印机。

下面介绍三种最具代表性的打印机：

A. 点阵打印机（Dot Matrix Printer）：也就是常见的击打式针式打印机，打印速度慢（大约每秒能输出 80 个字符），噪声大，但其性能、价格比最高，所以在我国相当普及。目前虽然已有被激光打印机和喷墨打印机所取代的趋势，但因其功能较多、价格低廉、使用简单、维修方便等特点，还有一定的生存空间。

注意：点阵打印机的字符是以点阵的形式构成的。字符是由数根钢针打印出来的。钢针越细，点阵越大，点数越多，像素越多，分辨率越高，打印字符就越清晰、越美观。打印英文、数字用 7～9 针即可，打印汉字通常需用 16～24 针。最小点阵为 5×7，最大点阵为 96×96，后者打印结果相当精美，可用于汉字排版系统。

B. 激光印字机（Laser Printer）：俗称“激光打印机”，这是一种高速度、高精度、低噪声的非击打式打印机。它是激光扫描技术与电子照相技术相结合的产物，由激光扫描系统、电子照相系统和控制系统三大部分组成。其分辨率已达 600 dpi 以上，打印效果清晰、美观，速度一般为 4～10 ppm（每分钟 4～10 页），有的每分钟 30～60 页，最快的则在 120 ppm 以上。其价格比点阵打印机要稍贵些，但以其良好的性能而受到用户的欢迎，其发展前景最为看好。

C. 喷墨印字机：俗称“喷墨打印机”，按喷墨形式可分为液态喷墨和固态喷墨两种。其工作原理是靠墨水通过精细的喷头喷到纸面而产生图像，它也是一种非击打式打印机。它的体积小、重量轻、操作简单、噪声小，其性能与价格都介于一般激光打印机与点阵打印机之间。

⑤ 扫描仪。

扫描仪（Scanner）是图形、图像、文本的专用输入设备，如图 1.13 所示。利用它可以快速地将图形、图像、照片、文本从外部环境输入到 PC 机中。

目前使用最普遍的是由 CCD（Charge-Coupled Device，电荷耦合器件）阵列组成的电子扫描仪。这种扫描仪可分为平板式扫描仪和手持式扫描仪两类。若按灰度和彩色来分，有二值化扫描仪、灰度扫描仪和彩色扫描仪三种。

图 1.13 扫描仪

CCD 扫描仪的主要性能指标有：

扫描幅面：即对原稿尺寸的要求，台式扫描幅面一般可达 8.5 英寸×14 英寸（A4）。

分辨率：即每英寸扫描的点数（dpi）为 600 ~ 2 000dpi。

灰度层次：即灰度扫描仪可达灰度级别，目前有 16、64 及 256 层（位数分别为 4bit、6bit 和 8bit）。

扫描速度：依赖于每行感光的时间，一般在 3 ~ 30 ms 的范围。

（5）数码相机。

数码相机（Digital Camera，DC），又叫数字式相机，如图 1.14 所示，它是一种利用电子传感器把光学影像转换成电子数据的照相机，通过内部处理把拍摄到的景物转换成以数字格式存放的图像的特殊照相机。与普通相机不同，数码相机并不使用胶片，而是使用固定的或者是可拆卸的半导体存储器来保存获取的图像，并且可以随时查看所拍摄过的图像。在图像传输到计算机以前，通常会先储存在数码存储设备中。

数码相机的构成器件有：镜头、光电转换器件（COMS/CCD）、模/数转换器（A/D）、微处理器（MPU）、内置储存器、液晶屏幕（LCD）、可移动储存器、接口（计算机/电视机接口）、锂电池等。

图 1.14 数码相机

2. 微型计算机硬件系统的构成和基本配置

常用的 PC 机硬件系统外观，如图 1.15 所示。PC 机中基本的配置是：主机箱、显示器、键盘、鼠标、音箱等。

主机箱有卧式和立式两种，目前立式的主机箱更为流行，具有更多的优势。机箱内带有电源部件。卧式机箱的主机板是水平安装在主机箱的底部，而立式机箱的主机板是垂直安装在主机箱的右侧。

主机板是一块多层印制信号电路，外表两层印制信号电路，内层印制电源和地线。来自电源部件的直流（DC）电压和一个电源正常信号一般通过两个 6 线插头送入主机板，如图 1.16 所示。

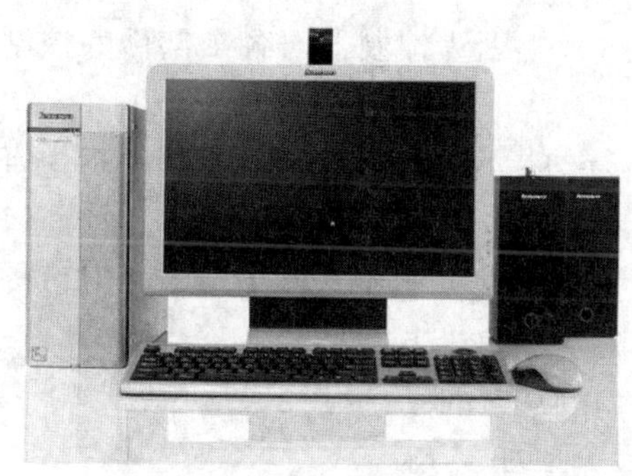

图 1.15 PC 机硬件系统

图 1.16 主板

主机板上有几个条形插槽，用于显示卡、声卡、网卡等卡板的安装。

主机板上还有内存条插槽，用于安装扩充的内存条。主机箱内还有光驱和硬盘等。主板上安装微处理器（CPU），它是 PC 机的核心部分。

PC 机系统由中央处理器、主存储器、外存储器及输入/输出设备组成。目前，PC 机使用的外存储器有硬盘、U 盘和光盘。基本输入设备是键盘、鼠标、光笔和扫描仪，输出设备是显示器、打印机和绘图仪。此外，用户可以根据需要，通过外设接口与各种外设连接，还可以通过通信接口连接通信线路，进行信息的传输。

1.2.2 计算机软件基本知识

1. 指令、指令系统和程序的概念

（1）指令。

指令是指计算机完成某个基本操作的命令。指令能被计算机硬件理解并执行。一条指令就是计算机机器语言的一个语句，是程序设计的最小语言单位。

指令格式：一条指令由操作码和操作数地址码两部分组成，一般格式如下：

操作码	操作数地址码

操作码：指明本条指令的操作功能，如算术运算、逻辑运算、存数、取数、转移等。每条指令分配一个确定的操作码。

操作数地址码：指出该条指令涉及的操作数的地址。

（2）指令系统。

一台计算机所能执行的全部指令的集合，称为这台计算机的指令系统。

指令系统比较充分地说明了计算机对数据进行处理的能力。不同种类的计算机，其指令系统的指令数目与格式也不同。指令系统越丰富完备，编制程序就越方便灵活。指令系统是根据计算机使用要求而设计的。

一条计算机指令是用一串二进制代码表示的，它通常应包括两方面的信息：操作码和地址码。操作码用来表征该指令的操作特性和功能，即指出进行什么操作；地址码指出参与操作的数据在存储器中的地址。一般情况下，参与操作的源数据或操作后的结果数据都在存储器中，通过地址可访问该地址中的内容，即得到操作数。

整个计算机工作过程的实质就是指令的执行过程，因为控制器对各个部件的控制都是通过指令实现的。指令的执行过程分为 4 步：

① 取指令。从存储器的某个地址中取出要执行的指令，送到控制器内部的指令寄存器中暂存。

② 分析指令。把保存在指令寄存器中的指令送到指令译码器，译出与指令对应的微操作命令。

③ 执行指令。根据指令译码器向各个部件发出相应的控制信号，完成指令规定的各种操作。

④ 为下一条指令做好准备，即形成下一条指令地址。

计算机不断重复这个过程，直到组成程序的所有指令全部执行完毕，就完成了程序的运行，实现了相应的功能。

（3）程序。

为了使计算机能按照人们的意志工作，就要根据问题的要求，编写相应的程序。程序是一组计算机可以识别和执行的指令，每一条指令使计算机执行特定的操作。

2. 机器语言、汇编语言、高级语言的基本概念

（1）机器语言。

所谓机器语言，是指直接用计算机指令作为语句与计算机交换信息，一条机器指令就是一个机器语言的语句。机器指令是用一串 0 和 1 不同组合的二进制编码表示的，看起来形似二进制数，当代表指令时，实际上是使计算机完成某个规定的动作。指令的格式和含义是设计者规定的，一旦规定好之后，硬件电路就要严格根据这些规定设计和制造，所以制造出来的机器也只能识别这种二进制信息。不同的机器，指令的编码不一样，指令系统中的指令条数也不同。具体指令因机器不同而异，是面向机器的。

直接使用机器语言编写程序是很困难的。指令难记、容易出错、修改困难、程序可读性极差，尤其是程序只能用在一种型号的机器上，换一种机型指令就全变了。唯一的优点是机器能直接识别这种程序，不必再做其他辅助工作了。

（2）汇编语言。

为了克服机器语言的缺点，后来人们想了一个办法，用一些容易辨别的符号代替机器指令，汇编语言就是指用这样一些符号作为编程用的语言，所以汇编语言实际上是一种符号语言。

相对于机器语言，汇编语言中的符号含义明确，容易记忆，可读性好，容易查错，修改也方便。然而，机器不能直接识别汇编语言，必须通过翻译程序把它转换为对应的机器语言程序。这个工作由一个叫作“汇编程序”的语言处理程序来完成，翻译出的程序叫作“目标程序”。实质上，汇编语言仍然是一种面向机器的语言，必须了解机器结构才能编程，现在广泛用于实时控制等领域中。

（3）高级语言。

汇编语言虽然较机器语言有所改善，但并未从根本上摆脱指令系统的束缚，它与指令仍然是一一对应的，而且与自然语言相距甚远，不符合人们的习惯。为了从根本上改变语言体系，必须从两方面下工夫：一是力求接近自然语言，二是力求脱离具体机型，使语言与指令系统无关，达到程序通用的目的。在 20 世纪 50 年代末人们创造出独立于机器的、表达方式接近于自然语言的高级语言。FORTRAN 是第一个正式出现的高级语言，现在仍被广泛使用。除此之外，BASIC、PASCAL、C、C++、Java 也是经常使用的高级语言。近年来，为了适应面向对象的程序设计方法，又出现了可视化编程语言，如 Visual BASIC、Visual C++等。

高级语言又称算法语言，因为它是独立于机型、面向应用、实现算法的语言。高级语言较汇编语言更接近于自然语言，描述问题与通常计算公式大体上一致。

由于高级语言比较接近自然语言，当然就远离了机器语言，因此用高级语言编写的源程序，必须由一个承担翻译工作的处理程序，把高级语言源程序翻译成机器能识别的目标程序。翻译处理程序的运行有两种工作方式：一种是解释方式，另一种是编译方式。

① 解释方式。

解释方式就像口头翻译，计算机语言解释程序对源程序一个语句一个语句地解释执行，不产生目标程序。程序执行时，解释程序随同源程序一起参加运行，如图 1.17 所示。解释方式执行速度慢，但可以进行人机对话，随时可以修改执行中的源程序，对初学者来说比较方便。BASIC 语言大多采用了解释方式。

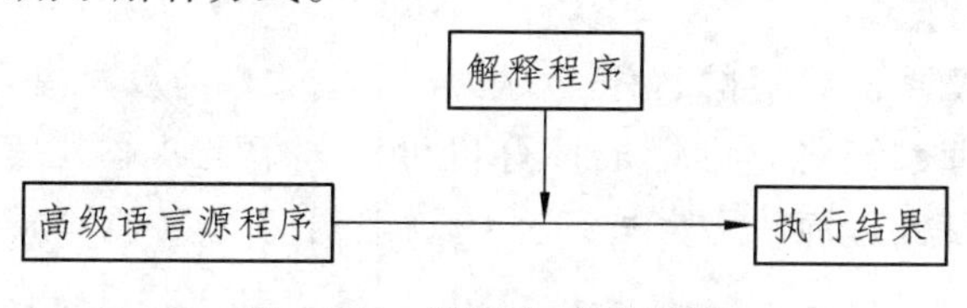

图 1.17　解释方式示意图

② 编译方式。

编译方式就像笔译方式，对源程序经过编译处理后，产生一个与源程序等价的目标程序，由于目标程序的执行与编译程序无关，所以源程序一旦编译成功，目标程序就可以脱离编译程序独立存在而运行，如图 1.18 所示。编译方式执行速度快，但不灵活，若修改源程序，则必须从头重新编译。FORTRAN、PASCAL、C 等大多数高级语言都是采用编译方式处理的。

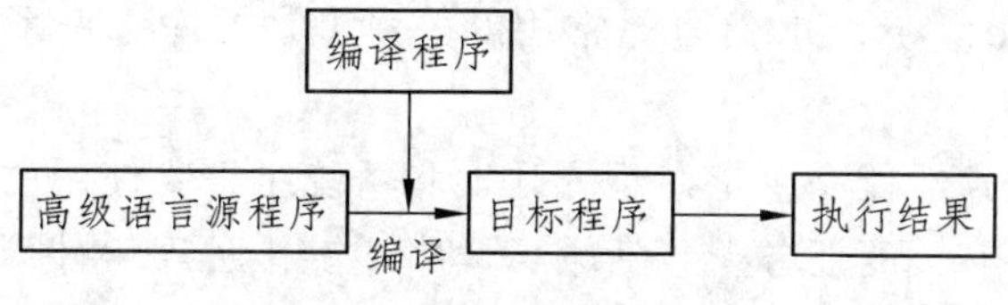

图 1.18　编译方式示意图

高级语言受到人们的普遍欢迎，因为它方便、通用、程序设计效率高。不足之处是相对于汇编语言，目标程序代码长，占用内存大，执行时间较长。

3. 源程序、目标程序的概念

（1）源程序。

程序可以用高级语言或汇编语言编写，用高级语言或汇编语言编写的程序称为源程序。源程序不能直接在计算机上执行，需要用“编译程序”将源程序编译为二进制形式的代码。

（2）目标程序。

源程序经过“编译程序”编译所得到的二进制代码称为目标程序。目标程序的扩展名为“.obj”。

目标代码尽管已经是机器指令，但还不能运行，因为目标程序还没有解决函数调用问题，需要将各个目标程序与库函数连接，才能形成完整的可执行程序。

4. 系统软件

系统软件是指管理、监控和维护计算机资源（包括硬件和软件）的软件，它主要包括操作系统、各种程序设计语言、数据库管理系统及实用工具软件等。

（1）操作系统。

所谓操作系统，是指综合管理计算机的软硬件资源，合理地组织计算机的工作流程，并且能够方便用户使用计算机的一组程序的集合。通俗地说，操作系统是人和计算机的接口，用户只有通过操作系统才能够跟计算机打交道。

操作系统提供了软件的开发和运行环境。在设计软件时，我们首先要考虑该软件在哪种操作系统下运行，在使用别人开发的软件时，也要先了解该软件需要哪种操作系统的支持。并不是任何一种软件都可在任何一种操作系统上运行。有时，我们也把操作系统称为软件平台。

（2）语言处理程序。

用汇编语言和高级语言编写的程序（称为源程序），计算机并不认识，更不能直接执行，而必须由语言处理系统将它翻译成计算机可以理解的机器语言程序（即目标程序），然后再让计算机执行目标程序。语言处理系统一般可分为三类：汇编程序、解释程序和编译程序。

（3）数据库系统。

利用数据库系统可以有效地保存和管理数据，并利用这些数据得到各种有用的信息。数据库系统主要包括数据库和数据库管理系统。数据库是按一定方式组织起来的数据集合；数据库管理系统具有建立、维护和使用数据库的功能，具有使用方便、高效的数据库编程语言的功能，并能提供数据共享和安全性保障。数据库管理系统按数据模型的不同，分为层次型、网状型和关系型三种类型。其中，关系型数据库使用最为广泛。例如，SQL Server、FoxPro、Oracle、Access、Sybase、MySQL 等都是常用的关系型数据库管理系统。

（4）工具软件。

工具软件又称为服务性程序，是在系统开发和系统维护时使用的工具，完成一些与管理计算机系统资源及文件有关的任务，包括编辑程序、链接程序、计算机测试和诊断程序等。这种程序需要操作系统的支持，而它们又支持软件的开发和维护。

5. 应用软件的概念

应用软件是指除了系统软件以外的所有软件，它是用户为解决各种实际问题而编制的计算机程序及其相关的文档数据等。通常，应用软件专门用于解决某个应用领域中的具体问题。由于计算机的应用已经渗透到了各个领域，所以应用软件也是多种多样的。例如，各种用于科学计算的软件包，各种文字处理软件，计算机辅助设计、辅助制造、辅助教学软件，各种图形软件等。

6. 微型计算机软件系统的构成

软件系统是指为运行、管理和维护计算机而编制的各种程序、数据和文档的总称。程序是完成某一任务的指令或语句的有序集合；数据是程序处理的对象和处理的结果；文档是描述程序操作及使用的相关资料。

计算机软件按其功能分为系统软件和应用软件两大类。

知识拓展

多核处理器

多核处理器是指在一枚处理器中集成两个或多个完整的运算核心。由于仅仅提高单核芯片的速度会产生过多热量且无法带来相应的性能改善，先前的处理器产品就是如此。即便是没有热量问题，其性价比也令人难以接受，速度稍快的处理器价格要高得多。

1971 年，英特尔推出的全球第一颗通用型微处理器 4004，由 2 300 个晶体管构成。当时，公司的联合创始人之一戈登·摩尔（Gordon Moore）就提出后来被业界奉为信条的“摩尔定律”——每过 18 个月，芯片上可以集成的晶体管数目将增加一倍。

在一块芯片上集成的晶体管数目越多，意味着运算速度即主频就更快。英特尔的奔腾四至尊版 840 处理器，晶体管数量已经增加至 2.5 亿个，相比当年的 4004 增加了 10 万倍。其主频也从最初的 740 kHz（每秒钟可进行 74 万次运算），增长到现在的 3 GHz（每秒钟运算 30 亿次）以上。

但是，到了 2005 年，当主频接近 4 GHz 时，英特尔和 AMD 发现，速度也会遇到自己的极限：那就是单纯的主频提升，已经无法明显提升系统整体性能。

利用冗长的运算流水线，即增加每个时钟周期同时执行的运算个数，就达到较高的主频。按照当时的预测，奔腾四在该架构下，最终可以把主频提高到 10 GHz。但是，由于流水线过长，使得单位频率效能低下，加上由于缓存的增加和漏电流控制不利造成功耗大幅度增加，3.6 GHz 奔腾四芯片在性能上反而还不如早些时推出的 3.4 GHz 产品。

此外，随着功率增大，散热问题也越来越成为一个无法逾越的障碍。据测算，主频每增加 1G，功耗将上升 25 瓦，而在芯片功耗超过 150 瓦后，现有的风冷散热系统将无法满足散热的需要。3.4 GHz 的奔腾四至尊版，晶体管达 1.78 亿个，最高功耗已达 135 瓦。实际上，在奔腾四推出后不久，就在批评家那里获得了“电炉”的美称，更有好事者用它来玩煎蛋的游戏。

很显然，当晶体管数量增加导致功耗增长超过性能增长速度后，处理器的可靠性就会受到致命性的影响。2005年4月，戈登·摩尔曾公开表示，引领半导体市场接近40年的“摩尔定律”，在未来10～20年内可能失效。

多核心处理器解决方案的出现，似乎给人带来了新的希望。早在20世纪90年代末，就有众多业界人士呼吁用单芯片多处理器技术来替代复杂性较高的单线程处理器。IBM、惠普、Sun等高端服务器厂商，更是相继推出了多核服务器处理器。不过，由于服务器价格高、应用面窄，并未引起大众广泛的注意。

直到AMD率先推出64位处理器后，英特尔才想起利用多核处理器来反击AMD。2005年4月，英特尔仓促推出简单封装双核的奔腾D和奔腾四至尊版840。AMD在之后也发布了双核皓龙（Opteron）和速龙（Athlon）64 X2处理器。2006年7月23日，英特尔基于酷睿（Core）架构的处理器正式发布。2006年11月，又推出面向服务器、工作站和高端个人电脑的至强（Xeon）5300和酷睿双核和四核至尊版系列处理器。与上一代台式机处理器相比，酷睿2 双核处理器在性能方面提高40%，功耗反而降低40%。作为回应，同年7月24日，AMD也宣布对旗下的双核Athlon64 X2处理器进行大降价。由于功耗已成为用户在性能之外所考虑的首要因素，两大处理器巨头都在宣传多核处理器时，强调其“节能”效果。英特尔发布了功耗仅为50瓦的低电压版四核至强处理器，而AMD的“Barcelona”四核处理器的功耗没有超过95瓦。在英特尔高级副总裁帕特·基辛格（Pat Gelsinger）看来，从单核到双核，再到多核的发展，证明了摩尔定律还是非常正确的，因为从单核到双核，再到多核的发展，可能是摩尔定律问世以来，在芯片发展历史上速度最快的性能提升过程。

归纳小结

计算机系统包括硬件系统和软件系统两大部分，硬件系统由五大功能部件组成，即运算器、控制器、存储器、输入设备和输出设备，软件系统包括系统软件和应用软件两大类，如图1.19所示。

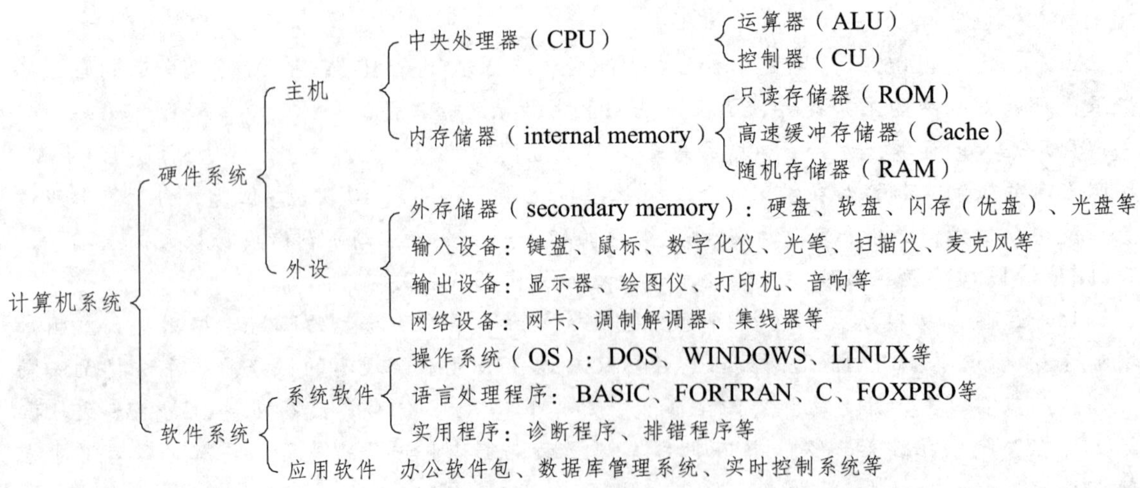

图1.19 计算机系统组成

强化练习

单项选择题

1. 计算机的存储单元中存储的内容（　　）。

A. 只能是数据　　B. 只能是程序

C. 可以是数据和指令　　D. 只能是指令

2. 计算机硬件的五大基本构件包括运算器、存储器、输入设备、输出设备和（　　）。

A. 显示器　　B. 控制器　　C. 磁盘驱动器　　D. 鼠标器

3. 通常所说的 I/O 设备指的是（　　）。

A. 输入输出设备　　B. 通信设备　　C. 网络设备　　D. 控制设备

4. 速度快、分辨率高的打印机是（　　）。

A. 非击打式　　B. 击打式　　C. 激光式　　D. 点阵式

5. 计算机能直接执行的指令包括两部分，它们是（　　）。

A. 源操作码与目标操作数　　B. 操作码与操作数

C. ASCII 码与汉字编码　　D. 数字与字符

6. 计算机的软件系统通常分为（　　）。

A. 系统软件与应用软件　　B. 高级软件与一般软件

C. 军用软件与民用软件　　D. 管理软件与控制软件

7. 不同的计算机，其指令系统也不同，这主要取决于（　　）。

A. 所用的操作系统　　B. 系统的总体结构

C. 所用的 CPU　　D. 所用的程序设计语言

8. 在外部设备中，绘图仪属于（　　）。

A. 输入设备　　B. 输出设备

C. 辅外存储器　　D. 主（内）存储

9. 计算机主机是由 CPU 与（　　）构成的。

A. 控制器　　B. 输入、输出设备

C. 运算器　　D. 内存储器

10. 解释程序的功能是（　　）。

A. 将高级语言程序转换为目标程序　　B. 将汇编语言程序转换为目标程序

C. 解释执行高级语言程序　　D. 解释执行汇编语言程序

11. 断电后计算机信息依然存在的部件是（　　）。

A. 寄存器　　B. RAM 存储器　　C. ROM 存储器　　D. 运算器

12. 应用软件和系统软件的相互关系（　　）。

A. 后者以前者为基础　　B. 前者以后者为基础

C. 每一类都以另一类为基础　　D. 每一类都不以另一类为基础

13. 在计算机硬件系统中，Cache 是（　　）存储器。

A. 只读
B. 可编程只读
C. 可擦除可编程只读
D. 高速缓冲

14. 一个完整的计算机系统包括（　　）。

A. 主机、键盘、显示器
B. 计算机及其外部设备
C. 系统软件与应用软件
D. 计算机的硬件系统和软件系统

15. 计算机的运算器、控制器及内存储器的总称是（　　）。

A. CPU　B. ALU　C. MPU　D. 主机

16. 在计算机中，CPU 的主要功能是进行（　　）。

A. 算术逻辑运算及全机的控制
B. 逻辑运算
C. 算术逻辑运算
D. 算术运算

17. 在计算机中，下列设备属于输入设备的是（　　）。

A. 打印机　B. 显示器　C. 键盘　D. 硬盘

18. 计算机的内存储器比外存储器（　　）。

A. 速度快　B. 存储量大　C. 便宜　D. 以上说法都不对

19. 计算机唯一能够直接识别和处理的语言是（　　）。

A. C 语言　B. 高级语言　C. 汇编语言　D. 机器语言

20. 操作系统的主要功能是（　　）。

A. 控制和管理计算机系统软硬件资源
B. 对汇编语言、高级语言和甚高级语言程序进行翻译
C. 管理用各种语言编写的源程序
D. 管理数据库文件

21. 计算机的诊断程序属于（　　）。

A. 管理软件　B. 系统软件　C. 编辑软件　D. 应用软件

22. 在下列软件中，不属于系统软件的是（　　）。

A. 操作系统
B. 诊断程序
C. 编译程序
D. 用 PASCAL 编写的程序

23. 要使高级语言编写的程序能被计算机运行，必须由（　　）将其处理成机器语言。

A. 系统软件和应用软件
B. 内部程序和外部程序
C. 解释程序或编译程序
D. 源程序或目的程序

24. 解释程序的功能是（　　）。

A. 解释执行高级语言程序
B. 将高级语言程序翻译成目标程序
C. 解释执行汇编语言程序
D. 将汇编语言程序翻译成目标程序

25. 计算机的 CPU 每执行一个（　　），就完成一步基本运算或判断。

A. 语句　B. 指令　C. 程序　D. 软件

26. 在计算机中，指令主要存放在（　　）中。

A. CPU　B. 内存　C. 键盘　D. 磁盘

27.（　　）是上档键，主要用于辅助输入上档字符。

A. Shift　B. Ctrl　C. Alt　D. Tab

28. 在计算机系统中，数据存取速度最快的是（　　）。

A. 硬盘存储器　　B. 内存储器

C. 软盘存储器　　D. 只读光盘存储器

29. 计算机在工作中突然电源中断，则计算机（　　）中的信息全部丢失，再通电后也不能恢复。

A. ROM　　B. CD-ROM　　C. RAM　　D. 硬盘中的信息

30. 下列有关存储器读写速度的排列，正确的是（　　）。

A. RAM>Cache>硬盘>软盘　　B. Cache>RAM>硬盘>软盘

C. Cache>硬盘>RAM>软盘　　D. RAM>硬盘>软盘>Cache

31. 存储器分为内存储器和外存储器两类（　　）。

A. 它们中的数据均可被 CPU 直接调用

B. 只有外存储器中的数据可被 CPU 调用

C. 它们中的数据均不能被 CPU 直接调用

D. 其中只有内存储器中的数据可被 CPU 直接调用

32. 在下列设备中，（　　）既属于输入设备又属于输出设备。

A. 鼠标　　B. 键盘　　C. 打印机　　D. 硬盘

1.3　任务：学会中英文输入

任务分析

完成此工作任务将涉及：了解计算机实现数据传输的标准化编码 ASCII 码，信息交换用汉字编码，文字处理技术，掌握一种汉字输入法。

1.3.1　ASCⅡ码、国家标准信息交换用汉字编码字符集

人们使用计算机，基本手段是通过键盘与计算机打交道。从键盘上敲入的命令和数据，实际上表现为一个个英文字母、标点符号和数字，都是非数值数据。然而计算机只能存储二进制，这就需要用二进制的 0 和 1 对各种字符进行编码。例如，在键盘上敲入英文字母 A，存入计算机的是 A 的编码 01000001，它已不再代表数值量，而是一个文字信息。

1. ASCⅡ码

ASCII 码（American Standard Code for Information Interchange，美国标准信息交换码）用于在不同计算机硬件和软件系统中实现数据传输标准化，在大多数的小型机和几乎全部的个人计算机都使用此码。ASCII 码划分为两个集合：128 个字符的标准 ASCII 码和附加的 128 个字符的扩充和 ASCII 码。

基本的 ASCII 字符集共有 128 个字符，其中有 96 个可打印字符，包括常用的字母、数字、标点符号等，另外还有 32 个控制字符。标准 ASCII 码使用 7 个二进位对字符进行编码。

字母和数字的 ASCII 码的记忆是非常简单的。我们只要记住了一个字母或数字的 ASCII 码（例如记住 A 的 ASCII 码为 65，0 的 ASCII 码为 48），相应的小写字母比大写字母大 32，就可以推算出其余字母、数字的 ASCII 码。

虽然标准 ASCII 码是 7 位编码，但由于计算机基本处理单位为字节（1Byte = 8bit），所以标准的 ASCII 码占一个字节，最高位是 0，用 7 位二进制编码来表示十进制数、英文大小写字母和常用的运算符及一些操作控制字符。编码表如表 1.4 所示。一个字节存放一个 ASCII 字符。

表 1.4 常见字符的 ASCII 码值

高位 / 低位	0000	0001	0010	0011	0100	0101	0110	0111
0000	NUL	DLE	SP	0	@	P	'	P
0001	SOH	DC1	!	1	A	Q	a	q
0010	SX	DO	"	2	B	R	b	r
0011	ETX	DC3	#	3	C	S	c	s
0100	EOT	DC4	$	4	D	T	d	t
0101	ENQ	NAK	%	5	E	U	e	u
0110	ACK	SYN	&	6	F	V	f	v
0111	BEI	ETB	,	7	C	W	g	w
1000	BS	CAN	(	8	H	X	h	x
1001	HT	EM	)	9	1	Y	i	y
1010	LP	SUB	*	:	J	Z	j	z
1011	VT	ESC	+	;	K	[	k	{
1100	FF	FS	,	<	L	\	I	f
1101	CR	CS	-	=	M	]	m	}
1110	SO	RS	.	>	N	↑	n	~
1111	SI	US	/	?	O	↓	o	DEL

1 字节 =8 位

0	K6	K5	K4	K3	K2	K1	K0

例：a 字符 1 个字节的二进制码：

0	1	1	0	0	0	0	1

2. 国家标准信息交换用汉字编码字符集

参照有关国际标准，我国于 1981 年颁布了《信息交换用汉字编码字符集——基本集》GB2312—80（简称 G0 集）。该字符集把高频字、常用字和次常用字归结为汉字基本集（共 6 763 个），再按出现的频度分为一级汉字 3 755 个（按拼音排序）和二级汉字 3 008 个（按部首排序），字体均为简化字。这样，一、二级汉字约占累计使用频度的 99.99%以上。基本集还包括西文字母、日文假名、俄文字母、数字及一些特殊的图符记号，共对 7 445 个图形字符作了编码。

整个编码表分成 94 个区，每区 94 位。每个字符采用两个字节（高位为 0）来表示，区编号为第一字节，位编号为第二字节。第一字节的 21H 开始为第 1 区，7EH 结束为第 94 区；第二字节的 21H 开始为第 1 位，7EH 结束为第 94 位。整个编码空间达 8 836 个字符位置，汉字从第 16 区开始，一个字符的区码和位码表示该字符在编码空间中的位置，两者可组合成该字符的国标区位码（简称区位码）。每一字符与区位码对应的两个字节均从 21H 开始的编码称为汉字信息交换码，简称国标码。例如，16 区第 1 位所对应的汉字"啊"，其区位码为 1001H，而其国标码为 3021H。这样，区位码与国标码之间存在着简单的对应关系：

字符的国标码 = 字符的区位码 + 2020H

由此可知，国标码实际上是由两个字节的各 7 位二进制数来表示的，而西文字符是用一个字节来表示的。因此，为解决在计算机内部如何来表示汉字与西文的问题，引进了汉字内部码（或称汉字内码）。目前，计算机采用的汉字内码绝大部分采用"高位为 1 的两字节码"，即把某汉字的国标码的第一、二字节的最高位均置 1，就是该汉字的机内码（简称内码）。

汉字机内码 = 汉字国标码 + 8080H

例如，汉字"啊"的国标码为 3021H，则其机内码为：

3021H + 8080H = B0A1H

1.3.2　计算机文字处理过程及其编码形式

任何信息在计算机中都是被编译成二进制数字代码保存的，用户输入的文字也不例外，任何文字都有其国际标准的 ASCII 码，输入到计算机后也被编译成二进制数字代码保存。

汉字也是字符，但它比西文字符量多且复杂，给计算机处理带来了困难。汉字处理技术首先要解决的是汉字输入、输出及计算机内部的编码问题。根据汉字处理过程中的不同要求，有多种编码形式，主要可分为四类：汉字输入码、汉字交换码、汉字机内码和汉字字型码。

1. 汉字输入码

汉字输入码也称为外码，它是专门用来向计算机输入汉字的编码。目前，在我国推出的汉字输入方法有很多，其表示形式大多用字母、数字或符号。编码方案大致可以分为以汉字的发音进行编码的音码（如全拼、双拼等）和以汉字书写形式进行编码的形码（如五笔字型）。

2. 汉字交换码

汉字交换码是指不同的、具有汉字处理功能的计算机系统之间在交换汉字信息时所使用的代码标准。自国家标准 GB2312 – 80 公布以来，我国一直沿用该标准所规定的国标码作为统一的汉字信息交换码。

3. 汉字机内码

汉字机内码是供计算机系统内部处理、存储和传输时使用的代码。目前使用最广泛的一种国标码是 GB2312－80，它使用双 7 位的二进制进行编码。在计算机内部，汉字编码与西文编码（ASCII 码）是共存的，为了区别汉字和西文，将汉字编码的最高位置为“1”，由软件根据最高位进行判断。

4. 汉字字型码

用于输出汉字的编码称为输出码，汉字的输出码实际上是汉字的字型码，是由汉字的字模信息所组成的，所有汉字字模信息的集合就构成了汉字字库。有了这些编码方式，计算机就可以轻松地处理汉字了。

在汉字系统中，一般采用点阵来表示字形。一般地说，表示汉字时使用的点阵（16 × 16 点阵、24 × 24 点阵、32 × 32 点阵、64 × 64 点阵、96 × 96 点阵、128 × 128 点阵、256 × 256 点阵）越大，则汉字字型的质量越好，当然汉字点阵的存储量也越大。存储 1 个 16 × 16 点阵的汉字需要 32 字节（16×16÷8）。而打印使用的汉字字型大多为 24×24 点阵，即一个汉字要占用 72 个字节（24×24÷8），更为精确的汉字字型还有 32×32 点阵、48×48 点阵等。这种形式存储的汉字字形信息集合称为汉字库。汉字库是汉字字型的数字化信息，用于汉字的显示和打印。

1.3.3 汉字输入法与搜狗拼音的安装、使用

汉字输入法就是一种通过键盘输入汉字的方法，将汉字输入到计算机等电子设备中的方法。它包含一组便于记忆的法则。用户要键入一个（一组）汉字时，实际上就是敲入相应的输入码。之后，计算机汉字系统的软件借助内嵌的输入码表将输入码转化为机内码，再从字库中拣拾出对应的字型码，最后在显示器或打印机输出。

现有的汉字输入法有 1 000 多种，可分为按字型组织的字型码、按发音的音码、发音和字型结合的音型码及数字码。汉字输入法主要包括拼音、形码、音形码以及手写、语音录入等方法，广义的输入还包括用于速写记录的速录机等。拼音输入法以智能 ABC、微软拼音、紫光拼音、搜狗拼音等为代表，形码广泛使用的有五笔字型，音形码有自然码，手写主要有汉王笔和慧笔，语音有IBM的 Viavoice 等。

1. 汉字输入法

Windows 启动后默认的输入法是英文输入，必须启动汉字输入法才能输入汉字。启动方法是单击“桌面”上“任务栏”右边的按钮，在弹出的输入法列表框中单击所需要的输入法，随即进入某种输入法状态，也可以使用 Ctrl+Shift 组合键进行英文和各种汉字输入法之间的切换。

在汉字输入法状态下，屏幕上显示一个汉字输入法状态框。汉字输入法状态框由中/英文切换按钮、输入法名称框、半角/全角切换按钮和软键盘等几部分组成。

（1）中/英文切换按钮。

启动汉字输入法后，要想输入一些英文字符，除了采用 Ctrl+空格键进行输入法的转换以

外，也可不退出汉字输入法状态。单击该按钮，显示字母“A”或“英”则表示已转为英文状态；再单击一次，又恢复原来的汉字输入法状态。

（2）输入法名称框：显示输入法名称。

（3）半角/全角切换按钮。

选择汉字输入方法后，系统的默认方式是半角方式。单击该按钮，可由一种方式变为另一种方式。

半角方式——中西文混合方式。汉字用两个字节表示，英文字符用一个字节表示，此时按钮位置显示半圆形状。

全角方式——纯中文方式。无论汉字还是英文字符，一律用两个字节表示，此时按钮位置显示完整的圆球形符号。

（4）中/英文标点切换按钮。

中文或英文状态下，很多标点符号是不一样的，如句号“。”与“.”等，若要中文的标点符号，必须在中文标点符号状态下才能输入，即使在全角方式下也必须按了中文标点符号按钮才行。反过来，即使在半角状态下，如果按了中文标点符号按钮，也可以输入中文标点符号。

（5）软键盘按钮。

对于除英文之外的外文字母、数学符号、图形符号和一些特殊符号，在汉字输入状态下不便输入，此时就会用到软键盘。右键单击软键盘按钮，弹出符号选择栏，进一步选择打开某种符号的软键盘，单击鼠标可以方便地实现字符输入。

软键盘按钮也是一个开关键，处于打开状态时，再次单击则关闭。

2. 搜狗拼音输入法及其安装与使用

（1）搜狗拼音输入法及其特点。

搜狗拼音输入法（简称搜狗输入法、搜狗拼音）是搜狐公司推出的一款汉字拼音输入法软件，是目前国内主流的拼音输入法之一，是当前网上最流行、用户好评率最高、功能最强大的拼音输入法之一。搜狗输入法与传统输入法不同的是，它采用了搜索引擎技术，是第二代的输入法。由于采用了搜索引擎技术，输入速度有了质的飞跃，在词库的广度、词语的准确度上，搜狗输入法都远远领先于其他输入法。搜狗拼音输入法具有下列特点。

① 快速更新：不同于许多输入法依靠升级来更新词库的办法，搜狗拼音采用不定时在线更新的办法，减少了用户自己造词的时间。

② 整合符号：这一项同类产品中也有做到，如拼音加加。但是，搜狗拼音将许多符号表情也整合进词库，如输入“haha”得到“^_^”。

③ 笔画输入：在输入 u 键后，然后依次输入一个字的笔顺。笔顺为：h 横、s 竖、p 撇、n 捺、z 折，就可以得到该笔画，同时小键盘上的 1、2、3、4、5 也代表 h、s、p、n、z。

④ 输入统计：搜狗拼音提供一个统计用户输入字数、打字速度的功能，但每次更新都会清零。

⑤ 个性输入：用户可以选择多种精彩皮肤，更有每天自动更换一款皮肤系列的功能。

⑥ 细胞词库：细胞词库是搜狗首创的、开放共享、可在线升级的细分化词库功能。细胞词库包括但不限于专业词库，通过选取合适的细胞词库，搜狗拼音输入法可以覆盖几乎所有的中文词汇。

（2）搜狗输入法的安装步骤。

① 输入搜狗官方网址：http:// pinyin. sogou. com。

② 点击“立即下载”按钮，下载搜狗拼音输入法 8.0 正式版。

③ 下载完毕后，得到文件“sogou_pinyin_72C. exe”，然后在弹出的窗口中一直点“下一步”直到最后的“完成”。

④ 现在搜狗拼音输入法已经安装在计算机里了。

（3）搜狗输入法的使用。

① 切换出搜狗输入法。

将鼠标移到要输入的地方，点一下，使系统进入到输入状态，然后按 Ctrl+Shift 键切换输入法，按到搜狗拼音输入法出来即可。当系统仅有一个输入法或者搜狗输入法为默认的输入法时，按下 Ctrl+空格键即可切换出搜狗输入法。

由于大多数人只用一个输入法，为了方便、高效起见，用户可以把自己不用的输入法删除掉，只保留一个自己最常用的输入法即可。右击系统的“语言文字栏”，选择“设置”选项，在弹出窗口中把自己不用的输入法删除掉（这里的删除并不是卸载，以后可以还通过“添加”选项添上）。

② 翻页选字。

搜狗拼音输入法默认的翻页键是“逗号（，）”、“句号（。）”，即输入拼音后，按句号（。）进行向下翻页选字，相当于 PageDown 键，找到所选的字后，按其相对应的数字键即可输入。用“逗号”、“句号”翻页时手不用移开键盘主操作区，效率最高，也不容易出错。

输入法默认的翻页键还有“减号（ – ）等号（ = ）”，“左右方括号（ [ ] ）”，可以通过“设置属性→按键→翻页键”来进行设定。

③ 使用简拼。

搜狗输入法现在支持的是声母简拼和声母的首字母简拼。例如：想输入“刘力扬”，只要输入“liuly”或者“lly”都可以输入“刘力扬”。同时，搜狗输入法支持简拼全拼的混合输入，例如：输入“srf”“sruf”“shrfa”都是可以得到“输入法”的。

④ 中英文切换输入。

输入法默认是按下 Shift 键就切换到英文输入状态，再按一下 Shift 键就会返回中文状态。用鼠标点击状态栏上面的“中”字图标也可以切换。

除了 Shift 键切换以外，搜狗输入法也支持回车输入英文以及 v 模式输入英文。具体使用方法是：

回车输入英文：输入英文，直接敲回车即可。

v 模式输入英文：先输入“v”，然后再输入英文，可以包含“@+*/-”等符号，然后敲空格即可。

⑤ 修改候选词的个数（见图 1.20、图 1.21）。

de

1.的 2.得 3.地 4.德 5.嘚

图 1.20　5 个候选词

de

1.的 2.得 3.地 4.德 5.嘚 6.徳 7.锝 8.底 9.淂

图 1.21　9 个候选词

可以通过在状态栏上面右键菜单里的“设置属性→外观→候选词个数”来修改，选择范围是 3 ~ 9 个。

输入法默认的是 5 个候选词，搜狗的首词命中率和传统的输入法相比已经大大提高，第一页的 5 个候选词能够满足绝大多数时的输入。推荐选用默认的 5 个候选词。如果候选词太多会造成查找时的困难，导致输入效率下降。

⑥ 修改外观。

搜狗输入法支持的外观修改包括皮肤，显示样式，候选字体颜色、大小等，可以在系统菜单中的“设置属性→外观”内修改。

⑦ 使用自定义短语。

自定义短语是通过特定字符串来输入自定义好的文本，可以通过在状态栏上面右键菜单里的“设置属性→高级→自定义短语设置”来修改，以此来进行短语的添加、编辑和删除。经过改进后的自定义短语支持多行、空格及指定位置。

⑧ 输入表情及其他特殊符号。

搜狗输入法提供了丰富的表情、特殊符号库以及字符画，不仅在候选上可以选择，还可以点击上方的提示，进入表情&符号输入专用面板，随意选择自己喜欢的表情、符号、字符画。比如输入“haha” 可以显示出“o（∩_∩）o”这样的表情符号，如图 1.22 所示。

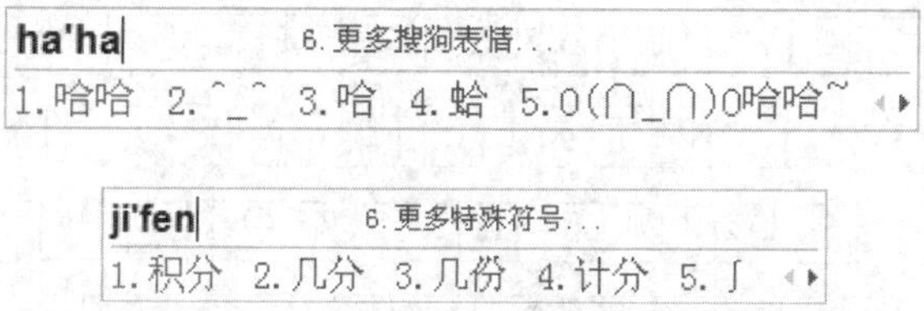

ha'ha　6.更多搜狗表情...

1.哈哈 2.^_^ 3.哈 4.蛤 5.o(∩_∩)o哈哈~

ji'fen　6.更多特殊符号...

1.积分 2.几分 3.几份 4.计分 5.∫

图 1.22　搜狗拼音输入法的表情输入

知识拓展

1. 语音输入法

语音输入法即“嘴巴打字、麦克风输入”的输入法。它被认为是至今世界上最简便、最易用的输入法之一，只要你会说话，就可以快速方便地进行语音输入汉字。

由于中国汉语的同音字太多，在使用麦克风进行录入时，还受口音限制，识别率不高，错字多，修改起来比较麻烦，因此速度较慢，目前还很不成熟。

虽然语音输入法理论上很好用，输入速度极快。不过它有几个前提：

① 要经过多次使用，纠正电脑对用户的语音识别。

② 要求使用环境足够安静，以免周围噪音影响电脑识别。

③ 用户的音调正常，如果感冒了，电脑识别的正确率就会大大降低了。

2. 键盘应用基础训练

正确的键盘指法是提高计算机信息输入速度的关键，因此，初学计算机的用户必须从一开始就严格按照正确的键盘指法进行操作。

（1）正确的姿势。

只有正确的姿势才能做到准确快速地输入而又不容易疲劳。

① 调整椅子的高度，使得前臂与键盘平行，前臂与后臂成略小于90°；上身保持笔直，并将全身重量置于椅子上。

② 手指自然弯曲成弧形，指端的第一关节与键盘成垂直角度，两手与两前臂成直线，手不要过于向里或向外弯曲。

③ 打字时，手腕悬起，手指指尖要轻轻放在字键的正中面上，两手拇指悬空放在空格键上。此时的手腕和手掌都不能触及键盘或机桌的任何部位。

（2）击键。

“击键”，顾名思义，就是手指要用“敲击”的方法去轻轻地击打字键，击毕即缩回。

（3）键盘指法分区。

键盘指法分区如图1.23所示。要求操作者必须严格按照键盘指法分区规定的指法敲击键盘，这里不适合“互相帮助”的原则。

图1.23 指法分区图

归纳小结

本节主要介绍计算机实现数据传输的标准化编码ASCII码，信息交换用汉字编码，文字处理技术，掌握一种汉字输入法。

强化练习

一、填空题

1. 在计算机存储器中，保存一个汉字需要_____个字节。

2. 汉字国标码 GB2312-80，从实质上来说，它是一种____码。

3. 已知英文字母符号 A 的 ASCII 码为 65，英文字母符号 F 的 ASCII 码为____。已知数字符号 9 的 ASCII 码为 57，数字符号 5 的 ASCII 码为____。

4. 在半角方式，汉字用____个字节表示，英文字符用____个字节表示。

5. 在全角方式，无论汉字还是英文字符，一律用____个字节表示。

二、单项选择题

1. 五笔字型输入法属于（　　）。

A. 音码输入法　　B. 形码输入法

C. 音形结合输入法　　D. 联想输入法

2. 在计算机中，应用最普遍的字符编码是（　　）。

A. ASCII 码　　B. BCD 码　　C. 汉字编码　　D. 补码

3. 存储一个 24×24 点阵的汉字，需要（　　）个字节的存储单元。

A. 9　　B. 24　　C. 72　　D. 256

4. 在计算机存储器中，一个字节可保存（　　）。

A. 一个汉字　　B. 一个 ASCII 码表中的字符

C. 0~256 之间的一个整数　　D. 一个英文句子

5. 以下说法中，正确的是（　　）。

A. 由于存在着多种输入法，所以也存在着很多种汉字内码

B. 在多种输入法中，五笔字型是最好的

C. 一个汉字的内码由两个字节组成

D. 拼音输入法是一种音型码输入法

6. 输入汉字必须是（　　）。

A. 大写字母状态　　B. 小写字母状态

C. 用数字键输入　　C. 大写和小写都可以

7. 使用（　　）组合键能进行英文和各种汉字输入法之间的切换。

A. “Ctrl” + “Shift”　　B. “Ctrl” + “Alt”

C. “Alt” + “Shift”　　D. “Ctrl” + “Space”

项目总结

本项目主要介绍了计算机的发展、特点和应用，数制的概念和不同数制的转换，计算机字符的编码方式，计算机系统的组成、硬件系统和软件系统组成、中英文输入法。

设计性实训

计算机作为一种信息处理的工具，在现代文明社会中发挥着越来越重要的作用。随着计算机科技水平的发展，电脑的价格逐年下降，购买一台 PC 机或手提电脑对大多数人来说已不是一件特别困难的事情。目前，许多同学在校期间已经购买了电脑。请到电脑城做一个关于 PC 机硬件市场行情的调查，调查的内容为：PC 机硬件（主板、CPU、内存条、硬盘、显卡、显示器、鼠标、键盘、音响、光驱、打印机等）的品牌、价格、性能和作用。然后，根据自己的需要和财力编写一份模拟购机硬件配件清单（包括品牌型号、主要性能参数、单价、总价），并说明这样选择的理由。

综合性实训

实训 1　汉字输入和软键盘使用

一、实训目的

（1）了解常见的几种汉字输入法。
（2）掌握搜狗汉字输入方法。
（3）掌握 Windows 软键盘的使用。

二、实训内容

（1）使用 Windows 任务栏上语言指示器，进行输入法的切换。
（2）练习搜狗汉字输入方法下的汉字输入。
（3）Windows 软键盘的使用。

三、实训任务

任务 1　【特殊字符输入】

启动记事本，输入下列特殊字符：

① 标点符号：　。　，　、　：　…　～　〖　【　《　『
② 数学符号：　≈　≠　≤　≮　∷　±　÷　∫　∑　∏
③ 特殊符号：　§　№　☆　★　○　●　◎　◇　◆　※
④ Webdings：　Ⓟ　⏸　⏭　☎　🖷　🌧　🌩　♫　🗞　🗓
⑤ Wingdings：　✏　👓　📖　✉　💻　✍　💾　❹　🕖　☑
⑥ 特殊字符：　©　®　™　§

提示：①～③通过软键盘输入，④～⑥通过“插入”菜单中的“符号”命令输入。

任务 2　【汉字输入练习】

启动“记事本”程序，输入以下文章。要求正确地输入标点符号和字符。

《黄帝内经》节选

春三月，此谓发陈，天地仅生，万物以荣，夜卧早起，广步于庭，被发缓形，以使志生，生而勿杀，予而勿夺，赏而勿罚，此春气之应，养生之道也。逆之则伤肝，夏为寒变，奉长者少。

夏三月，此谓曹秀，天地气交，万物华实，夜卧早起，无厌于日，使志无怒，使华英成秀，使气得泄，若所爱在外，此夏气之应，养长之道也。逆之则伤心，秋为痎疟，奉收者少，冬至重病。

秋三月，此谓容平，天气以急，地气以明，早卧早起，与鸡俱兴。使志安宁，以缓秋刑，收敛神气，使秋气平，无外其志，使肺气清，此秋气之应，养收之道也。逆之则伤肺，冬为飧泄，奉藏者少。

冬三月，此谓闭藏，水冰地诉，无扰乎阳，早卧晚起，必待日光，使志若伏若匿，若有私意，若已有得，去寒就温，无泄皮肤，使气亟夺，此冬气之应，养藏之道也。逆之则伤肾，春为疲厥，奉生者少。

巩固练习

单项选择题

1. 一个完整的微型计算机系统应包括（　　）。

A. 计算机及外部设备　　B. 主机箱、键盘、显示器和打印机

C. 硬件系统和软件系统　　D. 系统软件和系统硬件

2. 十六进制 1 000 转换成十进制数是（　　）。

A. 4 096　　B. 1 024　　C. 2 048　　D. 8 192

3.ENTER 键是（　　）。

A. 输入键　　B. 回车换行键　　C. 空格键　　D. 换档键

4. 冯·诺伊曼计算机工作原理的设计思想是（　　）。

A. 程序编制　　B. 程序存储　　C. 程序设计　　D. 算法设计

5. 计算机能按照人们的意图自动、高速地进行操作，是因为采用了（　　）。

A. 程序存储在内存　　B. 高性能的 CPU

C. 高级语言　　D. 机器语言

6. 在 PC 机中，bit 的中文含义是（　　）。

A. 二进制位　　B. 字　　C. 字节　　D. 双字

7. 汉字国标码（GB2312-80）规定的汉字编码，每个汉字用（　　）。

A. 一个字节表示　　B. 二个字节表示

C. 三个字节表示　　D. 四个字节表示

8. PC 机系统的开机顺序是（　　）。

A. 先开主机再开外设　　B. 先开显示器再开打印机

C. 先开主机再打开显示器　　D. 先开外部设备再开主机

9. 使用高级语言编写的程序称为（　　）。

A. 源程序　B. 编辑程序　C. 编译程序　D. 连接程序

10. 汉字系统中的汉字字库里存放的是汉字的（　　）。

A. 机内码　B. 输入码　C. 字形码　D. 国标码

11. 微型计算机的运算器、控制器及内存存储器的总称是（　　）。

A. CPU　B. ALU　C. 主机　D. MPU

12. 目前计算机应用最广泛的领域是（　　）。

A. 科学计算机　B. 数据处理　C. 自动控制　D. 辅助设计

13. 某单位的财务管理软件属于（　　）。

A. 工具软件　B. 系统软件　C. 编辑软件　D. 应用软件

14. 个人计算机属于（　　）。

A. 小巨型机　B. 中型机　C. 小型机　D. PC 机

15. PC 机能够直接识别和处理的语言是（　　）。

A. 汇编语言　B. 高级语言　C. 机器语言　D. 源程序语言

16. 断电会使原存信息丢失的存储器是（　　）。

A. 半导体 RAM　B. 硬盘　C. ROM　D. 软盘

17. 硬盘连同驱动器是一种（　　）。

A. 内存储器　B. 外存储器　C. 只读存储器　D. 半导体存储器

18. 在内存中，每个基本单位都被赋予一个唯一的序号，这个序号称为（　　）。

A. 字节　B. 编号　C. 地址　D. 容量

19. 在下列存储器中，访问速度最快的是（　　）。

A. 硬盘存储器　B. 光盘存储器

C. 半导体 RAM（内存储器）　D. U 盘

20. 计算机软件系统应包括（　　）。

A. 编辑软件和连接程序　B. 数据软件和管理软件

C. 程序和数据　D. 系统软件和应用软件

21. 半导体只读存储器（ROM）与半导体随机存储器（RAM）的主要区别在于（　　）。

A. ROM 可以永久保存信息，RAM 在掉电后信息会丢失

B. ROM 掉电后，信息会丢失，RAM 则不会

C. ROM 是内存储器，RAM 是外存储器

D. RAM 是内存储器，ROM 是外存储器

22. CPU 能够直接访问的存储器是（　　）。

A. 软盘　B. 硬盘　C. RAM　D. CD-ROM

23. 计算机存储器是一种（　　）。

A. 运算部件　B. 输入部件　C. 输出部件　D. 记忆部件

24. 反映计算机存储容量的基本单位是（　　）。

A. 二进制位　B. 字节　C. 字　D. 双字

25. 计算机系统由（　　）组成。

A. 主机和输入设备　　B. 硬件系统和软件系统

C. 系统软件和应用软件　　D. 主机、键盘、显示器

26. 十进制数 15 对应的二进制数是（　　）。

A. 1111　　B. 1110　　C. 1010　　D. 1100

27. 当前在计算机应用方面已进入以（　　）为特征的时代。

A. 并行处理技术　　B. 分布式系统

C. 微型计算机　　D. 计算机网络

28. 微型计算机的发展是以（　　）的发展为特征的。

A. 主机　　B. 软件　　C. 微处理器　　D. 控制器

29. 在 PC 机中，存储容量为 1MB，指的是（　　）。

A. 1 024 × 1 024 个字　　B. 1 024 × 1 024 个字节

C. 1 000 × 1 000 个字　　D. 1 000 × 1 000 个字节

30. 二进制数 110101 转换为八进制数是（　　）。

A. $(71)_8$　　B. $(65)_8$　　C. $(56)_8$　　D. $(51)_8$

31. 操作系统是（　　）。

A. 软件与硬件的接口　　B. 主机与外设的接口

C. 计算机与用户的接口　　D. 高级语言与机器语言的接口

32. 下列叙述中，正确的是（　　）。

A. 计算机能直接识别并执行用高级程序语言编写的程序

B. 用机器语言编写的程序可读性最差

C. 机器语言就是汇编语言

D. 高级语言的编译系统是应用程序

33.在计算机的硬件技术中，构成存储器的最小单位是（　　）。

A. 字节（Byte）　　B. 二进制位（bit）

C. 字（Word）　　D. 双字（Double Word）

34. 现代计算机中采用二进制数制是因为二进制数的优点是（　　）。

A. 代码表示简短，易读

B. 物理上容易实现且简单可靠，运算规则简单，适合逻辑运算

C. 容易阅读，不易出错

D. 只有 0、1 两个符号，容易书写

35. 下列设备组中，完全属于输入设备的一组是（　　）。

A. CD-ROM 驱动器、键盘、显示器

B. 绘图仪、键盘、鼠标器

C. 键盘、鼠标、扫描仪

D. 打印机、硬盘、条码阅读器

36. 计算机的 CPU 每执行一个（　　），就完成一步基本运算或判断。

A. 语句　　B. 指令　　C. 程序　　D. 软件

阅读资料

云 计 算

云计算（Cloud Computing），是一种动态的、易扩展的且通常是通过互联网提供虚拟化的资源计算方式，用户不需要了解云内部的细节，也不必具有云内部的专业知识，也不用直接控制基础设施。狭义上的云计算是指 IT 基础设施的交付和使用模式，指通过网络以按需、易扩展的方式获得所需的资源（硬件、平台、软件）。提供资源的网络被称为“云”。“云”中的资源在使用者看来是可以无限扩展的，并且可以随时获取，按需使用，随时扩展，按使用付费。就像用电不需要家家装备发电机，可直接从电力公司购买一样。“云计算”带来的就是这样一种变革——由谷歌、IBM 这样的专业网络公司来搭建计算机存储、运算中心，用户通过一根网线借助浏览器就可以很方便地访问，把“云”作为资料存储以及应用服务的中心。

云计算的基本原理是，通过使计算分布在大量的分布式计算机上，而非本地计算机或远程服务器中，企业数据中心的运行将更加与互联网相似。这使得企业能够将资源切换到需要的应用上，根据需求访问计算机和存储系统。无论广义云计算还是狭义云计算均具有如下特征：快速部署资源或获得服务、按需扩展和使用、按使用量付费、通过互联网提供。

最简单的云计算技术在网络服务中已经随处可见，例如搜寻引擎、网络信箱等，使用者只要输入简单指令即能得到大量信息，未来通过如手机、GPS 等行动装置都可以透过云计算技术，发展出更多的应用服务。

云计算关注度之所以这么高，是因为云计算具有很多优势，而诸多优势中最明确的是可以降低应用计算的成本。利用云计算，用户可以避免本地建设，通过支付低廉的服务费用，即可完成同样的计算或处理过程。

当今社会，PC 机依然是我们日常工作生活中的核心工具——我们用 PC 机处理文档、存储资料，通过电子邮件或 U 盘与他人分享信息。如果 PC 机硬盘坏了，我们会因为资料丢失而束手无策。而在“云计算”时代，“云”会替我们做存储和计算的工作。“云”就是计算机群，每一群包括了几十万台，甚至上百万台计算机。“云”的好处还在于其中的计算机可以随时更新，保证“云”长生不老。Google 就有好几个这样的“云”，其他 IT 巨头，如微软、雅虎、亚马逊（Amazon）也拥有或正在建设这样的“云”。届时，我们只需要一台能上网的电脑，不需关心存储或计算发生在哪朵“云”上，但一旦有需要，我们可以在任何地点用任何设备，如电脑、手机等，快速地计算和找到这些资料。我们再也不用担心资料丢失了。

项目二　操作系统及应用

工作情景

在网络及信息技术发展的今天，现在的机关单位、公司企业中，电脑是一种最基本的办公工具。由于工作的需要，小王购买了一台办公用计算机。他想尽快安装工作所需要的操作系统和办公软件，协助主管处理日常事务，将公司的文件资料进行科学的归档整理。

解决措施

计算机发展到今天，从微型机到高性能计算机，无一例外地都配置了一种或多种操作系统。任何应用软件都必须安装在操作系统中才可以运行，操作系统是用户与计算机之间的接口，是计算机所有硬件、软件资源的管理者。用户在使用计算机之前，必须学会使用计算机所安装的操作系统。目前，Windows 7 是一款易学易用、功能强大的操作系统，受到人们的欢迎。文件管理是操作系统的主要功能之一，小王只要能熟练操作键盘和鼠标，掌握 Windows 的文件管理方法，就可以在 Windows 7 环境下，按公司管理规范、工作性质和业务种类的要求，分门别类整理公司的各种电子文档。

知识与能力目标

（1）了解操作系统的定义、作用、分类以及常用的操作系统。

（2）能进行 Windows 操作系统最基本的操作与设置，基本操作主要包括对桌面、图标、任务栏、鼠标、窗口、菜单、对话框等的操作，基本设置主要包括显示属性、日期时间、输入法等的设置。

（3）能进行文件夹和文件的创建、移动、复制、删除、重命名、浏览、查找、排列等操作，理解文件的树形结构及文件的相关概念。

（4）能用画图、记事本等 Windows 自带的软件创建图形文件和文本文档，能用 WinRAR 进行文件的压缩和解压。

2.1　任务：安装操作系统

小王在 IT 市场购买了一台计算机，还没有安装任何软件，我们把没有安装任何软件的计算机都称为“裸机”。“裸机”只能识别二进制代码，人们用“裸机”进行工作，必须用二进制表示的机器语言指令来操作计算机，这对绝大多数计算机用户而言是极为困难的。只有在裸机上安装了操作系统，接着安装各种应用软件，才能方便地使用和操作计算机。下面，让我们来熟悉小王如何在他的“裸机”上安装 Windows 7 操作系统。

任务分析

完成此工作任务的步骤是：① 选择 Windows 7 的版本。② 检查 Windows 7 的硬件要求。③ 进行安装。

2.1.1 安装 Windows 7 操作系统

1. 选择 Windows 7 的版本

Windows 7 正式版于 2009 年 10 月 22 日在美国发布，是 Microsoft 公司的一款基于 NT 技术的 32 位、64 位操作系统。它采用了 Windows NT 核心技术，实际版本号是 Windows NT 6.1。

目前 Windows 7 共有 7 个版本：精简版、家庭基本版、家庭高级版、专业版、企业版、旗舰版和于 2011 年 4 月 5 日发行的家用服务器版（Windows Home Server 2011）。

其简便和强大的管理功能使用户能够更方便、有效地管理计算机。

2. 检查 Windows 7 的硬件要求

安装 Windows 7 操作系统前，应先确认电脑硬件是否满足安装需求，其基本要求如下：

（1）处理器：1 GHz 32 位或者 64 位处理器。

（2）内 存：1 GB 及以上。

（3）显 卡：支持 DirectX 9 128M 及以上（开启 AERO 效果）。

（4）硬盘空间：16G 以上（主分区，NTFS 格式）。

（5）显示器：要求分辨率在 1 024 × 768 像素及以上（低于该分辨率则无法正常显示部分功能），或可支持触摸技术的显示设备。

3. Windows 7 的安装

由于 Windows 7 的安装光盘具有直接启动功能，安装系统时可首先在 CMOS 中设置系统从光盘启动，然后将系统安装光盘插入 CD-ROM 中，并重新引导系统启动。当系统启动后，将自动执行相应目录中的安装文件，开始安装系统。Windows 7 系统内置了高度自动化的安装程序向导，整个安装过程简单方便、易于操作，系统能自动复制所需的安装文件，加载各种设备驱动程序，用户只需要输入产品序列号、用户名称和密码等简单的信息即可完成整个安装过程。

Windows 7 的安装类型有以下三种：

升级安装：即覆盖原有系统的安装类型。升级安装是 Windows 7 安装的推荐类型，安装过程较为简单。

全新安装：将原有操作系统卸载，重新安装 Windows 7。

多系统安装：指在保留原有系统的前提下，将 Windows 7 安装在另一个独立的分区中。新系统与原有系统共同存在，互不干扰，允许用户根据需要选择不同的操作系统。

2.1.2 操作系统的基本知识

1. 什么是操作系统

计算机系统是由软件系统和硬件系统组成的，为了使安装在计算机中的软件与计算机硬件资源协调一致、有条不紊地工作，就必须有一个软件对计算机系统的软件、硬件资源进行统一管理和调度，这个软件就是操作系统（Operating System，OS）。

操作系统是最基本的系统软件，它是用于管理和控制计算机全部软件和硬件资源、方便用户使用计算机的一组程序，是运行在硬件上的第一层系统软件，其他软件必须在操作系统的支持下才能运行。因此，操作系统是计算机硬件与其他软件的接口，也是用户和计算机的接口。图 2.1 所示为计算机系统层次结构与用户关系图，它表示出了操作系统在其中的位置。

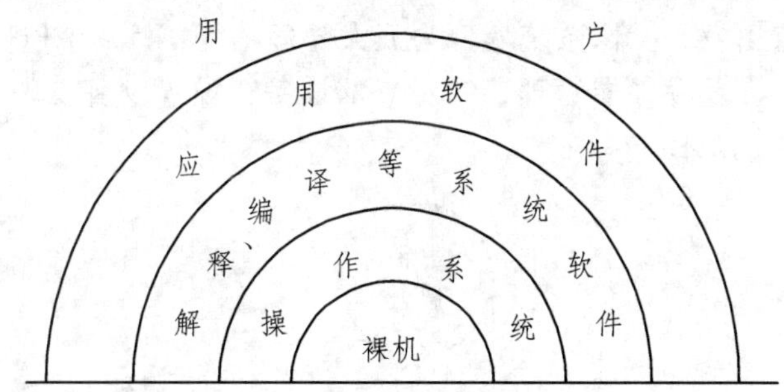

图 2.1 计算机系统层次结构与用户关系图

2. 目前典型的微机操作系统

（1）DOS 操作系统。

DOS（Disk Operating System，磁盘操作系统）是 Microsoft 公司研制的配置在 PC 机上的单用户命令行界面操作系统。采用命令操作方式，命令繁多（100 多条），难于掌握和使用。随着微机硬件技术和软件技术的不断发展，曾独领风骚的 DOS 已经被 Windows 替代。

（2）Windows 操作系统。

Windows 系列操作系统由 Microsoft 公司开发，“Windows”的中文意思为窗口，标志该系列操作系统是基于窗口化的图形界面，具有良好的网络和多媒体功能。因其生动、形象的用户界面，简便的操作方法，吸引着成千上万的用户，成为目前普及率最高的一种操作系统。Windows 操作系统系列中包含 Windows 98、Windows 2000、Windows XP、Vista、Windows 7 等多个版本。

（3）Unix 操作系统。

Unix 是一种发展比较早的操作系统，也是用途比较广泛的操作系统，它能在笔记本电脑、台式电脑、服务器、工作站等各类电脑中通用，并且具有很高的安全性。Unix 的优点是具有较好的可移植性、可靠性和安全性，支持多任务、多处理器、多用户、网络管理和网络应用。其缺点是缺乏统一的标准，应用程序不够丰富，并且不易学习，这些都限制了 Unix 的普及应用。

（4）Linux 操作系统。

Linux 具有多用户、多任务、多进程和多 CPU 的功能，拥有文本编辑器以及高级语言编辑器等应用软件。它属于自由软件，用户可免费获得其源代码，并根据需要进行修改。Linux实际上是从 Unix 发展起来的，与 Unix 兼容，能够运行大多数 Unix 工具软件、应用程序和网络协议。Linux 继承了 Unix 以网络为核心的设计思想，是一个性能稳定的网络操作系统。

（5）Mac OS 操作系统。

Mac OS 操作系统通常用于苹果电脑。它同样开放源代码，用户可以根据需要进行修改。

目前，计算机用户所使用的操作系统基本上锁定在 Windows、Linux 和 Mac OS 这三类，而 Windows 是最具大众化的操作系统。

3. 操作系统的主要功能

尽管操作系统的种类繁多，但它们的功能和作用却大体一致。

计算机系统资源一般划分为四大类：CPU、存储器、外部设备、程序与数据。

从资源管理的观点出发，操作系统划分为五大管理功能：针对 CPU，设置进程管理与作业管理；针对存储器，设置存储器管理；针对外部设备，设置设备管理；针对程序与数据，设置文件管理，如图 2.2 所示。

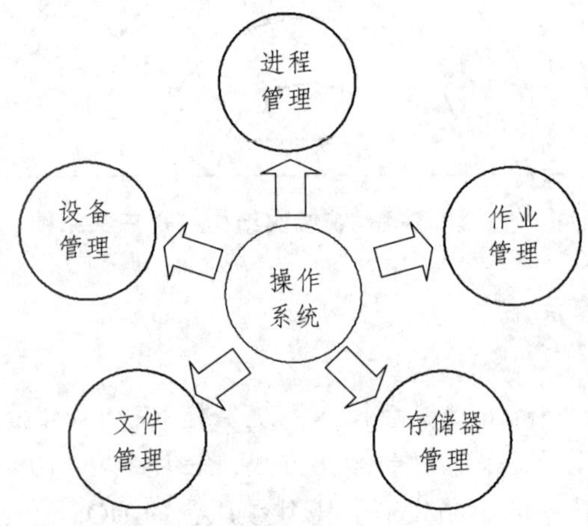

图 2.2 操作系统的管理功能

（1）进程管理。

进程是程序的一次执行过程，是一个动态的概念。任何程序都是通过 CPU 执行的，当计算机同时运行多个程序时，某一时刻 CPU 应该执行哪个程序是需要一个管理策略的。进程管理的作用是有效地调度工作进程，合理地分配 CPU 的时间。

（2）存储器管理。

存储器管理是针对内存存储空间的管理。存储器管理的作用是按照一定的策略合理地划分内存空间，并分配给运行的程序，使存储空间的使用合理、高效。

（3）设备管理。

设备管理是除 CPU 和内存之外的其他硬件资源的管理。设备管理的作用是记录各个设备的工作状态，合理地分配给请求的进程，并尽量使设备与 CPU 并行工作，从而提高工作效率。

（4）作业管理。

作业是指用户在一次事务处理过程中，要求计算机系统所做工作的集合。作业包括程序、数据及程序的控制步骤。作业管理的作用是为用户作业进行合理的组织与调度。

（5）文件管理。

程序和数据以文件的形式存储在计算机中。文件管理的作用是合理地划分外存空间，使用户文件按名存取，并使用户可以对文件方便地进行读、写、检索、保护、修改、删除等操作。

4. 操作系统的分类及其特点

目前，我们一般根据操作系统的用户界面、能支持的用户数目、运行的任务数目和操作系统功能等进行分类。

（1）按用户界面分类。

① 命令行界面操作系统。在这类操作系统中，用户只能在命令提示符后（如 C:\DOS）输入命令才能操作计算机。若要运行一个程序，则应在命令提示符后输入程序名并回车。典型的命令行界面操作系统有 MS-DOS。

② 图形用户界面操作系统。在这类操作系统中，每一个文件、文件夹和应用程序都用图标来表示，所有命令组织成菜单或以按钮形式列出。若要运行一个程序，无需输入命令，只要使用鼠标对图标或菜单命令进行点击即可。典型的图形用户界面操作系统有 Windows、Mac OS、Linux 等。

（2）按能支持的用户数目分类。

① 单用户操作系统。单用户操作系统的硬件、软件资源在每一个时刻点只能为某一个用户提供服务，即单用户操作系统在任一时刻点只能完成一个用户提交的任务，如 MS-DOS、Windows 等。

② 多用户操作系统。多用户操作系统能够管理和控制由多台计算机通过通信接口联结起来组成的一个工作环境，并同时为多个用户服务，如 Unix。

（3）按运行的任务数目分类。

① 单任务操作系统。在这类操作系统中，用户一次只能提交一个任务，待该任务处理完毕后才能提交下一个任务，如早期的 MS-DOS。

② 多任务操作系统。在这类操作系统中，允许用户同时运行多个应用程序，如 Windows、Unix、Linux 等。

（4）按操作系统功能分类。

① 批处理操作系统。批处理系统的主要特点是用户将由程序、数据及运行作业的操作说明书组成的作业一批批地提交系统后，不再与作业发生交互作用，直到作业运行完毕，才能根据输出结果分析作业运行情况，确定是否需要修改，并再次上机运行。批处理系统现已不多见。

② 分时操作系统。分时操作系统的主要特点是将 CPU 的时间划分成时间片，轮流接收和处理各个用户从终端输入的命令。如果用户的某个处理要求时间较长，分配的一个时间片还不够用，只能暂停下来，等待下一次轮到时再继续运行。由于计算机运算的高速性能和并行工作的特点，使得每个用户感觉不到别人也在使用这台计算机，好像独占了这台计算机。典型的分时系统有 Unix、Linux 等。

③ 实时操作系统。实时操作系统的主要特点是指对数据的输入、处理和输出都能在一定

的时间范围内完成，即计算机对输入信息以足够快的速度进行处理，并在确定的时间内作出反应或进行控制。根据具体应用领域的不同，又可以将实时操作系统分成两类：实时控制系统（如导弹发射系统、飞机自动导航系统）和实时信息处理系统（如机票订购系统、联机检索系统）。

④ 网络操作系统。网络操作系统是在单机操作系统的基础上发展起来的，能够管理网络通信和网络共享资源，协调各个主机上任务的运行，并向用户提供统一、高效、方便易用的网络接口。目前常用的有 Windows NT、Unix 等。

⑤ 个人操作系统。个人计算机操作系统是一种运行在个人计算机上的操作系统，主要特点是：计算机在某个时间内为单个用户服务，它采用图形用户界面，界面友好，使用方便，用户无需专门学习，也能熟练操作计算机。目前常用的是 Windows 的 Professional 版、Linux 等。

⑥ 分布式操作系统。分布式操作系统是指通过网络将大量计算机连接在一起，以获取极高的运算能力、广泛的数据共享以及实现分散资源管理等功能为目的的一种操作系统。由于在整个系统中有多个 CPU 系统，因此当某一个 CPU 系统发生故障时，整个系统仍然能够工作。显然，在对可靠性有特殊要求的应用场合可选用分布式操作系统。

上述按不同标准对操作系统的分类可以用如图 2.3 所示的分类图表示。

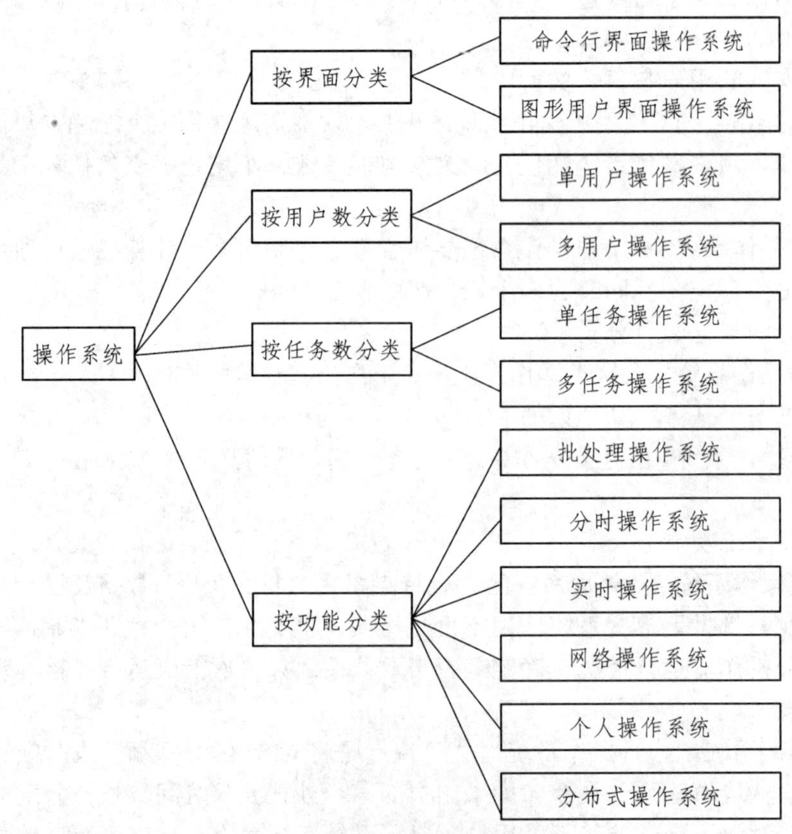

图 2.3 操作系统的分类

操作系统种类繁多，但其基本目的只有一个：为不同应用目的的用户提供不同形式和不同效率的资源管理。在现代操作系统中，往往是将上述多种类型操作系统的功能集成为一体，以提高操作系统的功能和应用范围。例如，在 Windows NT、Unix 及 Linux 等操作系统中，就融合了批处理、实时、网络等操作技术和功能。

知识拓展

计算机界的诺贝尔奖

1946 年，世界上第一台电子计算机 ENIAC 诞生后，美国一些有远见的科学家意识到它对于社会进步与人类文明的巨大意义，在第二年就发起成立了美国计算机协会（ACM），以推动计算机科学技术的发展。

到 20 世纪 60 年代，计算机技术正趋向成熟，信息产业初步形成，计算机科学与技术已成为一个独立的、有深远影响的学科，一些计算机科学家为此作出了卓越的贡献。但是由于它是一个新兴的、变化的学科，在著名的诺贝尔、普里策奖等评选时，都轮不到计算机学者。这显然是不公平的，也是不利于计算机科学技术发展的。

1966 年，ACM 决定设立"图灵奖"，专门奖励那些在计算机科学研究中作出创造性贡献、推动了计算机技术发展的杰出科学家，这个奖以英国著名数学家图灵命名。因为图灵是计算机技术的先驱，他在 1936 年提出的一种描述计算过程的数学模型（后人称之为图灵机），实际上也是现代计算机的数学模型。人们可以通过对图灵机的研究揭示计算机的性质，它在计算机科学理论中起着最核心的作用。

"图灵奖"对获奖者的条件要求极高，评奖程序又极严，一般每年只奖励一名计算机科学家，只有极少年度有两名在同一方向上作出贡献的科学家同时获奖。因此，尽管"图灵奖"的奖金金额不算很高，开始时为 2 万美元，从 1989 年起增至 2.5 万美元，但它却是计算机界最负盛名、最崇高的一个奖项，有"计算机界的诺贝尔奖"之称。

归纳小结

通过完成这个任务，读者应该掌握操作系统的作用、管理功能、分类情况、典型的操作系统等知识，了解 Windows 7 的特点及 Windows 7 对计算机硬件的要求和安装方法。

操作系统是用于管理和控制计算机全部软件和硬件资源、方便用户使用计算机的最基本的系统软件，是运行在硬件上的第一层系统软件，其他软件必须在操作系统的支持下才能运行。操作系统是计算机硬件与其他软件的接口，也是用户和计算机的接口。

操作系统划分为五大管理功能：针对 CPU，设置进程管理与作业管理；针对存储器，设置存储器管理；针对外部设备，设置设备管理；针对程序与数据，设置文件管理。

目前，市场上大多数用户使用的三类操作系统是：Windows 操作系统、Linux 操作系统、Mac OS 操作系统。

Windows 7 是目前流行的一款功能强大的图形界面、单用户、多任务的个人操作系统。

强化练习

一、填空题

1. 操作系统是最基本的________软件，是用于管理和控制计算机全部_______和_______资源、方便用户使用计算机的一组程序。

2. 操作系统是计算机硬件与其他________的接口，也是用户和________的接口。

3. Windows 7 是目前流行的一款功能强大的_______界面、______用户、______任务的个人操作系统。

二、选择题

1. 操作系统是（　　）的接口。

A. 用户与软件　　B. 系统软件与应用软件

C. 主机与外设　　D. 用户与计算机

2. 操作系统的管理功能包括（　　）。

A. 运算器管理、存储管理、设备管理、处理器管理

B. 进程管理、作业管理、存储器管理、设备管理、文件管理

C. 文件管理、设备管理、系统管理、存储管理

D. 处理器管理、设备管理、程序管理、存储管理

3. Windows 7 操作系统的特点包括（　　）。

A. 图形界面　　B. 多任务　　C. 单用户　　D. 以上都对

4. 计算机的操作系统属于（　　）。

A. 系统软件　　B. 应用软件

C. 语言编译程序和调度程序　　D. 视窗操作程序

5. 计算机的操作系统的作用是（　　）。

A. 把源程序译成目标程序

B. 方便用户进行数据管理

C. 管理和调度计算机系统的软件和硬件资源

D. 实现软、硬件的转接

6. 以下四项不属于 Windows 操作系统特点的是（　　）。

A. 图形界面　　B. 多任务

C. 即插即用　　D. 不会受到黑客攻击

7. 关于 Windows 的说法，正确的是（　　）。

A. Windows 是使用最广泛的应用软件

B. 使用 Windows 必须要有 DOS 的支持

C. Windows 是一种图形用户界面操作系统

D. 以上说法都不正确

2.2　任务：Windows 7 入门

小王在“裸机”上安装 Windows 7 操作系统，可是他却不能操作自如，看见同事们十指如飞地操作电脑，处理着公司的往来业务和信函，自己多么想像他们一样能快速地操作计算机。特别是看到主管的电脑桌面背景，是办公室评为优秀团队获奖时的照片，小王也想将桌面背景换成自己喜欢的图片。

为了掌握操作系统最基本的操作和设置，小王学习了如下 Windows 7 的入门操作：

1. Windows 7 的基本操作

（1）Windows 7 的启动与关闭。

（2）鼠标的操作：单击、双击、右击、指向、拖动和滚动。

（3）键盘的操作：常用的快捷键的操作及它们的含义：Esc、Del、Shift+Del、Ctrl+Alt+Delete、Alt+F4、Print Screen、Alt+Print Screen、Ctrl+空格、Ctrl+Shift、Ctrl+。、Shift+空格、Alt + Tab、⊞+D、⊞+R。

（4）任务栏的操作：改变任务栏的大小和位置，隐藏任务栏，利用任务栏进行窗口的切换。

（5）窗口的操作：移动、缩放、最大化/还原、最小化、滚动、排列、切换和关闭等操作。

（6）菜单的操作：“开始”菜单、窗口菜单、快捷菜单、控制菜单四类菜单的操作。

（7）对话框的操作：对标题栏、选项卡、文本框、复选框、单选按钮、列表框、下拉列表框、命令按钮、预览框等操作。

2. 进行 Windows 7 的基本设置

（1）显示属性设置：更换桌面背景、设置屏幕的分辨率和屏幕保护程序。

（2）系统日期和时间的设置：能更改系统的日期和时间。

（3）输入法的设置：删除和添加输入法。

（4）应用程序的添加与删除。

任务分析

（1）进行 Windows 7 的基本操作，主要包括：Windows 7 的启动与关闭，进行鼠标、桌面、窗口、任务栏、菜单、对话框的操作。

（2）进行 Windows 7 的基本设置，主要有：控制面板中的显示属性设置、系统日期和时间的设置、输入法的设置、应用程序的添加与删除。

2.2.1　Windows 7 的启动与退出

1. 启　动

先打开显示器等外部设备，再按下计算机主机面板上的电源开关，计算机完成自检和初始化后，出现欢迎界面，如图 2.4 所示，随后进入 Windows 7 桌面，启动成功。

图 2.4　启动界面

2. 退　出

正确的关机顺序是：先关闭主机，再关闭显示器等外部设备。

关闭主机：单击“开始”菜单中的“关闭计算机”命令按钮关机，或者单击后面的“▸”按钮打开一个菜单（见图 2.5），从中可选择：

切换用户(W)
注销(L)
锁定(O)
重新启动(R)
睡眠(S)
休眠(H)

图 2.5 “关机”菜单

（1）睡眠。

选择该项，当前用户操作的数据仍然保存在计算机内存中，显示器关闭，主机等其他设备处于断电状态。当再次使用计算机时，在桌面上移动鼠标即可恢复原来的状态。

（2）休眠。

选择该项，将当前用户操作的数据从内存中保存到硬盘的某个区域中，然后将计算机所有的设备包括内存断电，当计算机被唤醒时，先从硬盘中加载原先存储的数据到内存，然后恢复到休眠前的状态。与睡眠相比休眠更加省电。

注意：无论是睡眠还是休眠，计算机都将停止运行用户的程序，包括关闭网络等操作。

（3）重新启动。

选择该项，将重新启动计算机。如果计算机出现系统故障或死机现象，可以考虑重新启动，以清除出现的问题。

（4）锁定。

系统出现登录 Windows7 的界面，需要用户输入密码才能使用计算机。如果用户想离开计算机一会，但是在离开的过程中不希望别人使用该计算机，可以使用锁定，锁定不影响正在运行的程序，只是起到一个保护隐私的作用。

（5）注销。

关闭计算机中正在运行的所有程序，对计算机进行一次热启动，即用户的所有程序都将自动关闭，但系统仍然在运行中，所有后台服务都不会受到影响，同时该用户或者其他用户可以用自己的账户重新登录系统。

（6）切换用户。

Windows 7 支持多个用户，用注销功能可以实现不同用户间的切换，这样不必重新启动计算机，既方便快捷，又减少了对硬件的损耗。在系统登录界面可以选择不同的用户使用该系统。

2.2.2 Windows 7 基本知识

1. 桌　面

Windows 7 启动成功后，所看到的整个屏幕称之为桌面，如图 2.6 所示，桌面犹如我们的办公桌，是所有工作的起始处。

图 2.6　Windows 7 桌面

Windows 7 的桌面由以下元素组成：

（1）桌面图标。

桌面上排列的小图像称为图标，由图形与说明文字两部分组成。桌面图标分为系统图标和用户图标两种，系统图标是每一台计算机中都有的图标，包括“计算机”、“Administrator”、“网络”和“回收站”。用户图标是除系统图标以外的图标，由用户根据自己需求创建。

各系统图标含义如下：

“计算机”：用于管理本台计算机能够使用的所有磁盘资源。

“Administrator”：用户创建的文件如果没有指定路径，自动将此文件夹作为默认存放位置。

“网络”：用于快速访问所在局域网中的硬件和软件资源。

“回收站”：用于暂时存放被删除的文件及其他对象。

（2）任务栏。

桌面最下方的条状区域称为任务栏，如图 2.7 所示，任务栏从左至右依次为“开始”菜单按钮、快速启动工具栏、任务栏按钮区和通知区域显示桌面按钮等几部分，具体介绍如下。

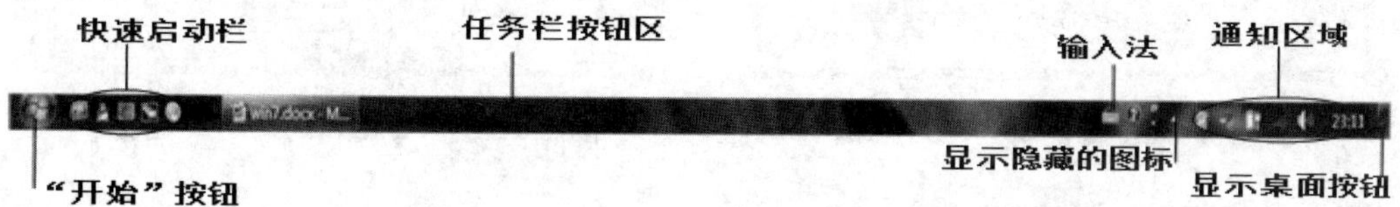

图 2.7　任务栏

① “开始”按钮：用鼠标单击“开始”按钮，或者在键盘上按下 Start 键，就可以打开“开始”菜单。正如其名字，是一切工作开始的地方。

② 快速启动工具栏：单击“快速启动工具栏”中的小图标，可以快速启动相应的应用程序。

③ 任务栏按钮区：所有打开的应用程序，在任务栏上都出现相应的有立体感的按钮。当前正在工作着的窗口，所对应的按钮是按下去的，单击相应按钮可以实现窗口切换。

④ 语言栏：单击按钮，在弹出的菜单中可以选择某一输入法且可以对汉字输入法进行相关设置。

⑤ 显示隐藏的图标：单击该按钮可以显示隐藏的图标。

⑥ 音量控制器：单击此按钮后会出现一个音量控制对话框，如图 2.8 所示。可以通过拖动上面的小滑块来调整扬声器的音量。当单击时，按钮变为，表示系统“静音”，扬声器无声，再次单击该图标，系统恢复正常。

如果单击“合成器”按钮，就可以打开“音量合成器”对话框，如图 2.9 所示。在这里可以对系统中已经启动的每个程序的音量单独进行设置，而不会影响其他程序的使用。

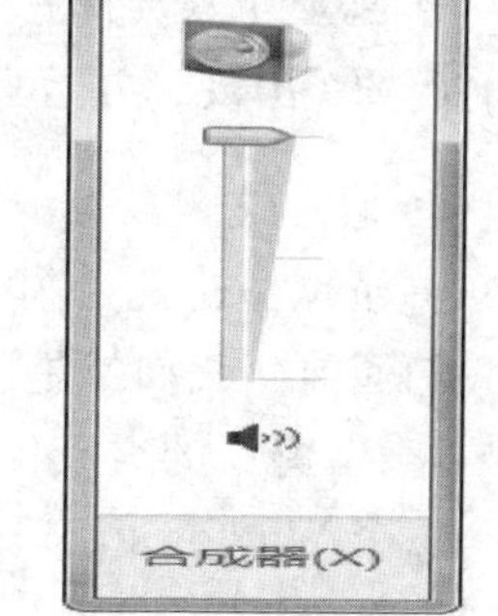

图 2.8　音量调解器

⑦ 日期指示器：显示了当前的时间，把鼠标在上面停留片刻，还会出现当前的日期和星期。单击后会显示一个有时间和日期的对话框，但是不能更

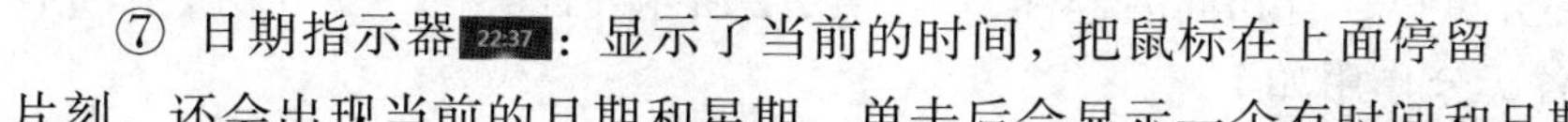

改时间和日期，单击该对话框下面的“更改日期和时间设置”超链接，打开“日期和时间”对话框，如图2.10所示，在“时间和日期”选项卡中，我们可以完成时间和日期的设置。时区选项卡可以进行时区选择。

⑧ 显示桌面按钮：点击此按钮，将使所有正在运行的程序最小化，迅速返回到计算机的桌面。

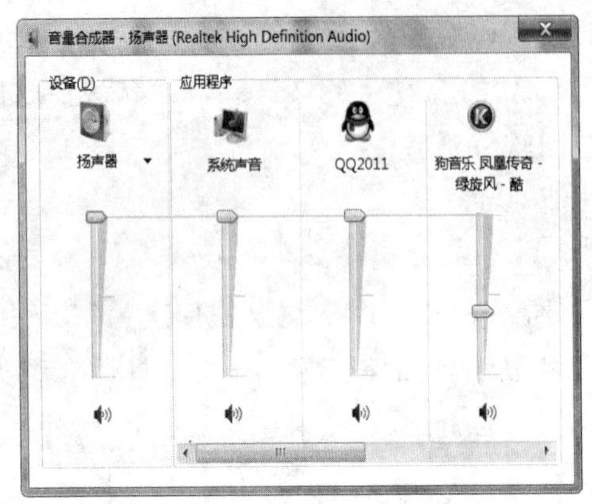

图 2.9 “音量合成器”对话框

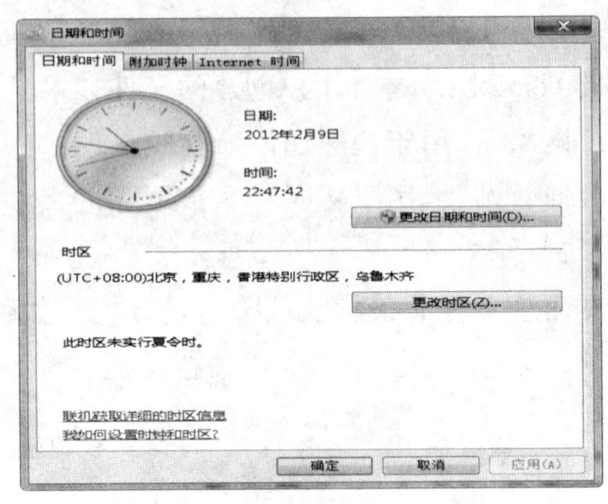

图 2.10 “日期和时间对”话框

（3）桌面背景。

桌面背景即整个桌面的底色和图片，又叫桌布或墙纸，可以根据个人喜好设置。桌面图标重新排列可在桌面空白处右击鼠标，弹出快捷菜单（见图2.11），在“排序方式”中选择某一项。

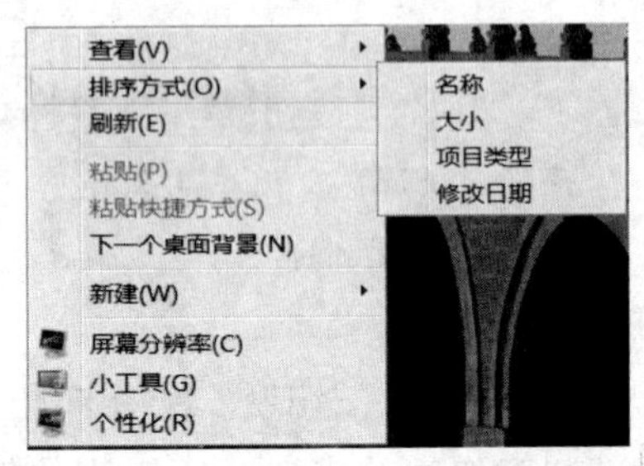

图 2.11 桌面图标排列快捷菜单

桌面图标的显示与隐藏：在桌面空白处右击鼠标，弹出快捷菜单（见图2.11），在“查看”菜单中选择“显示桌面图标”，如果在单击之前，“显示桌面图标”之前有一个☑，选择以后，桌面上的图标都会被隐藏掉；如果想显示桌面图标，重新在桌面空白区域右击鼠标，执行“查看/显示桌面图标”，这时用户看到原来前面的☑不见了，再次选择“显示桌面图标”，其前面的☑出现，并且桌面的图标将重新显示。

2. 窗　口

正如 Windows 的中文含义，在 Windows 操作系统中所有的内容都是以窗口的形式呈现在我们面前，我们就是通过窗口对计算机进行操作的。

（1）窗口的组成。

一个 Windows 窗口一般是由标题栏、菜单栏、工具栏、工作区域、状态栏、滚动条、边框线等部分组成。

在 Windows 7 中大部分窗口都有相同的控件，如图2.12所示“计算机”窗口就是一个常见的 Windows 窗口。其各部分作用如下：

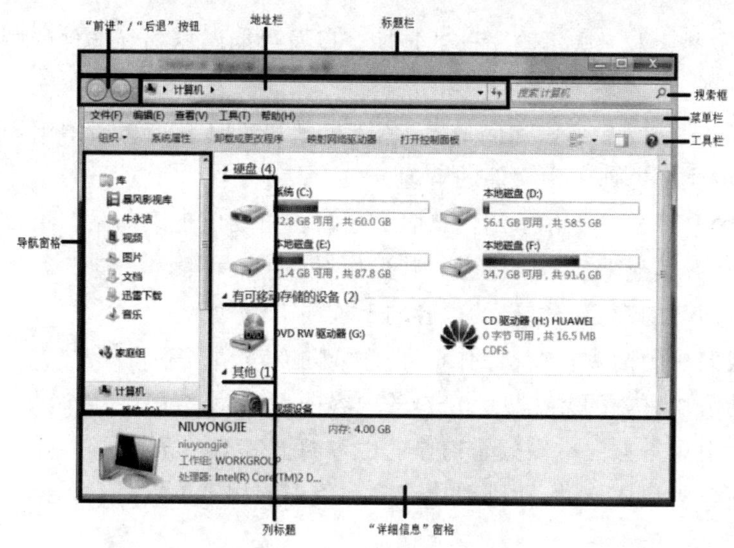

图 2.12　窗口组成

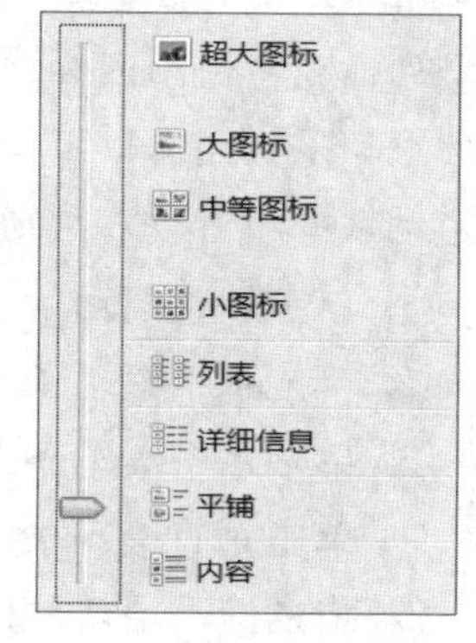

图 2.13　视图浏览方式

标题栏：位于窗口最上边，单击标题栏的左角区域，可以弹出控制菜单，利用其中的菜单项，可以改变窗口的大小，移动、放大、缩小和关闭窗口，如果在该区域双击，将关闭当前窗口。右侧有最小化、最大化或还原以及关闭按钮。最小化按钮可以将窗口缩为任务栏上的一个按钮。最大化/还原按钮可以将窗口变为最大状态，当窗口最大化后，该按钮就被替换成窗口的“还原”按钮，单击“还原”按钮，可以将窗口恢复到最大化前的状态。关闭按钮可以关闭窗口。在标题栏中除了上述的两个区域的空白区域，双击鼠标左键可以在最大化/还原窗口之间切换，如果在标题栏的空白区域单击鼠标右键，同样也会弹出控制菜单。

菜单栏：菜单栏列出应用程序的各种功能项，每一项称为菜单项，单击菜单项，弹出下拉菜单即相关命令的列表，单击这些命令可以完成相应的操作。

工具栏：把常用的菜单命令以按钮的形式放置于此，可以直接在上面单击选择各种工具，方便、快捷。在工具栏的右侧有三个按钮，即视图按钮、预览窗格按钮和帮助按钮。视图按钮可以改变当前窗口内容的浏览方式，单击视图按钮会弹出如图 2.13 所示的菜单，该菜单的内容与菜单“查看”的功能基本相同。

预览窗格：使用预览窗格可以查看大多数文件的内容。例如，如果选择电子邮件、文本文件或图片，则无须在程序中打开即可查看其内容。如果看不到预览窗格，可以单击工具栏中的“预览窗格”按钮打开预览窗格。

地址栏：标明当前窗口在计算机中的位置，使用地址栏可以导航至不同的文件夹或库，或返回上一文件夹或库。

导航窗格：使用导航窗格，可以按照不同的分类方式快速、便捷地在不同类别的文件中跳转。

“搜索”框：在搜索框中键入词或短语可查找当前文件夹或库中的项。一开始键入内容，搜索就开始了。例如，当键入“B”时，所有名称以字母“B”开头的文件都将显示在文件列表中。

“详细信息”窗格：使用“详细信息”窗格可以查看与选定文件关联的最常见属性。文件属性是关于文件的信息，如作者、上一次更改文件的日期，以及可能已添加到文件的所有描述性标记。

工作区域：工作的主要区域，在窗口中所占比例最大，用于显示和处理各工作对象的信息。

列标题：使用列标题可以更改文件列表中文件的整理方式。

滚动条：当窗口工作区容纳不下窗口要显示的信息时，窗口将自动出现滚动条，可以通过拖动水平或者垂直滚动条来查看其他未显示的内容。其操作有如下几种：

① 单击垂直滚动条向上或向下的箭头，窗口的内容向上或向下滚动；

② 单击水平滚动条向左或向右的箭头，窗口的内容向左或向右滚动；

③ 单击水平滚动条中滚动滑块右方的空白处，窗口的内容向左滚动一屏；

④ 单击垂直滚动条中滚动滑块下方的空白处，窗口的内容向上滚动一屏；

⑤ 拖动滚动滑块可以在窗口中快速移动，滚动滑块在滚动条中的相对位置是显示窗口可见的内容相对于全部内容的位置。

边框：是窗口的边界，拖动边框线可以分别改变窗口的高度和宽度。

窗口边角：是窗口的四个角，拖动窗口的边角可以同时改变窗口的高度和宽度。

（2）Windows 7 中窗口的类型。

Windows 采用了多窗口技术，各种窗口会有所差别，但大多数窗口都会有一些共同的组成元素。总体上窗口可分为应用程序窗口和文档窗口两类。

应用程序窗口：包含一个正在运行的应用程序，在应用程序窗口的顶部会出现应用程序的名称和应用程序菜单栏。

文档窗口：在应用程序窗口中出现的其他窗口称为文档窗口，常常包含用户的文档或数据文件。

文档窗口和应用程序窗口最大的区别是：文档窗口没有菜单栏，应用程序窗口配有菜单栏，文档窗口共享应用程序窗口的菜单栏，但打开一个文档窗口后，所选择的应用程序菜单命令将影响文档窗口及其中的信息。

3. 对话框

人与人之间可以用语言沟通，人与计算机又是如何交流的呢？对话框为计算机和用户之间的交流提供了场所，用户对对话框进行设置，计算机就会执行相应的命令。有时对话框也显示附加的信息和警告，或解释没有完成操作的原因。如图 2.14 所示，当关闭文件时会弹出“是否保存更改”对话框，显示警告信息提醒并询问用户是否保存对文档的修改。

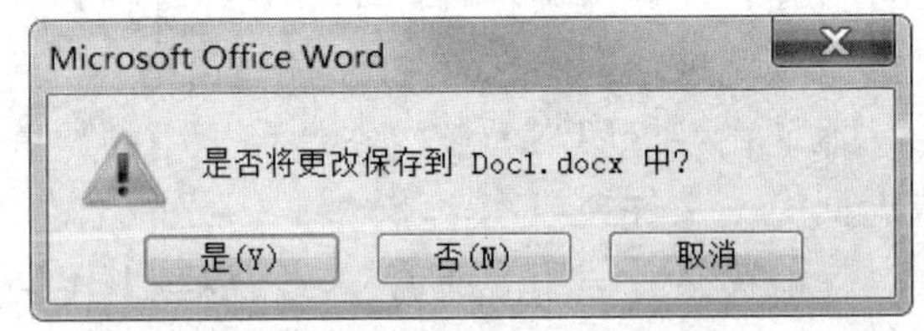

图 2.14 “是否保存更改”对话框

执行带有省略号（...）的菜单命令可以打开对话框。

（1）对话框的组成。

图 2.15 是一个典型的对话框，不同的对话框组成元素各不相同，但一般都包含有标题栏、

选项卡、文本框、列表框、命令按钮、单选按钮和复选框等，如图 2.16 所示。

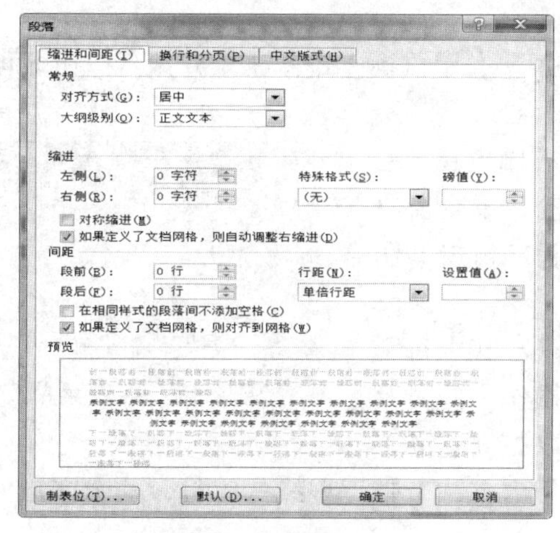

图 2.15　对话框示意图

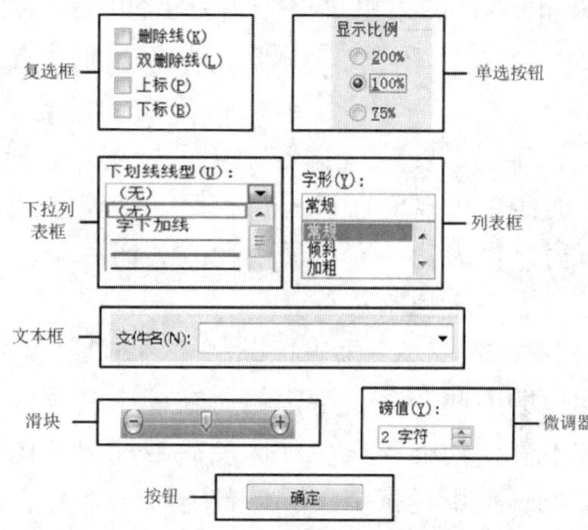

图 2.16　对话框的组成元素

标题栏：位于对话框的最上边，上面左侧标明了该对话框的名称，右侧有关闭按钮，有的对话框还有帮助按钮。对话框一般没有最大化、最小化按钮。

选项卡：用来将对话框中的选项进行分类。单击一个选项卡，即可访问该选项卡包含的选项，在选项卡中通常又包含不同的选项组。可以通过各个选项卡之间的切换来查看不同的内容。

文本框：用于输入文字信息，单击文本框，待框内出现插入点时即可输入信息，单击其右侧向下的箭头，可以在下拉列表框中选择最近曾经输入过的内容。

列表框：提供众多选项供用户选择，通常不能更改。需选用哪一项时，用鼠标单击之即可。

下拉列表框：初始状态是一个只包含当前选项的小窗口，单击右边的向下箭头时，弹出一个可供选择的列表框。

单选按钮：是一些互相排斥的选项列表，选择一个选项，该选项会出现一个蓝色的小圆点，使用时只能从中选择一项。

复选框：是一些可以“开”或“关”的任选项，可以选择其中的多项，也可不选。当选择后，该选项显示为。

微调器：位于文本框右侧，用于增减数值的一对箭头，实现增加的功能，又叫增量框；实现减少的功能，又叫减量框。用户也可以直接输入数值。

滑块：用鼠标拖动来调整值的大小。

命令按钮：单击确定表示认可对话框中的信息，单击取消表示否认所做的修改，维持原状。

（2）窗口与对话框的区别。

① 在外观上窗口能改变尺寸而对话框不能改变尺寸。

② 在内容上窗口的组成与对话框的组成不同。

③ 窗口之间可以切换，而对话框不能切换。

4. 菜　单

Windows 丰富的菜单可以让用户简单地通过鼠标点击即可完成对对象的操作。

（1）菜单类型。

Windows 7 的菜单可以分为以下四类：

① “开始”菜单：是用户经常使用的上拉式菜单，用鼠标左键单击“开始”按钮即可打开该菜单。

② 控制菜单：在窗口左上角区域单击，弹出控制菜单，使用其中的命令可以对窗口进行控制，如恢复、移动、改变窗口大小、窗口最大化、窗口最小化或关闭一个应用程序窗口。图 2.17 显示了一个控制菜单。

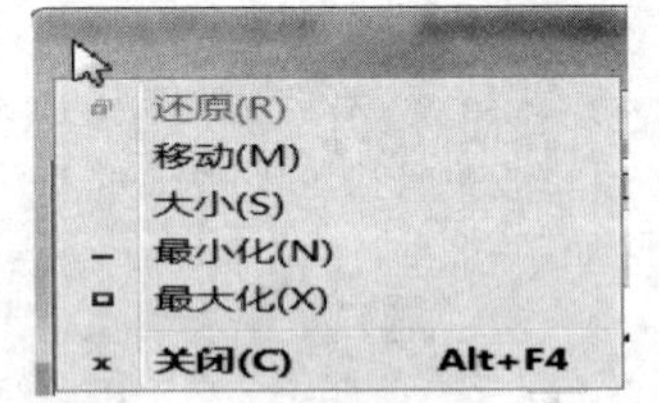

图 2.17 控制菜单

③ 下拉式菜单：位于标题栏或者地址栏的下方，其中每个菜单都包括一些命令，用这些命令可以完成各种操作。此类菜单内容丰富，功能齐全。对选项后带标记的还可以打开它的下级子菜单。菜单栏每个菜单后都有一个括号，括号内有一个带下划线的字母，这个字母就是热键。按下 Alt+相应的热键可以打开此菜单。

④ 快捷菜单：在要操作的位置单击鼠标右键或按下 Shift+F10，可以打开当前处理工作的快捷菜单，其中集中了当前工作的常用功能，使用方便快捷。在不同对象上或者在不同位置右击，弹出的快捷菜单是不同的。

（2）菜单中的约定。

在对菜单进行操作时，有一些约定俗成的规则：

① 灰色命令：表明该命令在当前情况下不适用。

② 命令前有对号“√”：表示此命令为打开的开关命令，再次选择时对号消失，该开关命令被关闭。

③ 命令前有符号“●”：在一组菜单命令中，有且只能有一个菜单命令前有符号“●”，表示这组菜单命令中该命令被选中。

④ 命令后有省略号“...”：表示一个没有完成的命令，选择此命令会打开一个对话框。

⑤ 命令后有组合键（如 Ctrl+C）：此组合键为选择此命令的快捷键。

⑥ 命令后面有箭头“▸”：选择此命令将引出子菜单。

⑦ 菜单命令是向下的双箭头：表示该菜单中还有其他命令，鼠标指向该箭头，将显示出完整的菜单。

⑧ 菜单上的分组线：将菜单命令用横线分组，每组由若干条相关命令组成。

2.2.3 Windows 7 基本操作

1. 鼠标的操作

鼠标的常用操作有单击、双击、右击、指向、拖动和滚动六种操作。

（1）单击：快速按下鼠标左键并立即释放，用于选择一个对象或执行一个命令。

（2）双击：连续快速两次单击鼠标左键，用于启动一个程序或打开一个文件。

（3）右击：快速按下鼠标右键并立即释放，弹出鼠标所指示对象的快捷菜单。

（4）指向：移动鼠标，使鼠标指针指示到所要操作的对象上。

（5）拖动：将鼠标指针指示到要操作的对象上，按下鼠标左键不放，移动鼠标使鼠标指针指示到目标位置后释放鼠标左键。拖动用于移动对象、复制对象或者拖动滚动条与标尺的标杆。

（6）滚动：鼠标的滚轮是滚动屏幕的工具，如果在一个窗口中内容不能完全被显示，可以通过滚动鼠标滚轮来实现。

一般情况下，鼠标指针的形状通常是一个小箭头，随着鼠标指针指向不同的对象或对象位置，或者当系统处于某种状态时，鼠标指针在屏幕上会出现不同的符号形状，如图 2.18 所示。

	正常选择		精确定位		垂直调整
	帮助选择		选定文本		水平调整
	后台运行		手写		延对角线调整 1
	忙		不可用		延对角线调整 2
	候选		链接选择		移动

图 2.18　鼠标指针的各种形状及含义

2. 键盘的操作

键盘除了可以进行中英文录入外，Windows 7 还为键盘定义了许多快捷键，常用的快捷键如表 2.1 所示。

表 2.1　常用的快捷键

命　令	作　用
Esc	取消当前任务
Del	删除所选对象
Shift+ Del	永久删除所选对象
Ctrl+Alt+Delete	出现死机时，采用热启动打开“任务管理器”来结束当前任务
Alt+F4	关闭活动项或者退出活动程序
Alt+Tab	切换窗口
Ctrl+空格	中英文输入法之间切换
Ctrl+Shift	各种输入法之间切换
Shift+空格	中文输入法状态下全角/半角切换
Ctrl+。	中文输入法状态下中文/西文标点切换
Print Screen	复制当前屏幕图像到剪贴板
田+D　田+R	最小化所有窗口返回桌面、打开运行对话框
Alt+Print Screen	复制当前窗口、对话框或其他对象（如任务栏）到剪贴板

3. 任务栏操作

（1）移动任务栏。

任务栏的默认位置在桌面的底部，如果需要也可以用拖动鼠标的方法将任务栏移动到桌面的顶部或者两侧。将鼠标指针移到任务栏空白处，拖动鼠标到目标位置即可。

（2）改变任务栏的大小。

采用鼠标拖动方式还可以改变任务栏的大小。将鼠标指针指向任务栏的边缘，此时指针变为一个双向箭头形状，然后拖动鼠标，即可改变任务栏的大小。

注意：如果用拖动鼠标的方法，不能移动任务栏或改变任务栏的大小，这说明任务栏被锁定，要取消对任务栏的锁定才能进行操作，取消任务栏锁定的方法是：右击任务栏的空白处，在弹出的快捷菜单中取消对“锁定任务栏”的选择。

（3）隐藏任务栏。

如果要隐藏任务栏，可以在任务栏的空白处单击鼠标右键，在弹出的快捷菜单中选择“属性”命令项，打开“任务栏属性”对话框，选择“任务栏”选项卡，在“任务栏外观”区域内，选中“自动隐藏任务栏”前面的复选框，复选框中即显示“√”，单击“确定”按钮即可。

4. 窗口的操作

Windows 就是由各种各样的窗口环境构成的，因而必须熟悉窗口操作，可以通过鼠标使用窗口上的各种命令来操作，也可以通过键盘使用快捷键来操作。

（1）打开窗口。

需要打开一个窗口时，可以通过下面两种方式来实现。

① 双击要打开的窗口图标。

② 右击要打开的窗口图标，单击快捷菜单中的“打开”命令。

（2）移动窗口。

光标指向标题栏，按住鼠标左键将窗口拖动到合适的位置，松开鼠标左键，即可完成移动窗口的操作。

（3）调整窗口大小。

调整窗口的宽度时，把鼠标指针指向窗口的垂直边框，当鼠标指针变成水平的双向箭头时，拖动即可。调整窗口的高度时，把鼠标指针指向窗口的水平边框，当鼠标指针变成垂直的双向箭头时，拖动即可。对窗口进行等比缩放时，可以拖动边框的任意角。

（4）最大化/向下还原、最小化窗口。

单击最大化按钮可使窗口铺满整个桌面。

单击还原按钮可把窗口还原为最大化之前的状态。

单击最小化按钮，窗口会缩为任务栏上的一个图标。

（5）切换活动窗口。

当打开多个窗口时，进行窗口的切换可以让需要的窗口成为活动窗口。

单击任务栏上所要操作窗口的图标，当其颜色变深时，该窗口就切换了到最前面，同时标题栏颜色变深，即成为了当前窗口。也可以通过键盘实现窗口切换，在键盘上同时按下“Alt”和“Tab”两个键，屏幕上会出现切换任务栏，其中列出了当前正在运行的窗口，此时按住“Alt”键不松，然后在键盘上按“Tab”键从“切换任务栏”中选择所要打开的窗口，选中后再松开两个键即可。

Windows7 中还添加了以三维形式的窗口切换，按 Win 键，然后按 Tab，会出现如图 2.19 所示的三维窗口切换。按住 Win 键不放，每按一次 Tab 键，可以切换到当前窗口的下一个窗口。

（6）关闭窗口。

当完成对窗口的操作后，可用以下几种方法关闭窗口。

① 单击标题栏上的“关闭”按钮。

② 双击标题栏左侧的控制菜单。

③ 打开窗口控制菜单，选择“关闭”命令。

④ 使用 Alt+F4 组合键。

⑤ 在标题栏左侧角部区域单击鼠标右键，然后选择“关闭”。

图 2.19　三维窗口切换

⑥ 如果是一个应用程序窗口，可以从“文件”菜单中选择“退出”。

⑦ 在标题栏空白区域，单击鼠标右键，在快捷菜单中选择“关闭”。

（7）排列窗口。

当桌面上有多个运行着的窗口时，可右击任务栏的空余处，从快捷菜单中选择一种窗口排列方式，如层叠窗口、堆叠显示窗口或并排显示窗口等。

4. 菜单操作

（1）打开和关闭菜单。

单击菜单栏上的菜单项（或按 Alt+菜单热键）即可打开菜单，如果出现下级子菜单，移动鼠标指针位置，菜单选项光条随之移动，到达目标位置后单击鼠标即可执行相应的操作命令。

在菜单区域外单击或按 ESC 可以关闭当前打开的菜单。

（2）选择菜单命令。

打开菜单后，用户可以根据需要从中选择有效命令执行，如果命令又打开下一级子菜单，可以继续在此菜单中选择，直到满足要求。

5. 中文输入法

中文输入在文字处理工作中经常用到，Windows 7 提供了“微软拼音”、“全拼”、“郑码”、“智能 ABC”等多种中文输入法供用户选择，用户还可以根据需要添加或删除某种输入法。

（1）中文输入法的调用。

单击任务栏上的输入法指示器，从中选择所需的输入法，例如“微软拼音输入法 2007”，打开输入法状态条，如图 2.20 所示。

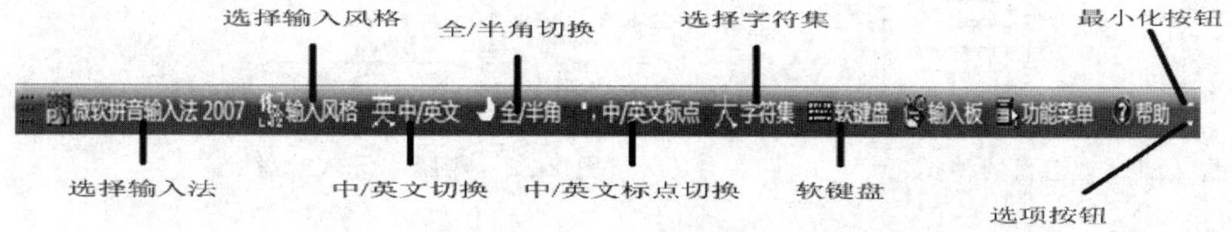

图 2.20　输入法状态条

单击“选项”按钮，在弹出的菜单中可以对输入法中的功能按钮是否显示进行设置。不同的输入法外观不同，但具有的功能按钮及其功能基本相似。

(2)中文输入法的设置。

① 用鼠标操作。

不同输入法的切换：单击“选择输入法”按钮，在弹出的输入法列表上通过单击不同的按钮进行。

全角与半角的切换：单击全角与半角切换按钮。

中英文标点符号切换：单击中英文标点符号切换按钮。

软键盘的开、关：单击软键盘的开关按钮。

中/英文的切换：单击“中/英文”切换按钮。

输入风格的选择：单击“输入风格”按钮，在风格列表中选择。

单击最小化按钮，可以让输入法状态栏最小化到状态栏上。

② 用键盘操作。

中英文切换：Ctrl+空格键或者 Shift。

中英文标点切换：Ctrl+.。

不同输入法的切换：Ctrl+Shift 或 Alt+Shift。

全角与半角的切换：Shift+空格键。

(3)软键盘的使用。

有一些特殊符号在键盘上找不到，如α、㈠、⑤、≤、★、※、≌、Σ、≈、∵、§等，Windows 7 中可以用软键盘输入。将鼠标指向中文输入法状态条上的“功能菜单”，选择“软键盘”，在弹出的子菜单上选择拟采用的键盘；输入时，用鼠标单击软键盘上的符号即可。关闭时，用鼠标再单击状态条上的软键盘或者直接单击软键盘上的“关闭”按钮。例如：要输入希腊字母ω、Ω，可以单击“功能菜单”，选择“软键盘”，在弹出的子菜单中选择“希腊字母”菜单(见图 2.21)，系统将自动弹出软键盘(见图 2.22)，此时单击 M 键或直接在键盘上按下 M 键，可以输入ω，按下 Shift 并单击 M 键或直接按下 Shift+M 键，则可以输入大写字母Ω。使用完后再单击软键盘开关将其关闭。

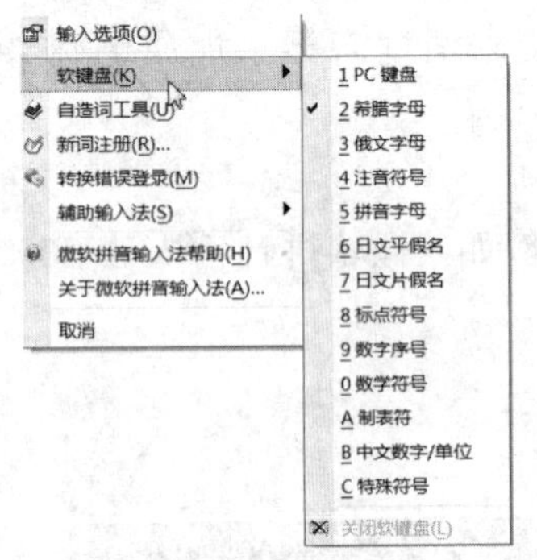

图 2.21 软键盘的种类

图 2.22 希腊字母软键盘

(4)汉字的输入。

汉字输入可以采用以下步骤：

① 从任务栏上启动汉字输入法。

② 从键盘中输入拼音码或其他输入编码。

③ 如果采用拼音输入法，在输入像“西安”这样的词时，因为拼音“xian”跟“先”等汉字的拼音相同，需要输入拼音分隔符“’”，所以“西安”的拼音应该输入“xi’an”。

④ 在候选窗口中选择所需的汉字，当第一页没有时，用键盘上的“+”键和“-”键来翻页。单击“功能菜单”，选择“输入选项”，在“微软拼音新体验及经典输入风格”选项卡中选择“词语联想”、“自学习”、“模糊拼音设置”等选项可以设置词语联想、模糊拼音等。

若要输入中文标点符号，可以先单击中英文标点转换按钮，变成中文标点输入状态，再按下表 2.2 中对应的键位输入即可。

表 2.2　中文标点符号与键盘符号对照表

中文标点符号名称	中文符号	键盘符号
顿号	、	\
逗号	，	,
句号	。	.
左书名号	《	<
右书名号	》	>
双引号	“ ”	"
单引号	‘ ’	'
省略号	……	Shift+6
破折号	——	Shift+ -
分隔号	·	Shift+2
人民币	¥	Shift+4

6.“开始”菜单、任务栏设置

根据需要用户可以将“开始”菜单和任务栏重新设置，在任务栏空白处单击鼠标右键，在弹出的菜单中选择“属性”，打开“任务栏和[开始]菜单属性”对话框，如图 2.23 所示。

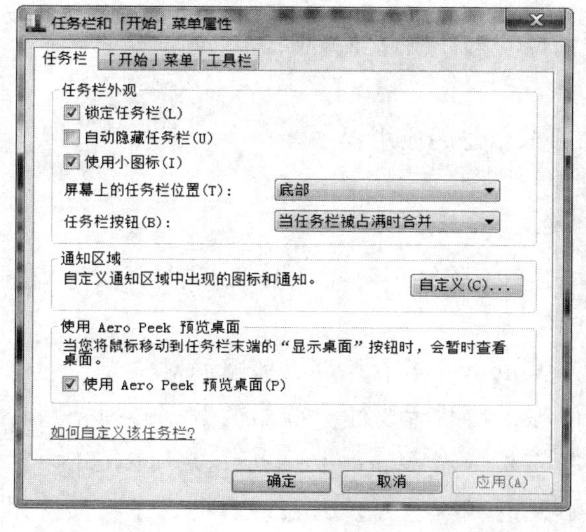

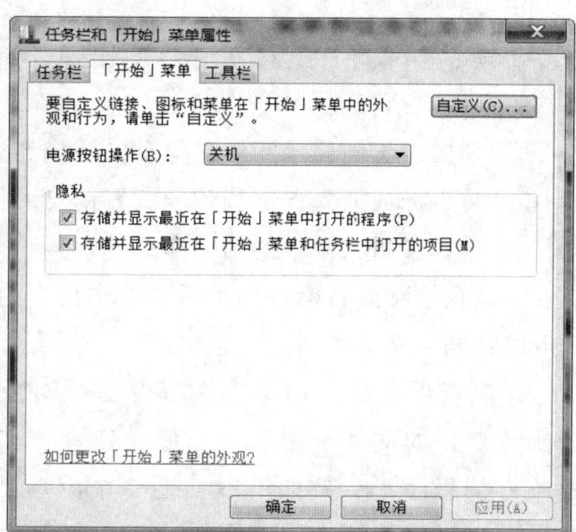

图 2.23　“任务栏和[开始]菜单属性”对话框

单击任务栏选项卡可以设置任务栏是否锁定、是否隐藏、任务栏在屏幕上的位置、任务栏上面的按钮是否合并、是否启用 Aero Peek 预览桌面等，在通知区域，点击“自定义”按钮，可以选择在任务栏上出现的图标和通知。单击“开始”菜单选项卡可以单击“自定义”按钮设置开始菜单右窗格中出现的项目，电源按钮操作可以设置开始菜单中默认的电源按钮是“关机”、“重新启动”、“切换用户”、“注销”、“睡眠”、“休眠”、“锁定”中的一项，还可以设置在“开始”菜单的左窗格是否显示最近打开的程序或项目。

7. 剪贴板操作

（1）剪贴板的概念。

剪贴板是计算机内存中的一个存储区域，用来临时存放信息。它是 Windows 系统中重要的数据传递工具，是应用程序之间传送信息最简便的方法。使用它，只要简单地按几个键就可以将数据从一个文件复制到另一个文件中去，这些数据可以是文本、文件、图像、声音、视频或应用程序等。Windows 应用程序中的剪切、复制、粘贴命令是剪贴板应用的典型操作，当用剪切或复制命令对数据进行操作后，这些数据就被暂时存放在剪贴板中，使用粘贴命令可把这些数据从剪贴板中复制到目标应用程序中。剪切和复制命令的不同之处就在于执行的结果，剪切会删除原来的数据，而复制操作后仍保留原来的数据。剪贴板中同一时间只能存放此前最后一次剪切或复制的数据，再进行剪切或复制操作时，新的数据就会覆盖掉原有的数据，因此剪贴板具有“写入一次性，读出无穷性”的特点。由于剪贴板是存在于系统内存中的，所以一旦关闭了计算机，上面的数据就会消失。

（2）剪贴板的操作。

应用程序之间信息传递的具体步骤是：

① 在应用程序中选择需要剪切或复制的对象。

如果要拷贝全屏幕至剪贴板，按 PrtScn 键；如果要拷贝当前活动窗口至剪贴板，按 Alt+PrtScn 键。

② 从编辑菜单中选择复制命令，把文本或图像的拷贝放置到剪贴板上，或选择剪切命令将其移动到剪贴板上。

③ 如果在不同程序间传送信息，转换到要接收信息的应用程序。

④ 将光标或插入点定位到要放置信息的位置上。

⑤ 选择编辑菜单中的粘贴命令。

将信息粘贴到目标程序中后，剪贴板上的内容依旧保持不变，因此可以进行多次粘贴，既可以在同一文件中粘贴，也可以在不同文件中粘贴。

在进行剪贴操作前必须选择好剪贴对象，Windows 7 中，可以剪贴的对象涉及的范围比较广，如文本、图表、图像、声音、文件等，粘贴时要注意剪贴的数据必须粘贴在相兼容的程序里，例如可以粘贴一个图形到写字板或者 Word 中，也可以从 Excel 中粘贴一个电子表格到 Word 中去，但都不能粘贴到记事本中去，因为记事本程序不支持图片和表格。

8. 使用帮助系统

使用计算机的时候，可能会遇到各种问题，系统为用户提供了包含 Windows 7 所有资源的帮助系统，它好像一本在线字典，我们可以随时使用其获得帮助信息和其他支持服务。

（1）了解“帮助和支持”窗口。

单击“开始”菜单，选择“帮助和支持”命令后，即可打开“帮助和支持中心”窗口，如图 2.24 所示，此窗口以搜索引擎的方式显示，用户可以再搜索，框中输入感兴趣的关键词，点击右边的“搜索帮助”按钮，主窗口中以超级链接的形式显示与关键词相关的主题，用户单击相关的超级链接，可以快速了解自己最关心、最感兴趣的内容。

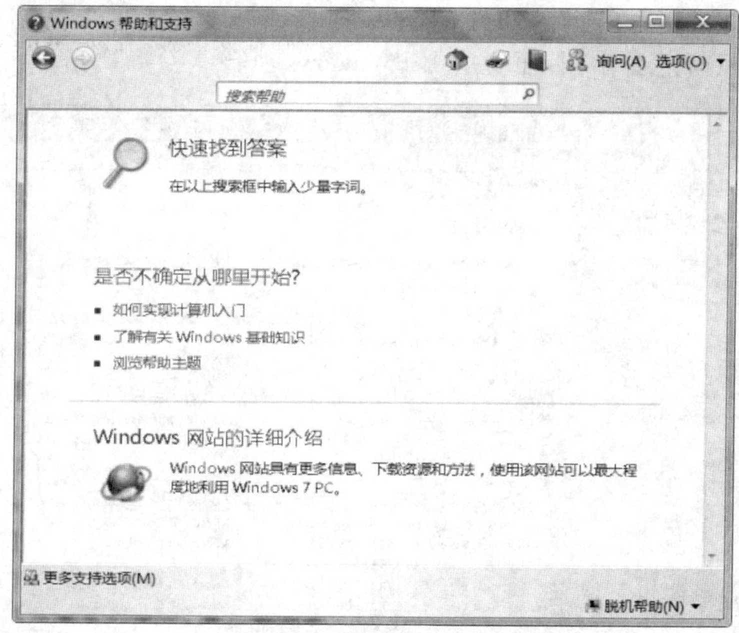

图 2.24 “帮助和支持”窗口

在搜索输入框的上方是前进、后退按钮和一些按钮，其中的选项为用户在操作时提供了方便，可以快速地选择自己所需要的内容。

当用户单击按钮时，会回到窗口的主页，单击“浏览帮助”按钮可以查看 Windows 本身携带的帮助目录。

（2）使用帮助系统。

可以通过以下途径获得帮助信息：

① 在帮助目录中直接选取相关选项并逐级展开，使用时选择一个主题单击，窗口会打开相应的详细列表框，用户在该主题的列表框中选择具体内容单击，在窗口的显示区域就会显示相关选项的具体内容。

② 在“帮助和支持中心”窗口中的“搜索”文本框中输入要查找内容的关键字，然后单击按钮，可以快速查找到相关信息。

③ 如果用户连入了 Internet，可以通过远程协助获得在线帮助或者与专业支持人员联系，单击“询问”按钮，即可打开“更多支持选项”页面，用户可以向自己的朋友求助，

或者直接向 Microsoft 公司寻求在线协助支持，还可以和其他的 Windows 用户进行交流。

2.2.4 程序管理

1. 安装、删除程序

尽管 Windows 7 提供了许多诸如写字板、画图、便签、计算器等应用程序，但还是远远不能满足用户的各种需求。在使用过程中用户还会经常安装需要的应用程序以实现不同的功能，删除不需要的应用程序，以释放出硬盘空间。

在控制面板中，单击“程序和功能”图标，就会打开“卸载或更改程序”窗口，如图 2.25 所示。这里可以帮助用户管理计算机上的程序和组件，可以卸载、更改或者修复程序，可以查看已经安装的更新，还可以打开或者关闭 Windows 功能。

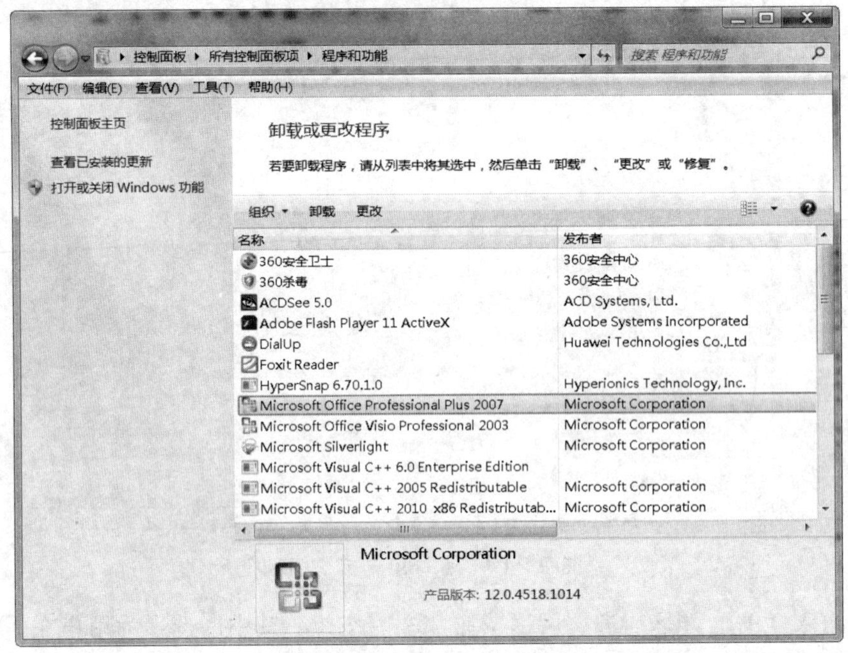

图 2.25 “卸载或更改程序”窗口

注意：删除应用程序禁止直接从文件夹中删除，因为一方面不可能删除干净，有些 DLL 文件（动态链接库）安装在 Windows 目录等其他一些系统目录中，另一方面很可能会删除某些其他程序也需要的 DLL 文件，导致依赖这些 DLL 的程序无法正常运行。

（1）查看已安装的更新。

单击任务窗格中的“查看已安装的更新”，会打开“卸载更新”窗口，在该窗口中列出了计算机中安装的所有的更新，包括更新的名称、程序、版本、发布者、安装时间。

单击其中的任何一个更新程序，在工具栏上会出现“卸载”按钮，或者直接在某个更新上面单击鼠标右键，弹出“卸载”的快捷菜单。如图 2.26 所示，单击“名称”列名，会对更新程序按照“升序/降序”的顺序对所有的更新进行排序，如果单击列名右边的按钮▾，会弹出一个供用户对更新名进行筛选的对话框，如图 2.27 所示，用户选择其中的一项或者多项，在窗口中会立即显示出筛选的结果。如果用户对某一列采用了筛选，那么在该列的右边会有一个按钮☑作为标志。用户选择某个更新，点击“卸载”按钮，计算机将开始卸载该更新，在卸载之前，会有一个提示“卸载更新”的对话框，如图 2.28 所示。如果用户选择“是”，计算机开始卸载该更新，用户按照屏幕提示操作即可完成。

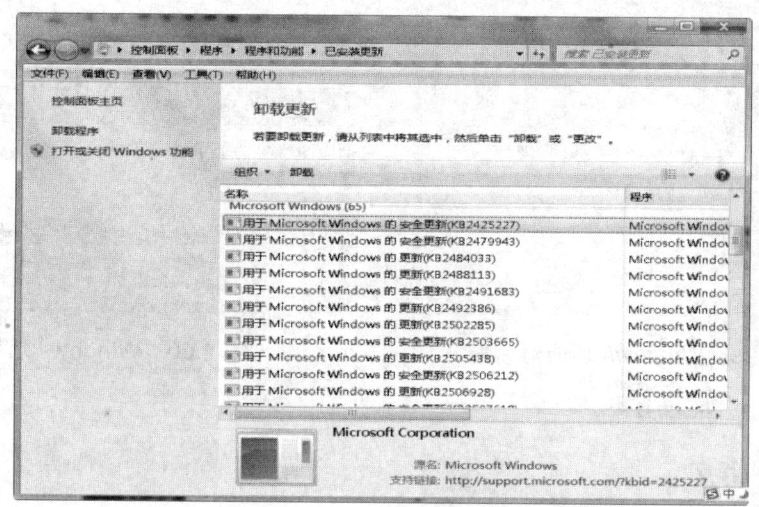

图 2.26　卸载更新窗口

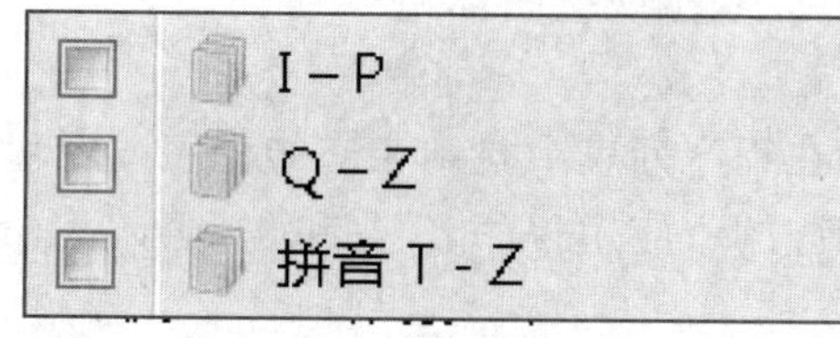

图 2.27　筛选对话框

图 2.28　卸载更新对话框

（2）更改或删除程序。

对计算机中安装的一般程序的卸载、更改、修复与 Windows 更新程序的操作相同。进入“卸载程序”窗口，在程序列表中直接找到需要变化的程序，或者使用排序、筛选的办法找到，单击该程序，在工具栏上会出现“卸载”或者“卸载/更改”或者“修复”按钮，根据用户需要的操作点击不同的按钮，按照系统提示完成操作。

注意：用户选择不同的程序，工具栏出现的按钮的个数不同，这与程序本身提供的功能相关。

（3）打开或关闭 Windows 功能。

在“程序和功能”窗口左任务窗格中，单击“打开或关闭 Windows 功能”，弹出“Windows 功能”对话框，如图 2.29 所示。如果想要打开其中的一项功能，选择前面的复选框，如果要关闭某种功能，去掉其前面的复选框。如果某个功能的前面复选框中是填充的，说明计算机中只安装了该功能的一部分。最后，单击“确定”按钮，会弹出 Windows 正在更改功能的提示，如图 2.30 所示。

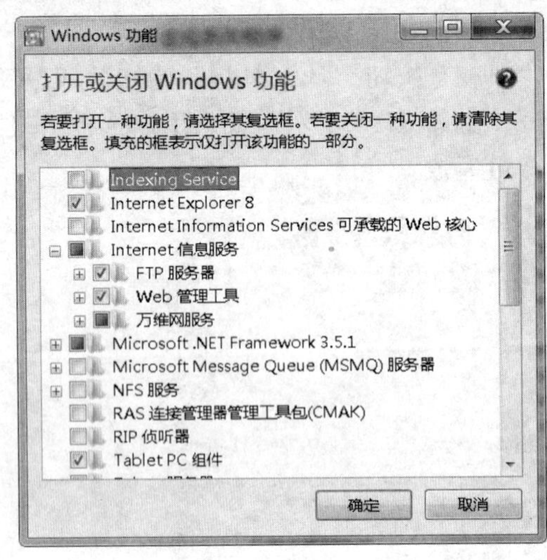

图 2.29 Windows 功能对话框

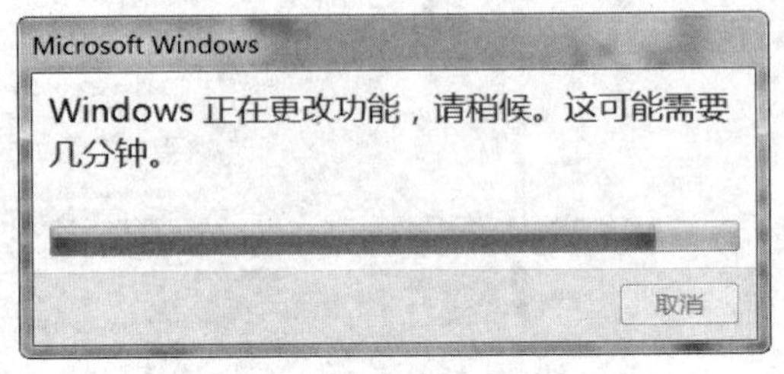

图 2.30 Windows 功能更改

（4）程序的运行与退出。

2. 启动应用程序

要启动运行一个应用程序，可以采用以下方法：

（1）桌面上启动应用程序。

如果桌面有该应用程序“图标”或“快捷图标”，双击该“图标”。

（2）“开始”菜单中启动应用程序。

点击“开始”菜单，单击“所有程序”按钮，在程序列表中找到相应的程序或者程序文件夹，如果是程序文件夹，点击打开，然后选择相应的“应用程序名”，单击即可。

（3）通过浏览驱动器和文件夹启动应用程序。

在“计算机”或“Windows 资源管理器”中按路径找到该应用程序，双击打开。

（4）通过“运行”命令。

执行“开始|所有程序|附件|运行”或者使用快捷键“Win+R”，打开“运行”对话框，如图 2.31 所示。在“打开”框中输入程序文件的路径和名字，或单击“浏览”按钮搜索应用程序，在找到的程序上单击选中它，然后单击“打开”按钮回到运行对话框，单击“确定”按钮或按回车健。

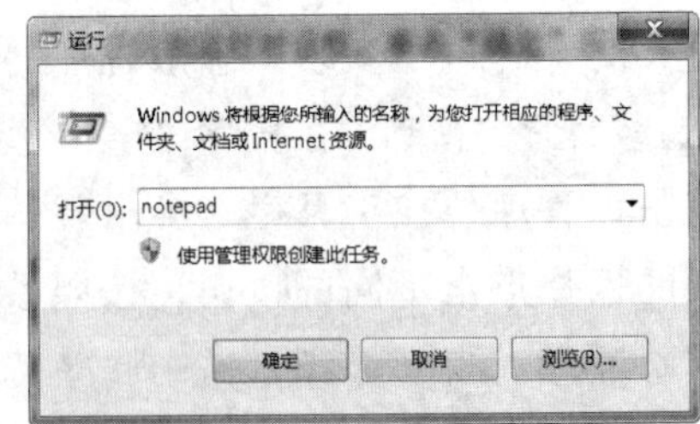

图 2.31 运行对话框

（5）打开由此应用程序创建的文档。

（6）使用“开始”菜单中的“搜索”。在搜索输入框中，输入程序的部分或全部名称，在找到的程序列表中直接单击。

3. 退出应用程序

Windows 7 中有多种方法可退出应用程序，它们是：

（1）执行“文件|退出”命令。

（2）单击窗口右上角“关闭”按钮。

（3）双击窗口左上角区域。

（4）单击窗口左上角“控制菜单”，选择“关闭”命令。

（5）右键单击标题栏的空白区域，选择“控制菜单”中的“关闭”命令。

（6）按 Alt+F4 组合键。

（7）同时按下 Ctrl+Alt+Del，选择“启动任务管理器”，在应用程序标签中选择要退出的程序名，单击“结束任务”按钮。

4. 应用程序的快捷方式

（1）什么是快捷方式？

快捷方式是指链接到文件或文件夹的图标，用一个左下角带有弧形箭头的图标表示，称为快捷图标。为了快速地启动某个应用程序，通常在便捷的地方（如桌面或“开始”菜单）创建快捷方式，它不是这个对象本身，而是指向这个对象的指针，因此，打开快捷方式便意味着打开了相应的对象，删除快捷方式却不会删除对应的对象，就如人和照片的关系。

（2）创建快捷方式。

① 鼠标方式。

只要按住 Ctrl+Shift 不放，然后将文件（或其他对象）拖曳到需要创建快捷方式的地方即可（如果拖曳到桌面左下角的“开始”按钮，则不必按住 Ctrl+Shift）。

② 菜单方式。

执行“文件|新建|快捷方式”命令。

注意：“文件”菜单中有一个“创建快捷方式”命令，它与“文件|新建|快捷方式”命令是有区别的，前者是在“原地”创建快捷方式。

③ 使用快捷菜单。

在需要创建快捷方式的文件上单击鼠标右键，弹出一个快捷菜单，选择“创建快捷方式”，在文件原地会创建一个快捷方式。

5. Windows 任务管理器

Windows 任务管理器提供了有关计算机性能的信息，可以显示计算机上所运行的程序和进程的详细信息，如果连接到网络，还可以查看网络状态。

除了查看系统当前的信息之外，任务管理器还有下列功能：

（1）终止未响应的应用程序。

在“应用程序”选项卡中，先选定需要终止的应用程序，然后单击“结束任务”按钮。

（2）终止进程的运行。

在“进程”选项卡中，先选定需要终止的映像名称，然后单击“结束进程”按钮即可（系统进程无法终止）。

启动任务管理器的方法是：同时按下“Ctrl+Alt+Del”组合键或右击任务栏的空白处，然后选择“启动任务管理器”命令，打开“Windows 任务管理器”窗口，如图 2.32 所示。

任务管理器窗口提供了文件、选项、查看、窗口、帮助六个菜单项，例如“查看”菜单下选择“选择列”，可以设置显示在进程选项卡中的进程信息列，如图 2.33 所示。其中还有应用程序、进程、服务、性能、联网、用户六个选项卡，窗口底部是状态栏，从这里可以查

看当前系统的进程数、CPU 使用率、物理内存容量等数据，默认设置下系统每隔一秒钟对数据进行 1 次自动更新，也可以执行“查看|更新速度”命令重新设置。

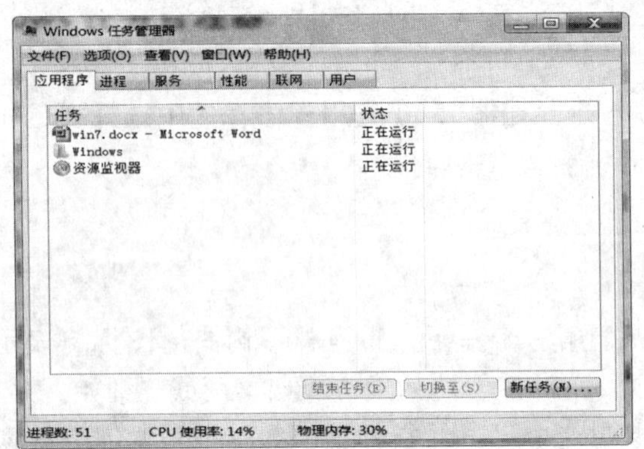

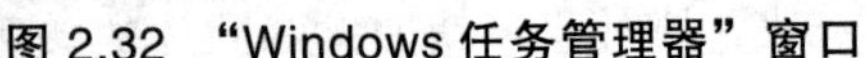
图 2.32 “Windows 任务管理器”窗口

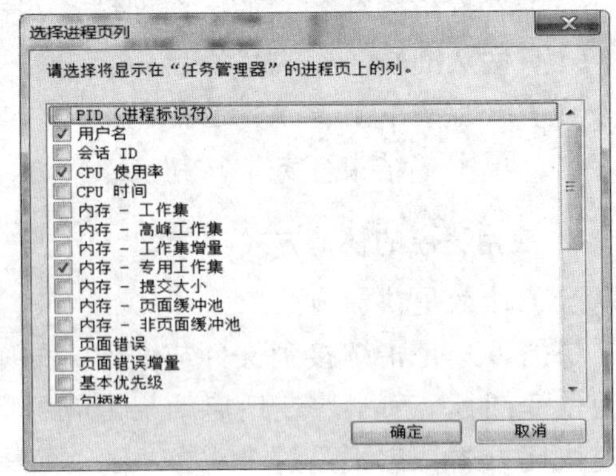

图 2.33 可选的进程信息

各选项卡介绍如下：

① 应用程序。显示所有当前正在运行的应用程序，可以在这里单击“结束任务”按钮直接关闭某个应用程序，如果需要同时结束多个任务，可以按住 Ctrl 键分别选中。单击“新任务”按钮，可以打开“运行”对话框，在对话框中可以打开相应的程序、文件夹、文档或 Internet 资源，如果不知道程序的名称，可以单击“浏览”按钮进行搜索。

② 进程。显示所有当前正在运行的进程，包括应用程序、后台服务等，那些隐藏在系统底层深处运行的病毒程序或木马程序都可以在这里找到，前提是要知道它的名称。找到需要结束的进程名，然后执行右键菜单中的“结束进程”命令，就可以强行终止，不过这种方式将丢失未保存的数据，而且如果结束的是系统服务，则系统的某些功能可能无法正常使用。

③ 服务。可查看当前正在运行的服务。若要查看是否存在与某个服务关联的进程，右键单击该服务，然后单击“转到进程”。如果“转到进程”的显示变暗，则是因为所选的服务当前已停止。“状态”列表明服务正在运行还是已停止。

④ 性能。查看计算机性能的动态概念，例如 CPU 和各种内存的使用情况。点击性能选项卡中的“资源监视器”按钮，打开“资源监视器”，如图 2.34 所示，可以实时查看更详细的关于硬件（CPU、内存、磁盘和网络）和软件（文件句柄和模块）资源的使用情况。

⑤ 联网。显示本地计算机所连接的网络通信量，使用多个网络连接时，可以在这里比较每个连接的通信量，前提是只有安装网卡后才会显示该选项。

⑥ 用户。显示当前已登录和连接到本机的用户数、标识、活动状态、客户端名，可以单击“注销”按钮重新登录，或者通过“断开”按钮取消与本机的连接。

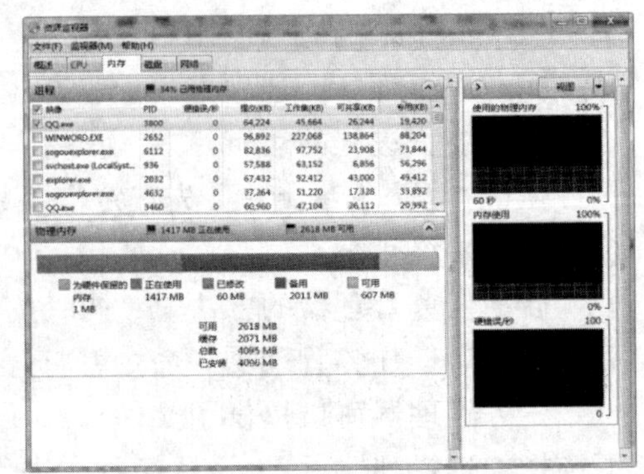

图 2.34 资源监视器

2.2.5　Windows 7 的控制面板

Windows 7 将大部分系统设置和设备管理都集中到了控制面板中，利用它可以根据个人喜好进行个性化设置，使 Windows 7 更符合个人工作习惯，提高工作效率。

单击“开始”按钮，在弹出菜单的右窗格中选择“控制面板”，就进入到控制面板窗口了。在 Windows 7 中控制面板的界面有类别视图（见图 2.35）和图标视图（见图 2.36）两种。类别视图把控制面板项目和常用任务组合在一起以组的形式呈现在用户面前，方便了人们按主题进行设置。要切换到图标视图模式，在控制面板里，单击工具栏上的“查看方式”选择“大图标”或者“小图标”，此时窗口变为一系列的图标，要打开某个项目，单击即可。

图 2.35　“控制面板”类别视图

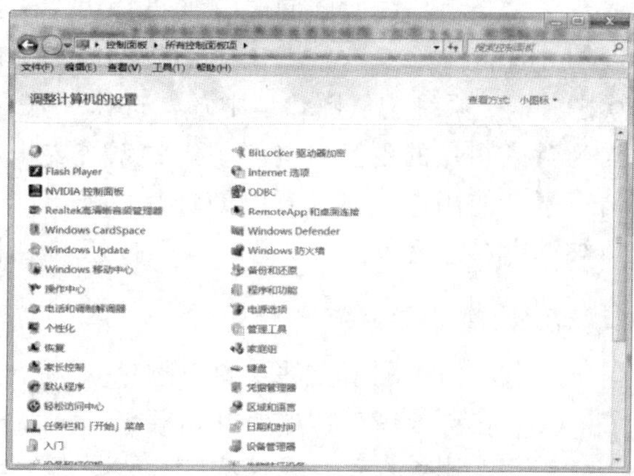

图 2.36　“控制面板”图标视图

合理的桌面布局，富有个性的桌面背景，清晰的屏幕显示，能为我们使用计算机打造一个靓丽的工作环境。这些项目的更改，都是通过设置显示属性来完成的。

在“控制面板”窗口中单击“个性化”图标，或右击桌面空白处，在弹出的快捷菜单中选择“个性化”命令都可以打开“个性化”窗口，如图 2.37 所示。在此窗口中，可以完成很多和个性化有关的项目设置。

1. 选择主题

主题是计算机上的图片、颜色和声音的组合，它包括桌面背景、屏幕保护程序、窗口边框颜色和声音方案。某些主题也可能包括桌面图标和鼠标指针。

Windows 7 提供了多个主题。可以选择 Aero 主题使计算机个性化；如果计算机运行缓慢，可以选择 Windows 7 基本主题；如果希望屏幕更易于查看，可以选择高对比度主题。单击要应用于桌面的主题，即可完成对主题的设置。

图 2.37　“个性化”窗口

2. 设置桌面背景

（1）在主题的下方，有一个“桌面背景”的按钮，单击，弹出“选择桌面背景”窗口，如图 2.38 所示。在“图片位置”，点击“浏览”按钮选择需要设置为背景的图片，在 Windows 7 中桌面背景可以同时选择多张，多张图片间隔一段时间会自动发生变换。

（2）当图片不能占满整个屏幕时，可以在“图片位置”下拉列表框中选择填充、适应、居中、平铺和拉伸 5 种选项之一，来调整背景图片在桌面上的位置。

（3）在“更改图片时间间隔”下拉列表框中可以选择背景自动更换的时间间隔。如果选中“无序播放”前面的复选框，那么这些图片的播放次序将不固定，在更换图片时，系统会从图片集中随机选择一张设置为背景。因为背景图片的更换将消耗一定的系统支援，因此默认情况下“使用电池时，暂停幻灯片放映可节省电源”选项被选中。最后单击“保存修改”按钮或“取消”按钮。

图 2.38　选择桌面背景

3. 设置窗口颜色

（1）单击主题下方的“窗口颜色”，弹出如图 2.39 所示的设置窗口颜色窗口。

（2）在更改窗口边框、开始菜单和任务栏的颜色下选择自己喜欢的颜色，还可以设置是否“启用透明效果”与颜色浓度。

（3）点击“显示颜色混合器”左边的⌄按钮，展开颜色混合器，可以对“色调”、“饱和度”、“亮度”采用滑块进行调节。

点击“高级外观设置”，弹出如图 2.40 所示的“窗口颜色和外观”对话框。在这个对话框中，可以对 Windows 的每个组成部分进行详细的尺寸大小、字体、颜色等的设置。

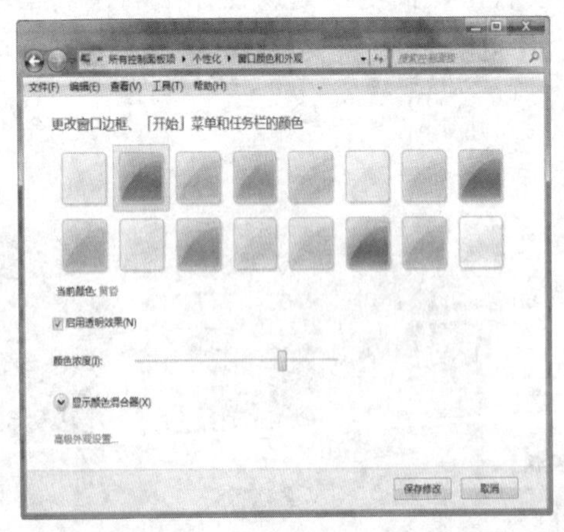

图 2.39　设置窗口颜色

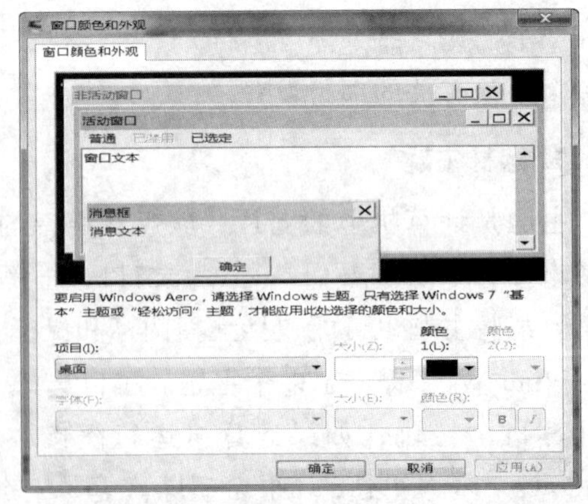

图 2.40　“窗口颜色和外观”对话框

4. 设置声音

单击“主题”下方的“声音”按钮，可以对 Windows 中的声音方案进行设置，声音方案是 Windows 对出现的程序事件为了提示用户而设置的一些声音，比如系统登录、系统注销、系统退出的声音。在弹出的“声音”对话框中选择一种声音方案，选中某个程序事件，可以点击“测试”按钮，播放该方案中该事件的声音，也可以点“浏览”按钮，选择一个声音文件为该事件的播放声音。

5. 屏幕保护程序

屏幕保护程序是指在一段指定的时间内没有使用鼠标和键盘时，屏幕上出现的移动位图或图片。当我们暂时不对计算机进行任何操作时，可以使用“屏幕保护程序”减少屏幕损耗并防止其他人在计算机上进行随意的操作。

（1）单击“屏幕保护程序”，弹出如图 2.41 所示的“屏幕保护程序”对话框。在“屏幕保护程序”的下拉列表框中选择一种屏幕保护程序，在选项卡的显示器中即可看到该屏幕保护程序的显示效果。

（2）单击“设置”按钮，可对该屏幕保护程序进行一些设置。单击“预览”按钮，可预览该屏幕保护程序的效果，移动鼠标或操作键盘即可结束屏幕保护程序。在“等待”数值框中设定计算机在无人使用多长时间后启动屏幕保护程序。

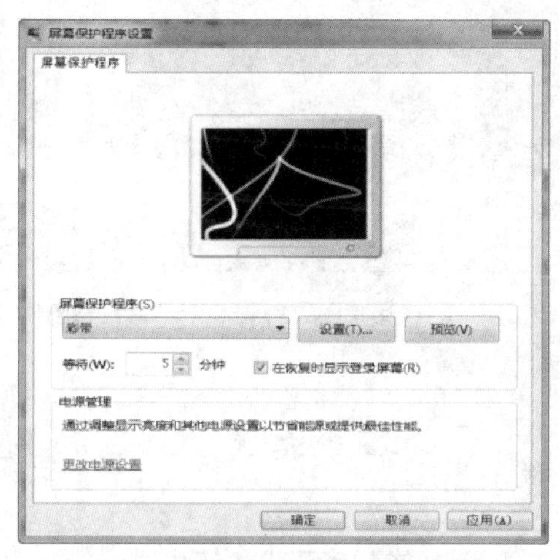

图 2.41　“屏幕保护程序”对话框

在“个性化”窗口的左边任务窗格中通过单击“更改桌面图标”、“更改鼠标指针”、“更改账户图片”，根据系统提示可以改变系统的其他一些设置。

设置完成后，如果用户对自己的设置比较满意，还可以将自己的这些设置存储成一个新的主题。点击“我的主题”右下角的“保存主题”按钮，在弹出的对话框中输入主题的名称，点击“保存”按钮。

6. 设置分辨率

清晰稳定的画面，有利于我们观察屏幕、保护视力且能放松心情、分散疲劳。在控制面板中单击“显示”，单击“显示”窗口中的“调整分辨率”，或在桌面的空白区域单击鼠标右键，选中快捷菜单中的“屏幕分辨率”。弹出如图 2.42 所示的设置分辨率窗口，可以在其中对屏幕分辨率、颜色质量、监视器刷新率等进行设置。

在“屏幕分辨率”选项中，可以拖动小滑块来调整其分辨率，分辨率越高，在屏幕上显示的信息越多，画面就越逼真。

图 2.42　“屏幕分辨率”对话框

2.2.6　鼠标键盘设置

为适应不同用户的习惯，Windows 7 允许用户更改鼠标键盘的操作特性，在“控制面板”中单击“鼠标”图标，打开“鼠标属性”对话框，如图 2.43 所示，可分别对鼠标键、指针、轮等进行设置。单击“键盘”图标，打开“键盘属性”对话框，如图 2.44 所示，可以拖动小滑块设置字符重复和光标闪烁频率等。

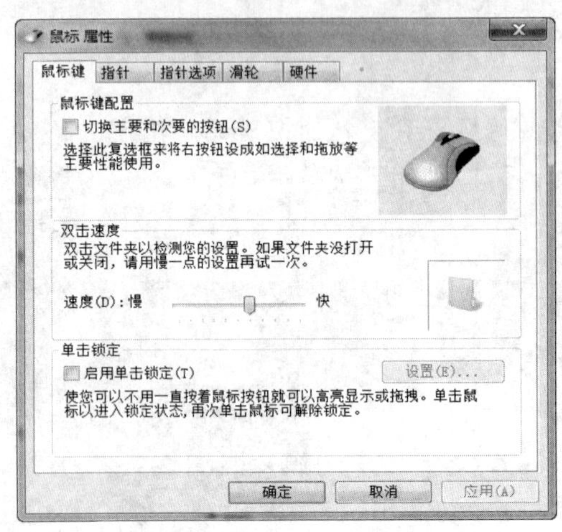

图 2.43 “鼠标属性”对话框

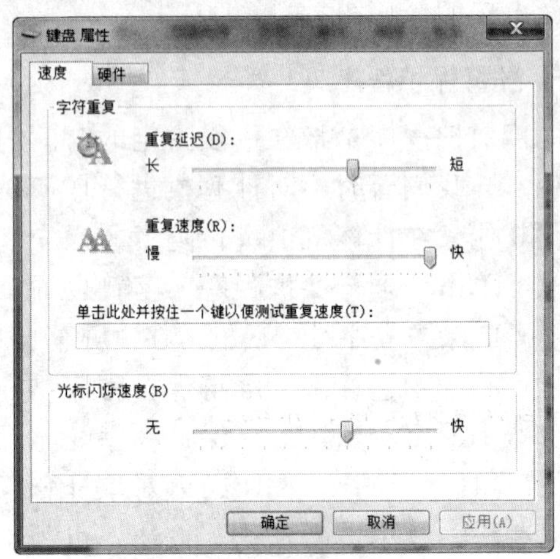

图 2.44 “键盘属性”对话框

知识拓展

1. 系统或程序死机如何处理

对于系统出现故障的程序或无法正常关闭死机的应用程序，会出现没有响应的情况，此时可以通过以下方法强行结束程序运行，异常退出系统。

（1）按 Ctrl+Alt+Del 组合键，此时会出现“Windows 任务管理器”对话框，如图 2.45 所示。在“应用程序”选项卡中选择一个状态为“未响应”（或正在运行）的任务，单击“结束任务”即可关闭该程序。

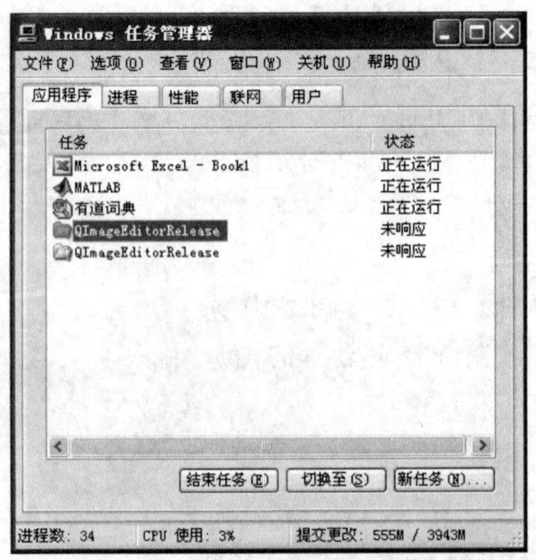

图 2.45 “Windows 任务管理器”对话框

（2）单击“Windows 任务管理器”的“关机”菜单下的“关机”或“重新启动”即可实现退出系统或重新启动。

（3）若上述方法无效，则只能通过按机箱上的 Reset 键来重新启动（若无复位键则需长按电源键关闭机器后，重新启动）。此时系统无法保存原有设置，但重新启动时 Windows 将自动扫描磁盘，查找是否有磁盘错误。

2. 待机与休眠有什么作用

待机：系统将当前状态保存于内存中，此时电源只维持 CPU、内存和硬盘最低限度的耗电，计算机其他设备的供电都将中断，并退出系统，一旦移动鼠标或者敲击键盘、按计算机上的电源就可以激活系统，电脑迅速从内存中调入待机前状态进入系统，这是重新开机最快的方式，但系统并未真正关闭，适用短暂关机。

休眠：系统将内存中的数据全部转存到硬盘上一个休眠文件中，然后切断对所有设备的供电。当恢复的时候，系统会从硬盘上将休眠文件的内容直接读入内存，并恢复到休眠之前的状态。这种模式完全不耗电，因此不怕休眠后供电异常。这种模式的恢复速度较慢，取决于内存大小和硬盘速度。

归纳小结

1. Windows 7 的基本操作

Windows 7 的基本操作主要有：Windows 的启动与关闭，进行鼠标、桌面、窗口、任务栏、菜单、对话框等的操作。

（1）Windows 7 的启动与重新启动。

（2）Windows 7 的关闭。

（3）鼠标的操作。

鼠标的常用操作有单击、双击、右击、指向、拖动和滚动六种。

（4）键盘的操作。

常用的快捷键的操作及它们的含义：

Esc、Del、Shift+Del、Ctrl+Alt+Delete、Alt+F4、Print Screen、Alt+Print Screen、Ctrl+空格、Ctrl+Shift、Ctrl+。、Shift+空格、Alt+Tab。

（5）任务栏操作。

改变任务栏的大小和位置，利用任务栏进行窗口的切换，还可利用任务栏进行系统时间和输入法的设置。

（6）窗口操作。

窗口的操作主要有移动、缩放、最大化/还原、最小化、滚动、排列、切换和关闭等操作。

（7）菜单操作。

Windows 的菜单操作主要有“开始”菜单、窗口菜单、快捷菜单、控制菜单四类菜单的操作。

（8）对话框操作。

不同的对话框，其组成存在一定的差异，通常由标题栏、选项卡、文本框、复选框、单选按钮、列表框、下拉列表框、命令按钮、预览框等组成。

2. Windows7 的基本设置

“控制面板”是 Windows 7 用来管理系统软、硬件，显示当前系统情况的工具，利用“控制面板”可以实现对系统环境的个性化设置。

Windows 7 的基本设置主要有：显示属性设置、系统日期和时间的设置、输入法的设置、应用程序的添加与删除。

强化练习

一、填空题

1. 鼠标的基本操作包括_______、_______、_______、_______、_______和_______6 种。

2. Windows 的菜单分为_________、_________、_________和_________。

3. 使用“控制面板”中的__________________工具程序，可以删除安装在计算机中不需要的应用程序。

二、选择题

1.Windows 7 开始菜单中的“注销”命令的功能是（　　）。

A. 关闭 Windows 7　　B. 希望以其他用户的身份重新登录

C. 重新启动 Windows 7　　D. 关机

2. 在 Windows 中，对下图所示的 5 个鼠标指针状态的正确描述依次是（　　）。

A. 正常选择、求助、后台运行、等待、精确定位

B. 正常选择、后台运行、求助、等待、精确定位

C. 正常选择、后台运行、等待、求助、精确定位

D. 正常选择、等待、后台运行、求助、精确定位

3. 在 Windows 中，复制当前窗口的方法是按（　　）键来实现。

A. Alt+Print Screen　　B. Print Screen

C. Alt+F4　　D. Ctrl+Print Screen

4. 在 Windows 7 桌面上，若任务栏上的按钮呈凹陷形状，表示相应的应用程序处在（　　）。

A. 后台　　B. 前台　　C. 非运行状态　　D. 空闲

5. Windows 7 的“开始”菜单包含了 Windows 的（　　）。

A. 部分功能　　B. 大部分功能　　C. 全部功能　　D. 参数设置功能

6. Windows 的窗口和对话框比较相似，窗口可以移动和改变大小，而对话框（　　）。

A. 既不能移动，也不能改变大小

B. 仅可以移动，不能改变大小

C. 仅可以改变大小，不能移动

D. 既能移动，也能改变大小

7. 双击窗口的标题栏可以（　　）。

A. 关闭该窗口　　B. 将窗口最小化

C. 没有任何作用　　D. 使窗口最大化或还原到原来的大小

8. 在 Windows 中，对桌面背景的设置可以通过（　　）。

A. 鼠标右键单击“我的电脑”，选择“属性”菜单项

B. 鼠标右键单击“开始”菜单

C. 鼠标右键单击桌面空白区，选择“属性”菜单项

D. 鼠标右键单击任务栏空白区，选择“属性”菜单项

9. 在控制面板中，使用“添加/删除程序”的作用是（　　）。

A. 设置字体　　B. 设置显示属性

C. 安装未知新设备　　D. 卸载/安装程序

2.3　任务：轻松管理公司的文件

小王已经接手了公司的一些文件资料，他希望将文件资料分门别类存放，以便查找，他期望做如下操作：

① 在“D:\ ”下新建一个名为“文件”的文件夹，并在“文件”中建立子文件夹“客户情况”。

② 使用记事本，在“文件”文件夹中建立文本文件“ABC. txt”，在文本文件“ABC. txt”中录入“客户情况登记表”，保存、退出。

③ 把文件夹“文件”复制到“E:\”，并重命名为“公司文件”（写上自己的真实姓名）。

④ 将文件夹“D:\文件”和文件夹“E:\公司文件”删除到回收站，还原“公司文件”文件夹，然后清空回收站。

⑤ 采用 WinRar 将文件夹“E:\ 公司文件”中的文件“ABC. txt”进行压缩，压缩后的文件名为“ABC. rar”，保存在“E:\公司文件”文件夹中。

⑥ 将文件夹“E:\公司文件”中的文件“ABC. rar”移动到文件夹“E:\公司文件\客户情况”。

⑦ 将“E:\公司文件\客户情况”中的压缩文件“ABC. Rar”解压到“E:\公司文件\客户情况”文件夹中。

⑧ 然后将解压后的文件“ABC. txt”的文件属性设为“只读”。

⑨ 在桌面创建文件夹“E:\ 公司文件”的快捷方式图标。

⑩ 查找文件名由三个字母组成，首字母是 A 的 E 盘中的所有文件，并将搜索结果的当前屏幕以文件名“ssjg.jpg”保存在文件夹“E:\ 公司文件”中。

任务分析

完成此工作任务在操作过程中将涉及：①“资源管理器”和“我的电脑”的使用；②文件与文件夹的操作；③记事本、压缩软件、画图软件与回收站的操作。

2.3.1 文件与文件夹的操作

1. 创建文件夹

可以用资源管理器和我的电脑创建文件夹。

① 双击“我的电脑”打开“我的电脑”窗口，在“我的电脑”窗口中单击“D:”，打开 D 盘窗口。或者右击“我的电脑”打开“资源管理器”，在“资源管理器”窗口左边的“文件夹窗格”中单击“D:”，打开 D 盘窗口。

② 选择菜单“文件→新建→文件夹”命令，或在右窗口的空白处右击，从弹出的快捷菜单中选取“新建→文件夹”命令，在文件列表窗口中出现了一个反相显示的名为“新建文件夹”的图标。

③ 键入新文件夹的名字“文件”，按 Enter 键或用鼠标单击其他空白地方确认。

④ 双击文件夹“文件”，按照步骤②、③建立子文件夹“客户情况”。

文件的管理对于任何一种操作系统都是极为重要的，清楚地了解文件的各种操作才能准确高效地维护好计算机。

Windows 7 提供了 2 个不同的层次对文件进行管理，这两个不同的层次分别是传统的文件系统和最新引入的库（Library）。

要想更好地使用“资源管理器”和“我的电脑”，必须对它们的相关知识有所了解。

“资源管理器”和“我的电脑”是文件和文件夹的管理场所，计算机中的文件和文件夹是以树型结构分布的，通过资源管理器可清楚地看到这一结构。

注意：文件管理是操作系统的重要功能，在 Windows 7 中提供了两个文件管理的程序，即“计算机”和“Windows 资源管理器”。两种方式基本相同，但各自的应用范围不同。

（1）“计算机”（我的电脑）。

① 启动。

双击桌面图标，打开“计算机”窗口，如图 2.46 所示。默认情况下，窗口中的菜单是不显示的，是因为使用工具栏就可以完成大部分的操作。用户也可以执行“组织|布局|菜单栏”，将菜单栏显示出来。

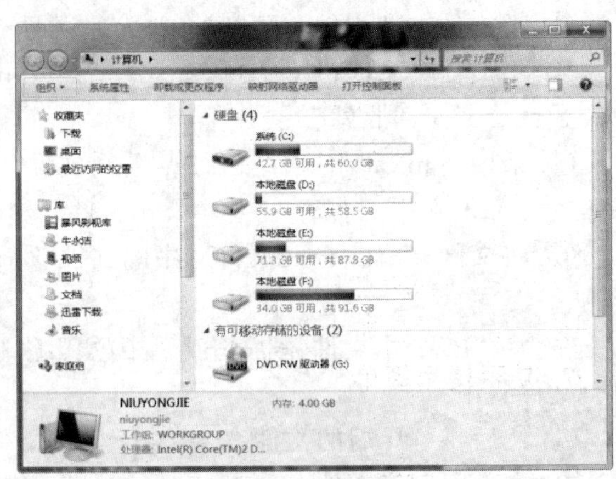

图 2.46 “计算机”窗口

② 设置外观。

通过“查看”菜单可以设置状态栏的显示与隐藏、排序方式、分组依据、选择详细信息、对象显示方式等选项。对象显示方式分为超大图标、大图标、中等图标、小图标、列表、详细信息、平铺、内容8种方式。对显示方式的设置也可以通过工具栏右边的按钮来完成。

超大图标、大图标、中等图标、小图标：以图标的形式显示每一个对象，使用的图标大小不同，一般用在所显示项较多的窗口中。

列表：以文件名的形式紧密出现，一般用在所显示项非常多的窗口中。

详细信息：一般用在需详细了解其属性的地方，查看完毕再换成其他方式。

平铺：以图标的形式平铺在窗口中。

内容：每行显示一个对象，显示对象的图标、名称和其他一些信息。

在“查看”菜单的“排序方式”中可以选择按照名称、类型、总大小、可用空间、文件系统等对内容进行排序，还可以指定排序的顺序是递增还是递减，默认情况下是递增顺序。

按名称：是系统默认方式，它按文件名中第一个字符的优先次序排列，即：数字0～9→英文字母A～Z→汉字（按拼音a～z）。

按类型：按类型中应用程序的名称优先次序来排列。

按大小：文件字节数小的排在前面。

按日期：日期新的文件排在前面。

在对对象进行显示时，还可以按照名称、类型、总大小、可用空间、文件系统等进行分组。图2.46显示的是按照“类型”进行的分组，显示的“硬盘”就是该组的名称。

在用户选择“详细信息”显示方式时，执行“查看|选择详细信息”，弹出如图2.47所示的“选择详细信息”对话框，可以设置详细信息包含的列和次序。

点击工具栏上的“组织”按钮，选择“布局”，可以设置“菜单栏”、“细节窗格”、“导航窗格”、“预览窗格”是否显示。

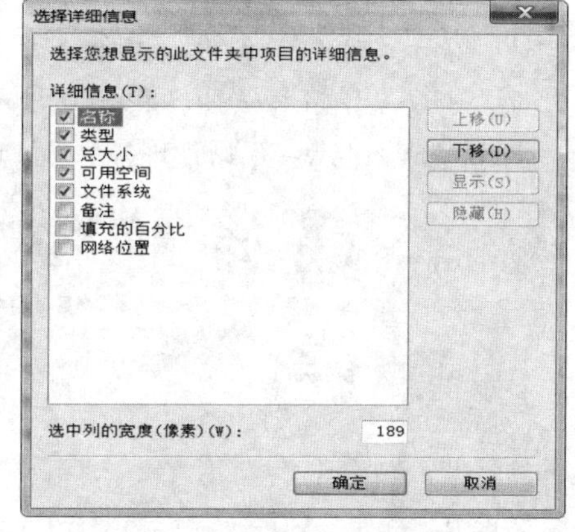

图2.47　选择详细信息

③ 设置文件夹选项。

执行菜单“工具|文件夹选项”命令或工具栏上的“组织|文件夹和搜索选项”，打开“文件夹选项”对话框，如图2.48所示。在此可以设置查看文件和文件夹的方式，其中重要的选项有：

A. 是否显示所有的文件和文件夹。

B. 是否隐藏已知文件类型的扩展名。

C. 是否使用简单文件共享。

D. 打开一个项目的方式。

E. 在同一个窗口中打开文件夹还是在不同窗口中打开不同的文件夹等。

用户可以根据需要自行设置。

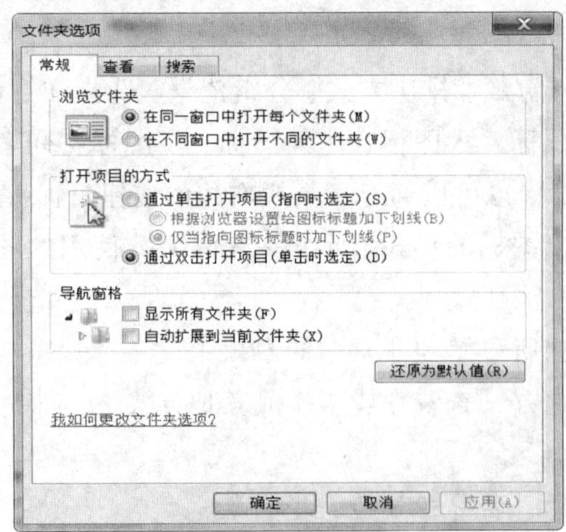

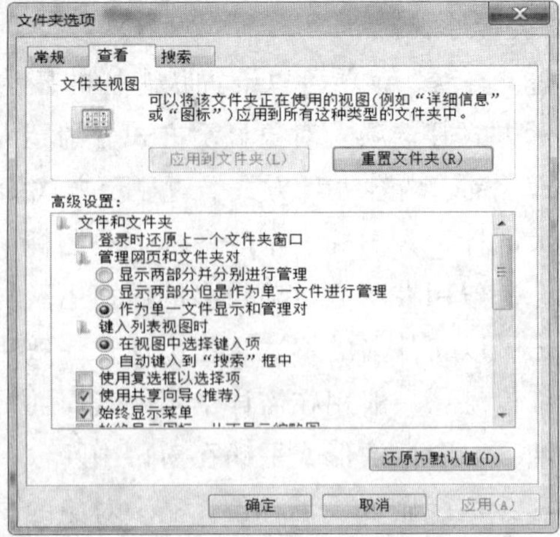

图 2.48 “文件夹选项”对话框

（2）Windows 资源管理器。

Windows 7 中的资源管理器是处理文件的主要程序，它是各种资源的管理中心。用户可以在其中查看本机文件夹的分层结构，对文件和文件夹进行管理，操作方便明了。更重要的是资源管理器默认情况下是使用库进行文件的管理。

Windows 7 提供了多种启动资源管理器的方式：

① 右击“开始”按钮，单击“打开 Windows 资源管理器”。

② 单击“开始”按钮，单击“所有程序|附件”，单击“Windows 资源管理器”。

打开“Windows 资源管理器”窗口，如图 2.49 所示。

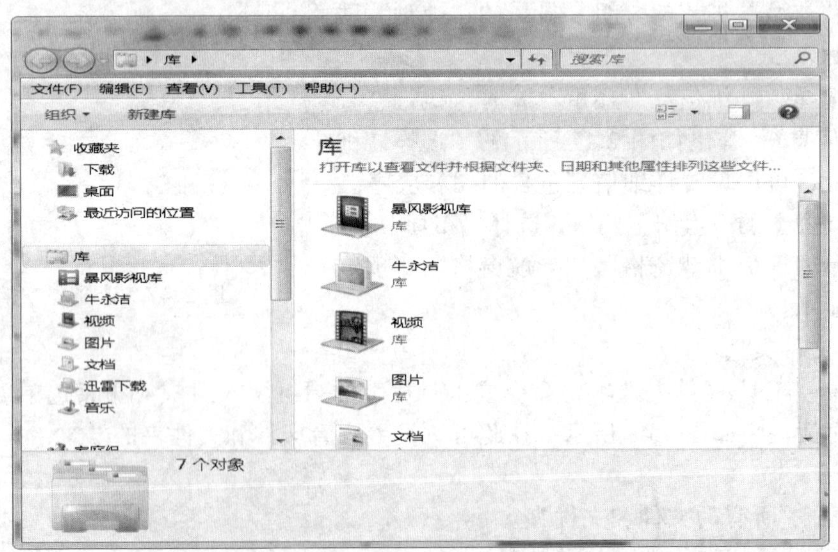

图 2.49 “Windows 资源管理器”窗口

资源管理器中的工作区域由以下部分组成：

① 地址栏。用于显示或改变当前的位置。当前位置可以是磁盘符号，可以是文件路径，也可以是网址。

在选择文件或者文件夹时，在地址栏中显示的路径表面上看并不是以“\”作为分隔符，而是▸，在▸单击会显示该目录下的子目录，如图 2.50 所示。在弹出的列表中，选择一个子目录，将会进入该子目录，因此单击▸，可以更快地在目录之间跳转。当用户在地址栏的空白区域单击鼠标时，地址栏中将会显示以“\”作为分隔符文件路径。

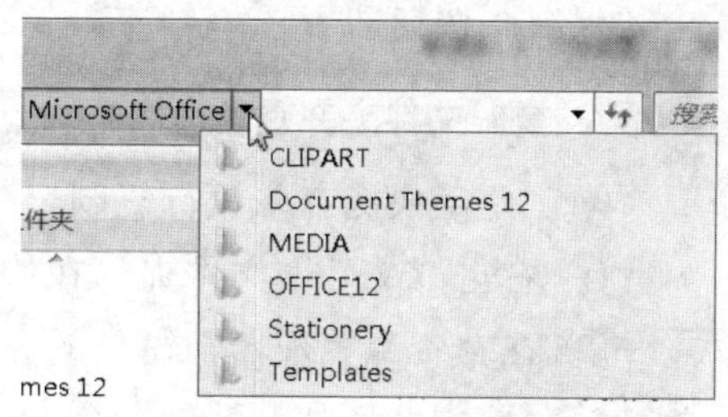

图 2.50　子目录的选择

② 导航窗格。显示所有磁盘和文件夹的列表。在这里，单击驱动器或文件夹前面的“▷”号，可以展开其所包含的子文件夹，同时“▷”号会变成“◢”号。单击“◢”号，可折叠已展开的内容。在导航窗格中通过展开或折叠文件夹也可以迅速找到指定的文件夹或文件。

2. 选择文件夹

要学习好文件/文件夹的操作，必须熟练掌握文件/文件夹的选择方法，文件/文件夹的选择方法如下：

（1）选中一个文件或文件夹：用鼠标单击要选中的文件或文件夹。

（2）选中连续的多个文件或文件夹：单击要选中的第一个文件或文件夹，按住 Shift 键并保持，再单击要选中的连续的一组文件或文件夹的最后一个。或按住鼠标拖出一个矩形，将所选的文件/文件夹框在矩形之中。

（3）选中非连续的多个文件或文件夹：单击要选中的第一个文件或文件夹，然后按 Ctrl 键并保持，再单击其他想选中的文件或文件夹。

（4）选中全部文件或文件夹：单击菜单“编辑→全部选定”，则“内容窗口”中的所有文件与文件夹均被选中。或按住鼠标拖出一个矩形，将全部的文件/文件夹框在矩形之中。

（5）反向选定：单击“编辑→反向选择”，则选中当前未被选中的所有文件和文件夹。

（6）取消选定：在窗口任意空白的区域单击，将取消文件或文件夹的选中状态，反相显示自动消失。

3. 创建文本文件

（1）方法一。

① 单击工具栏上的后退按钮，进入“文件”文件夹。

② 选择菜单“文件→新建→文本文档”命令，此时在资源管理器右窗口上出现一个新的文本文件图标，图标下是一个反相显示的“新建文本文档.txt”方框，输入新文件夹的名字“ABC. txt”，按 Enter 键或用鼠标单击其他空白地方确认，即可在此文件夹中新建一个文本文档。双击文件“ABC. txt”，打开记事本窗口，录入“客户情况登记表”，选择菜单“文件→保存”命令，保存文件，关闭记事本。

（2）方法二。

① 单击 Windows 桌面上的“开始”按钮，选择菜单“所有程序→附件→记事本”命令，打开记事本窗口，录入“客户情况登记表”。

② 选择菜单“文件→保存”命令，现在是第 1 次保存，则出现“另存为”对话框，在对话框的“保存位置”选项区域，选择所要保存的路径“D:\文件\客户情况”，在“保存类型”

右列表框中，选择“文本文档（*.txt）”，在“文件名”右侧文本框中输入文件名“ABC”，单击“保存”按钮即可。

4. 复制文件夹并重新命名

（1）使用快捷菜单执行复制。

① 右击“文件”文件夹，在快捷菜单中选择“复制”命令。

② 在“资源管理器”窗口的左窗格中，单击 E 盘，在右窗口中的空白处右击，在弹出的快捷菜单中选择“粘贴”命令。

③ 右击 E 盘下的“文件”文件夹，在快捷菜单中选择“重命名”命令，然后输入“公司文件”。

（2）使用鼠标拖放进行复制。

① 选中被复制的一个或多个文件/文件夹，将鼠标指针移到其中的一个文件或文件夹上。

② 按住 Ctrl 键并保持。

③ 再用鼠标拖动被复制的文件/文件夹，到达指定的目标文件夹，此时目标文件夹呈高亮反相显示。

④ 释放鼠标，复制操作完成。

（3）使用工具按钮、菜单、快捷键进行复制。

① 选中被复制的文件或文件夹。

② 单击工具栏上的“复制”按钮，或编辑菜单中的复制命令，或快捷键 Ctrl+C 操作。

③ 打开目标驱动器或指定文件夹。

④ 单击“粘贴”按钮，或编辑菜单中的粘贴命令，或快捷键 Ctrl+V 操作即可完成粘贴文件/文件夹操作。

5. 删除文件和文件夹

（1）选择“文件”文件夹，按键盘上的 Del 键，或单击“文件→删除”命令，或单击工具栏上的“删除”按钮，或右击“文件”文件夹，选择快捷菜单中的“删除”命令，弹出“确认文件夹删除”对话框，单击“是”按钮，就将文件夹删除到“回收站”中。

（2）双击桌面上的“回收站”图标，打开“回收站”窗口，选择“公司文件”文件夹，执行左侧的“还原所有项目”命令，或右击“公司文件”文件夹，在弹出的快捷菜单中，选择“还原”命令，将其还原到原来的位置。然后单击左侧的“清空回收站”命令将“回收站”清空。

删除分为临时删除和永久删除，临时删除只是将文件/文件夹移动到了回收站，并没有从磁盘上清除，如果还需要被删除的文件/文件夹，可以将其从回收站中恢复。彻底删除是将文件从磁盘上清除，不能再恢复。使用临时删除方法中的任意一种“删除”的同时，在键盘上按下 Shift 键，则执行彻底删除。

“回收站”是硬盘的一块区域，其所占硬盘空间的大小可以通过“回收站”的属性进行设置。“回收站”是按文件或文件夹的删除先后顺序来存放的，当删除的文件逐渐增多，最终导致回收站满时，最先被删除的文件或文件夹就会被永久地删除，用户再也不能从回收站来恢复了。从硬盘删除的文件，Windows 将它们放入“回收站”中，从 U 盘和移动硬盘等非硬盘中删除的文件就不能放到“回收站”，因此也就无法恢复。

提示：文件或文件夹被临时删除之后，立刻使用“编辑”菜单中的“撤销”选项，或者直接单击工具栏上的“撤销”按钮，可以取消刚刚进行的删除操作，恢复被删除的文件或文件夹。

6. 压缩文件

右击文件“ABC. txt”，在弹出的快捷菜单中，选择“添加到 ABC. rar”命令，如图 2.51 所示。在当前文件夹内生成“ABC. txt ”的压缩文件“ABC. rar”。

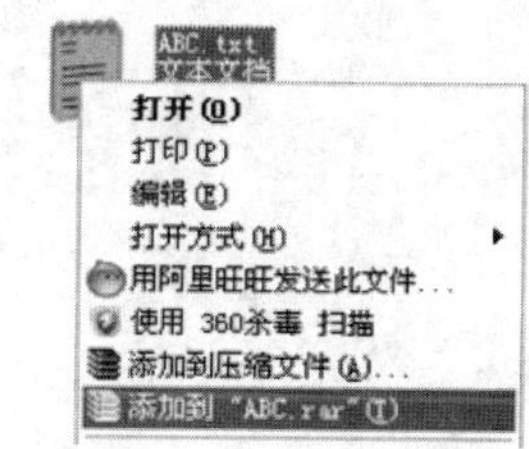

图 2.51　文件的快捷菜单

7. 移动文件

（1）使用快捷菜单移动文件。

① 右击文件“ABC. rar”，在弹出的快捷菜单中，选择“剪切”。

② 双击文件夹“客户情况”，在空白处右击，在弹出的快捷菜单中选择“粘贴”命令。

（2）使用鼠标拖放进行移动。

① 选中被移动的一个或多个文件/文件夹，将鼠标指针移到其中的一个文件或文件夹上。

② 再用鼠标拖动被移动的文件或文件夹，到达指定的目标文件夹，目标文件夹呈反相显示。

③ 释放鼠标，移动操作完成。

提示：在不同磁盘之间进行移动操作，拖动时需要按住 Shift 键，其他操作均与上面相同。

（3）使用工具按钮、菜单、快捷键进行移动。

① 选中待移动的文件或文件夹。

② 单击工具栏上的“剪切”✂按钮，或编辑菜单中的剪切命令，或快捷键 Ctrl+X。

③ 打开目标驱动器或指定文件夹。

④ 单击“粘贴”按钮，或编辑菜单中的粘贴命令，或快捷键 Ctrl+V 操作即可完成移动文件/文件夹操作。

8. 解压文件

在文件夹“客户情况”中，右击文件“ABC. rar”，在快捷菜单中选择“解压到当前文件夹”命令，如图 2.52 所示，在当前文件夹内生成文件“ABC. txt ”。

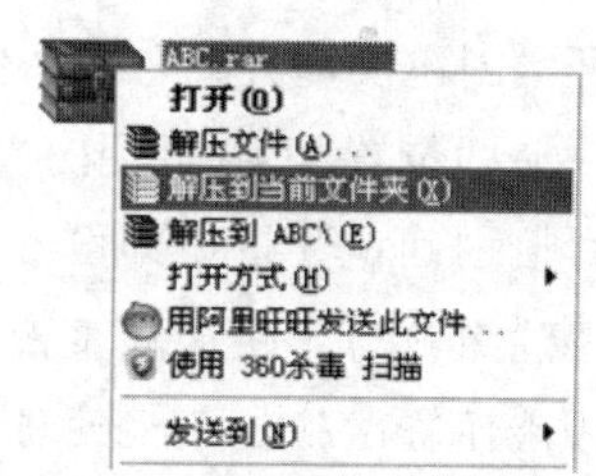

图 2.52　压缩文件的快捷菜单

9. 设置文件或文件夹的属性

（1）选择“E:\ 公司文件”文件夹中的文件“ABC. txt”。

（2）在“文件”菜单中选择“属性”命令，或右击鼠标，执行快捷菜单中的“属性”命令，打开文件的属性对话框，在“常规”选项卡中，选择“只读”属性，如图 2.53 所示。

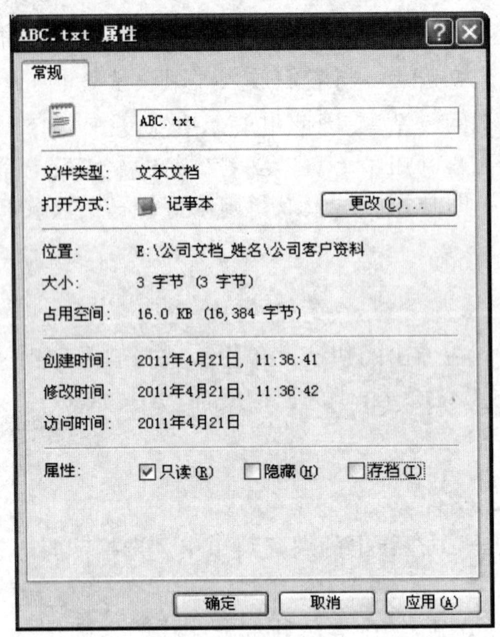

图 2.53 文件“属性”对话框

（3）选择“确定”按钮，关闭对话框并保留修改。

文件和文件夹都有属性，一般文件的属性包括大小、类型、位置、打开方式、占用磁盘的空间、创建的时间、修改时间、所有者信息、只读、隐藏、存档等。在“Windows 资源管理器”中，打开文件或文件夹的属性对话框，在“常规”选项卡中，可以方便地查看文件和文件夹的属性。如果选择“只读”属性，则文件只能打开不能修改，而删除该文件时需要一个附加的确认，从而减小了因误操作而将文件删除的可能。

10. 创建桌面快捷方式图标

有以下三种方法可以实现快捷方式图标的创建：

（1）右击文件夹“E:\公司文件”，在弹出的快捷菜单中执行“发送到→桌面快捷方式”命令，便在桌面创建了快捷方式图标。

（2）将鼠标指向文件夹“E:\ 公司文件”，按住 Alt 键，将其拖动到桌面即可。

（3）在桌面空白处单击鼠标右键，在弹出的快捷菜单中选择“新建→快捷方式”命令，打开“创建快捷方式”对话框，在“请键入项目的位置”文本框中输入或浏览“E:\公司文件”文件夹的位置和名称，按“下一步”，在随后打开的对话框中为快捷方式取名“公司文件”，然后按“确定”按钮即可。

注意：为了快速从桌面打开频繁使用的程序、文件和文件夹，这时就可以给它们建立快捷方式图标。快捷方式图标仅代表程序、文件和文件夹的链接，是指向这个对象的指针。添加或删除该图标，不会影响实际的程序、文件和文件夹，双击快捷方式图标可以打开代表的对象。

11. 查找文件

（1）在资源管理器中单击“搜索”按钮，或在桌面上单击“开始”按钮，选择“搜索”命令，打开“搜索结果”窗口，如图 2.54 所示。

（2）在左窗口中的“全部或部分文件名”文本框内输入“A??.*”。

（3）在左窗口从“在这里寻找”下拉列表框中选择“E:”。

（4）单击“搜索”按钮，系统开始进行搜索。并在右窗口显示搜索的结果，如图 2.55 所示。

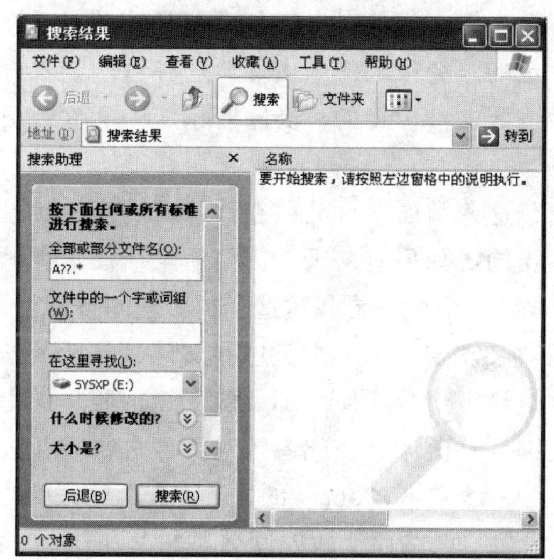

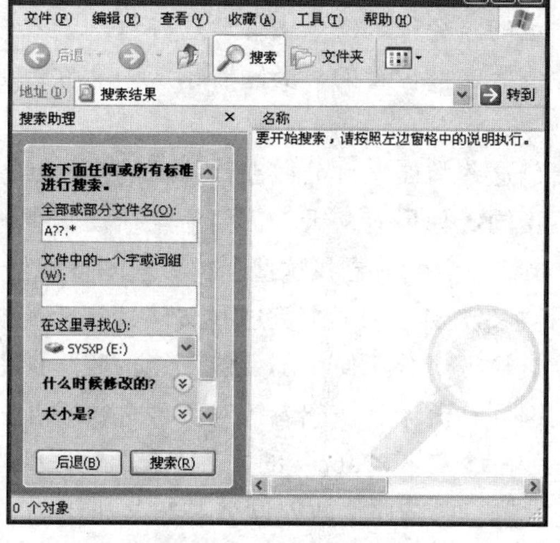

图 2.54　“搜索结果”窗口

图 2.55　“搜索结果”显示

（5）按“Print Screen”键，进行屏幕拷贝。

（6）单击 Windows 桌面上的“开始”按钮，选择菜单“所有程序→附件→画图”命令，打开画图窗口，选择菜单“编辑→粘贴”命令。

（7）选择菜单“文件→保存”命令，则出现“另存为”对话框，在对话框的“保存位置”选项区域，选择所要保存的路径“E:\ 公司文件”，在“保存类型”右列表框中，选择“JPEG”，在“文件名”右侧文本框中输入文件名“ssjg”，单击“保存”按钮即可。

2.3.2　新增的文件管理工具——库的管理与使用

Windows 7 中比较重要的一个功能是对“库”的使用。用户已经注意到，在打开的“计算机”或“Windows 资源管理器”窗口的左边导航窗格中，“库”的位置要高于“计算机”的位置，体现了微软公司更希望用户使用“库”来管理文件。

1. 库的概念

在日常生活中，我们经常会对一些事物进行分类，比如按照性别把人分为男和女，而按照工作性质又把人分为工人、农民、学生等，按照籍贯又可以把人分为来自陕西、山东、四川等不同地方的人。通过上面的例子可以看出以下几个特点。

（1）对事物的分类标准不唯一。比如性别、工作性质、籍贯等都属于分类标准。

（2）同一个事物因为分类标准的不同，可以同时属于好多的类别。比如一个叫张三的人，按照性别分是男，按照工作性质分是学生，按照籍贯分是陕西的。

为了更好地处理事物，我们在不同的情况下，应该对事物采用不同的分类方法。比如要找一个山东人，如果按照工作性质分类，提供的是学生、工人、农民，显然后续的工作就不能进行。

把上述的情况类推到计算机中。在计算机中，管理的对象主要是文件，对文件的分类也会存在多个标准，在有些情况下也需要对文件进行多个标准的分类。文件系统是按照文件在计算机中的位置进行分类的，用户总是能够按照一定的路径找到一个文件，这种管理方式好像没有什么问题，而且一直运行良好。但是，这种按照文件位置的分类随着系统中文件数目的变大，弊端也越来越多。

比如，一个用户在计算机中积累了大量的歌曲，这些歌曲文件分散在计算机的多个目录中，而且这些歌曲的唱片集、演唱者、流派等都不相同。如果有一天，需要将某个演唱者的歌曲放在一起，这时这个用户就需要浏览所有的目录，一个个地寻找这些文件，刚刚整理好，突然又需要将这些歌曲按照流派进行整理，于是用户又需要一个个浏览这些文件，然后重新归类。显然按照文件的存储位置进行单一的文件分类显得十分不便。那么能不能按照文件中的一些属性，比如作者、建立时间、修改时间、关键词、流派、演唱者等对文件进行重新分类呢？但是存在着一个文件属于多个分类的情况。如一个名叫“abc”的文件存储在 D 盘的 abc 目录中，如果按照建立日期分类它属于 2014 年 1 月 1 日，按照修改时间分类它又属于 2014 年 2 月 1 日，按照关键词分类它又属于学术等。比较直接的办法是将这个文件在每个分类中复制一份，于是会出现数据冗余与数据不同步的问题。

“库”就是为了解决上述问题出现的新概念，“库”的出现不是为了解决文件分类问题的，而是为了解决文件分类方式不唯一的问题。“库”是建立在文件系统之上的一个新的逻辑层，它能够根据不同的分类标准，将同一个文件自动分到某个类别中。“库”只是一个概念，并不是真实地把文件复制到某个分类中。“库”与文件系统的概念如图 2.56 所示。

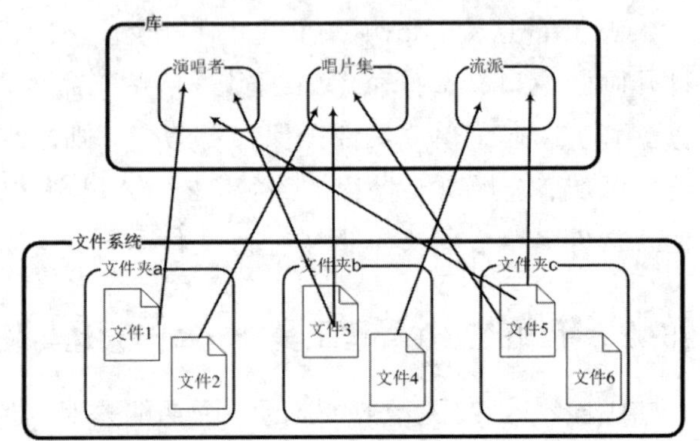

图 2.56　库与文件系统的关系

2. 库的建立

Windows 7 带有 4 个库：视频、文档、图片和音乐。

（1）建立自己的库：如果用户想建立自己的库，打开“Windows 资源管理器”或“计算机”，在窗口的导航窗格中选择库，点击工具栏上的新建库按钮，输入库的名称，按回车键或者在空白区域单击鼠标左键。

（2）修改库的名称：单击选中某一个库，执行“文件|重命名”或者在库上点击鼠标右键，在弹出菜单中选择“重命名”。

（3）将文件夹包含到库中：如果是新建立的库，直接双击进入库，在窗口中有一个“包含一个文件夹”的按钮，单击该按钮，在计算机中找到一个文件夹，选中文件夹，点击“包含文件夹”按钮。如果库中已经包含了文件夹，想继续包含文件夹，在库的空白区域中下单击鼠标右键，选择“属性”，或单击库名称下面“包含”标签后面的“n 个位置”，弹出如图 2.57 所示的对话框，点击“包含文件夹”按钮。在包含的多个文件夹中有一个文件夹前有一个 ✔ 标记，这个标记表示如果用户将文件存储到该库中时，默认情况下存放到该目录中。

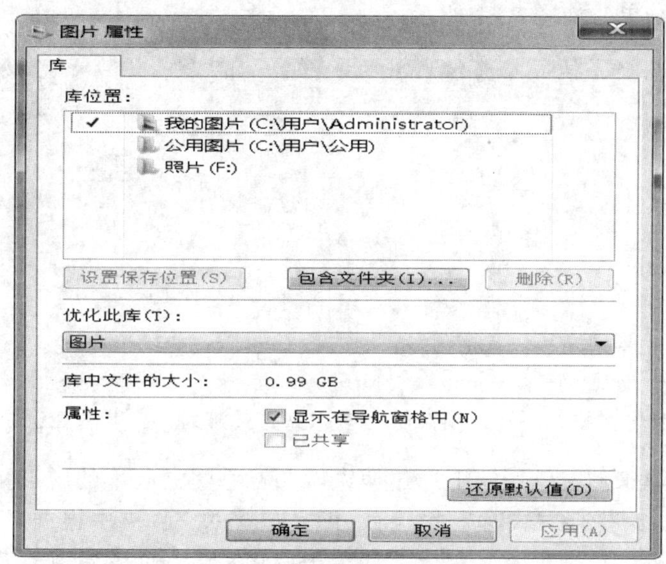

图 2.57　属性对话框

3. 库的使用

由于库是按照文件的其他一些属性如修改时间、作者等对文件在逻辑上的重新分类，所以在存储文件之前一定要对文件的这些属性进行编辑或者修改。

文件的所有属性在库中称为“标签”，对文件的标签进行编辑是库工作的基础。文件标签的来源有 3 个。

（1）自动创建：在文件建立时，有些设备会自动添加一些标签，如使用数码相机拍摄照片时，照片的拍摄日期、相机参数等将会自动产生。

（2）软件内创建：如 Word 软件在创建文件时可以设置文件相应的各类属性（作者、标题等）。

（3）通过资源管理配置：在 Windows 7 中，当用户选中一个文件时，在窗口下方的详细信息窗口会显示文件的各种标签（属性），用户可以在其中直接进行修改，如图 2.58 所示。对每个标签输入后，直接回车或者点击“保存”按钮，确认对标签的修改。

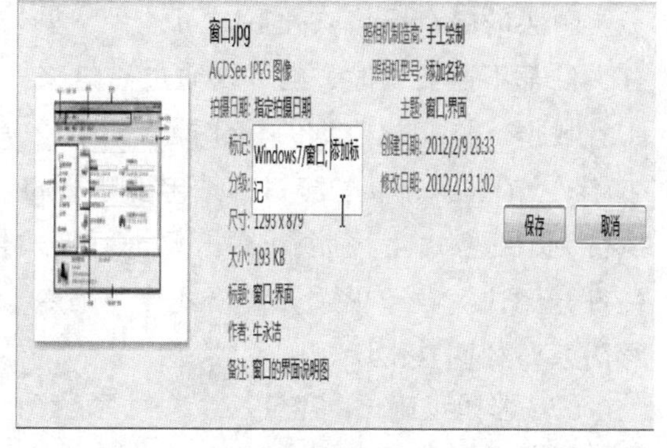

图 2.58　标签的编辑

如果用户保持了良好地对文件标签进行编辑的习惯，当文件加入到某个库后，库会自动按这些标签对文件分类。

下面以音乐库讲解库的使用。

启动“Windows 资源管理器”，展开“库”，单击“音乐”，默认情况下是按照“文件夹”的方式进行排列的，如图 2.59 所示。点击“排列方式”后面的下拉式列表，选择“艺术家”，窗口立即按照不同艺术家对文件排列，如图 2.60 所示。如果选择“唱片集”，窗口中将显示按照唱片集分类的结果，如图 2.61 所示。

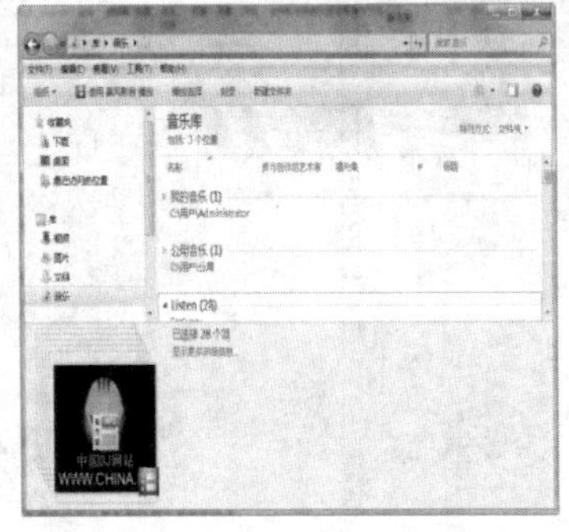

图 2.59 文件夹方式排列

图 2.60 艺术家方式排列

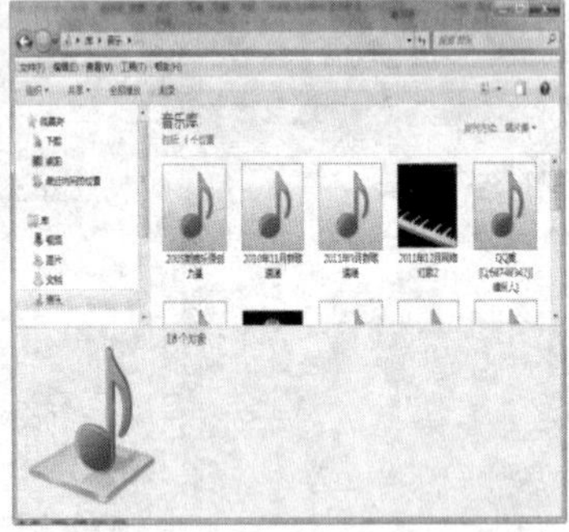

图 2.61 唱片集方式排列

库实际上是在原来的文件系统上通过搜索按照标签建立起来的虚拟文件夹，所以它其实并不存在，当用户更改排列方式时，计算机立即在包含的文件夹中根据标签进行相应的搜索，将相应的搜索结果分类呈现出来。因此，如果用户将某一个文件复制到某个库中，如果没有编辑或更改该文件的标签，该文件是不会在相应的库文件夹中出现的，因为库工作的基础不是文件的存储位置，而是该文件的标签。

2.3.3 管理磁盘

磁盘是计算机中最常用、最重要的存储设备，因此磁盘管理是一项很必要的工作，科学的管理可以使计算机始终处于良好的状态。

1. 磁盘格式化

新买的磁盘要格式化后方可使用，另外，当磁盘中的所有文件都不再需要时，也可以通过磁盘格式化清除磁盘中的所有数据。格式化磁盘的具体操作如下：

（1）在“计算机”窗口中选定要进行格式化操作的磁盘，执行“文件|格式化”命令或右击要进行格式化的磁盘的图标，在打开的快捷菜单中选择“格式化”命令，打开“格式化”对话框，如图 2.62 所示。

（2）选择正确的“容量”、“文件系统”、“分配单元大小”和“卷标”。

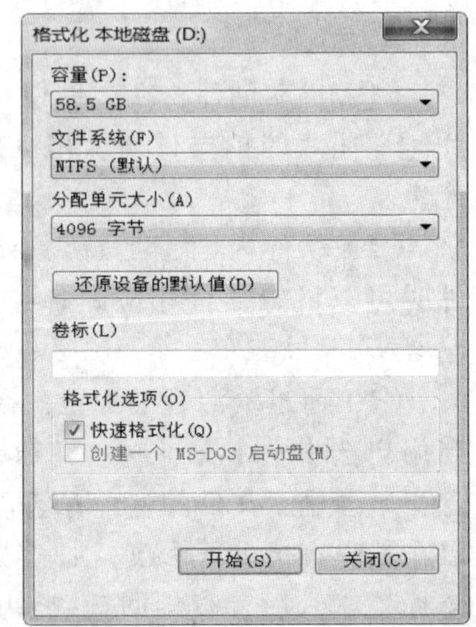

图 2.62 “格式化”对话框

（3）单击“开始”按钮，在弹出的“格式化警告”对话框中单击“确认”按钮，就开始进行格式化操作了。

注意：格式化磁盘将删除磁盘上的所有信息，特别是大容量磁盘，格式化前一定要先做好重要数据的备份。格式化软盘和U盘时，注意要先打开写保护后才能正常进行格式化。

在Windows7中，如果要格式化系统安装所在的盘，系统将会给出“无法格式化该卷”的提示。

2. 查看磁盘属性

（1）在“计算机”窗口中选定要查看属性的磁盘图标，执行“文件|属性”命令，或右击，在弹出的快捷菜单中选择“属性”，就可以打开“本地磁盘属性”对话框。

（2）在“常规”选项卡中可以在最上面的文本框中键入该磁盘的卷标，也可以查看磁盘的类型、文件系统、空间大小、卷标等信息。单击“磁盘清理”按钮，可启动磁盘清理程序，进行磁盘清理，释放磁盘空间。

（3）在“工具”选项卡中单击“开始检查”命令按钮可以进行磁盘查错，自动修复文件系统错误。单击“碎片整理”命令按钮，可以启动“磁盘碎片整理程序”，提高操作系统运行效率。

知识拓展

1. 文件管理中常见问题

（1）文件与文件名的规定。

文件是一组相关信息的集合，它是操作系统存储和管理信息的最基本单位。任何程序、文档、图片、声音、多媒体信息和数据等信息都以文件的形式存放在计算机的外存储器中。在Windows系统中，文件是由文件图标、主文件名和扩展名组成，其中主文件名和扩展名两者之间用一个圆点“.”分开，如图2.63所示的文件“计算机应用.DOC”，其中主文件名为“计算机应用”，扩展名为“DOC”。

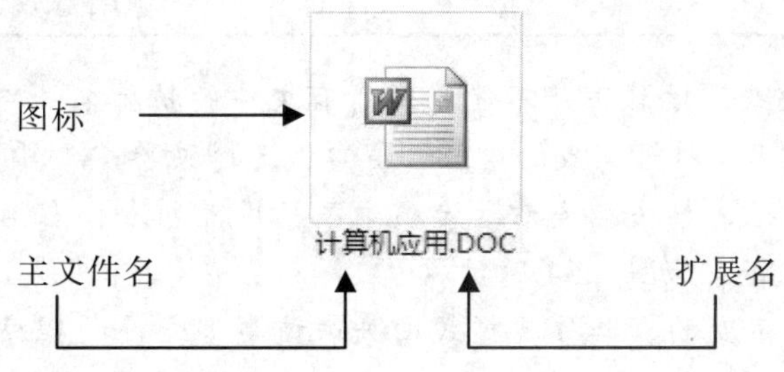

图2.63　文件的构成

文件名是该文件的名称，就像人的姓名一样，在管理文件过程中用户可以设置便于自己识别的文件名。Windows规定，文件名可以用255个西文字符（包括空格），可以使用汉字、大写字母A～Z、小写字母a～z、数字0～9和一些特殊符，但不能是下列字符：斜线（/）、

反斜线（\）、竖线（|）、小于号（<）、大于号（>）、冒号（：）、引号（“、‘）、问号（?）和星号（*）。

文件扩展名由0～3个合法字符组成，表示文件的类型。扩展名通常是由产生该文件的应用程序自动建立的。要管理好文件，就必须根据其图标或扩展名识别出常用文件的类型。表2.3所示为常见的文件类型。

表2.3 常见的文件扩展名

扩展名	文件类型
BAK	备份文件
BAT	批处理文件
COM 或 EXE	可执行文件
GIF、BMP、JPG	图形文件
INI	配置文件
SYS	操作系统配置文件
WAV、MP3	声音文件
AVI、MPG	视频文件
HTM（L）	网页文件
C	C 语言源程序文件
XLS	Microsoft Excel 电子表格文档
DOC	Microsoft Word 文档
PPT	Microsoft PowerPoint 文档
TXT	文本文件
SYS	系统文件
PRG	FoxPro 程序文件
OVL、SYS、DRV、DLL	系统文件
ZIP、RAR	压缩文件

提示：在 Windows 的默认设置下是不能看到所有文件的扩展名的，还需要进行一些设置才能看到所有文件的扩展名。打开“我的电脑”窗口，选择菜单“工具→文件夹选项”命令，打开“文件夹选项”对话框，单击“查看”选项卡高级设置列表，取消选中“隐藏已知文件类型的扩展名”复选框即可，如图2.64所示。

文件图标并不是固定不变的，其外观样式由关联该类型文件的程序决定。例如，mp3文件默认由 Windows Media Player 播放，mp3文件图标显示为，若安装了 QQMusic 音乐播放器，并设置由 QQMusic 来播放 mp3 文件，则 mp3 文件图标将由变成，但是文件名和扩展名不会变。

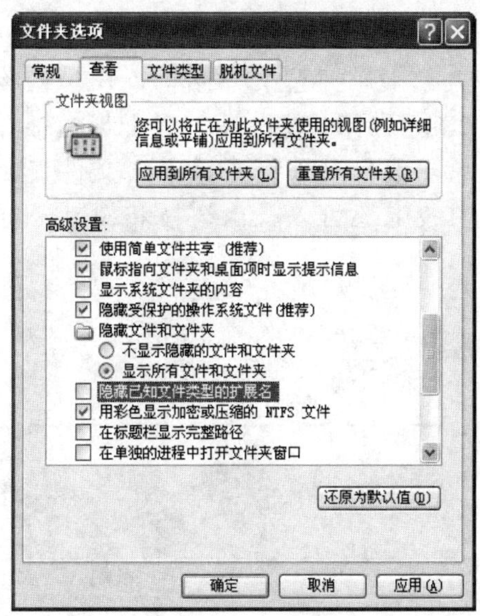

图 2.64 “文件夹选项”对话框

（2）文件夹的规定。

文件夹是 Windows 图形用户界面中用于存放文件或其他子文件夹的容器，文件夹也被称为目录，是磁盘中管理文件的工具。文件夹同样包含图标和名称两部分，如图 2.65 所示。

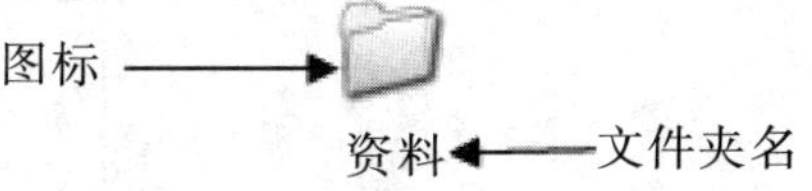

图 2.65 文件夹的构成

（3）文件名的通配符。

文件名的通配符代表一组文件，主要用于查找文件或文件夹。通配符有两种：“*”和“?”。

“*” 通配符：可以代表所在位置的多个字符。例如：“*.*” 表示所有文件名和文件夹；“B*.txt” 表示以 B 开头的所有文本文件。

“?” 通配符：可以代表所在位置的一个任意字符。例如：“A?.doc” 表示文件名由两个字符组成，第一个字符是字母 A 的所有 Word 文档。

（4）磁盘与驱动器。

磁盘是计算机用于存放数据文件的存储设备，它包括软盘、硬盘和光盘等。驱动器则是用以读写磁盘的硬件设备。在计算机系统中，通常用一个字母加冒号来代表磁盘，称为盘符。计算机系统通常有以下几种类型的磁盘。

软盘通常用符号 “A:”、“B:” 表示。

硬盘通常用符号 “C:” 等表示。用户可以安装多个硬盘，也可将一个硬盘分成几个逻辑分区。为了区分和管理各个逻辑分区，给每一个逻辑分区分配一个字母，用此字母来代表这个驱动器不同的逻辑分区，如 “D:”、“E:”、“F:”。

光盘的编号通常跟在硬盘符号之后，如 “G:” 等。U 盘和移动硬盘的编号通常紧接着光盘的编号之后。

（5）文件的目录和路径。

在 Windows 中所有文件夹都采用树型文件结构，树型结构相当于一棵倒过来的树，树根在上，树冠在下，如图 2.66 所示。根目录类似于与树根相连的树干，每个磁盘或磁盘的逻辑分区都是一个根目录，根目录下有子目录（文件夹）和文件目录。子目录比作树枝，文件比作树叶。正像树枝上还可以长出树枝和树叶一样，子目录里还可以有下一级子目录和文件目录。

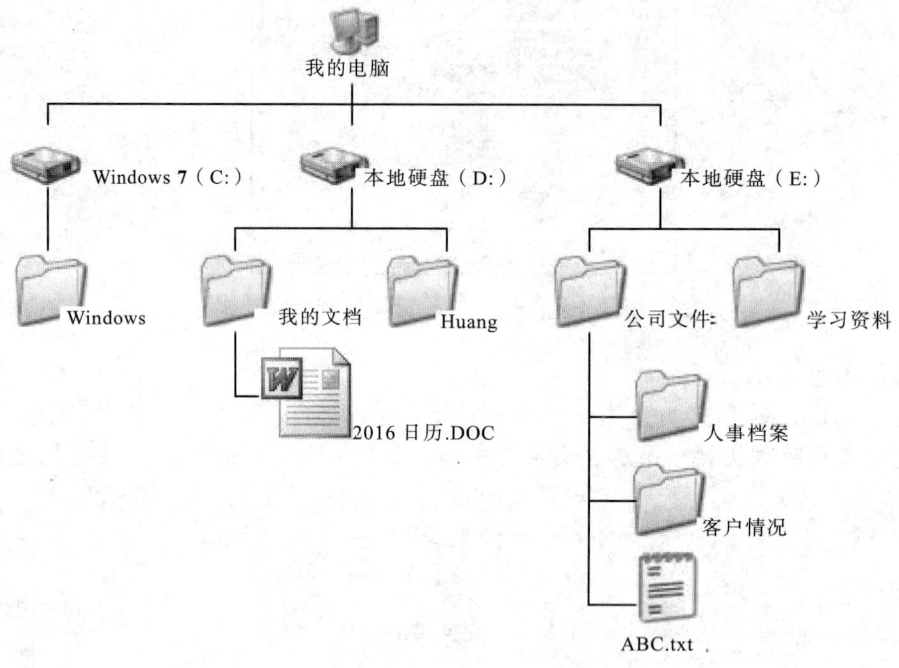

图 2.66 树型文件结构

路径指明了系统中文件的存储位置、路线和顺序，它由盘符、子目录名（文件夹名或子文件夹名）和文件名之间用符号“\”连接构成。例如，文件“ABC. txt”的路径是“E:\ 公司文件\ABC. txt”。

路径有绝对路径和相对路径之分。

绝对路径是从根目录开始所经历的全部路线，如上面所举例子就是绝对路径，其格式是：<盘符:>\子目录 1\子目录 2…\子目录 n\[文件名]。例如，文件“ABC. txt”的绝对路径是：“E:\公司文件\ ABC. txt”。

相对路径是以当前目录的下一级子目录名打头的路径。例如，当前目录是“E:\，文件“ABC. txt”的相对路径是“\公司文件\ ABC. txt”。

（6）查看文件和文件夹的方式。

“资源管理器”和“我的电脑”提供了缩略图、平铺、图标、列表和详细信息等 5 种文件的显示方式。使用不同显示方式，可使文件或文件夹图标在窗口中的显示位置和显示内容等都不相同。

打开任意一个文件夹，单击工具栏中的“查看”按钮，在弹出的下拉列表框可选择查看文件/文件夹的方式，也可通过“查看”菜单进行选择，下面分别介绍不同的显示方式。

2. Windows 的画图软件

“画图”程序是一个位图编辑器，能对多种位图格式的图画进行编辑。可以自己绘制图画，也可以对已有图片进行编辑修改，在编辑完成后，可以设置为桌面背景，也可以用 BMP，JPG，GIF，PNG 等格式保存。

单击“开始”菜单，选择“所有程序”中的“附件”下的“画图”命令，即可启动“画图”程序，如图 2.67 所示。画图程序界面去掉了原来 Windows 经典的菜单和工具栏，采用功能区的界面。

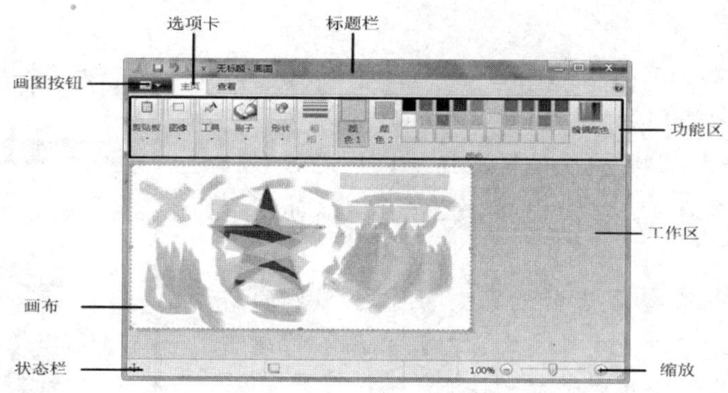

图 2.67　“画图”界面

（1）设置图像属性。

使用“画图”程序之前，先要根据自己的实际需要设置图像的属性，执行“画图按钮|属性”命令，打开“映像属性”对话框，如图 2.68 所示。

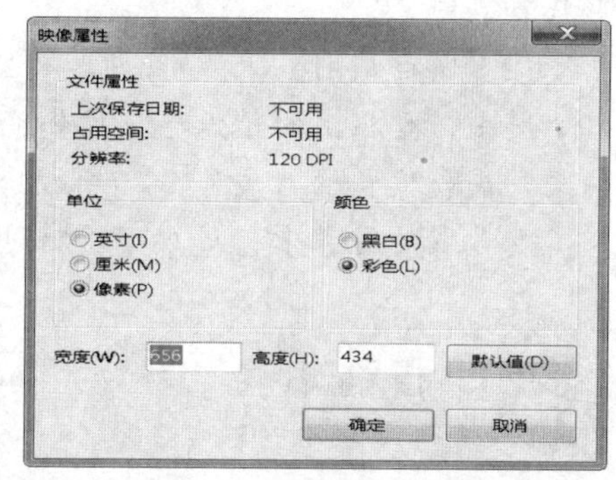

图 2.68　设置映像属性

（2）使用功能区绘制图像。

与绘图相关的功能主要集中在“主页”选项卡，在该选项卡中共提供了 7 个功能组，分别是“剪贴板”、“图像”、“工具”、“刷子”、“形状”、“粗细”和“颜色”，如图 2.69 所示。这些功能组互相配合，可以绘制出用户需要的图像。

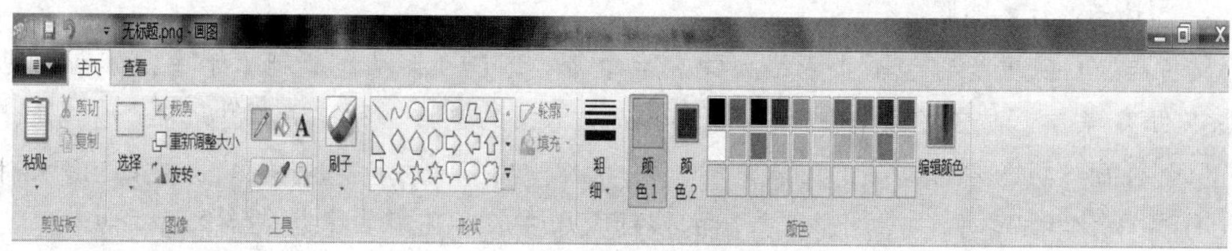

图 2.69　主页选项卡

3. 截图工具

Windows 7 的“附件”中携带了一个用于截图的工具。执行“开始|附件|截图工具”，即可启动该程序。程序启动以后，立即进入截图模式，鼠标指针除在程序界面内是，在其他窗口根据截图的对象不同而变成不同的形状。按“ESC”键可以退出截图模式。截图程序的界面如图 2.70 所示。点击“新建”按钮右边的下拉式列表框，可以选择截图的格式，在截图工具中提供了 4 种格式的截图：任意格式、矩形、窗口、全屏。

图 2.70 “截图工具”窗口

（1）截取图形。

执行“新建|任意格式截图”，除截图工具界面的屏幕区域外，其他区域都被朦胧的白色覆盖，表示是可以截图的区域，同时鼠标指针变为，单击鼠标左键不放，同时在需要截图的区域描绘出一定的形状。松开鼠标左键，在截图工具界面中将会显示出截取的图形，如图 2.71 所示。

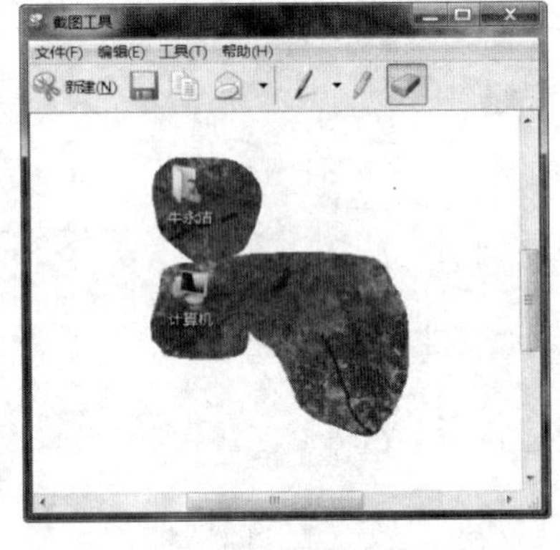

图 2.71 任意格式截图

使用工具栏上的笔或者荧光笔，可以在截取的图形上进行简单的编辑，可以使用橡皮擦对用户添加的内容进行擦除，但是并不能擦除用户截取的图形。

在“新建”按钮中还可以选取矩形、窗口、全屏的截图方式，操作方式与任意格式截图基本相同。区别在于截图的形状和范围。

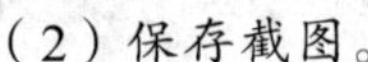

（2）保存截图。

单击工具栏上的“保存”按钮，弹出“另存为”对话框，在导航窗格中选择文件要保存的文件夹或库。输入文件名，点击“保存”按钮，截取的图形将会以默认的 PNG 格式保存。

在截图的过程中，用户可以随时按“ESC”键取消截图。

归纳小结

通过对这个例子的学习，读者应当掌握 Windows 的文件与文件夹的基本操作和相关的基本概念，掌握 Windows 的记事本和压缩软件的使用。

1. 文件与文件夹的操作

文件与文件夹的操作包括查看、新建、重命名、选择、移动、复制、删除、排列和搜索文件/文件夹等方法。这些操作主要在 Windows 的“我的电脑”和“资源管理器”中完成。

（1）打开“资源管理器”的方法。

① 右击“我的电脑”图标，在弹出的快捷菜单中，单击“资源管理器”命令。

② 右击“开始”按钮，在弹出的快捷菜单中，单击“资源管理器”命令。

③ 双击“我的电脑”，打开“我的电脑”窗口，单击工具栏上的文件夹图标。

④ 单击任务栏左侧的“开始→所有程序→附件→Windows 资源管理器”命令。

（2）复制文件/文件夹。

① 选中被复制的文件或文件夹。

② 单击工具栏上的“复制”按钮，或编辑菜单中的复制命令，或右击利用快捷菜单，或使用快捷键 Ctrl+C 操作。

③ 打开目标驱动器或指定文件夹。

④ 单击“粘贴”按钮，或编辑菜单中的粘贴命令，或使用快捷键 Ctrl+V 操作即可完成复制文件/文件夹操作。

（3）重命名文件/文件夹。

① 选中需要改名的文件或文件夹。

② 单击菜单“文件→重命名”命令，或右击利用快捷菜单，或直接单击被选中的文件或文件夹的名字。

③ 此时选中的文件/文件夹名字呈反相显示，键入新的文件名，并按回车键确定或在空白处单击鼠标，即可完成重命名操作。

（4）删除文件/文件夹。

① 选择要删除的文件/文件夹。

② 按键盘上的 Del 键，或单击“文件→删除”命令，或单击工具栏上的“删除”按钮，或右击要删除的文件/文件夹，选择快捷菜单中的“删除”命令。

（5）移动文件/文件夹。

① 选中待移动的文件或文件夹。

② 单击工具栏上的“剪切”按钮，或编辑菜单中的剪切命令，或使用快捷键 Ctrl+X。

③ 打开目标驱动器或指定文件夹。

④ 单击“粘贴”按钮，或编辑菜单中的粘贴命令，或使用快捷键 Ctrl+V。

2. 用记事本（画图、截图）创建文本（图形）文件

① 打开要创建文件的目录窗口，选择菜单“文件→新建→文本文档（图形文件）”命令。

② 单击 Windows 桌面上的“开始”按钮，选择菜单“所有程序→附件→记事本（画图、截图）”命令。

3. 用压缩软件 WinRAR 压缩和解压文件

均可通过快捷菜单完成。

强化练习

一、填空题

1. 在 Windows 中，管理文件和文件夹是通过____________和___________来完成的。
2. 文件的排序方式有_______、_______、_______和_______4 种。
3. 文件列表的显示方式有_______、_______、_______、_______和_______5 种。

二、选择题

1. 在 Windows 的“资源管理器”窗口中，其左部窗口中显示的是（　　）。

A. 当前打开的文件夹的内容　　B. 系统的文件夹树

C. 当前打开的文件夹名称及其内容　　D. 当前打开的文件夹名称

2. 在 Windows 的“资源管理器”左部窗口中，若显示的文件夹图标前带有加号“+”，意味着该文件夹（　　）。

A. 含有下级文件夹　　B. 仅含文件

C. 是空文件夹　　D. 不含下级文件夹

3. 在查找文件时，可以在文件名中使用通配符“*”号，其含义是（　　）。

A. 仅表示字符“*”　　B. 一串字符

C. 一个字符　　D. 一个数字

4. 要选定多个不连续的文件（文件夹），需按住（　　）。

A. Alt 键　　B. Ctrl 键　　C. Shift 键　　D. Ctrl+Alt 键

5. 在 Windows 资源管理器中，如果使用鼠标将已选定的对象在同一个磁盘进行复制操作，可以（　　）。

A. 按住 Shift 键一起操作　　B. 按住 Alt 键一起操作

C. 按住 Ctrl 键一起操作　　D. 无须按住任何键进行操作

6. Windows 中“写字板”文件默认的扩展名是（　　）。

A. TXT　　B. RTF　　C. WRI　　D. BMP

7. Windows 中的“剪贴板”是（　　）的一块区域。

A. 硬盘中　　B. 软盘中　　C. 高速缓存中　　D. 内存中

三、问答题

1. 简述窗口、对话框的基本组成元素及两者的区别。

2. 什么叫文件、文件夹？其命名规则如何？

3. 回收站的功能是什么？什么情况下，文件被删除后不能恢复？

4. 什么是树状结构和文件路径？绝对路径和相对路径有什么区别？

5. 程序快捷方式和程序文件有什么区别？

6. 如果有一个应用程序不响应任何事件，用户应怎样处理？

7. 要安装或删除程序在哪里操作？为什么？

项目总结

本项目通过三个工作任务的完成，要求了解操作系统的概念、功能、分类和常用的几款操作系统。掌握 Windows 的基本操作，主要包括鼠标、键盘、桌面、任务栏、窗口、菜单、对话框的操作；掌握 Windows 的基本设置，主要包括理解控制面板的作用，能进行显示属性的设置、时间日期的设置、输入法的添加与删除等。重点是文件操作，能熟练地进行文件及文件夹的新建、复制、移动、删除、查看、搜索、排列、压缩与解压等操作。了解 Windows 自带的一些常用小程序，如记事本、画笔、截图、写字板、计算器等。

设计性实训

如果你已经打算购买计算机，请在购买后安装 Window 7 操作系统和 Office 2003。

个性化自己的计算机（如果自己没有计算机，可在机房进行相应设置）：① 根据文件的用途，建立文件夹分类系统，将文件有条不紊地放置在不同文件夹中。② 将桌面换成喜欢的图片或自己的照片、将 Window 7 的主题风格设置为自己喜欢的形式。③ 根据个人喜好重新设置开始菜单、任务栏、控制面板、鼠标指针等显示形式。

综合性实训

实训 2 Windows 7 基本操作

一、实训目的

（1）掌握程序的启动与退出方法。

（2）熟悉 Windows 桌面的组成并掌握在桌面上建立快捷方式的方法。

（3）学习和掌握程序的运行和退出方法。

（4）掌握任务栏和语言栏的设置。

（5）掌握桌面的设置。

（6）掌握“回收站”的使用及设置。

二、实训要求

（1）能非常熟悉 Windows 的桌面及窗口的操作。

（2）能熟练掌握各种应用程序的运行和退出方法。

（3）能熟练设置桌面、“回收站”、任务栏和语言栏。

三、实训任务

（1）打开显示器、主机，成功启动 Windows 7 后，分别注销、待机和重新启动计算机并观察它们的区别，重新启动后观察桌面的组成、了解各个组件的功能。

（2）改变桌面图标排列方式（分别按名称、大小、类型、修改时间），观察变化，设置“开始”菜单为经典“开始”菜单，取消任务栏上的时钟并设置为自动隐藏，将音量调为静音。

（3）对照北京时间调整系统时间，并查询你的出生日期在星期几。

（4）用鼠标指向“计算机”图标，用拖动操作将其移动位置，分别用单击、双击和右击打开“计算机”窗口。

（5）打开“计算机”窗口，对窗口进行移动、最大化、最小化、还原、关闭、调整大小等操作，分别按不同方式排列对象（名称、大小、类型等）、显示内容（缩略图、列表等）。

（6）打开“回收站”和“资源管理器”窗口，观察各窗口组成元素及其区别，并对这两个窗口进行各种排列和切换操作。

（7）打开“文件夹选项”对话框，观察其组成元素并找出与窗口的区别，把当前屏幕拷贝在写字板里。

（8）熟悉键盘分布，打开“记事本”，输入下列内容，保存在E盘，文件名为“输入练习”。

英国警方在伦敦逮捕皮诺切特后，我一直关注此事的进展，电视上只要一有消息，我就会坐下来看个究竟。一次皮氏出现在镜头上，我对太太说：“这是我最恨的人。”她非常诧异：“一个外国老头，与你非亲非故，如何用得上‘恨’这个字？”是啊，我自己也有些奇怪，可是内心深处的一个声音告诉我：人是有记忆的。

（9）在桌面上为Word建立快捷方式，通过5种方法启动Word，6种方法将其关闭。

（10）使用帮助系统搜索如何复制文件的帮助信息。

实训3 文件及文件夹的操作

一、实训目的

（1）了解Windows文件系统的基本概念。

（2）掌握查看磁盘内容、属性的方法。

（3）掌握使用Windows资源管理器进行文件和文件夹操作的方法。

二、实训要求

（1）能熟练掌握查看磁盘内容和属性的方法。

（2）熟练掌握使用Windows资源管理器进行文件和文件夹操作的方法。

三、实训任务

（1）打开“计算机”和“Windows资源管理器”窗口，观察两者的区别。

（2）在“计算机”窗口中练习文件选定（单个、连续多个、不连续多个、全选、反向选定、取消选定等）。

（3）在E盘根目录下建立三个文件夹，分别命名为“图像”、“音乐”、“文档”。在“文档”文件夹中建一个Excel文件，文件名为“统计”，把记事本文件“人是有记忆的”复制到此文件夹中。

（4）查找C盘下所有第三个字母是“R”的文本文件（扩展名为.txt），并把这些文件复制到“文档”文件夹中。查找C盘下所有声音文件（扩展名为.wav），并把这些文件复制到“音乐”文件夹中。

（5）选择“文档”文件夹中的文件“统计”，将其移动到E盘根目录下。

（6）在画图软件中制作一幅图画，保存在“图像”文件夹中，文件名为“我的画”，把“图像”文件夹改名为“图片”，设为隐藏属性，并设置系统显示所有文件的扩展名，不显示隐藏文件。

（7）删除“文档”文件夹及其所有内容，恢复刚删除的内容，再将“文档”文件夹永久删除。

（8）在桌面创建“C:\windows\system22\mspaint.exe”程序，命名为“画图”，并更改其图标。

（9）查看E盘的类型、文件系统、可用空间和卷标等。

实训4　Windows 7 系统及环境设置

实训任务

（1）重新设置系统的主题、把自己的数码照片设置为桌面背景、屏幕保护设为三维文字"我马上回来"，速度最慢、跷跷板式，表面样式采用自定义的纹理，等待3分钟，调整分辨率观察屏幕变化。

（2）设置键盘、鼠标（如双击速度、指针轨迹等），体会其变化。

（3）给计算机添加一种新的输入法（自选一种），给"智能ABC输入法"定义快捷方式。

（4）试安装一台本地的虚拟打印机。

实训5　Windows 7 的实用工具

实训任务

（1）在"记事本"里输入一段文字，在画图里画一幅图画，把文字和图画移动到写字板进行编辑。

（2）用Windows Media Player播放本机上的一些影片和MP3。

（3）使用"截图工具"截取一个记事本的窗口，并保存到桌面，文件名为"记事本窗口"。

（4）利用计算器将十进制数2589647分别转换为二进制、八进制和十六进制，结果复制到"记事本"中。

巩固练习

一、填空题

1. 在Windows中,有两个管理系统资源的程序,它们是________________________。
2. 桌面快捷方式图标的作用是____。
3. Windows文件名是由______________________________构成。
4. 在Windows中按下"Ctrl+Alt+Delete"键，将______________________。
5. 剪贴板是计算机_____中的一块存储区，回收站是计算机_____中的一块存储区。
6. 临时删除和永久删除的区别是______________________________。
7. 控制面板的作用是____。
8. 在Windows中，当用户打开多个窗口时，被激活的窗口称为____________。
9. 在Windows中，删除桌面上某应用程序快捷方式图标后，该图标对应的文件将________。
10. 在Windows"开始"菜单下的"我的文档"文件夹中存放的是________________。

二、选择题

1. 计算机的操作系统属于（　　）。
A. 系统软件　　B. 应用软件
C. 语言编译程序和调度程序　　D. 视窗操作程序
2. 操作系统的作用是（　　）。
A. 把源程序译成目标程序　　B. 方便用户进行数据管理
C. 管理和调度计算机系统的软件和硬件资源　　D. 实现软、硬件的转接
3. Windows 的目录结构采用的是（　　）。
A. 树形结构　　B. 线形结构　　C. 层次结构　　D. 网状结构
4. 在 Windows 中，可以由用户设置的文件属性为（　　）。
A. 存档、系统和隐藏　　B. 只读、系统和隐藏
C. 只读、存档和隐藏　　D. 系统、只读和存档
5. 在 Windows 中，操作具有（　　）特点。
A. 先选择操作命令后，再选择操作对象
B. 先选择操作对象后，再选择操作命令
C. 同时选择操作和操作对象
D. 允许用户任意选择
6. 在“资源管理器”窗口中选择“查看→排列图标→类型”命令，可以排列（　　）。
A. 桌面上应用程序图标　　B. 任务栏上应用程序图标
C. 所有文件夹中的图标　　D. 当前文件夹中的图标
7. Windows 在任一时刻只能有（　　）窗口是当前活动窗口。
A. 多个　　B. 2 个　　C. 4 个　　D. 1 个
8. Windows 将硬盘或桌面的文件及文件夹临时删除时，可将其存放在（　　）。
A. 回收站　　B. 外存　　C. 内存　　D. 剪贴板
9. 在 Windows 中，为了防止他人修改某一文件，应设置该文件属性为（　　）。
A. 只读　　B. 隐藏　　C. 存档　　D. 系统
10. 当点击 Windows 应用程序窗口的右上角的最小化按钮时（　　）。
A. 该应用程序窗口不会有什么变化
B. 该应用程序窗口从屏幕上消失，应用程序窗口被关闭
C. 该应用程序窗口变成一个小图标，出现在任务栏上
D. 该应用程序窗口将扩大到整个屏幕
11. 下列关于路径的描述中，正确的是（　　）。
A. 程序的执行过程　　B. 文件在磁盘的目录位置
C. 文件存放在哪个磁盘上　　D. 用户操作步骤
12. 下列对 Windows 菜单命令的说法中，不正确的是（　　）。
A. 单击带“...”的选项命令后将会弹出一个对话框，要求用户更多输入信息
B. 命令前带有“√”表示该命令有效
C. 当鼠标指向带有“▸”符号的命令时，会弹出一个子菜单

D. 命令项呈现暗淡的颜色，表示响应的程序被破坏

13. 打开 Windows 的资源管理器窗口，可看到窗口分隔条将整个窗口分为文件夹树窗口和文件夹内容窗口两大部分。文件夹树窗口显示的是（　　）。

A. 当前盘所包含的文件　　B. 当前目录和下级子目录

C. 计算机的磁盘目录结构　　D. 当前盘所包含的目录和文件

14. 删除（　　）上的文件，文件不会进入回收站。

A. 硬盘　　B. 桌面　　C. U 盘　　D. 我的文档

15. 将当前屏幕复制到剪贴板的操作是（　　）。

A. 按 Alt+Print Screen 键　　B. 按 Ctrl+Print Screen 键

C. 按 Shift+Print Screen 键　　D. 按 Print Screen 键

16. 当一个应用程序的窗口被最小化后，该应用程序将（　　）。

A. 继续在后台执行　　B. 继续在前台执行

C. 被暂停运行　　D. 被终止运行

17. 不能在任务栏内进行的操作是（　　）。

A. 快捷启动应用程序　　B. 排列和切换窗口

C. 排列桌面图标　　D. 设置系统日期和时间

18. 在复制和移动文件中，选定多个连续的文件或文件夹，配合使用的键是（　　）。

A. Alt　　B. Ctrl　　C. Shift　　D. Esc

19. 用鼠标拖曳（　　），可以移动窗口的位置。

A. 菜单栏　　B. 窗口边框　　C. 窗口边角　　D. 窗口的标题栏

20. 在 Windows 中，用于对系统进行设置和控制的程序组是（　　）。

A.“回收站”　　B.“控制面板”

C.“我的电脑”　　D.“资源管理器”

21. 欲选定当前文件夹中的全部文件和文件夹对象，可使用的组合键是（　　）。

A. Ctrl+X　　B. Ctrl+C　　C. Ctrl+V　　D. Ctrl+A

22. 当一个应用程序窗口被关闭后，该应用程序将（　　）。

A. 仅保留在内存中　　B. 同时保留在内存和外存中

C. 从外存中清除　　D. 仅保留在外存中

23. 计算机系统在使用了一段时间后，往往会产生许多无用的文件，它们占据了部分磁盘空间，浪费了存储资源，（　　）可以方便地清理系统中这些无用的文件。

A. 运行“磁盘清理”　　B. 运行“磁盘碎片整理”

C. 运行“磁盘查错”　　D. 找出这些无用的文件并删除它

24. 在“我的电脑”窗口中，为文件和文件夹提供了（　　）种显示方式。

A. 2　　B. 5　　C. 4　　D. 3

25.“磁盘碎片整理程序”的作用是（　　）。

A. 删除无用的文件，以释放硬盘空间

B. 将文件存储在连续的扇区，合并可用的磁盘空间，从而提高计算机的读写速度

C. 检测并修复存盘中的错误

D. 维护文件分配表

阅读资料

Windows 7 常用技巧

1. 电脑守卫

PC Safeguard 不会让任何人把你电脑的设置弄乱，因为当它们注销的时候，所有的设定都会恢复到正常。当然了，它不会恢复你自己的设定，但是你唯一需要做的就是定义好其他用户的权限。

要使用 PC Safeguard，首先打开控制面板—用户账户，接下来创建一个新的账户，选择"启用 PC Safeguard"后确定。然后你就可以安心地让别人使用你的电脑了，因为任何东西都不会被改变，包括设定、下载软件、安装程序。

2. 屏幕校准

很幸运，Win7 拥有显示校准向导功能，可以让你适当地调整屏幕的亮度，所以你不会再遇到浏览照片和文本方面的问题了。以前出现的问题包括一张照片在一台电脑上看起来很漂亮而耀眼，但是在另一台电脑上看起来却很难看。现在问题被解决了，只要你按住 WIN+R 然后输入"DCCW"。

3. 应用程序控制策略

如果你经常和其他人分享你的电脑，然后你又想限制他们使用你的程序、文件或者文档。AppLocker 工具会给你提供一些选择来阻止其他人接近你的可执行程序、Windows 安装程序、脚本、特殊的出版物和路径。你可以简单地做到这些，按住 WIN 键同时按 R 然后输入 GPEDIT.msc 来到本地策略组编辑器，打开计算机配置—Windows 设置—安全设置—应用程序控制策略，右键点击其中的一个选项（可执行文件，安装或者脚本）并且新建一个规则。

4. 镜像刻录

我们都有过在 Windows 下进行镜像刻录的困扰，因为它本没这功能，所以必须拥有一个独立的刻录软件。随着 Windows7 的到来，这些问题都不复存在了。我们所有需要做的仅仅是双击 ISO 镜像，并且扫录进你光驱中的 CD 或者 DVD 中。

5. 把当前窗口停靠在屏幕左侧

这个新功能看起来挺有用，因为有些时候，我们会被屏幕中浮着的近乎疯狂的窗口们所困扰，并且很难把他们都弄到一边。现在我们使用键盘的快捷键就可以很轻松地做到了。按 WIN+左键把它靠到屏幕的左边去吧。

6. 把当前窗口停靠在屏幕右侧

按 WIN+右键，可以把窗口停靠到右侧。

7. 桌面放大镜

按 WIN+加号或者减号来进行放大或者缩小。你可以缩放桌面上的任何地方，你还可以配置你的放大镜。你能选择反相颜色，跟随鼠标指针，跟随键盘焦点或者文本的输入点。

8. 在不同的显示器之间切换窗口

如果你同时使用两个或者更多的显示器，那么你可能会想把窗口从一个移动到另一个中去。这里有个很简单的方法去实现它。所有要做的就是按 WIN+SHIFT+左或者右，这取决于你想要移动到哪个显示器中去。

9. 垂直伸展窗口

可以用 WIN+SHIFT+上 来最大化垂直伸展你的当前窗口。用 WIN+shift+下 可以恢复它。

10. 关闭系统通知

系统通知通常会打扰你并且它们经常是没用的，所以你可能想关闭它们其中的一些。你可以在 Win7 中双击控制面板中的通知区域图标来实现它。在这里，你可以改变行动中心、网络、声音、Windows 资源浏览器、媒体中心小程序托盘和 Windows 自动升级的通知和图标。

11. 加密移动 USB 设备

加密 USB 设备从来没这么简单过，现在你可以右键点击可移动设备，然后选择启动 BITLOCKER。

12. 使用虚拟硬盘

在 Win7 中，你先可在你的真正的磁盘里创建并管理虚拟磁盘文件。可以使用 Windows 的在线安装到你的虚拟磁盘中而不需要启动虚拟机。创建一个虚拟磁盘你需要按 Win，右键单击我的电脑—管理—磁盘管理—操作—创建 VDH。在这里你可以指定虚拟硬盘的位置和大小。

连接虚拟硬盘文件，按 WIN，右键单击我的电脑，再单击管理—磁盘管理—操作—连接 VHD，然后你可以指定它的位置和是否是只读。初始化虚拟硬盘，按 WIN，右键单击我的电脑，再单击管理—操作—连接虚拟硬盘。选择你想要的分区模式，然后右键点“未分配的空间”并且点击“新简单卷”，然后跟着指示向导做。现在，一个新的硬盘诞生了，而且你可以把它当作真正的分区来使用。

13. 锁定屏幕

Win7 的开始菜单里不再有锁定按钮，所以现在你要按 WIN+L 去锁定它。这看起来很简单，如果你不会忘掉这个快捷键的话。

14. 让系统时间托盘显示 AM/PM 符号

Win7 默认显示 24 小时制的时间，所以如果你想要显示 AM/PM，按 WIN，输入 intl.cpl 去打开时区和语言选项，自定义格式，把长时间从 HH:mm 改成 HH:mm tt，例如，tt 是 AM 或者 PM 符号（21：12 PM）。把它改成 12 小时制，你要输入像 hh:：mm tt（9：12 PM）。

大数据（big data）

大数据（big data），或称巨量资料，指的是所涉及的资料量规模巨大到无法透过目前主流软件工具，在合理时间内达到撷取、管理、处理，并整理成为帮助企业经营决策更积极目的的资讯。在维克托·迈尔-舍恩伯格及肯尼斯·库克耶编写的《大数据时代》中，大数据指不用随机分析法（抽样调查）这样的捷径，而采用所有数据的方法。大数据的 4V 特点：Volume（大量）、Velocity（高速）、Variety（多样）、Value（价值）。

大数据需要特殊的技术，以有效地处理大量的容忍经过时间内的数据。适用于大数据的技术，包括大规模并行处理（MPP）数据库、数据挖掘电网、分布式文件系统、分布式数据库、云计算平台、互联网和可扩展的存储系统。

中国企业如何应对大数据时代的来临？

国内的企业跟美国比较，有一个很重要的特性就是人口基数的区别，中国消费群体所产生的这种数据量，与国外相比不可同日而语。

谷歌搜索、Facebook的帖子和微博消息使得人们的行为和情绪的细节化测量成为可能。挖掘用户的行为习惯和喜好，从凌乱纷繁的数据背后找到更符合用户兴趣和习惯的产品和服务，并对产品和服务进行针对性地调整和优化，这就是大数据的价值。大数据也日益显现出对各个行业的推进力。

大数据时代来临首先是由数据丰富度决定的。社交网络兴起，大量的UGC（互联网术语，全称为User Generated Content，即用户生成内容的意思）内容、音频、文本信息、视频、图片等非结构化数据出现了。另外，物联网的数据量更大，加上移动互联网能更准确、更快地收集用户信息，比如位置、生活信息等数据。从数据量来说，已进入大数据时代，但硬件明显已跟不上数据发展的脚步。

未来，数据可能成为最大的交易商品。但数据量大并不能算是大数据，大数据的特征是数据量大、数据种类多、非标准化数据的价值最大化。因此，大数据的价值是通过数据共享、交叉复用后获取最大的数据价值。在他看来，未来大数据将会如基础设施一样，有数据提供方、管理者、监管者，数据的交叉复用将大数据变成一大产业。据统计，大数据所形成的市场规模在51亿美元左右，而到2017年，此数据预计会上涨到530亿美元。

项目三　Word 文字处理与编辑

工作情景

小王是一家大型企业的办公室秘书，由于办公室业务的扩展需购买 10 台电脑，又恰逢公司新产品研发成功，要召开新产品专家鉴定会，所以领导给他安排了如下几项工作任务：① 编写计算机采购申请报告；② 写出部门月工作总结报告；③ 拟订新产品专家鉴定会的会议日程；④ 为新产品制作宣传海报。

解决措施

要完成这些任务，都要用到一个软件：Microsoft Office Word 2003。它是 Office 办公软件中十分重要的组件之一，它具备强大的文字处理、图片处理及表格处理功能，具有强大的文字编辑排版功能、灵活的制表功能、强大的图文混排功能、样式模板应用功能，可以做简单的网页，而且通过其他软件还可以直接发传真或者发 E-mail 等，能满足普通人的绝大部分日常办公的需求等，是办公室工作人员必须掌握的计算机软件之一，是目前世界上应用范围最广的文字编辑软件。

知识与能力目标

（1）理解 Microsoft Office Word 2003 编辑的基本概念。

（2）掌握文档操作方法。

（3）学会文档的基本编辑方法。

（4）学会文本格式化的方法。

（5）学会字符串的查找与替换的方法。

（6）学会块操作方法。

（7）能插入图片，掌握图文混排。

（8）能插入并编辑表格。

3.1　任务：编写计算机采购申请报告

小王编写的申请报告内容如图 3.1 所示。

计算机采购申请报告

公司领导：

因办公室业务需要，特向公司申请购买如所附配置的电脑 10 台。单价￥3438.00 元，总计￥34380.00 元

请公司批准！

办公室

X 年 X 月 X 日

附：电脑配置及价格

- cpuintel celeron 双核 e2180 ￥410 元
- 主板 华硕 p5/533mx ￥479 元
- 内存 金士顿 2gb ddr2 667 ￥260 元
- 硬盘 希捷 160g 7200 8m ￥360 元
- 显卡 集成
- 声卡 集成
- 光驱 先锋 16×dvd ￥140 元
- 机箱电源 金河田 飓风￥300 元
- 音箱：漫步者 2.1 ￥120 元
- 键盘鼠标套装 ￥50 元
- 显示器 aoc 915sw 19 寸 ￥1399 元

每台计算机价格：￥3438.00 元

图 3.1 “申请报告”效果图

任务分析

完成此工作任务的步骤是：① 认识 Microsoft Office Word 2003 软件（以下简称 Word 2003）；② 文字录入；③ 设置有关的格式；④ 页面设置和预览；⑤ 打印。

3.1.1 认识 Word 2003 软件

1. Word 2003 的屏幕组成和编辑环境

Word 2003 的编辑窗口（见图 3.2）与一般的 Windows 窗口类似，主要包括以下几个部分：

（1）标题栏：左边显示正在编辑的文档的名称；右边是 3 个控制按钮，即最小化、最大化、关闭。标题栏的颜色可以表示窗口是否被激活。

（2）菜单栏：以菜单方式集中了 Word 2003 的所有操作命令，含有“文件”“编辑”“视图”“插入”“格式”“工具”“表格”“窗口”“帮助”等 9 项菜单，单击每一项，都会弹出一个下拉菜单。

（3）工具栏：以图形按钮的形式简化常用操作命令。工具栏分“常用”工具栏和“格式”工具栏两种。“常用”工具栏侧重于文本编辑，“格式”工具栏侧重于排版处理。

（4）标尺：可直观地调整并显示文档页面的高度及宽度。文档窗口可以不显示标尺，方法为：选择菜单“视图→标尺”命令，取消选择该命令。

（5）文本区：屏幕窗口的空白工作区域，用于显示、编辑文档。

（6）插入点：在文本区中闪动的竖直短线条称为光标，表示文字等的插入位置。

（7）滚动条：用于改变文档的显示位置，有垂直滚动条和水平滚动条两种。

（8）状态栏：用于标明光标所在的页、节、行、列位置及文档的其他有关数据。

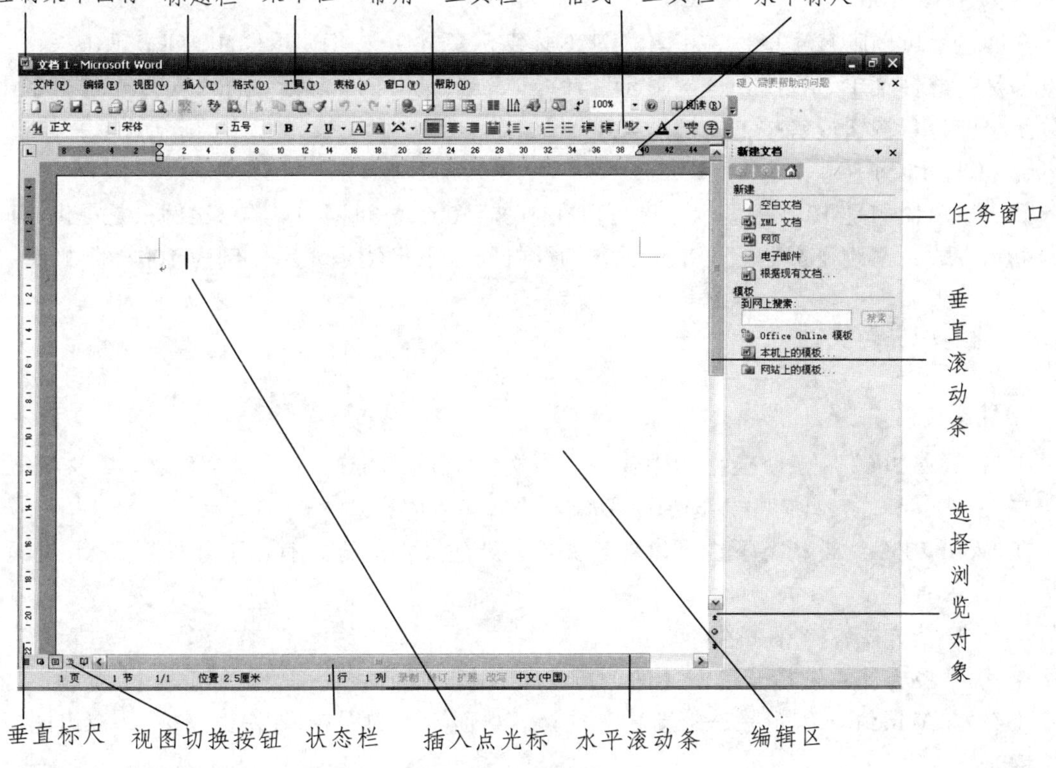

图 3.2　Word 2003 编辑窗口

2. 工具栏的认识和使用

工具栏是 Word 2003 编辑窗口的重要组成部分，默认显示常用工具栏和格式工具栏两个。直接单击工具栏中的常用工具按钮解决问题更为方便快捷，熟练掌握工具栏的移动、显示/隐藏等控制和调节操作，这是进一步操作的基础。

（1）移动工具栏。方法有如下几种：

① 直接拖动工具栏的前端竖线到需要的位置。

② 将工具栏分行显示：选择菜单“视图→工具栏→自定义”命令，在弹出的对话框中选择“选项”选项卡，在“分两排显示常用工具栏和格式工具栏”前面打上“✓”。

（2）显示/隐藏工具栏和工具按钮。

① 显示/隐藏工具栏的方法有如下两种：

A. 右击工具栏或菜单栏的任意区域，打“✓”的表示显示。

B. 选择菜单“视图→工具栏”命令。

② 工具按钮的添加和隐藏。

工具栏最右侧的其他按钮，选择添加或删除按钮，可直接选择工具；或通过自定义进行详细设置。

3. 显示的方式

（1）全屏显示。

全屏显示可以隐藏菜单栏、工具栏等不必要元素，使文档以更大的空间显示出来，设置的方法是：选择菜单“视图→全屏显示”命令。若想退出全屏显示视图，可单击屏幕上出现的关闭全屏显示按钮或者按 Esc 键。

（2）显示比例。

默认显示比例是 100%，显示比例可以在 10%~500%之间调整。显示比例只是提供不同比例的显示方式，不改变文档的本来设置，因此打印效果仍然是显示比例为 100%的效果。

3.1.2 创建和保存文档

1. 新建文档

启动 Word 2003 后系统会自动创建一个新文档，自动生成一个临时文件名——文档 n.doc（n=1、2、3、4…），此时可以选择一种输入法，输入内容。

在 Word 2003 编辑状态下也可以新建文档，新建文档的方式有以下几种：

（1）工具栏：。

（2）快捷方式：“Ctrl+N”。

（3）菜单方式：选择菜单“文件→新建”命令。

（4）在 Windows 编辑状态下新建：选择“桌面”上的“Word 快捷图标”，双击图标。

提示：

① Word 2003 可编辑的文件类型有多种，其中默认的 Word 2003 文档扩展名为.doc。

② 用菜单方式打开文档时，“文件”菜单下方的文件列表将显示最近打开过的 4 个文档名，要打开其中之一可直接选择。文件列表中显示的文档的个数可通过选择“工具→选项”菜单，在弹出的“选项”对话框中的“常规”选项卡中另行设置。

③ Word 2003 可同时打开多个文档，但不能同时编辑多个文档。正在编辑的文档称为当前（活动）文档。

④ Word 2003 能够识别很多其他软件创建的文件格式，文件格式可在打开对话框的文件类型中选择，并且在打开这类文档时会自动转换文档。

2. 输入内容

在插入点输入内容，先不管内容的格式，输入标题，然后回车，输入具体内容。文档输入时，非段落处不用回车，满行时系统会自动换行；一个自然段输入完成后，另起一段时需要按回车键，此时会出现一个“↵”，以表明一个段落的结束和新段落的开始。因段落标记会保留上段的格式设定，所以另起一段后输入的文本会与上段格式相同。输入的内容和形式如下：

计算机采购申请报告

公司领导：

因办公室业务需要，特向公司申请购买如所附配置的电脑10台，单价￥3 438.00元，总计￥34 380.00元。

请公司批准!

办公室

X年X月X日

附：电脑配置及价格

cpuintel celeron 双核 e2180 ￥410元

主板 华硕 p5/533mx ￥479元

内存 金士顿 2gb ddr2 667 ￥260元

硬盘 希捷 160g 7200 8m ￥360元

显卡 集成

声卡 集成

光驱 先锋 16×dvd ￥140元

机箱电源：金河田 飓风￥300元

音箱：漫步者 2.1 ￥120

键盘鼠标套装 ￥50元

显示器 aoc 915sw 19寸 ￥1 399元

每台计算机价格：￥3 438.00元

提示：

① 录入的过程中可能出现红色或绿色的波浪线，它表示可能出现拼写或语法错误，要仔细检查核对。

② 在录入时如果出现误操作可用撤销和恢复操作功能。撤销和恢复是相对应的，单击 是取消上一步的操作，而单击 就是把撤销操作再重复回来。如需一次撤销多次的操作，可单击撤销按钮右边的小箭头，在弹出的列表框中列出了目前能撤销的所有操作，从中选择多步操作来撤销。值得注意的是，不允许任意选择一个以前的操作单独撤销，而只能连续撤销一些操作。同样，单击恢复按钮右边的小箭头也可实现连续恢复。

撤销和恢复操作还可通过选择“编辑”菜单或使用快捷键“Ctrl+Z”（撤销）、“Ctrl+Y”（恢复）实现。

③ 若遇到无法从键盘上直接输入的符号，如“✧”，可采用如下操作方法：

选择菜单“插入→特殊符号”命令，弹出如图3.3所示的“符号”对话框，选中“✧”，单击“插入”按钮。

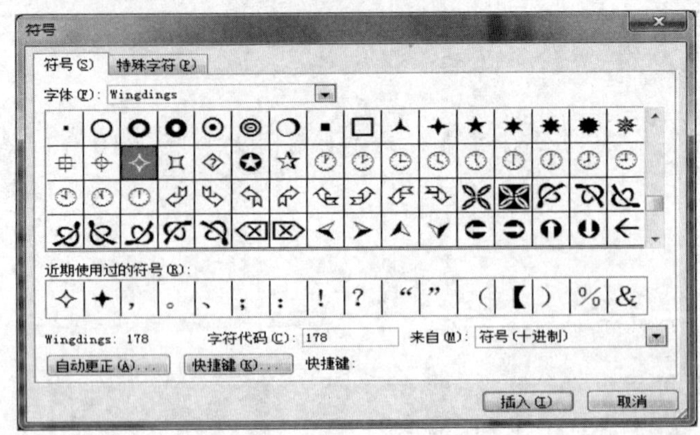

图 3.3 “符号”对话框

小技巧：

① 在录入时要将段落标志显示出来，以便于观察录入的段落格式是否正确。

显示/隐藏段落标记的方法是：选择“视图”菜单，在“显示段落标记”前打“✓”。

② 时间与日期。如果觉得直接输入比较麻烦，可用“插入”菜单中的“日期和时间”命令。

操作方法：选择菜单“插入→日期和时间”命令，在弹出的“日期和时间”对话框中的“有效格式”列表框中选择需要的格式，如不选择“自动更新”则插入静态日期时间；选择“自动更新”，则以“域”的形式插入日期和时间，插入的内容随日期和时间的改变而改变，单击可见灰色的域底纹。

另外，Word 2003 默认提供了“记忆式键入”功能，先键入当前日期的前一个部分，按 Enter 键即可插入完整的日期。

③ 录入时要随时保存文档，以防发生断电等事故造成文件丢失。

3. 保存文档

单击工具栏中的保存按钮，在弹出的“另存为”对话框中输入文件名“计算机采购申请报告”。

提示：

保存新建文档或换名保存文档时，Word 2003 会弹出“另存为”对话框，要求输入存盘的文件名，并注意保存路径的选择。

（1）同名同处保存当前文档。

① 工具栏：。

② 快捷方式：“Ctrl+S”。

③ 菜单方式：选择菜单“文件→保存”命令。

（2）换名或异处保存当前文档。

① 快捷方式：“Ctrl+Shift+A”。

② 菜单方式：选择菜单“文件→另存为”命令。

注意：

① 区分另存为和重命名：如另存为时更改了文件名，则相当于另外存了一个原文件的副本；而重命名则是直接给原文件改名。

② 区分另存为和另存为 Web 页：另存为后生成的新文件依然是.doc 的，而另存为 Web 页是将 Word 2003 文档保存为.htm 网页形式，以方便发布到网上。

如果在录入的过程中有其他事要办，可先关闭文档。

4. 关闭文档

关闭文档的方法有：

（1）单击文档窗口的“关闭”按钮。

（2）快捷方式：“Ctrl+W”或“Alt+F4”。

（3）菜单方式：“文件→关闭”。

注意：

① 选择菜单“文件→关闭”命令或单击文档窗口按钮，仅关闭当前文档。

② 选择菜单“文件→退出”命令或单击 Word 2003 窗口按钮，将关闭所有文档并退出 Word 2003。

③ 如果文档内容没存盘或对其做了修改，关闭文档时系统会出现提示存盘的对话框，供用户选择。选择“是”即存盘；选择“否”即不存盘；选择“取消”即取消关闭操作。

3.1.3 输入和编辑文档

文档录入后要对文字录入的情况进行检查，对文字的录入内容进行修订。在修订的过程中会用到如下操作：

1. 光标定位

对文档进行修订，首先要将光标定位到出现错误的地方，然后进行修改。

光标位置可直接用鼠标单击和上、下、左、右光标移动键定位。

此外，其他光标定位控制键如表 3.1 所示。

表 3.1　其他光标定位控制键

控制键	功能
Home	移至行首
End	移至行尾
“Ctrl+Home”	移至文档开头
“Ctrl+End”	移至文档结尾
PageUp	上移一屏
PageDown	下移一屏
“Ctrl+PageDown”	移至下页顶端
“Ctrl+PageUp”	移至上页顶端
“Shift+F5”	移至前一处修订
	刚打开一个文档，转到该文档上一次关闭的位置

提示：在修改时，如果新录入的内容覆盖了原有插入点后面的内容，可能是文档的编辑处于“改写”状态，只要双击状态栏的“改写”区域即可。

2. 选定文本

在文档的编辑中，我们通常是“先选定，再操作”。通常选定的方法是用鼠标按住左键拖动，到结尾处松开鼠标左键即可。但是，有时不能精确选定内容，则可以用表 3.2 所示的选定方法。

表 3.2 选定文本的方法

<table>
<tr><th>选定</th><th>操作方法</th><th>鼠标的位置及形状</th></tr>
<tr><td>选定一句话</td><td>Ctrl+单击鼠标左键</td><td rowspan="3">位置：文本区
形状：I 型</td></tr>
<tr><td>选定一个单词</td><td>双击鼠标左键</td></tr>
<tr><td rowspan="2">选定一个段落</td><td>三击鼠标左键</td></tr>
<tr><td>双击鼠标左键</td><td rowspan="2">位置：文本区左侧空白处
形状：型</td></tr>
<tr><td>选定一行文字</td><td>单击鼠标左键</td></tr>
<tr><td rowspan="2">选定整篇文档</td><td colspan="2">“编辑”→全选</td></tr>
<tr><td colspan="2">“Ctrl+A”</td></tr>
<tr><td>选定任意区域</td><td colspan="2">鼠标定位起始位置，按住 Shift 键同时用鼠标单击结尾位置</td></tr>
<tr><td>选定任意矩形块文字</td><td colspan="2">按住 Alt 键同时按住鼠标左键并拖动</td></tr>
</table>

注意：取消选定的方法是把鼠标移到选定区域以外并单击或按下上、下、左、右光标键中的任意一个。

3. 移动、复制文本

同移动、复制文件（夹）一样，移动、复制文本是文档编辑中最常见的操作，“移动”是指将文本从原来的位置移至文档中的另一个位置；“复制”指在另一个位置建立目标文本的拷贝，而原文本保持不变。

（1）鼠标法。

文本的移动：选定文本，在选定范围内按住鼠标左键拖至目标处释放。

文本的复制：选定文本，在选定范围内按住 Ctrl 键和鼠标左键并拖动至目标处释放。

（2）剪贴板法。

文本的移动：选定文本，选择“编辑→剪切”菜单（或右击鼠标，在弹出的菜单中选择“剪切”），光标定位目标处，选择“编辑→粘贴”菜单（或右击鼠标，在弹出的菜单中选择“粘贴”）。

文本的复制：选定文本，选择“编辑→复制”菜单（或右击鼠标，在弹出的菜单中选择“复制”），光标定位目标处，选择“编辑→粘贴”菜单（或右击鼠标，在弹出的菜单中选择“粘贴”）。

提示：Word 2003 的剪贴板最多可容纳 24 项内容，超过 24 项将挤掉之前进入剪贴板的内容。粘贴到插入点的内容默认的是最后一次放入剪贴板的内容，如果要粘贴剪贴板中前面的内容，必须打开剪贴板进行选择。

4. 删　除

对文本中出现的错误，可以进行删除，方法如下：

（1）按“BackSpace”键删除光标左侧的文本。

（2）按“Delete”键删除光标右侧的文本。

（3）选定需要删除的文本，按“BackSpace”键或“Delete”键，删除所选定的文本。

（4）选定需要删除的文本，按“Ctrl+X”组合键，将其剪切到剪贴板，即可将选定的文本删除。

（5）选定需要删除的文本，单击“常用”工具栏上的“剪切”按钮。

（6）选定需要删除的文本，然后选择菜单“编辑→清除→内容”命令。

注意：“清除”和“剪切”命令都可以去除多余或错误的文本，但“清除”是将文本全部删除，而“剪切”是将文本暂时移入剪贴板中。

3.1.4　应用字符格式和格式化段落

文档录入完毕后可以设置有关的格式。为了使版面美观、便于阅读，需要对它进行精心的排版。排版主要包括字体的设置和段落格式的设置。下面，我们对录入好的“计算机采购申请报告”设置有关的格式。

1. 设置“计算机采购申请报告”的字体

（1）将“计算机采购申请报告”标题的字体设置为：宋体，二号字，加粗。

我们可以通过格式工具栏上的按钮进行设置，如图 3.4 所示。

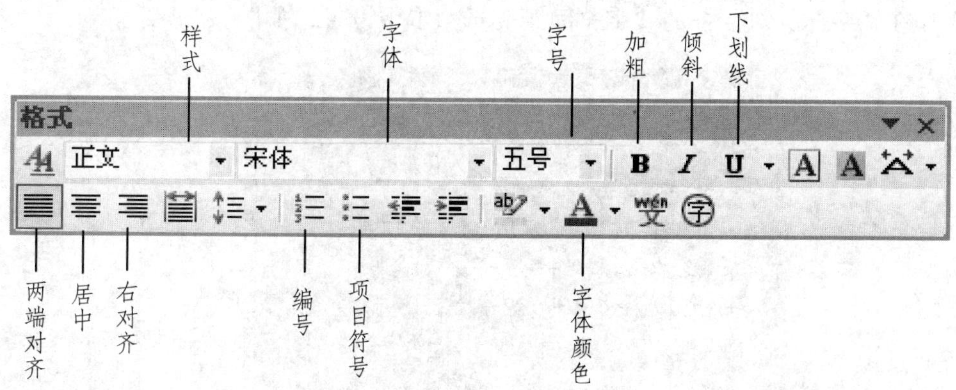

图 3.4　格式工具栏

此外我们还可以通过菜单“格式→字体”命令，在“字体”对话框中进行设置。选择菜单“格式→字体”命令，即打开如图 3.5 所示的“字体”对话框，设置相应的格式。

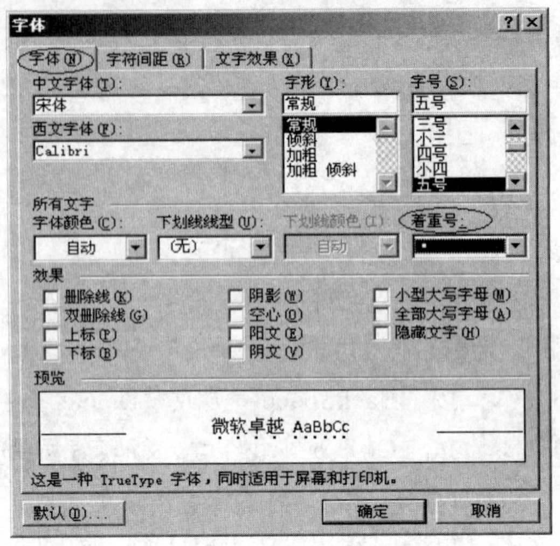

图 3.5 “字体”对话框

提示：可以通过“格式”工具栏设置文本的字体、字号、颜色以及字形等，上述这些功能也可以在“字体”对话框中的“字体”选项卡中完成。当然，最快捷的操作是“点击鼠标右键”，从中选择相应菜单，这也是 Windows 中所有应用软件最便利的操作方式。

（2）将其余文字设置为：宋体，小四号。方法与标题的字体设置相同。

（3）设置着重号。为“计算机采购申请报告”中的“￥3 438.00”和“￥34 380.00”设置着重号。

设置着重号同样可以在“字体”对话框中的“字体”选项卡中完成，如图 3.5 所示。

提示：“字体”选项卡还可以设置字体、字号、字形、颜色、下划线等，以及设置一些字体效果，如空心字、删除线、上下标等。

（4）设置字符间距。

设置“计算机采购申请报告”中正文（不包括附录）的字符间距为：间距，加宽 1 磅。

这步操作在“字体”对话框的“字符间距”选项卡中设置，如图 3.6 所示。

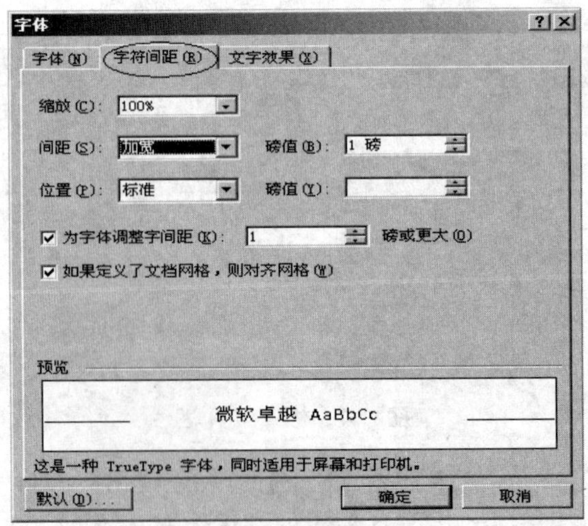

图 3.6 “字体”对话框

设置方法：选中标题文字，选择菜单“格式→字体”命令，打开“字体”对话框，选择“字符间距”选项卡，在“间距”下拉列表框中选择“加宽”选项，在“磅值”微调框中输入“1 磅”。

提示：

① 字符间距是指文档中文字之间的距离。

② 在 Word 中提供了其他若干文本属性，见图 3.7。

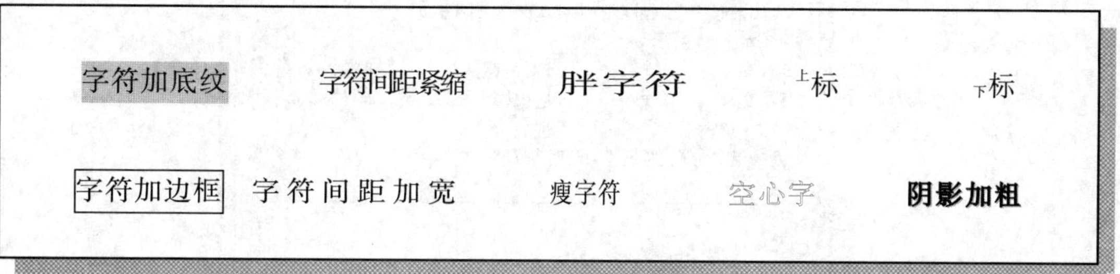

图 3.7　Word 中的文本属性

（5）字符位置与间距调整。有时还需对文本中字符之间的间距和字符的垂直位置进行重新设置（即改变系统设定的标准值），这可以利用“字体”对话框中的“字符间距”选项卡来实现。图 3.8 是不同的字符间距与不同位置举例：

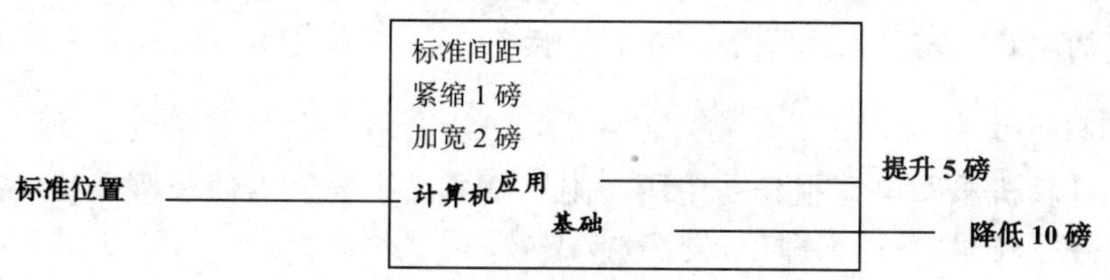

图 3.8　不同的字符间距与不同位置举例

2. 设置“计算机采购申请报告”的段落

（1）设置标题居中显示、落款日期右对齐。

① 选中标题，单击“格式”工具栏上的“居中”按钮，将标题居中显示。

② 选中落款日期，单击“格式”工具栏上的“右对齐”按钮，将标题居右对齐显示。在落款一段，将光标定位在段落结尾处，输入一个“空格”，使得落款位于日期的正上方。

还可以通过菜单“格式→段落”命令，在“段落”对话框中进行设置。选择菜单“格式→段落”命令，即打开如图 3.9 所示的“段落”对话框，设置相应的格式。

（2）设置标题段前、段后各一行，正文首行缩进 2 个字符，行距为固定值 25 磅。

① 选中标题，选择菜单“格式→段落”命令，打开“段落”对话框。在“缩进和间距”选项卡中的“间距”选项区域中，将“段前”和“段后”均设置为“1 行”，如图 3.9 所示。

② 选中正文，选择菜单“格式→段落”命令，打开“段落”对话框。在“缩进和间距”选项卡中的“特殊格式”选项区域中，选中“首行缩进”，在度量值中设置为“2 字符”。“行距”选项区域中选中“固定值”，在设置值中设置为 25 磅，如图 3.9 所示。

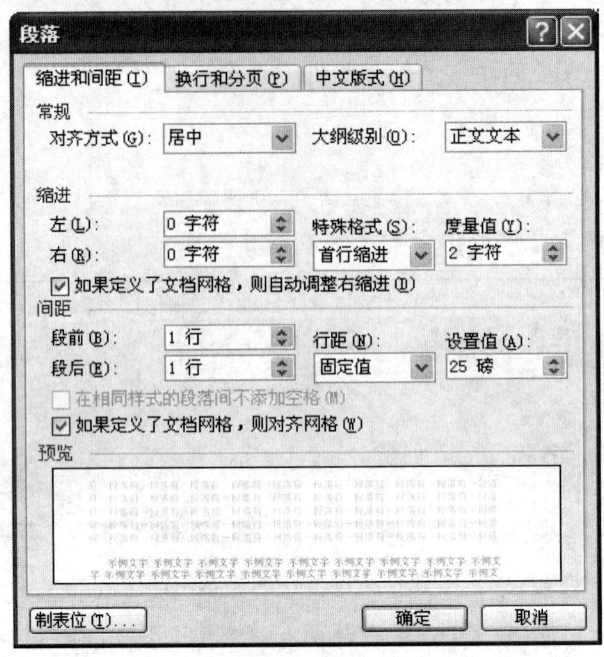

图 3.9 “段落”对话框

提示：“首行缩进”的度量值的单位如果是“厘米”，可以直接录入单位“字符”。“首行缩进”度量值的单位只有“厘米”和“字符”两个。

3. 插入项目符号

在输入“计算机采购申请报告”中所“附”部分文字时，为使段落表述层次分明，需要在每段前加入一个符号“✧”，即项目符号或编号。

选中需要加项目符号的各个段落，选择菜单“格式→项目符号和编号”命令，在“项目符号和编号”对话框中选择项目符号（见图 3.10），选择“✧”，然后单击“确定”按钮。

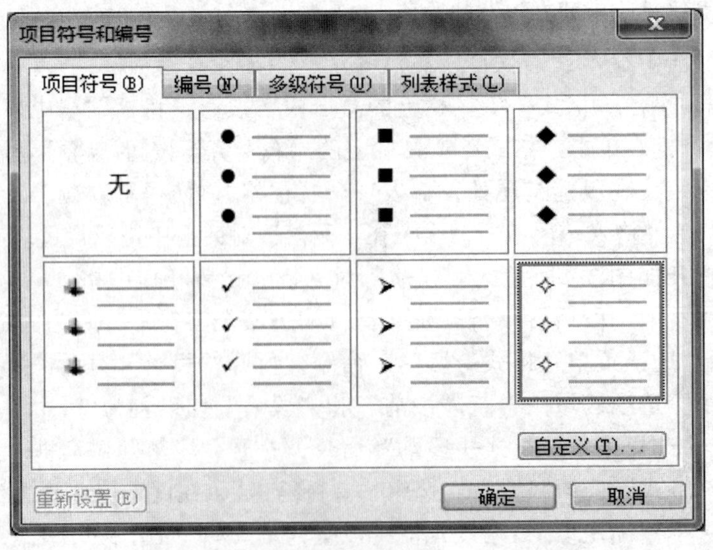

图 3.10 “项目符号和编号”对话框

提示：

① 如果在“项目符号和编号”对话框中没有“✧”，那么在对话框中选择自定义，选择“符号”，选中“✧”，单击“确定”按钮。

② 在项目符号选项卡或编号选项卡中选择“无”可实现删除。

4. 边框和底纹

给“附：电脑配置及价格”文字添加灰度 - 20%的底纹。

选中这部分内容，选择菜单“格式→边框和底纹”命令，在弹出的“边框和底纹”对话框中选择有关内容（见图 3.11），最后单击“确定”按钮。

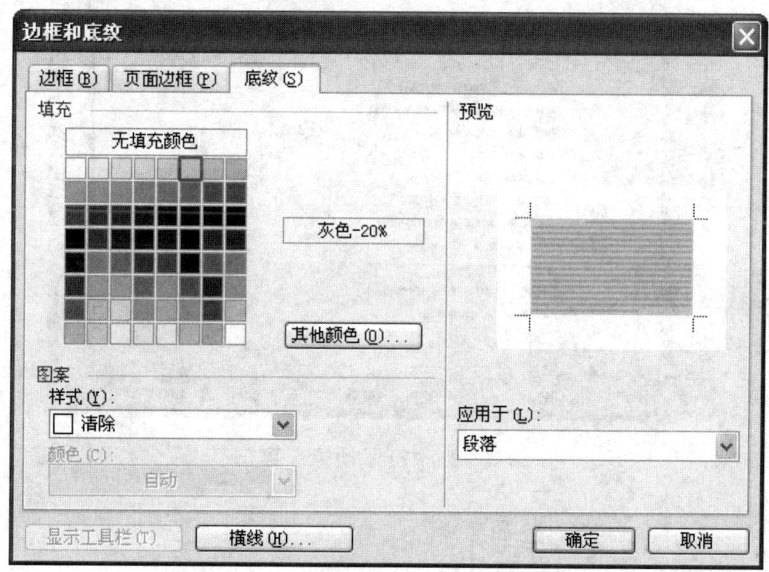

图 3.11 “边框和底纹”对话框

3.1.5 版面设置与打印

文档编辑完成后必须打印出来交给领导审批，“计算机采购申请报告”的制作，还要做如下工作：

1. 打印预览

编辑好的文档，在执行“打印”命令之前，要看一下排版效果。这时，可以使用打印预览（见图 3.12）来查看“计算机采购申请报告”的页面外观，以检查打印内容在纸上的布局。如不满意，还可以回到编辑状态进行必要的修改或调整。打印预览可以减少打印次数，也节省了纸张。

方法：用常用工具栏的“打印预览”按钮（见图 3.13），进入打印预览窗口，如图 3.12 所示，查看页面的外观。同时，还可以用预览窗口中的工具栏进行修改预览效果，如图 3.14 所示。“预览窗口”还有如下功能：

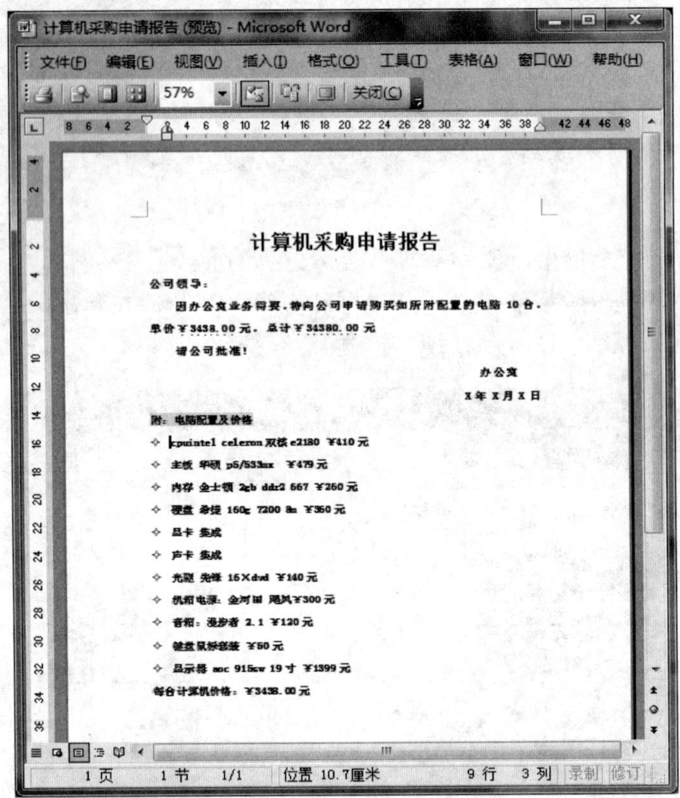

图 3.12 “打印预览”窗口

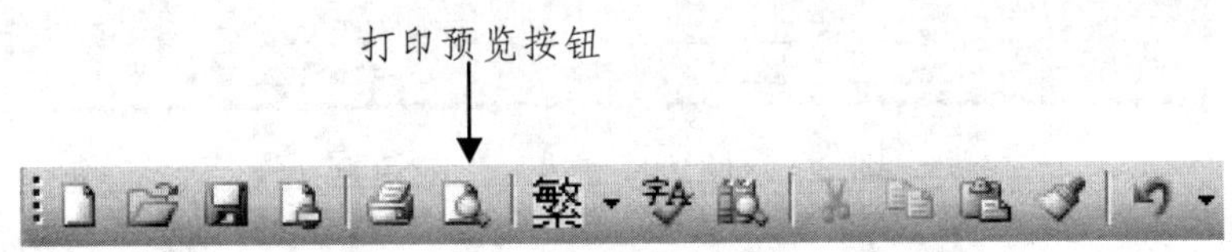

图 3.13 常用工具栏

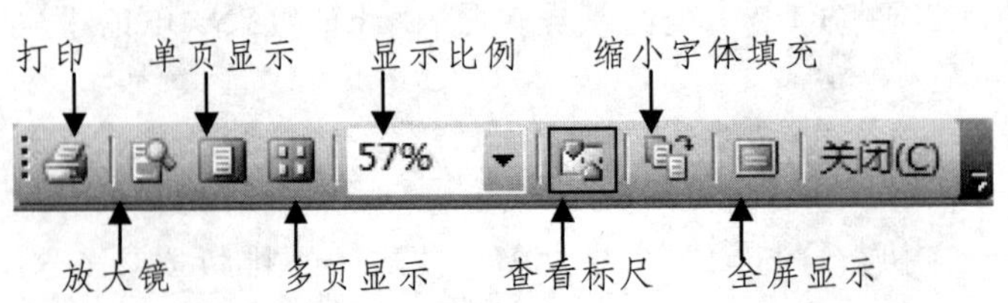

图 3.14 打印预览工具栏

放大镜可让用户在编辑状态与非编辑状态之间切换，即在预览状态下，也可以对文档进行修改。

单页显示在打印预览窗口将只显示一个页面。

多页显示可以选择在窗口中同时显示的页面数，鼠标拖过几个框，窗口中便显示几页文本，在一个窗口内最多可同时显示 36 个页面。

标尺可打开或关闭，用于查看和修改设置的“标尺”。

2. 页面设置

对“计算机采购申请报告”设置纸张为 A4 纸，上下页边距分别为 2.2 厘米和 2.2 厘米，左、右边距都为 2 厘米。

选择菜单“文件→页面设置”命令，在弹出的“页面设置”对话框中选择“页边距”选项卡和“纸张”选项卡，如图 3.15、图 3.16 所示，可设置上、下、左、右边距及纸张大小等参数。

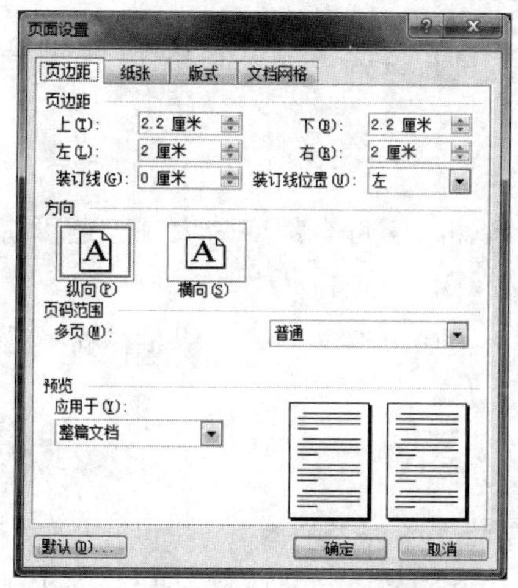

图 3.15 “页边距”选项卡

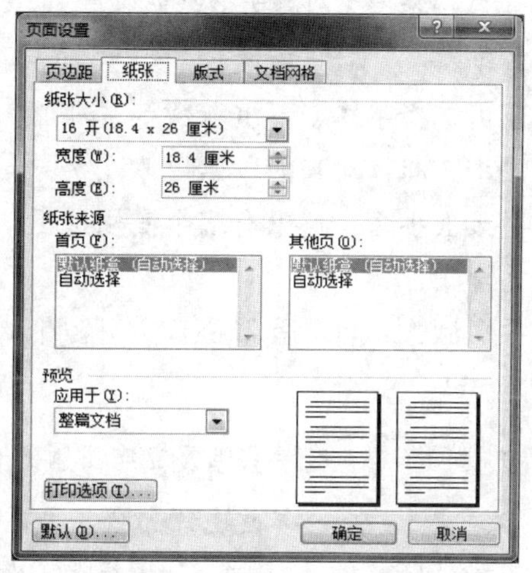

图 3.16 “纸张”选项卡

3. 文档打印

“计算机采购申请报告”的最后一步是文档的打印输出，上交领导审批。

文档打印是文档处理的最终环节，打印质量的好坏直接决定文档编辑的最终成果和整个工作的效果。

默认打印：单击常用工具栏或打印预览工具栏的打印按钮，打印机将以默认设置直接打印。

设置打印：按 Ctrl+P 或选择菜单“文件→打印”命令，在弹出的“打印”对话框中设置各种打印属性，如图 3.17 所示，最后单击“确定”按钮。

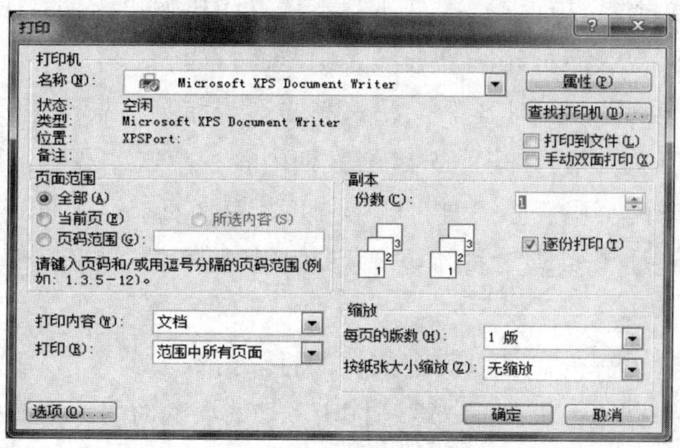

图 3.17 “打印”对话框

注意：名称显示准备使用的打印机名称，应检查与所接的打印机是否一致。如不一致，应在打印机名称列表框中选择所使用打印机的名称。

知识拓展

1. “格式”菜单中对文字的其他设置

（1）首字下沉：对当前段落的第一个字的格式进行设置，有“下沉”和“悬挂”两种排版方式，还可选择字体、下沉行数等选项。

（2）文字方向：对当前段落更改文字方向。

（3）更改大小写：这里有多个实用选项，如将输入字母全部变为大写，还可将所有半角字符设置为全角。

（4）中文版式：可设置带拼音文字、带圈字符，还可对文字进行纵横混排、合并或双行合一。

2. “工具”菜单也有一些涉及文字排版的有关功能

（1）字数统计：执行字数统计命令后，在对话框中显示统计数据，包括活动文档的页数、字数、字符数、段落数和行数，其中标点符号和特殊字符也包含在统计的字数当中。

（2）语言：其子菜单中包含五个功能选项。

① 设置语言：在包含多种语言的文件中指定所选文字的语言。拼写检查工具会自动使用与该语言相对应的词典。

② 中文简繁转换：实现中文简繁/繁简的双向转换。

③ 词典激活：汉英/英汉双向词典，查阅词义。

④ 同义词库：用同义词、反义词或相关词语替换文档中的单词或词组。

⑤ 断字：在单词中添加连字符，以减少文本右边界参差不齐的现象。

3. 打印中的其他问题

若单击“打印到文档”复选项，则打印时不从打印机输出，而是转换为一个版面文档输出到磁盘；若单击“人工双面打印”复选项，则双面打印。

页面范围单击“全部”则打印整个文档；单击“当前页”只打印插入点所在页的全部内容；单击“选定的内容”，只打印事先选定的文档内容；单击“页码范围”，按下面的提示给出的格式输入需要打印的页码，如需要打印第 2 页、第 3 页、第 5 页到第 11 页的内容，则在框中输入“2，3，5-11”，若只需要打印第 4 页，则输入“4”，若只打印第 2 页和第 4 页，则输入“2，4”。

份数输入或单击右边箭头，可以确定文档的打印份数。若单击“逐份打印”复选项，则将整个文档按份数逐一打印，若去掉“逐份打印”复选项的对号，则按每页的份数分别打印。

归纳小结

本节主要介绍的是 Word 2003 的基本编辑功能，介绍了 Word 2003 的窗口、基本操作、文档的编辑排版的最基本的知识。介绍了 Word 2003 的如下概念：视图、状态栏、工具栏、菜单、显示比例的选择、标尺、段落标记的显示。

其中，文档操作包括文档的建立、打开、保存、另存为和关闭，文档的重命名的方法。

Word 2003 基本编辑方法包括光标移动，快速定位，文字的录入、移动、删除、修改，操作的撤销与恢复。

设置字体格式包括字体、字号、字形、字间距。

段落的设置包括行间距、段前段后间距，设置对齐方式。

版面设置与打印包括打印预览、页面设置（设置纸张大小、页边界）和打印的方法。

强化练习

选择题

1. 以下关于 Word 2003 中的“项目符号”说法不正确的是（　　）。

A. 项目符号可以使用符号

B. 项目符号可以使用图片

C. 不同段落的项目符号是不能相同的

D. 不同段落的项目符号可以是相同的

2. Word 2003 文档的缺省扩展名是（　　）。

A. exe　　B. txt　　C. bmp　　D.doc

3. 下面不能关闭 Word 2003 的操作是（　　）。

A. 双击标题栏左边的控制图标

B. 单击“文件”菜单中的“关闭”命令

C. 单击标题栏右边的按钮“✕”

D. 单击“文件”菜单中的“退出”命令

4. 如果希望在 Word 2003 主窗口中显示“常用”工具栏，应当选择菜单的（　　）命令。

A. 视图→工具栏　　B. 文件→页面设置

C. 视图→标尺　　D. 格式→样式

5. 以下文件被称为纯文本文件或 ASCII 文件的是（　　）。

A. 以.doc 为扩展名的文件

B. 以.txt 为扩展名的文件

C. 以.bmp 为扩展名的文件

D. 以.exe 为扩展名的文件

6. 在 Word 2003 窗口的工作区中，闪烁的垂直条表示（　　）。

A. 光标位置　　B. 插入点

C. 鼠标位置　　D. 键盘位置

7. 在编辑 Word 2003 文档时，如果用户出现了错误操作，消除这一错误操作的最佳方法是（　　）。

A. 单击“工具”菜单中的“修订”命令，恢复原内容

B. 重新进行正确操作

C. 单击工具栏上的“撤销”按钮，恢复原内容

D. 无法挽回

8. 将文档中的一部分内容移动到别处，要进行的操作是（　　）。

A. 粘贴、剪切、定位、选择

B. 选择、剪切、定位、复制

C. 粘贴、剪切、定位、复制

D. 选择、剪切、定位、粘贴

9. 在 Word 2003 中要将光标定位于文档的开头，可用（　　）。

A. Ctrl+End　　B. Ctrl+Home

C. Ctrl+PageDown　　D. Ctrl+ PageUp

10. 在 Word 2003 中，要设置字符的颜色，可选择文字，然后打开格式菜单，再单击(　　)。

A.“段落”选项　　B.“样式与格式”选项

C.“字体”选项　　D.“边框和底纹”选项

11. 在 Word 2003 窗口上部的标尺中可以直接设置的格式是（　　）。

A. 字体　　B. 段落缩进

C. 分栏　　D. 字符间距

12. 在 Word 2003 的“文件”菜单的底部常有几个文件名显示，这些文件是（　　）。

A. 当前打开的文件

B. 最近被操作过的所有文档

C. 所有 Word 2003 文档

D. 最近被操作过的 Word 2003 文档

13. 在 Word 2003 中输入文字到达行尾而不是一段结束时，换行（　　）。

A. 不要按回车键　　B. 必须按空格键

C. 必须按回车键　　D. 必须按换档键

3.2 任务：部门月工作总结报告

公司规定，月末每个部门都要上交一份“部门月工作总结报告”。部门领导将这件事交给了小王办理，小王快速地按公司的要求撰写了如图 3.18 所示的工作总结。其中，工作总结涉及的“节能工作”和“安全工作”内容，由部门其他两名员工提供。

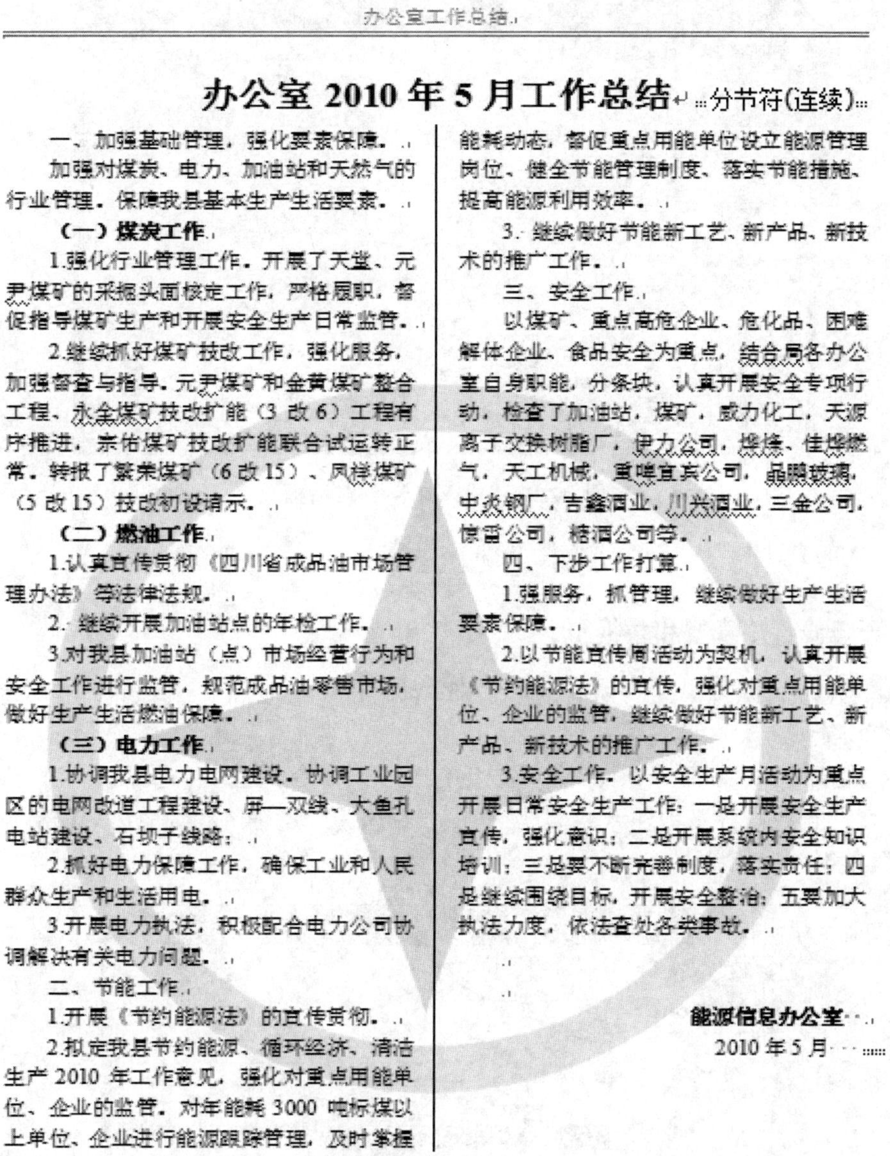

办公室工作总结

办公室 2010 年 5 月工作总结 分节符(连续)

一、加强基础管理，强化要素保障。

加强对煤炭、电力、加油站和天然气的行业管理，保障我县基本生产生活要素。

（一）煤炭工作

1.强化行业管理工作。开展了天堂、元尹煤矿的采掘头面核定工作，严格履职，督促指导煤矿生产和开展安全生产日常监管。

2.继续抓好煤矿技改工作，强化服务，加强督查与指导。元尹煤矿和金黄煤矿整合工程、永全煤矿技改扩能（3 改 6）工程有序推进，宗佑煤矿技改扩能联合试运转正常。转报了繁荣煤矿（6 改 15）、凤梯煤矿（5 改 15）技改初设请示。

（二）燃油工作

1.认真宣传贯彻《四川省成品油市场管理办法》等法律法规。

2. 继续开展加油站点的年检工作。

3.对我县加油站（点）市场经营行为和安全工作进行监管，规范成品油零售市场，做好生产生活燃油保障。

（三）电力工作

1.协调我县电力电网建设。协调工业园区的电网改道工程建设、屏—双线、大鱼孔电站建设、石坝子线路；

2.抓好电力保障工作，确保工业和人民群众生产和生活用电。

3.开展电力执法，积极配合电力公司协调解决有关电力问题。

二、节能工作

1.开展《节约能源法》的宣传贯彻。

2.拟定我县节约能源、循环经济、清洁生产 2010 年工作意见，强化对重点用能单位、企业的监管。对年能耗 3000 吨标煤以上单位、企业进行能源跟踪管理，及时掌握能耗动态，督促重点用能单位设立能源管理岗位、健全节能管理制度、落实节能措施、提高能源利用效率。

3. 继续做好节能新工艺、新产品、新技术的推广工作。

三、安全工作

以煤矿、重点高危企业、危化品、困难解体企业、食品安全为重点，结合局各办公室自身职能，分条块，认真开展安全专项行动，检查了加油站，煤矿，威力化工，天源离子交换树脂厂，伊力公司，烨烽、佳烨燃气，天工机械，重啤宜宾公司，晶鹏玻璃，中兴钢厂，吉鑫酒业，川兴酒业，三金公司，惊雷公司，糖酒公司等。

四、下步工作打算

1.强服务，抓管理，继续做好生产生活要素保障。

2.以节能宣传周活动为契机，认真开展《节约能源法》的宣传，强化对重点用能单位、企业的监管，继续做好节能新工艺、新产品、新技术的推广工作。

3.安全工作。以安全生产月活动为重点开展日常安全生产工作：一是开展安全生产宣传，强化意识；二是开展系统内安全知识培训；三是要不断完善制度，落实责任；四是继续围绕目标，开展安全整治；五要加大执法力度，依法查处各类事故。

能源信息办公室

2010 年 5 月

图 3.18　“部门月工作总结报告”排版效果图

任务分析

完成此工作任务的步骤是：① 将“节能工作”和“安全工作”文档插入“办公室 2010 年 5 月工作总结”文档中；② 检查与修订文稿；③ 设置文档的格式；④ 上交给公司领导。

3.2.1　插入文件

（1）将“节能工作”插入主文件中。

选定“文件档案管理”后面的插入点，选择菜单“插入→文件”命令，在弹出的“插入文件”对话框中找到“节能工作”文件（见图 3.19），单击“插入”按钮。

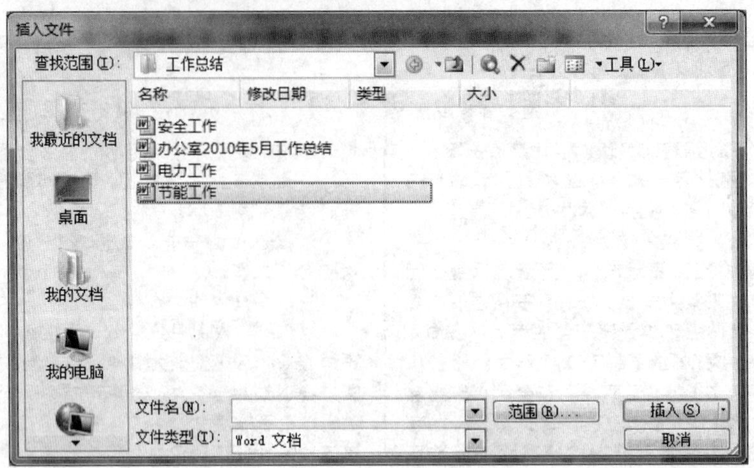

图 3.19 “插入文件”对话框

（2）同样的方法插入“安全工作”文件。

3.2.2 检查与修订（查找和替换）

小王在检查的过程中，发现所有的“监管”都写成了“监视”，为批量地修改错误，可用查找和替换功能。

方法：选择菜单“编辑→查找、替换或定位选项”命令，进入“查找和替换”对话框（见图 3.20），在“查找内容”中输入“监视”，在“替换为”中输入“监管”，单击“全部替换”按钮，最后单击“确定”。

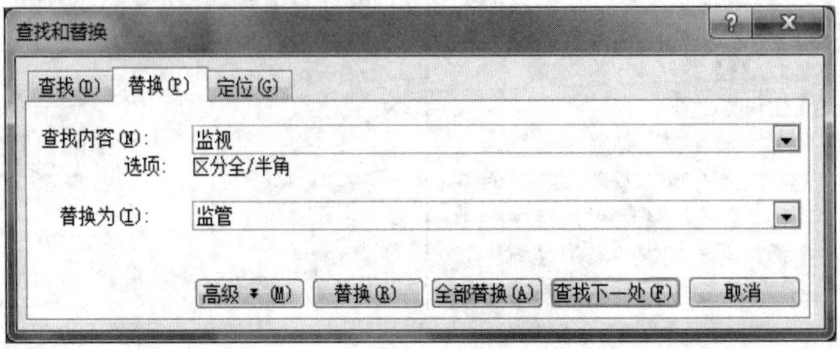

查找和替换
查找(D) 替换(P) 定位(G)
查找内容(N): 监视
选项: 区分全/半角
替换为(I): 监管
高级(M) 替换(R) 全部替换(A) 查找下一处(F) 取消

图 3.20 “查找和替换”对话框

注意：搜索范围有“全部”“向上”和“向下”三种。

提示：单击“查找和替换”对话框中的高级，可以看到查找和替换功能的很多高级设置。

① 格式查找固定格式的文本。如查找红色的“监视”二字，在“查找和替换”选项卡中单击“高级”（见图 3.20），选择“格式”按钮，在弹出的“菜单”中选择“字体”，字体颜色选择红色，则其他颜色的“监视”二字将不被查找出来。

不限定格式单击取消现有查找内容的格式设置。

② 格式替换固定格式的文本。如将“监视”替换为红色加着重号的“监管”。

在“查找和替换”选项卡中单击“高级”，光标定位在“替换为”，选择“格式”按钮，在弹出的“菜单”中选择“字体”，字体颜色选择红色，加着重号，最后“确定”。

③ 特殊字符的查找：光标定位在查找内容处，单击该按钮，可以查找如段落标记、制表符等各种特殊标记字符。

小技巧：

用替换功能实现快速删除，在查找内容框中输入要删除的内容，“替换为”框中不输入任何内容，即可快速、批量地删除查找到的内容。

3.2.3 设置文档的格式

1. 使用格式刷

小王在插入其他工作组的文件后，发现格式不符合要求，于是他想到了格式刷，因为在使用 Word 2003 编辑文档的过程中，可以使用 Word 2003 提供的“格式刷”功能快速、多次复制 Word 2003 中的格式。

选中设置好格式的文字，在常用工具栏上双击“格式刷”图标（见图 3.21），光标将变成格式刷的样式，选中需要设置同样格式的文字即可。

图 3.21　常用工具栏中的“格式刷”

提示：要取消格式刷，在工具栏上再次单击格式刷按钮，或者按下 Esc 键即可。

2. 分　栏

将整篇文章的正文分为两栏。

选中正文，选择菜单“格式→分栏”命令，在弹出的“分栏”对话框中选择“预设”中的“两栏”（见图 3.22），设置分隔线等，最后“确定”。

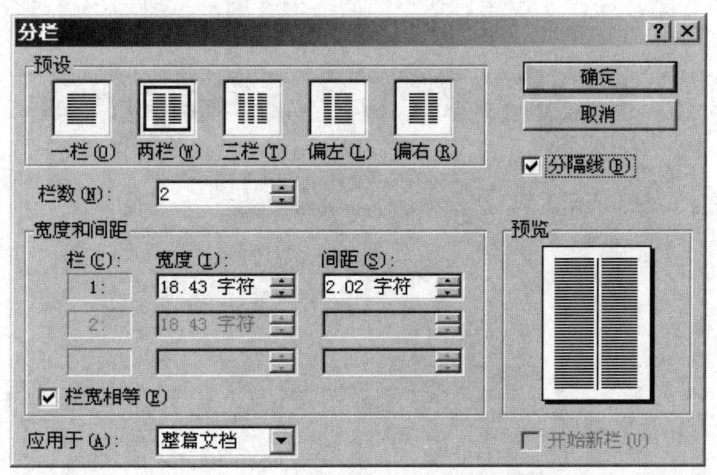

图 3.22　“分栏”对话框

注意：在对文档的最后一段进行选定时，不能选中它的段落标记。如果选中最后一段的段落标记，那么 Word 2003 就把所选文档的最后一段连同以后页面的空白处全部当成了要“分栏排版”的内容，所选文字和页面的空白一同被分成了两栏，所以会出现错误。

3. 设置页眉页脚

（1）在文档中插入页眉“办公室工作总结”，在页脚中插入页码。

① 在文档中插入页眉“办公室工作总结”。

选择菜单“视图→页眉和页脚”命令，在“页眉”处单击，输入页眉“办公室工作总结”，在格式工具栏中选择“居中”。

② 在页脚中插入页码。

单击“页眉和页脚”工具栏中的（见图 3.23）切换至页脚，设置页码。

单击“页眉和页脚”工具栏中的“插入自动图文集”，在弹出的“菜单”中选择“第 1 页共 1 页”，最后，删除“共 1 页”。

图 3.23 “页眉和页脚”工具栏

提示：页眉页脚指书页中正文内容上面或下面的部分，一般上面用于显示书名、章节等，下面用于显示页码。

（2）将页眉设置双下划线。

双击页眉，选择菜单“格式→边框和底纹”命令，在弹出的“边框和底纹”选项卡中选择“边框”，在“线型”中选中“双线”，在“应用于”对话框中选择“段落”，最后“确定”。

提示：设置好的页眉页脚可直接双击对其进行添加、修改和删除等操作。

4. 设置页面背景

给文档添加公司标志作为图片水印。

选择菜单“格式→背景”命令，在弹出的“水印”对话框中选择“图片水印”单选按钮（见图 3.24），单击“选择图片”按钮，在弹出的“插入图片”对话框中选择相应的图片，最后“确定”。

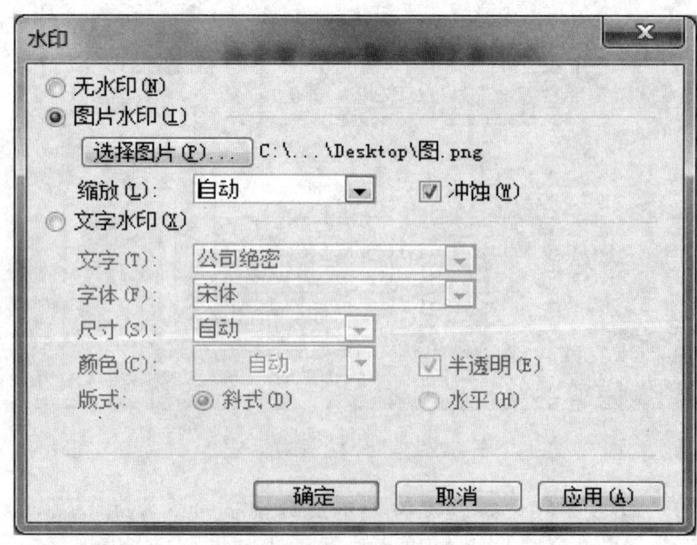

图 3.24 “水印”对话框

提示：用“格式”设置的背景只有在计算机上可以观看，不能打印出来。

知识拓展

1. 插入页码

除了在页眉和页脚插入页码外，还可以直接插入页码。

方法：选择菜单“插入→页码”命令，在弹出的“页码”对话框中设置有关的内容，如图 3.25 所示。

图 3.25 “页码”对话框

2. 分　页

在 Word 2003 中输入文本时，填满一页后自动分页，而分页符则可以使文档从插入分页符的位置强制分页，也叫强行分页。

强行分页的方法：①定位分页位置后按 Ctrl+Enter；②选择菜单“插入→分隔符”命令，在弹出的“分隔符”对话框中选择分页符，最后“确定”。

实现分页的分页符就是一个比较特殊的字符，直接删除即可取消强行分页。

分页符等编辑标记在文本中默认是隐藏的，单击常用工具栏的，即可将其显示出来。

3. 样　式

样式指一组已经命名的字符格式和段落格式，建立一份文档时，所使用的模板将提供相应的样式，多种样式即构成一个模板。利用样式可以快速地对大量的文字或段落进行相同的排版操作。

（1）应用样式。

选择菜单“格式→样式和格式”命令，在弹出的“样式和格式”对话框中选择需要的样式，最后单击“应用”按钮。

（2）创建样式。

除使用系统提供的样式外，也可以根据自己的需要自定义样式。

创建样式的方法：单击“样式”窗口中的新建，在“新建样式”对话框进行相应样式的格式设置。

（3）修改样式。

在“样式和格式”窗格中右击或单击要修改的样式的右侧向下箭头，在弹出的菜单中选择“修改”命令后，即进入“修改样式”对话框设置修改。

（4）删除样式。

对于不再使用的自定义样式，最好将其删除。在“样式和格式”窗格中右击或单击要删除的样式的右侧向下箭头，在弹出的菜单中选择“删除”命令。

4. 目录生成

目录通常是长篇文档不可缺少的部分，用户通过目录可以很容易地知道文档中有什么内容以及如何查找内容等。Word 2003 提供了自动生成目录的功能，使目录的制作变得非常简便，而且在文档发生了改变以后，还可以利用更新目录的功能来适应文档的变化。

Word 2003 一般是利用标题或者大纲级别来创建目录的。因此，在创建目录之前，应确保希望出现在目录中的标题应用了内置的标题样式（标题 1 到标题 9）。也可以应用包含大纲级别的样式或者自定义的样式。如果文档的结构性能比较好，创建出合格的目录就会变得非常快速简便。

目录生成的一般步骤：定义并设置好各级标题样式→确定插入目录位置→“插入”→引用→索引和目录，在弹出的“索引和目录”对话框中选择“目录”选项卡，并设置格式和显示级别等选项，如图 3.26 所示。

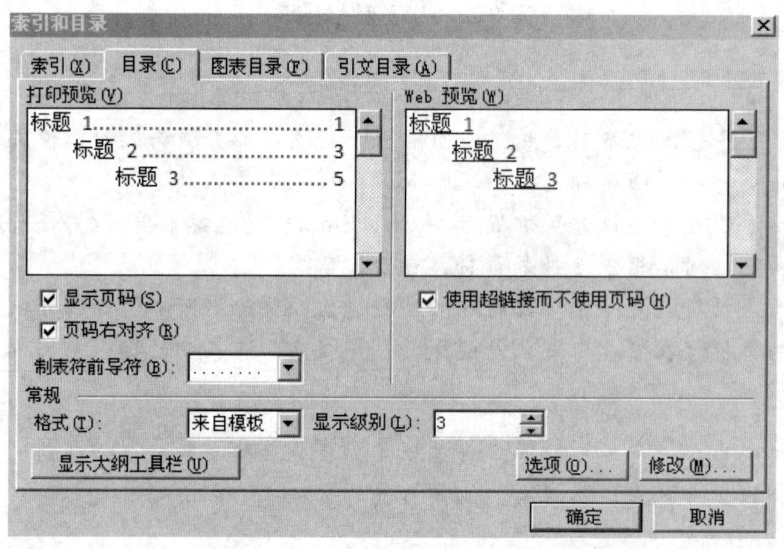

图 3.26 “索引和目录”对话框

目录更新：Word 2003 所创建的目录是以文档的内容为依据的，如果文档的内容发生了变化，如页码或者标题发生了变化，就要更新目录，使它与文档的内容保持一致。

目录更新的方法：改变目录格式或者显示标题，再执行一次创建目录的操作，重新选择设置，在执行完操作后，会弹出一个询问对话框，选择“是”替换原来的目录即可。

只更新目录中的数据以适应文档的变化：在目录处右击鼠标，在弹出的快捷菜单中选择“更新域”即可。也可在选择目录后，直接按 F9 键更新域。

提示：在编辑的过程中，我们可先在大纲视图中检查和设置大纲级别。

这里用到了有关视图的概念。文档的视图（View）指的是文档的显示方式。一个文档可以有多种视图，其中以普通、Web 版式、页面、大纲和阅读版式 5 种比较常用。在文档窗口左下方的视图按钮中 从左到右分别是普通、Web 版式、页面、大纲和阅读版式。

（1）普通视图。

普通视图是默认的文档视图，一般用于快速录入文本、图形及表格，并进行简单的排版。在普通视图中，可看到文档的大部分（包括部分图形）内容，但看不见页眉、页脚、页码等，也不能编辑这些内容，不能显示图文内容、分栏效果等。

（2）Web 版式视图。

Web 版式视图使文档具有最佳屏幕外观，并自动选定适当的当前窗口，能更方便浏览联机文档和制作主页。Web 版式视图是无法打印出来的。

（3）页面视图。

页面视图是默认的文档视图，也是最常用的视图方式。页面视图用于显示文档所有内容在整个页面的分布状况和整个文档在每一页上的位置，且屏幕显示的效果与实际打印效果基本一致，并可对其进行各种编辑操作，具有“所见即所得”的显示效果。

（4）大纲视图。

通常在编辑长篇文档时，要建立大纲或标题，组织好文档的结构。大纲视图用于审阅和处理文档的结构，为处理文稿的目录工作提供了一个方便的途径。

（5）阅读版式。

阅读版式视图中显示的页面是为适合用户的屏幕而设计的，目的是增加文档的可读性，其页面不代表用户在打印文档时所看到的页面。

归纳小结

本节主要介绍的是 Word 2003 的文档编辑排版功能。介绍了插入文件、查找和替换、使用格式刷、分栏、页眉页脚、页面背景、插入页码、分页符、样式、目录生成等方法。

强化练习

选择题

1. 将其他文件插入到当前文档中的方法是（　　）。

A. 选择“插入”菜单中的“文件…”命令

B. 选择“插入”菜单中的“对象…”命令

C. 在插入点处选择“文件”菜单中的“新建”命令

D. 在插入点处选择“文件”菜单中的“打开”命令

2. 在 Word 2003 文档中若要把多处同样的错误一次更正，最好的方法是（　　）。

A. 使用“撤销”按钮　　B. 使用“替换”功能

C. 使用“自动更正”功能　　D. 使用“格式刷”

3. 在 Word 2003 中，需将每一页的页码放在页面的底部右端，首先进行的操作是（　　）。

A. 选择“工具”菜单中“选项”命令

B. 选择“插入”菜单中“页眉和页脚”命令

C. 选择“插入”菜单中“符号”命令

D. 选择“插入”菜单中“页码”命令

4. 在 Word 2003 中对内容不足一页的文档分栏时，如果要作两栏显示，那么首先应(　　)。

A. 选定全部文档　　B. 将插入点置于文档中部

C. 选定除文末回车符以外的全部内容　　D. 以上都可以

5. 在 Word 2003 中有多种视图，处理图形对象应在（　　）视图中进行。

A. 普通　　B. 大纲　　C. 联机版面　　D. 页面

6. 在 Word 2003 中提供了多种文档视图以适应不同的编辑需要，其中页与页之间显示一条虚线分隔的视图是（　　）视图。

A. 页面　　B. 大纲　　C. 普通　　D. 主控文档

7. 插入硬分页符的命令是（　　）

A.“格式/字体”　　B.“插入/页码”

C.“插入/分隔符”　　D.“插入/特殊符号”

8. Word 2003 的查找和替换功能很强，不属于其中之一的是（　　）。

A. 能够查找和替换带格式或样式的文本

B. 能够查找图形对象

C. 能够用统配字符进行快速、复杂的查找和替换

D. 能够查找和替换文本中的格式

3.3　任务：会议日程表

公司准备召开新产品鉴定会，小王将会议的日程制作成表格，如图 3.27 所示。

2014 年度新产品鉴定会会议日程安排表

<table>
<tr><th>日期</th><th>时间</th><th>活动安排</th><th>地点</th></tr>
<tr><td>4 月 21 日</td><td>全天</td><td>报到，入住红叶酒店</td><td>五一路</td></tr>
<tr><td rowspan="5">4 月 22 日（上午）</td><td>7:00—8:00</td><td>红叶酒店早餐</td><td>红叶酒店餐厅</td></tr>
<tr><td>8:40—9:00</td><td>主题发言</td><td rowspan="4">红叶酒店 12 楼 1 号会议厅</td></tr>
<tr><td>9:00—9:15</td><td>领导发言</td></tr>
<tr><td>9:20—10:00</td><td>新产品简介</td></tr>
<tr><td>10:00—10:40</td><td>新产品鉴定</td></tr>
<tr><td>4 月 22 日（中午）</td><td>12:00—12:30</td><td>红叶酒店自助午餐</td><td>红叶酒店 3 楼餐厅</td></tr>
<tr><td rowspan="3">4 月 22 日（下午）</td><td>14:30—15:30</td><td>专题讨论</td><td rowspan="3">12 楼 1 号会议厅</td></tr>
<tr><td>15:30—16:30</td><td>发布鉴定结果</td></tr>
<tr><td>16:30</td><td>会议结束</td></tr>
</table>

图 3.27 “会议日程安排表”效果图

任务分析

完成此工作任务可以通过 Word 2003 提供的表格处理功能来实现。表格是由若干行和列组成的，行和列交叉的地方叫“单元格”，在单元格中可填入文字和图形等内容。完成此任务的具体步骤是：① 插入表格；② 在表格中输入内容；③ 改变表格结构；④ 表格尺寸调整；⑤ 表格的修饰。

3.3.1 插入表格

1. 创建“会议日程表”

创建表格主要有以下三种方法：

（1）自由绘制表格：将光标定位到需要插入表格的位置，单击常用工具栏中的▦，按住鼠标左键拖动鼠标，确定表格的行数：10，列数：5（见图 3.28）。

（2）设置参数，插入表格：选择菜单“表格→插入→表格”命令，在弹出的“插入表格”对话框中设置行数：10，列数：5（见图 3.29）。

（3）手工绘制表格：单击常用工具栏中的▦或选择菜单“表格→绘制表格”命令，显示出“表格和边框”工具栏，同时鼠标自动变为✎，拖动鼠标划线绘制表格。为保证手绘表格的整体美观，通常采取先画表格外框后画表格内线的方式，如画线错误可单击“表格和边框”工具栏中的▨，此时鼠标自动变为◇，拖动鼠标描画即可擦除。

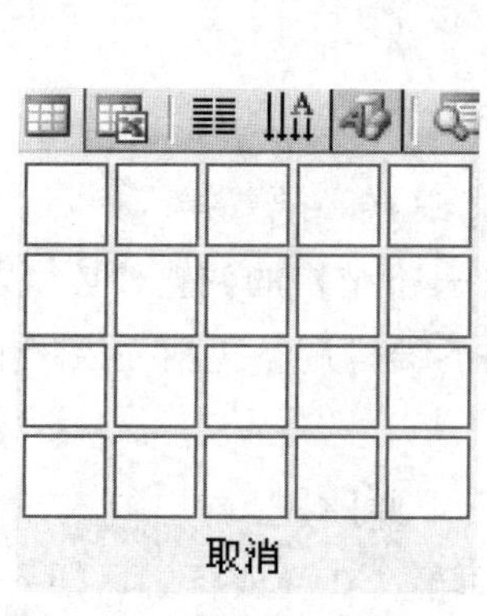

图 3.28　插入表格一

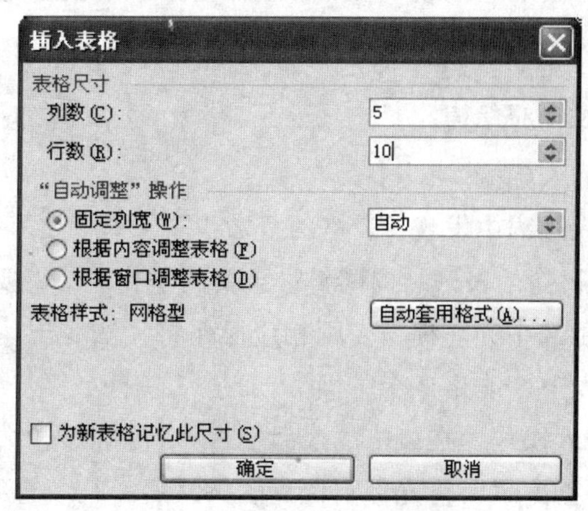

图 3.29　插入表格二

2. 在表格中输入内容

在表格内定位光标，直接输入内容。在单元格中添加或删除文本及排版的方法与在其他文本段落中相似。

注意：在单元格中录入文字或图形时，单元格会随之产生变化。除非该单元格被指定了格式。

插入好表格后，必须对它进行编辑，使其显得美观、整洁。

3.3.2 编辑表格

要对表格进行编辑，通常遵循的原则是先选定再操作。

1. 表格的各种选定

表格的选定包括对单元格、行、列以及整个表格的选定。

（1）特殊方式。

选定单元格：将鼠标置于单元格的左边线，鼠标指针呈右上黑色箭头时单击或在单元格中三击鼠标。

选定行：将鼠标置于整个表格的最左边，其指针变成空心向右上箭头时，单击鼠标可选中一行。继续拖动鼠标可选择多行。

选定列：将鼠标置于表格上边线，鼠标指针呈向下黑色箭头时单击鼠标可选中一列。继续拖动鼠标可选择多列。

选定整个表格：将鼠标置于表格中，表格左上角出现标记⊞，单击这个标志。

（2）菜单方式。

选择“表格→选定”菜单，在弹出的子菜单中选择。

（3）直接拖动鼠标。

这种方法的选中效率较低，如在直接拖动鼠标选中一行时，容易漏选行尾的段落标记，从而无法实现删除行、插入行等相关操作。

2. 改变表格结构

（1）插入/删除。

在录入过程中发现，表格的行数少了一行，多了一列，这样必须要插入一行，删除一列。

插入/删除是表格结构调整最重要的操作之一，要实现表格结构的调整，必须以相应表格对象的正确选中为前提，否则相应操作将无法实现。表格的结构调整包括插入/删除单元格、行、列以及整个表格四个方面。

① 插入操作。在表格的最后插入一行，插入的方式有下面四种：

A. 键盘方式。将光标定位到表格最后一行右边线后回车，在当前行之后插入一空白行。

B. 右击方式。成功选中最后一行后右击，在弹出的快捷菜单中选择“插入行”，实现在当前行之前插入一空白行操作。

C. 即时方式。成功选中一行后，单击工具栏中即时出现的插入行按钮。

D. 菜单方式。选择菜单“表格→插入”命令，在子菜单中选择：插入行（在下方）（见图 3.30）。

② 删除操作。选择菜单“表格→删除”命令，在子菜单中选择：“列”或“行”等，如图 3.31 所示，删除当前列或行。

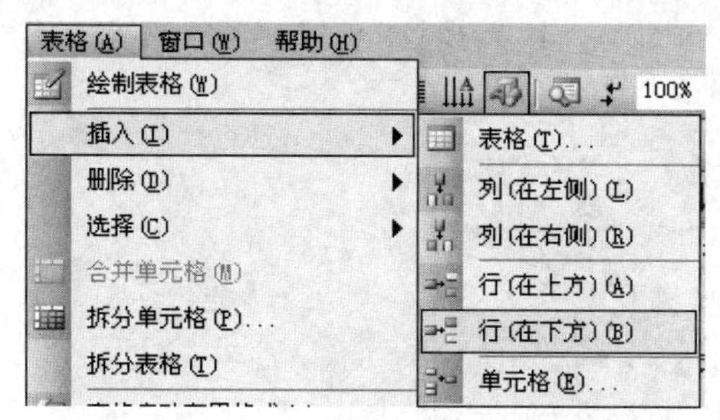

图 3.30 插入行

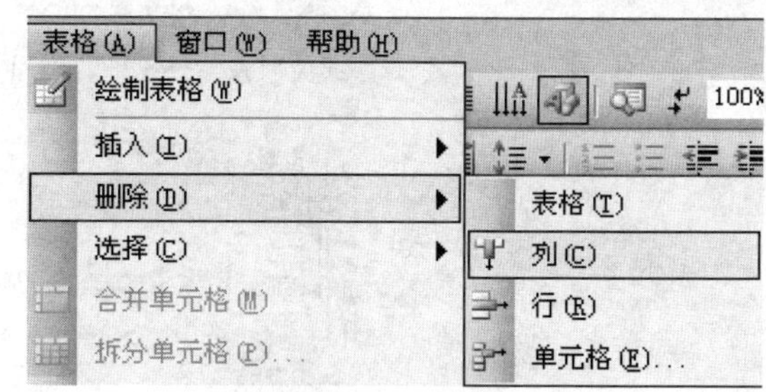

图 3.31 删除列

选中表格中最后一列执行“剪切”命令或按退格键实现删除。

提示：

① 插入列按钮或插入单元格按钮，即可实现与相同的插入行、列或单元格的操作。如果光标在表格下方，则可插入多行。

② 成功选中列，右击可选择在当前列之前进行插入一空白列或删除列操作；成功选中单元格可实现删除单元格等操作。

③ 将光标定位在表格中任一单元格可实现表格嵌套。

注意：按 Delete 键不能删除表格结构，只能删除选中的表格、若干行、列或单元格中的内容。

（2）合并/拆分单元格。

将第 1 列第 3，4，5，6，7 单元格合并，第 9，10，11 单元格合并，第 4 列 4，5，6，7 单元格合并，第 9，10，11 单元格合并。

定位或正确选定要合并的单元格后右击鼠标或在“表格”中选择合并单元格，如图 3.32 所示。

图 3.32 合并单元格

提示：在“表格和边框”工具栏中通过和实现的操作也是合并、拆分单元格。

在表格和边框工具栏中用和划线或擦除行或列的划线即相当于插入行、列或删除行、列，划线或擦除单元格的划线即可实现单元格的拆分或合并。

（3）表格尺寸调整。

文字输入后为了版面的美观，我们对表格的尺寸进行调整。调整表格有手动调整、规范调整两种方式：

① 手动调整。当鼠标处于表格横线或竖线上并呈双向箭头时，直接拖动。将光标定位到表格内，拖动水平或垂直标尺上对应表格横线或竖线的滑块。

② 规范调整。选择菜单“表格→表格属性”命令（或右击表格后选择表格属性），在弹出的“表格属性”对话框中（见图 3.33）设置行、列选项卡。

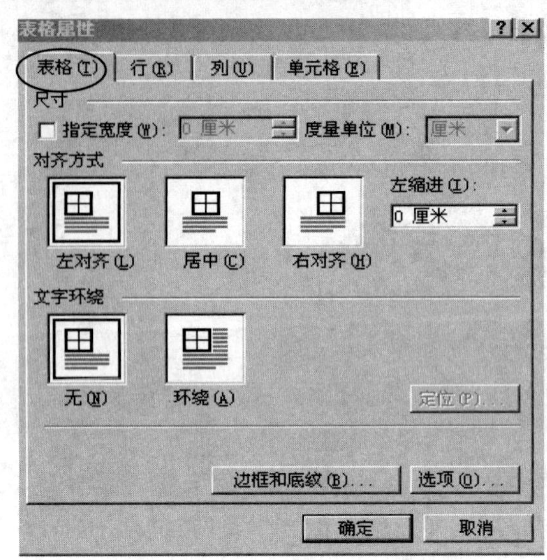

图 3.33 “表格属性”对话框

选择菜单“表格→自动调整”命令（或右击表格后选择自动调整），选择一种自动调整的方法。

（4）表格的对齐。

为使表格美观，我们要将表格居中对齐，文字居中对齐。即表格的对齐分为表格对齐、文字对齐两方面：

① 表格对齐：选择菜单“表格→表格属性”命令（或右击表格后选择表格属性），在弹出的“表格属性”选项卡中，选择“表格”，调整表格在页面中的位置及与文字的环绕关系，如图 3.33 所示。

② 文字对齐：单击“表格和边框”工具栏文字对齐按钮右边的向下箭头，选择中部居中。

提示：根据文字在单元格中的位置，有九种文字对齐方式供用户选择。

（5）表格的修饰。

为突出显示表头，将表格的第一行设置为 25%的灰色底纹。设置表格外边框线为 1.5 磅实线。

① 底色的设定：选择第一行，单击“表格和边框”工具栏底纹颜色按钮右边的向下箭头，选择设置单元格底色 25%灰色。

② 线条的设定：

A. 单击“表格和边框”工具栏 0.5 磅，选择线条线型、粗细、颜色以及描画外框线。

B. 选择“格式→边框和底纹”菜单，在弹出的“边框和底纹”对话框中选择“边框”，在“设置”中选择“自定义”，在“线型”中选择“ ——”，“宽度”选择“1.5 磅”，在“预览”处选择外边框，如图 3.34 所示。

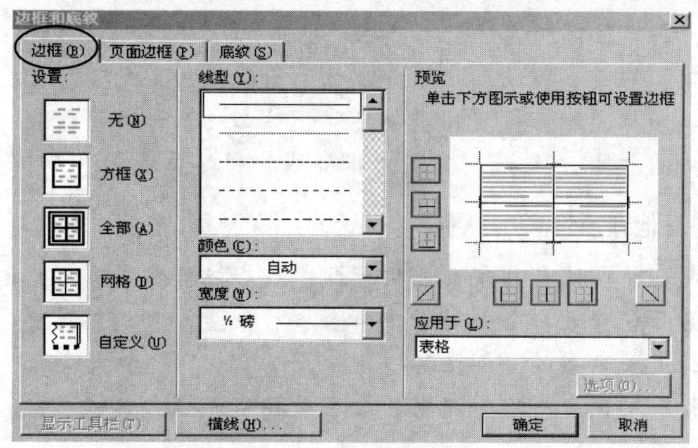

图 3.34　设置表格外边框

提示：表格中的文字格式默认保持插入表格时光标所在的格式。对表格中文字的编辑方法与 Word 2003 中编辑普通文本完全相同。

知识拓展

1. 表格自动套用格式

Word 2003 提供了许多现成的表格格式供用户直接选择套用，方法是：定位或选择表格→单击“表格和边框”工具栏的按钮或选择“表格”中的表格自动套用格式，在弹出的对话框中选择设置，最后“确定”。

2. 斜线表头

为对表格的行、列进行说明，很多表格都需要设置斜线表头。

（1）自动生成：选择菜单“表格→绘制斜线表头”命令，在弹出的“插入斜线表头”对话框中设置样式、字号并输入行标题和列标题（见图 3.35），最后“确定”。这种方法绘制的斜线表头便捷美观，但不方便对表头格式进行进一步的设置，斜线表头也不会随单元格大小的变化而自动调整，一旦单元格大小发生变化，则需拖动鼠标调整斜线表头。这种斜线表头在选中后可直接按 Delete 键删除。

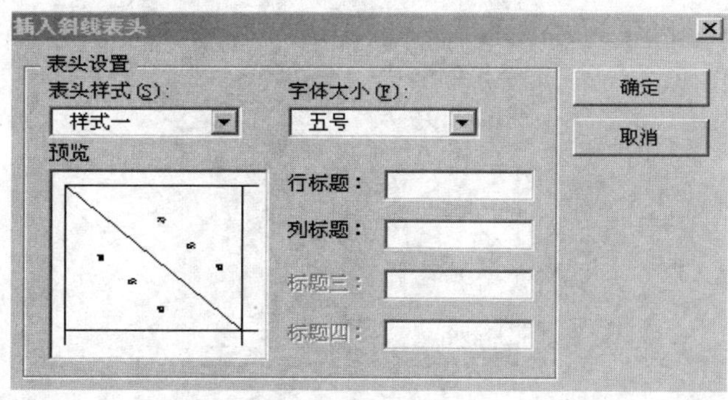

图 3.35　“插入斜线表头”对话框

（2）手工绘制：在“表格和边框”工具栏中单击，直接划斜线。这种方法绘制的斜线直接迅速，对表头格式的进一步设置也十分方便，斜线表头还会随单元格大小的变化而自动调整，但对行标题和列标题输入位置的调整要费一番工夫。这种斜线表头的删除需单击“表格和边框”工具栏中的擦除斜线，再删除行标题和列标题文字。

3.“表格”中的其他选项设置

（1）标题行重复：将所选行指定为表格标题；在表格跨越多页时，该标题会在后续页中重复出现。仅当所选行包含表格首行时，该命令才有效。

（2）公式：执行有关数字的数学运算。

（3）转换：可按一定设置标准将选定的文字转换为表格，或将表格转换为文字。转换的方式是：

① 文字转换成表格。

选择菜单“表格→转换”命令（见图 3.36），在弹出的“将文字转换成表格”对话框中设置有关的格式，如图 3.37 所示，最后“确定”。

② 表格转换成文字。

选择菜单“表格→转换”命令，在弹出的“表格转换成文本”对话框中设置有关的格式，如图 3.38 所示，最后“确定”。

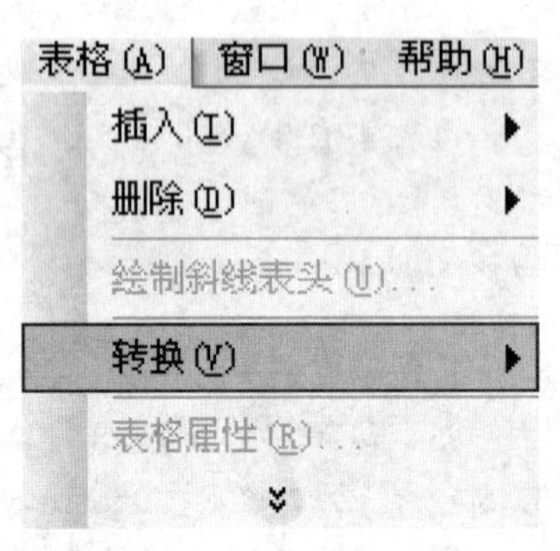

图 3.36 “表格→转换”菜单

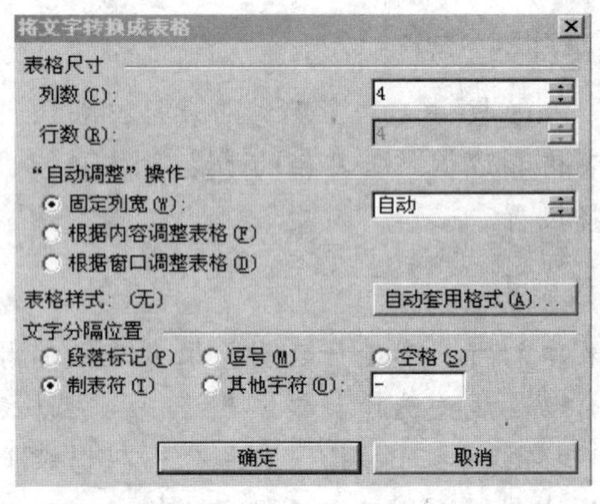

图 3.37 “文字转换成表格”对话框

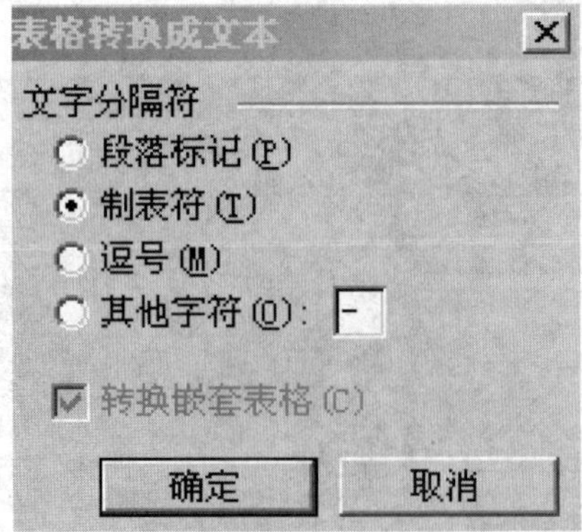

图 3.38 “表格转换成文本”对话框

（4）拆分表格：将一个表格分为两个独立的表格，并在插入点所在行的上方插入一个段落标记。

（5）排序：按拼音（字母）、大小（数字）或日期排列所选表格行或列表中的信息。

归纳小结

本节主要介绍的是 Word 2003 中的表格的创建与编辑功能，设置表格文本格式，插入/删除行、列、单元格，合并/拆分单元格，改变行高和列宽的方法。

强化练习

选择题

1. 拆分表格指的是（　　）。

A. 从表格的正中间把原来的表格分为左右两个表格

B. 从表格的正中间把原来的表格分为上下两个表格

C. 从某两列之间把原来的表格分为左右两个表格

D. 从某两行之间把原来的表格分为上下两个表格

2. 下列关于表格的说法不正确的是（　　）。

A. 单击“常用”工具栏的“插入表格”按钮，然后拖出所要的行数、列数，可快速在文档中插入空白表格

B. 在单元格中输入的文本占满列宽后自动换行

C. 可以用组合键来操纵表格

D. 只有在文档的开始处才能插入表格

3. 在 Word 2003 的编辑状态，当前文档中有一个表格，选定表格内的部分单元格中的数据后，单击格式工具栏中的“居中”按钮后（　　）。

A. 表格中未被选择的数据按居中格式编排

B. 表格中被选择的数据按居中格式编排

C. 表格中的全部数据没按居中格式编排

D. 表格中的数据全部按居中格式编排

4. 在 Word 2003 中，以下对表格操作的叙述，错误的是（　　）。

A. 在表格的单元格中，除了可以输入文字、数字，还可以插入图片

B. 表格的每一行中个单元格的宽度可以不同

C. 表格的每一行中个单元格的高度可以不同

D. 表格的表头单元格可以绘制斜线

5. 在 Word 2003 中，有关表格的操作，以下说法（　　）是不正确的。

A. 文本能转换成表格　　B. 表格能转换成文本

C. 文本与表格可以相互转换　　D. 文本与表格不能相互转换

6. 在 Word 2003 中，关于表格自动套用格式的用法，以下说法正确的是（　　）。
A. 在套用一种格式后，不能再更改为其他格式
B. 只能直接用自动套用格式生成表格
C. 可在生成新表时使用自动套用格式，或在插入表格的基础上使用自动套用格式
D. 每种自动套用的格式已经固定，不能对其进行任何形式的更改
7. 在 Word 2003 中，在已有表格右侧增加一列的正确操作是（　　）。
A. 将光标移到表格底行右侧，按 Tab 键
B. 选择“表格/选择列”，再选择“表格/插入列”
C. 将光标移到表格外右侧，选择“表格/插入”，再选择“列（在右侧）”
D. 将光标移到表格内右侧，选择“表格/插入列”

3.4　任务：制作主题海报

小王想：主题海报的设计排版是关键的一步，首先要做好版面的整体设计，然后进行具体的排版。整体设计要尽量图文并茂、生动美观，颜色搭配合理。小王设计好的新产品广告效果如图 3.39 所示。

纳米玩具

纳米玩具是一种新型环保玩具，又称泡沫玩具、粒子玩具、负离子玩具，质感柔软舒适、富有弹性，而且不易变形。纳米玩具填充物是 0.5- 1.0MM 的塑料颗粒，运用纳米二氧化钛、纳米银离子协同作用机理，经覆膜纳米银钛母液处理制成。

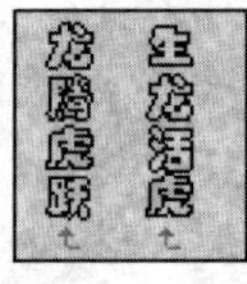

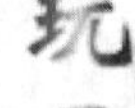

纳米玩具的特点

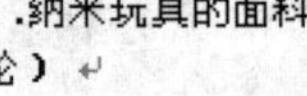

1．纳米玩具的填充物是 0.5～..m 的纳米粒子（EPS 保丽龙粒子）
2．纳米玩具的面料是高弹氨纶布（82%尼龙和 18%氨纶）
3．纳米玩具的手感很舒服，摸上去软软的，流动性很好。

纳米玩具的保养

1．保持室内清洁，尽量少落灰尘，勤用干净、干燥、柔软的工具打扫玩具表面。
2．避免阳光长久照射，并保持玩具的内外干燥。

图 3.39　“主题海报”排版效果图

任务分析

完成此工作任务需要在文档中插入文字、图片、剪贴画、文本框、艺术字及绘制图片等，实现文字图片与图片地环绕结合，完成的步骤是：① 输入文字，设置好文字格式；② 插入艺术字：“老虎纳米玩具”并设置艺术字格式；③ 绘制图片：菱形，并设置绘制图形格式；④ 插入图片并设置图片格式；⑤ 插入文本框并设置文本框格式。

3.4.1　使用艺术字和手工绘制图形

1. 使用艺术字

（1）插入艺术字：老虎纳米玩具。

单击绘图工具栏中的（或选择菜单“插入→图片→艺术字”命令），在弹出的“艺术字库”对话框中选择艺术字样式：第 3 行第 4 列（见图 3.40），单击“确定”，弹出“编辑艺术字文字”对话框，在对话框中输入文字：老虎纳米玩具。设置字体：华文新魏；字号：40 号；字形：加粗（见图 3.41）。最后“确定”。

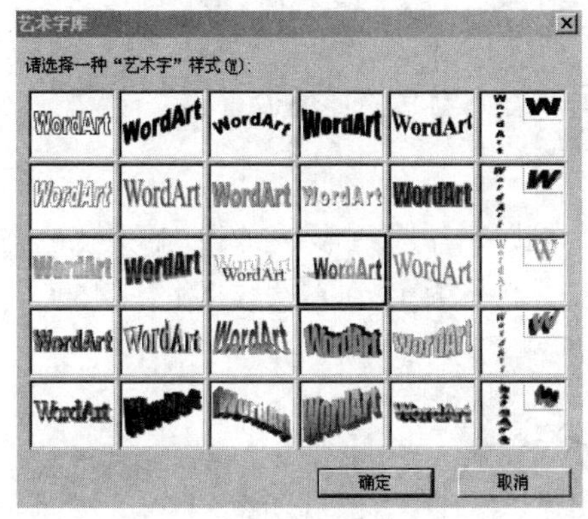

图 3.40　“艺术字库”对话框

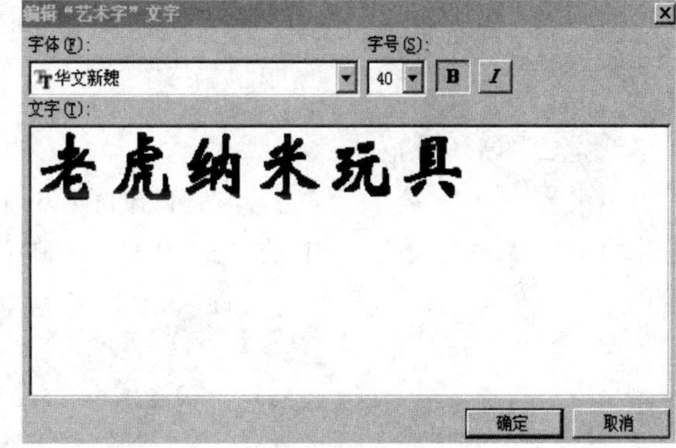

图 3.41　“编辑艺术字文字”对话框

（2）设置艺术字“老虎纳米玩具”格式。

① 右击艺术字，选择显示“艺术字”工具栏，如图 3.42 所示。

图 3.42　“艺术字”工具栏

② 在出现的艺术字工具栏中选择设置艺术字格式按钮，弹出“设置艺术字格式”对话框，选择“版式→四周型”。

③ 在出现的艺术字工具栏中选择艺术字竖排文字。

④ 根据效果图适当调整艺术字的大小。

提示：在艺术字工具栏中还可设置格式、形状、颜色等。

2. 手工绘制图形

（1）绘制图片：菱形，并设置绘制图形格式。

① 单击绘图工具栏 自选图形(U)▾，选择“基本形状→菱形”，如图 3.43 所示，在需要绘图的地方按住鼠标拖动左键。

② 选中菱形，复制，粘贴。

③ 选中粘贴好的菱形并将它拖动到相应的位置。

④ 选中一个菱形，在绘图工具栏中选择，选中红色。

（2）图形的叠放。

设置两个菱形的叠放层次：右击下面的一个菱形图形，在弹出的菜单中选择“叠放次序→置于顶层”，如图 3.44 所示。

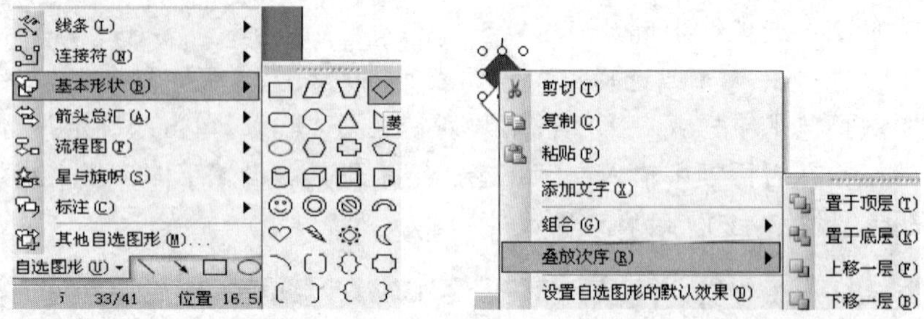

图 3.43 绘制“菱形”　　图 3.44 菱形叠放次序的设置

（3）设置图形的格式。

选中没有颜色的菱形，右击，在弹出的菜单中选择“设置自选图形格式”，在“颜色与线条”选项卡中选择“填充”中的“透明度”中的滑动条，将它拖动到右边（见图 3.45）。

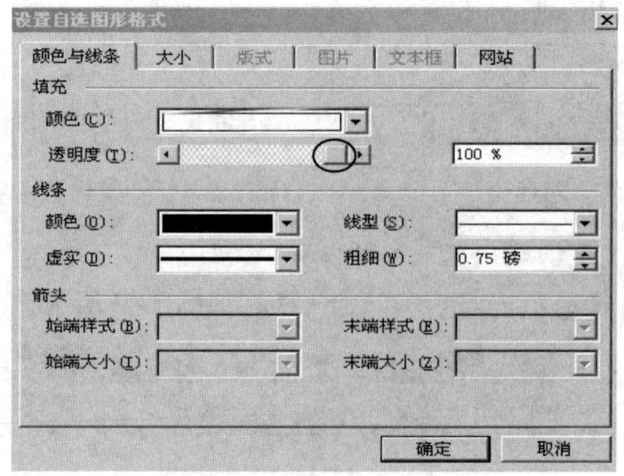

图 3.45 “设置自选图形格式”对话框

（4）图形组合。

按 Shift 键逐一选择各个绘制图形，右击或选择绘图工具栏绘图(D)，在弹出的菜单中选择“组合”，如图 3.46 所示。

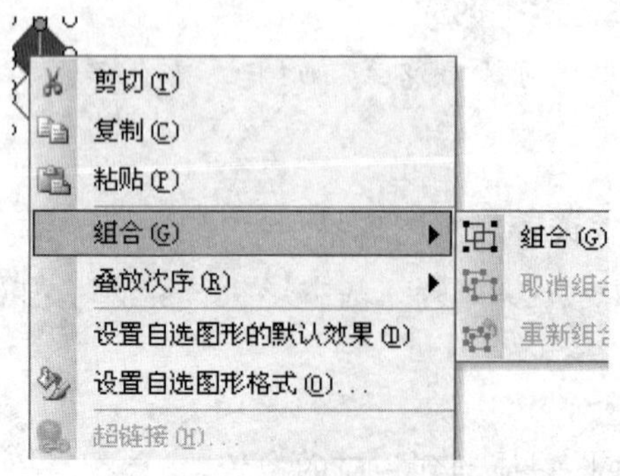

图 3.46 图形组合的设置

提示：选择组合图形后右击或选择绘图工具栏中的绘图(D)▾，在弹出的菜单中选择“取消组合”，可取消组合。

（5）设置组合的菱形的版式为“四周型”。

（6）复制组合的菱形，粘贴，更改颜色为绿色，并将两个图形拖动到相应的位置。

3.4.2 文本框和剪贴画

1. 插入文本框

在图中相应位置插入文本框：“生龙活虎，龙腾虎跃”，并设置有关格式。

（1）单击绘图工具栏中▣，在文档中拖动鼠标画出文本框，在文本框内光标处输入文字：生龙活虎，龙腾虎跃（见图 3.47）。

（2）选中文字，设置字体：华文彩云；字号：小三；字体颜色：蓝色。

（3）选中文本框右击，在弹出的菜单中选择“设置文本框格式”，选择“颜色与线条”，选择“填充”（见图 3.48），单击“颜色”后面的三角形，在弹出的菜单中选择“填充效果”，在弹出的“填充效果”对话框中选择“纹理”选项卡中的“花束”，如图 3.49 所示。

图 3.47 文本框

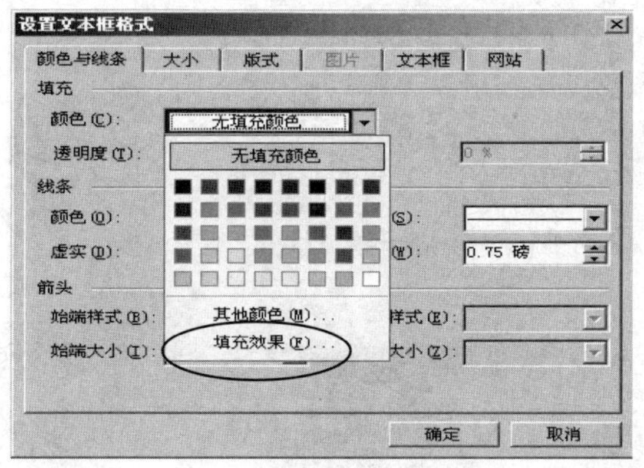

图 3.48 “设置文本框格式”对话框

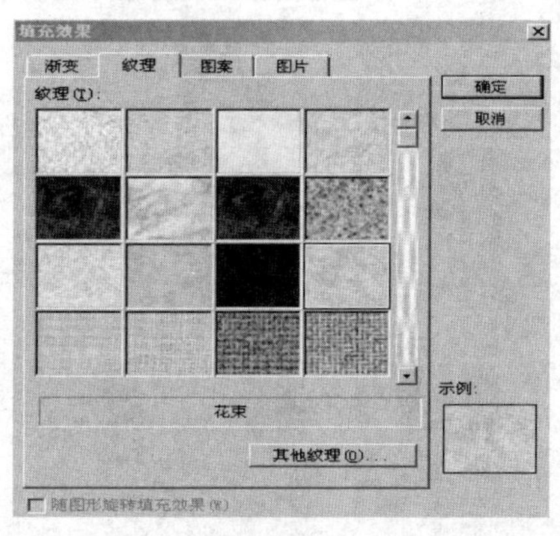

图 3.49 “填充效果”对话框

（4）将文本框拖到相应的位置。

（5）右击文本框，在子菜单中选择“设置文本框格式”，在弹出的对话框中选择“版式→四周型”。

注意：文本框是 Word 中放置文本的容器，使用文本框可以将文本放置在页面中的任意位置，文本框可以设置为任意大小，还可以为文本框内的文字设置格式。对于只突出文字效果的文本框，可以取消文本框的边框线，并将填充色设置为透明；对于突出排版整体效果的文本框，也可以设置各种边框格式、选择填充色、添加阴影等。因此，文本框在 Word 的排版中运用非常广泛。

绘图画布用于将各种图形对象组合地放在一起，组成一个整体。绘图画布中的所有对象将随画布的变化而变化。

2. 插入剪贴画

单击绘图工具栏中的按钮，或选择菜单“插入→图片→剪贴画”命令，在右侧出现的窗格中选择需要的剪贴画并插入，如图 3.50 所示。

选择插入的剪贴画右击，在弹出的子菜单中选择“设置图片格式”，选择“大小”选项卡，在“尺寸和旋转”中设置“高度”为：0.6 厘米。

图 3.50 “剪贴画”的选择

3.4.3 插入现成图片并设置图片格式

1. 插入图片

选择菜单“插入→图片→来自文件”命令，在弹出的“插入图片”对话框中确定路径并选择图片（见图 3.51），最后单击“插入”按钮。

图 3.51 “插入图片”对话框

2. 设置图片格式

设置图片为“四周型”环绕，适当调整图片的大小，将图片拖动到相应的位置。

单击图片或右击选择显示“图片”工具栏，如图 3.52 所示。

图 3.52 “图片”工具栏

（1）在“图片”工具栏中选择“版式→四周型环绕”。

（2）选中图片，在图片的四周会出现 8 个控制点，将鼠标指针放置在控制点上，按住鼠标左键拖动到适当的大小后放开左键。

（3）选中图片，按住鼠标左键将图片拖到相应位置。

提示：

① Word 2003 允许插入的对象有两种存在方式：一种是浮动式，一种是嵌入式，两种方式的选中方式是不一样的。选中嵌入式的对象时，它四周出现的 8 个句柄为黑色实心小方块（见图 3.53）；选中浮动式时它的四周出现的 8 个句柄为空心小圆圈（见图 3.54）。

图 3.53 “嵌入式”图形　　图 3.54 “浮动式”图形

② 在文档中插入图片后，Word 2003 把文字和图片看成是两类对象，它们之间存在着 3 种层次关系：图片与文字处于同一层面上，图片浮于文字上方，图片衬于文字下方。对于第三种关系，通常用于用图片制作背景图片。

③ 同图形设置一样，单击选中现成的图片，可进行移动、改变大小、复制、删除以及图片格式的设置，但其图片格式的编辑余地相对较小；单击现成图片或右击选择显示“图片”工具栏，在出现的图片工具栏中还可对图片进行亮度、裁剪、环绕方式等设置。

知识拓展

1. 脚注和尾注

脚注和尾注是对文本的补充说明。脚注一般位于页面的底部，可以作为文档某处内容的注释；尾注一般位于文档的末尾，列出引文的出处等。

（1）插入脚注和尾注的方法：选择菜单“插入→引用→脚注和尾注”命令，在弹出的“脚注和尾注”对话框中设置有关内容，如图 3.55 所示，最后单击“插入”。

（2）移动或复制某个注释：选定注释应用标记，按住鼠标左键不放将其拖动到新位置即可。如果在拖动鼠标的过程中按住 Ctrl 键不放，即可将引用标记复制到新位置，然后在注释区中插入新的注释文本即可。

（3）删除脚注和尾注：在文档中选定相应的注释引用标记，然后直接按 Delete 键，即可自动删除对应的注释文本，并对文档后面的注释重新编号。

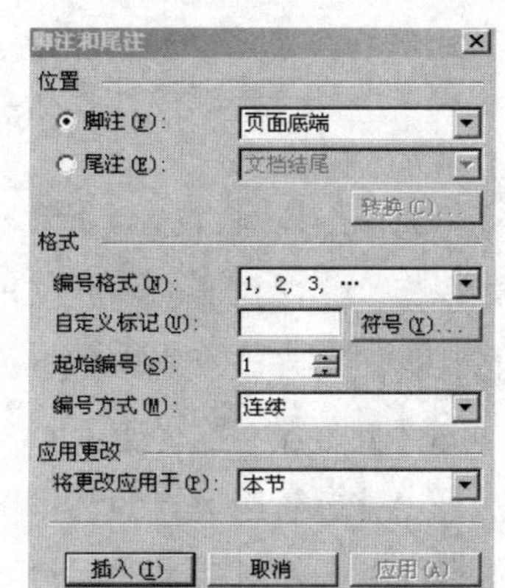

图 3.55 “脚注和尾注”对话框

2. 批　注

在修改 Word 文档时若遇到某些不能确定是否要改的内容，可以通过插入 Word 批注的方法暂时做记号。或者是审阅 Word 文稿的过程中对作者提出某些意见和建议，也可以通过 Word 批注的形式表达自己的意思。

插入批注的方法是：选中需要进行批注的文字，选择“插入→批注”菜单。这时，被选中的文字就会添加一个用于输入批注的编辑框，并且该编辑框和所选文字显示为粉色。在编辑框中输入需要批注的内容。

3. Word 2003 自动图文集

自动图文集是一些文字和图形的集合，在里面可以存储一些需要重复使用的文本或图形，如公司的名称、公司的徽标或带格式的表格以及寄信人的地址、各种称呼和结束语等。在需要输入这些图形或文字时，直接从自动图文集中选择即可。

新建自动图文集的方法：在工具栏上右击，选择“自动图文集”，在出现的“自动图文集”的专用工具栏中，选中文档中要新建为词条的内容，点击“新建”（或 Alt+F3），在弹出的“创建‘自动图文集’”对话框中输入要创建的词条名称。

使用自动图文集的方法：“所有词条→选择词条→插入相应的内容”。

词条删除：选择菜单“插入→自动图文集”命令，选择“自动图文集”命令，打开“自动更正”对话框，从图文集词条的列表中选择需要删除的词条，最后“删除”。

归纳小结

本节主要介绍了使用绘图和艺术字、插入剪贴画及符号的方法，插入现成图片并进行编辑以及图文混排等设置。

Word 中的彩蛋：请在一个新打开的 Word 文档里面分别输入：CTRL+? 和 =rand(50, 20) 然后回车，有惊喜发现。

设计性实训

选择一篇与自己专业学习相关或自己喜欢的文章，进行适当的排版，要求版面清新、图文并茂、色彩和谐、主题突出，有一定的艺术性和观赏价值。内容可由自己撰写，也可从网上下载，具体排版要求如下：

（1）内容不能少于 4 页（A4），用 A3 纸打印成正反两面共 4 版（参照实训 6）。

（2）必须用适当的艺术字、图片或自绘图形对栏目进行修饰。

（3）必须对适当的栏目设置分栏效果。

（4）必须在小报中分别设置四个内容不同的页眉。要求：第一页页眉为小报主题，并将该页眉改用“页面边框”中的艺术效果（只要上边框），取代页眉中原有的边框（如本文档中的页眉效果），第二页为你的班级，第三页为你的学号，第四页为你的姓名。

（5）必须通过文本框编排不同的版式效果。

（6）小报中必须包含有你的个人简历（如：班级、姓名、学号、性别、个人兴趣爱好等内容）。

插入的图片中必须有一张是你本人的照片（照片形式不限，最好与个人简历放在一起）。

综合性实训

实训 6　Word 图文混排——电子周报

一、任务描述

小王最近接受了一项任务，他要制作一期系部院电子周报，要求主题突出，布局美观，图文并茂，别具一格（见图 3.56 样文）。开始他很高兴，因为他以前用过 Word 进行文字编辑，这回总算有用武之地了。但随着制作过程的深入，他发现问题并不像想象的那么简单，很多效果制作不出来，如：怎样对图片及文字进行合理地布局？如何在一页内设置不同方向的文字排列效果？怎样在一个文本框中出现类似分栏的效果？怎样在一页中打印两版内容……眼看交稿日期临近，他不得不向老师求助了。

二、解决方案

要使整体版面协调、美观，必须对每页的版面进行规划。可以用表格（再隐藏表格线），也可以用文本框进行布局。表格布局快速方便，对单元格的拆分比文本框容易，但用表格排版的主要问题是各单元格会互相影响，比如，调整其中任何一个单元格的大小都可能会引起表格的变化。而文本框正好可以克服这个缺点，因为各个文本框彼此分离，互不影响，便于单独处理，而且设置文本框的艺术框线比表格更方便。

三、知识要点

（1）页面格式的设置。

（2）艺术字和文本框的使用。

（3）Word 中图形的插入及设置对象格式。

（4）页眉和页脚的使用。

（5）Word 中文档中的图文混排方法。

四、实训任务

任务 1　版面设置

（1）页面设置：新建 Word 文档“电子周报. DOC”，在“页面设置”中设置上、下边距为 2.5 厘米，左、右边距为 2 厘米，纸张大小为 A4，如图 3.57、3.58 所示。

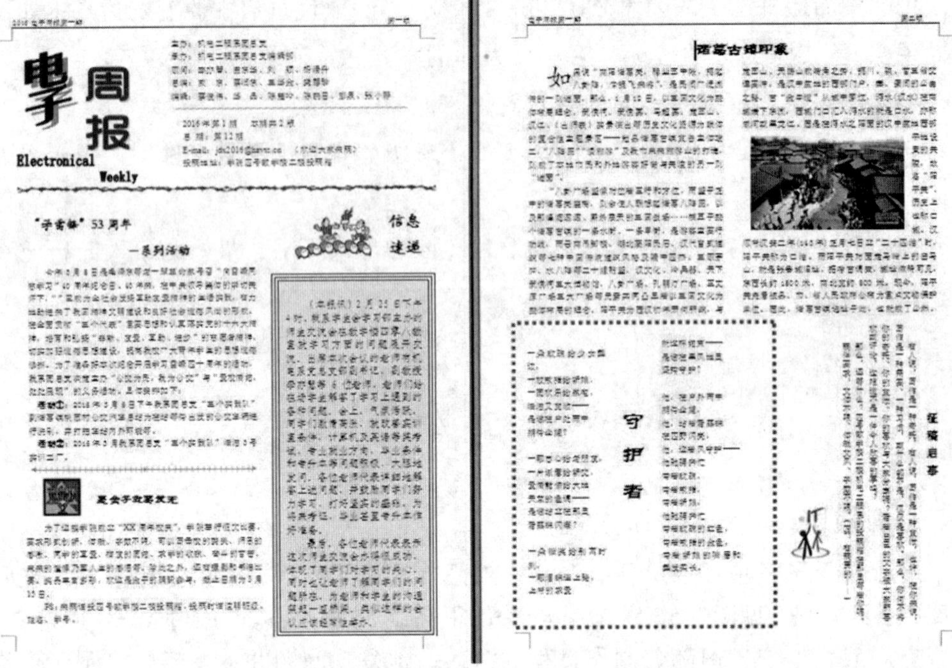

图 3.56 电子周报前两版整体排版效果

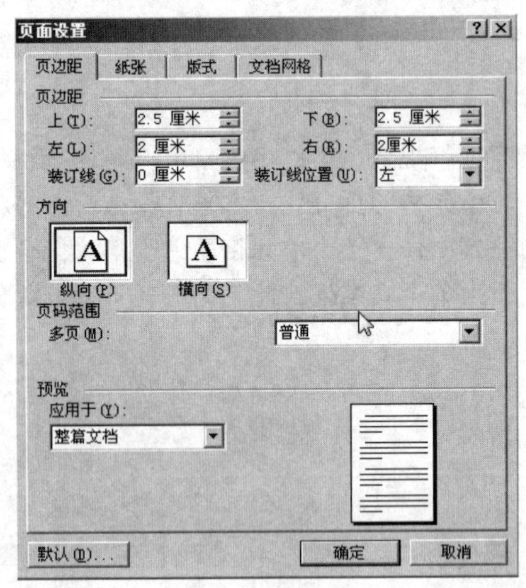

图 3.57 设置“边距”

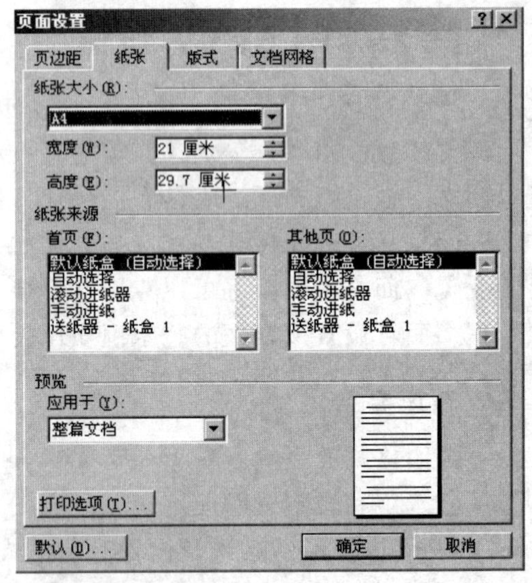

图 3.58 设置“纸张”

（2）设置页眉。

设置周报第一页的页眉为“2016 电子周报第一期　第一版”，第二页的页眉为“电子周报第一期　第二版”。

操作提示：

① 在菜单栏中选择“视图”→“页眉和页脚”命令，进入“页眉”编辑状态，同时会自

动打开“页眉和页脚”工具栏，如图 3.59 所示。

②输入第二页页眉时，在“格式”工具栏上单击“链接到前一个”按钮“”，取消“与上节相同”后才能输入与第一页不同的页眉内容。也可在“页面设置”中选奇偶页不同来进行设置。

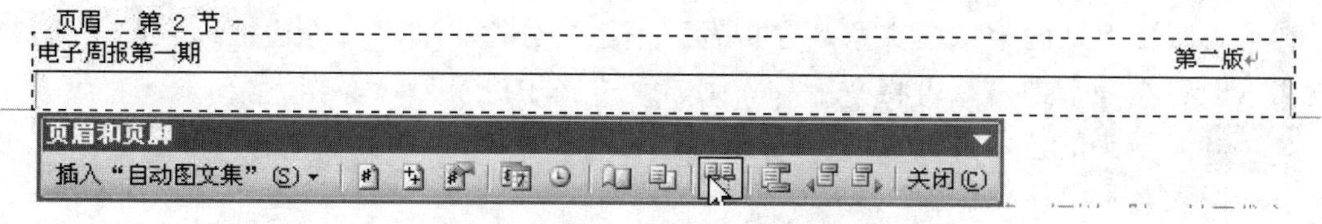

图 3.59　“页眉”编辑状态

任务 2　版面布局

要使整体版面协调、美观，必须对每页的版面进行规划。可以用表格（再隐藏表格线），也可以用文本框进行布局。其中各部分字体要求为：

①艺术字“电子周报”字体任选，字号 48，英文部分用 14 号字。

②报头一、报头二及其他正文部分用 5 号宋体，单倍行距。

③文章标题分别为楷体小三、小二，其中“是金子就要发光”为华文隶书四号。

（1）第一版的版面布局。

操作提示：

① 根据图 3.56 所示的版面效果及各块文章内容的多少用“文本框”方法设计第一版的版面布局。如图 3.60 所示，左图为排版目标，右图为对应的版面布局基本轮廓。

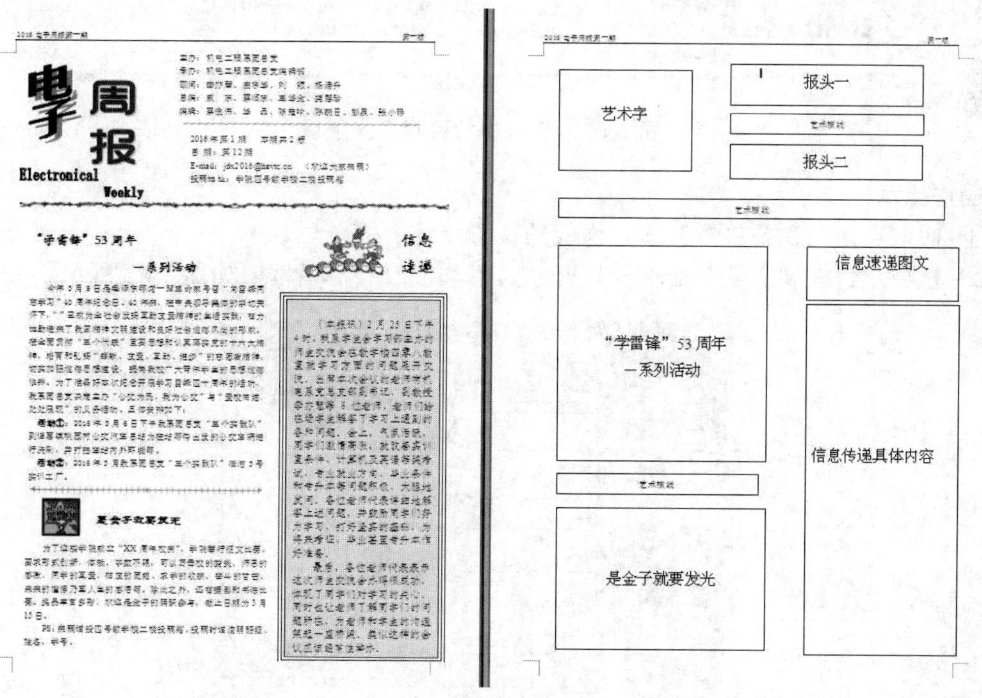

图 3.60　第一版的排版目标与版面布局的对应关系

② 将电子周报的素材文字复制到相应的文本框中，调整各个文本框的大小，直至每个文本框的空间比较紧凑，不留空位，同时又刚好显示出每篇文章的内容。

（2）第二版的版面布局。

操作提示：

①根据图 3.56 所示的版面效果，可以看到第二版面的第一部分内容进行了分栏。

②第二版接下来的第二篇文章“守护者”不但要分栏，而且有外边框，因此必须要用表格或文本框建立一个方格，再将文字放入到这个方格中进行后续操作。

任务 3 报头的艺术设计

（1）插入艺术字标题。

前两个版面的布局设计完毕后，接着设计第一版的小报报头。报头是小报的总题目，相当于小报的眼睛，因此报头的设计必须要突出艺术性，做到美观协调。从小报的整体排版效果来看，这里的“电子周报”报头用到了艺术字、艺术化横线等方法来实现小报报头的艺术化设计。

（2）插入艺术横线。

在“电子周报”的报头中插入了两根艺术横线，如图 3.61 所示。

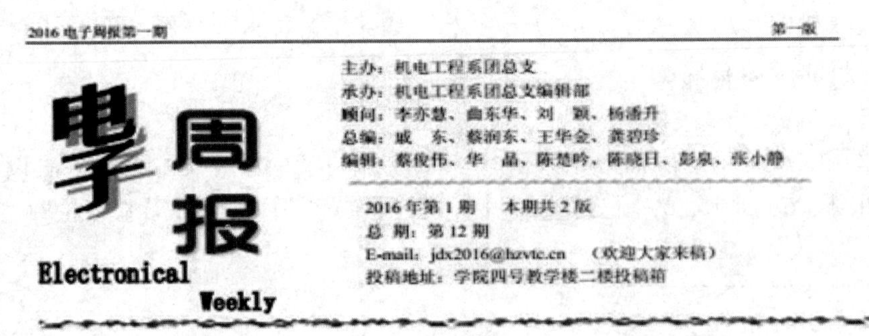
2016 电子周报第一期　　第一版

电子周报

Electronical Weekly

主办：机电工程系团总支
承办：机电工程系团总支编辑部
顾问：李亦慧、曲东华、刘　颖、杨潘升
总编：戚　东、蔡润东、王华金、龚碧珍
编辑：蔡俊伟、华　晶、陈楚吟、陈晓日、彭泉、张小静

2016 年第 1 期　本期共 2 版
总 期：第 12 期
E-mail：jdx2016@hzvtc.cn　（欢迎大家来稿）
投稿地址：学院四号教学楼二楼投稿箱

图 3.61　报头中的两根艺术横线

操作提示：

① 插入点定位在要放置艺术化横线的位置。

② 选择“边框和底纹”命令，打开“边框和底纹”对话框，如图 3.62 所示。

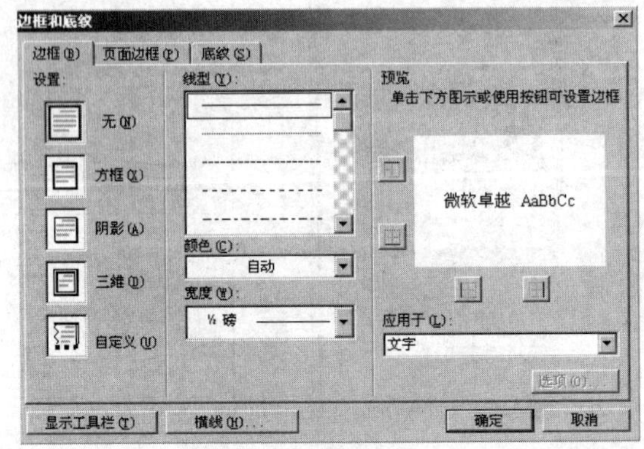

图 3.62 “边框和底纹”对话框

③ 在对话框中单击“横线”按钮，打开“横线”对话框“ 横线(H)... ”，在对话框中找到横线的样式，单击“确定”按钮。

④ 根据放置横线的空间大小，调整横线为合适长度。

⑤ 为便于排版，方便调整各部分图文位置，通常需将多个图片（含艺术字）与文本框等组合在一起，如图 3.63 所示为艺术字组合，图 3.64 为图片与文本框组合。

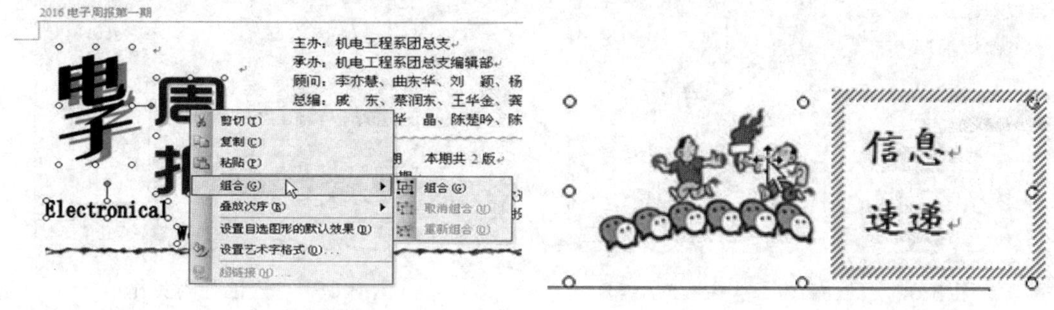

图 3.63　艺术字组合　　　　图 3.64　图片与文本框组合

任务 4　在版面中插入图片

一幅生动的图片在文档中往往可以起到画龙点睛的作用。作为一个优秀的文字处理软件，Word 最大的优点就是能够在文档中插入各种图片图形，实现图文混排。这些图形既可以由其他绘图软件创建后，通过剪贴画或以文件的形式插入到文档中，也可以利用 Word 提供的绘图工具绘制图形或创建特殊效果的图形文字。这些功能大大丰富了文档的视觉效果，为单调的文本增添了亮色。

（1）插入图片。

操作提示：

①插入点定位在要放置图片的位置。

②选择“插入”→“图片”→“来自文件”命令，打开“插入图片”对话框，在对话框中找到要插入的图片文件，单击“插入”按钮。

（2）利用“自选图形”绘制第二版中“守护者”文字部分边框线。

操作提示：

①确定绘制边框线的插入点。

②单击“绘图”工具栏上的“自选图形”按钮，在弹出的菜单中选择“基本形状”类型，在“基本形状”子菜单中单击“矩形”□，绘制一个矩形框，选择相应“线型”并将其置于“底层”或“衬于文字下方”。

注意：试试绘制自选图形时，按住 Shift 键拖动鼠标会出现什么效果？

（3）设置图片的环绕方式。

将所有文章的图片设置为“四周型”环绕方式。

操作提示：

① 选中要操作的图片。

② 单击鼠标右键，在弹出的快捷菜单上选择“设置图片格式”或者直接双击该图片，打开“设置图片格式”对话框，如图 3.65 所示。

③ 在“版式”选项卡中选择“四周型”，单击“确定”按钮后，再适当调整图片的位置。

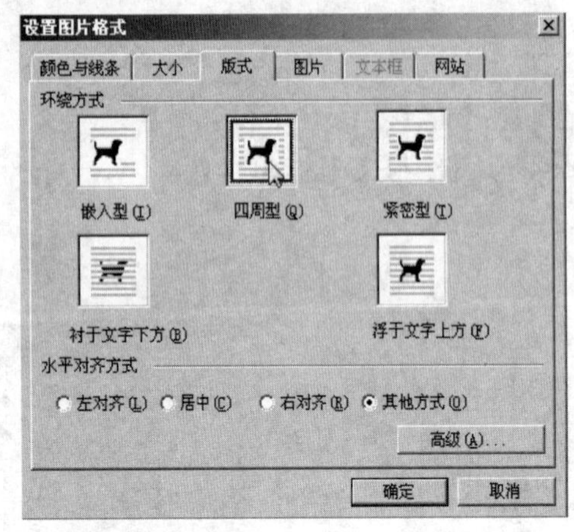

图 3.65 “设置图片格式”对话框

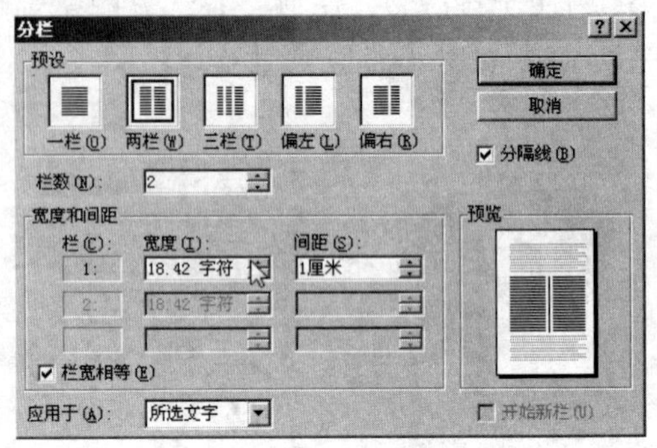

图 3.66 “分栏”对话框

任务 5　将第二版第一段进行分栏

操作提示：

① 选定要分栏的段落（包括段落后的标记符号）。

② 选择“格式”→“分栏”，打开“分栏”对话框，如图 3.66 所示。

③ 在“预设”区域中，选择“两栏”。

④ 选中“栏宽相等”复选框，确保所有栏的栏宽相等。

⑤ 单击“确定”按钮，完成分栏。

任务 6　利用文本框链接实现“分栏”效果

编辑第二版“守护者”，使其具有边框、分栏等效果。前面说过，方格中的文字不能进行分栏，因此如果把“守护者”放入到一个用表格或文本建立的方格中，将无法分成两栏。为此，这里采用多文本框互相链接的办法进行排版。

操作提示：

① 选择“插入”→“图片”→“绘制新图形”命令，系统自动创建绘图画布。

② 选择“插入”→“文本框”→“横排”命令，在画布中插入两个“横排文本框”。

③ 将“守护者”的所有文字复制到第一个文本框。

④ 单击“文本框”工具栏上的“创建文本框链接”按钮，将鼠标移到第二个文本框，单击鼠标，此时第一个文本框中显示不下的文字就会自动转移到第二个文本框，而且第二个文本框的内容将紧接第一个文本框的内容，实现了左右两个文本框的链接。

⑤ 在左右两个文本框的中间插入一个“竖排文本框”，输入标题“守护者”，并设置为“华文隶书一号、加粗”。

任务 7　取消文本框的外框线及设置其他中文版式

操作提示：

① 依次双击文本框的边框，打开“设置文本框格式”对话框，将文本框的“填充颜色”

和“线条颜色”均设置为“无颜色”，去掉文本的外框线。

② 打开“格式”菜单中“首字下沉”对话框，为“如”字选择下沉两行。

③ 打开“格式”菜单中“边框与底纹”对话框，选择“底纹”，为“征稿启事”添加黑色底纹。

五、练习与提高

在完成实训 6 任务的基础上，选择一些与自己专业学习相关，或自己喜欢的文章，进行适当的排版，要求版面清新、图文并茂、色彩和谐、主题突出，有一定的艺术性和观赏价值。内容可由自己撰写，也可从网上下载，效果如图 3.67 所示。

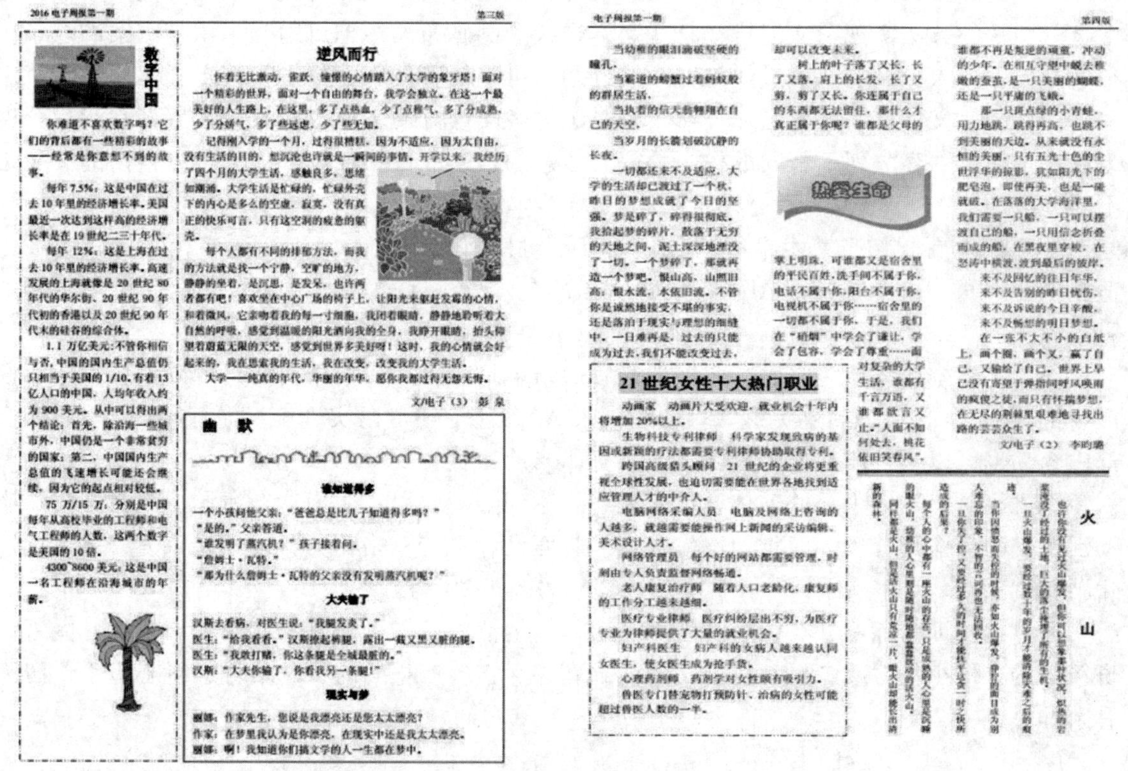

2016 电子网报第一期　　第三版

数字中国

你难道不喜欢数字吗？它们的背后都有一些精彩的故事——经常是你意想不到的故事。

每年 7.5%：这是中国在过去 10 年里的经济增长率。美国最近一次达到这样高的经济增长率是在 19 世纪二三十年代。

每年 12%：这是上海在过去 10 年里的经济增长率。高速发展的上海就像是 20 世纪 80 年代的华尔街、20 世纪 90 年代初的香港以及 20 世纪 90 年代末的硅谷的综合体。

1.1 万亿美元：不管你相信与否，中国的国内生产总值仍只相当于美国的 1/10。有着 13 亿人口的中国，人均年收入约为 900 美元。从中可以得出两个结论：首先，除沿海一些城市外，中国仍是一个非常贫穷的国家；第二，中国国内生产总值的飞速增长可能还会继续，因为它的起点相对较低。

75 万/15 万：分别是中国每年从高校毕业的工程师和电气工程师的人数，这两个数字是美国的 10 倍。

4300~8600 美元：这是中国一名工程师在沿海城市的年薪。

逆风而行

怀着无比激动、雀跃、憧憬的心情踏入了大学的象牙塔！面对一个精彩的世界，面对一个自由的舞台，我学会独立。在这一个最美好的人生路上，在这里，多了点热血，少了点稚气，多了分成熟，少了分娇气，多了些远虑，少了些无知。

记得刚入学的一个月，过得很糟糕，因为不适应，因为太自由，没有生活的目的，想沉沦也许就是一瞬间的事情。开学以来，我经历了四个月的大学生活，感触良多，思绪如潮涌。大学生活是忙碌的，忙碌外壳下的内心是多么的空虚，寂寞，没有真正的快乐可言，只有这空洞的疲惫的躯壳。

每个人都有不同的排郁方法，而我的方法就是找一个宁静、空旷的地方，静静的坐着，是沉思，是发呆，也许两者都有吧！喜欢坐在中心广场的椅子上，让阳光来驱赶发霉的心情，和着微风，它亲吻着我的每一寸细胞，我闭着眼睛，静静地聆听着大自然的呼吸，感觉到温暖的阳光洒向我的全身，我睁开眼睛，抬头仰望着蔚蓝无限的天空，感觉到世界多美好呀！这时，我的心情就会好起来的，我在思索我的生活，我在改变，改变我的大学生活。

大学——纯真的年代，华丽的年华，愿你我都过得无怨无悔。

文/电子（3）彭泉

幽　默

谁知道得多

一个小孩问他父亲：“爸爸总是比儿子知道得多吗？”
“是的。”父亲答道。
“谁发明了蒸汽机？”孩子接着问。
“詹姆士·瓦特。”
“那为什么詹姆士·瓦特的父亲没有发明蒸汽机呢？”

大夫输了

汉斯去看病，对医生说：“我腿发炎了。”
医生：“给我看看。”汉斯撩起裤腿，露出一截又黑又脏的腿。
医生：“我敢打赌，你这条腿是全城最脏的。”
汉斯：“大夫你输了，你看我另一条腿！”

现实与梦

丽娜：作家先生，您说是我漂亮还是您太太漂亮？
作家：在梦里我认为是你漂亮，在现实中还是我太太漂亮。
丽娜：啊！我知道你们搞文学的人一生都在梦中。

电子网报第一期　　第四版

热爱生命

当幼稚的眼泪滴破坚硬的瞳孔。

当霸道的螃蟹过着蚂蚁般的群居生活。

当执着的信天翁翱翔在自己的天空。

当岁月的长篙划破沉静的长夜。

一切都还来不及适应，大学的生活却已渡过了一个秋，昨日的梦想成就了今日的坚强。梦是碎了，碎得很彻底。我拾起梦的碎片，散落于无穷的天地之间，泥土深深地埋没了一切。一个梦碎了，那就再造一个梦吧。假山高，山照旧高；假水流，水依旧流。不管你是诚然地接受不堪的事实，还是落泊于现实与理想的细缝中。一日难再是，过去的只能成为过去，我们不能改变过去，却可以改变未来。

树上的叶子落了又长，长了又落。肩上的长发，长了又剪，剪了又长。你连属于自己的东西都无法留住，那什么才真正属于你呢？谁都是父母的掌上明珠，可谁都又是宿舍里的平民百姓，洗手间不属于你，电话不属于你，阳台不属于你，电视机不属于你……宿舍里的一切都不属于你。于是，我们在“硝烟”中学会了谦让，学会了包容，学会了尊重……面对复杂的大学生活，谁都有千言万语，又谁都欲言又止。“人面不知何处去，桃花依旧笑春风”。

谁都不再是叛逆的顽童，冲动的少年。在相互守望中蜕去稚嫩的蚕茧，是一只美丽的蝴蝶，还是一只平庸的飞蛾。

那一只斑点绿的小青蛙，用力地跳，跳得再高，也跳不到美丽的天边。从来就没有永恒的美丽，只有五光十色的尘世浮华的掠影，犹如阳光下的肥皂泡，即使再美，也是一碰就破。在落落的大学海洋里，我们需要一只船，一只可以摆渡自己的船，一只用信念折叠而成的船，在黑夜里穿梭，在怒涛中横渡，渡到最后的彼岸。

来不及回忆的往日年华，
来不及告别的昨日忧伤，
来不及诉说的今日辛酸，
来不及畅想的明日梦想。

在一张不大不小的白纸上，画个圈，画个叉，赢了自己，又输给了自己。世界上早已没有寄望于弹指间呼风唤雨的疯傻之徒，而只有怀揣梦想，在无尽的荆棘里艰难地寻找出路的芸芸众生了。

文/电子（2）李昀璐

21 世纪女性十大热门职业

动画家　动画片大受欢迎，就业机会十年内将增加 20%以上。

生物科技专利律师　科学家发现致病的基因或新颖的疗法都需要专利律师协助取得专利。

跨国高级猎头顾问　21 世纪的企业将更重视全球性发展，也迫切需要能在世界各地找到适应管理人才的中介人。

电脑网络采编人员　电脑及网络上咨询的人越多，就越需要能操作网上新闻的采访编辑、美术设计人才。

网络管理员　每个好的网站都需要管理，时刻由专人负责监督网络畅通。

老人康复治疗师　随着人口老龄化，康复师的工作分工越来越细。

医疗专业律师　医疗纠纷层出不穷，为医疗专业为律师提供了大量的就业机会。

妇产科医生　妇产科的女病人越来越认同女医生，使女医生成为抢手货。

心理药剂师　药剂学对女性颇有吸引力。

兽医专门替宠物打预防针、治病的女性可能超过兽医人数的一半。

火　山

也许你没有见过火山爆发，但你可以想象那种状况，炽热的岩浆淹没了经过的土地，巨大的尘埃掩埋了所有的生机。

一旦火山爆发，要经过数十年的岁月才能消除灾难之后的痕迹。

当你因愤怒而失控的时候，亦如火山爆发，你狰狞的面目成为别人难忘的印象，不智的言词再也无法回收。

一旦你失了控，又要经过多久的时间才能扶平这贪一时之快所造成的后果？

每个人的心中都有一座火山的存在，只是成熟的人心里是沉睡的死火山，幼稚的人心里则是随时随地都蠢蠢欲动的活火山。

同样都是火山，但是活火山只有荒凉一片，睡火山却能长出清新的森林。

图 3.67　第三、第四版效果参考图

具体排版要求：

（1）在实训 6 任务的基础上增加第三版、第四版内容。

（2）必须用适当的艺术字、图片或自绘图形对栏目进行修饰。

（3）必须对适当的栏目设置三分栏效果。

（4）必须在小报中分别设置四个内容不同的页眉。

（5）必须通过文本框或表格编排不同的版式效果，文字排版中要有横排、竖排，且有的要用边框包围起来。

六、小　结

本实训项目通过对“电子周报”的排版，综合介绍了 Word 中的各种排版技术，如文本框、绘图画布、表格、艺术字、图片、分栏等。

对报纸杂志进行艺术排版时，可按以下方法实现：

（1）首先通过“页面设置”来设置页面的页边距、纸张大小、纵横方向等，并设置适当的页眉和页脚。

（2）当需要对文档的每个片面进行不同的布局设计时，应该根据各个片面的内容，用表格或文本框进行规划。由于文本框可以彼此分离、互不影响，便于单独处理，而且设置文本框的艺术框线效果比表格方便，所以用文本框进行规划更加灵活方便。

（3）文档正文的整体设计，要突出艺术性，做到美观协调。为此，应尽可能使用插入艺术字、图片的方法实现图文混排；某些文本框或绘图画布的边框可适当采用带图案的线条，在适当地方插入少量的艺术横线进行版块分割，可以使整体版面更加丰富多彩、生动活泼。

（4）为使文档页面排版更加灵活，同时也为了阅读方便，对于较长的文档经常运用分栏方法，把文档内容分列于不同的栏中。需要注意的是，在表格或方框的一个方格内的文字是不能分栏的。

（5）如果要制作带艺术框线的分栏效果，可以将两个文本框进行链接，并将它们进行适当摆放，再对文本框或绘图画布设置适当的艺术框线，这样可以使版面设计更加多姿多彩。

（6）文档排版设计完毕后，应该把最后的结果打印出来。根据需要，可以单页打印，也可以把两个 A4 的版面拼在一起，打印在一张 A3 纸上，还可以实现正反面打印；可以打印全部内容，也可以只打印部分内容，甚至只打印当前一页。

总之，对于宣传小报的整体设计，最终要达到如下效果：版面均衡协调、图文并茂、生动活泼，颜色搭配合理、淡雅而不失美观；版面设计不拘一格，充分发挥想象力，体现个性化独特创意。

通过本实训的练习，在以后的学习、工作、生活中，如果遇到要制作介绍学校、院系、班级等的宣传小报，或者要制作公司的内部刊物、宣传海报等时，相信你会得心应手，游刃有余的。

实训 7　邮件合并——制作成绩通知书

一、任务描述

学期结束时，班主任闫老师也遇到了一个难题：学校要求根据已有的“各科成绩表”（制作方法见 Excel 实训“学生成绩表的制作”），给每位同学的家长发送一份“家长通知书”（见图 3.68），闫老师一看内容和格式都基本相同，二话不说将“家长通知书”复制了 37 份，但接下来的事却让闫老师犯了愁，要把每位学生的姓名及分数填写进去，这并不是一件轻松的事，不仅花时间，更重要的是极易出错！正当他一筹莫展时，吴老师来了，经过吴老师一番指点，闫老师很快完成了任务。

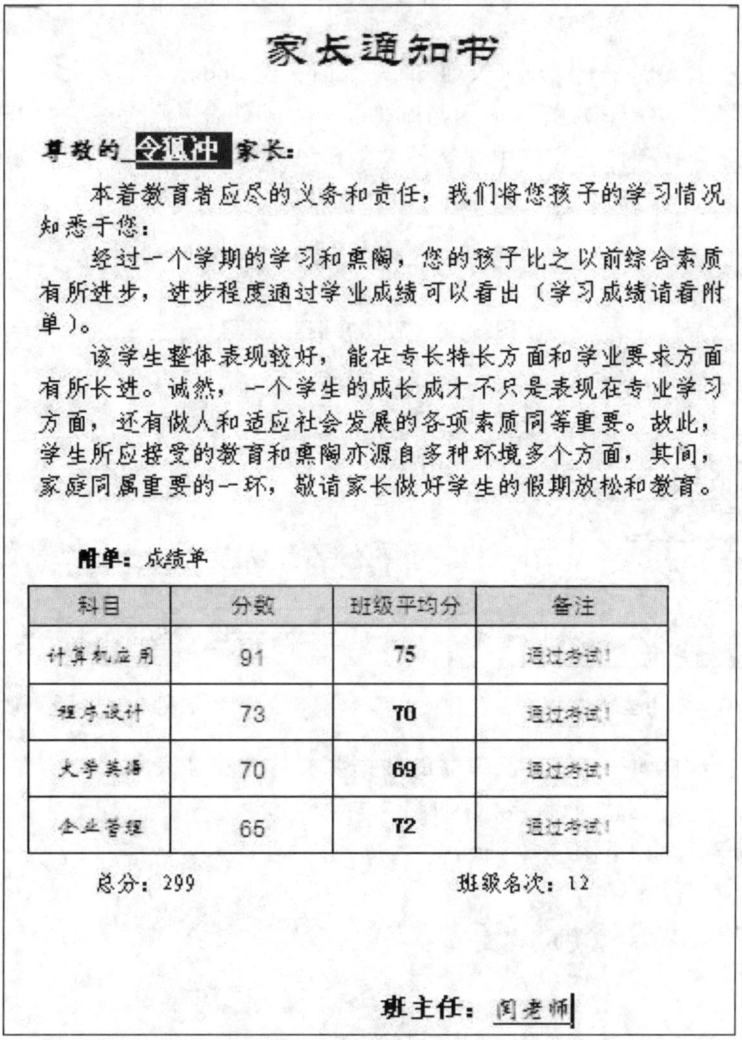

家长通知书

尊敬的令狐冲家长：

本着教育者应尽的义务和责任，我们将您孩子的学习情况知悉于您：

经过一个学期的学习和熏陶，您的孩子比之以前综合素质有所进步，进步程度通过学业成绩可以看出（学习成绩请看附单）。

该学生整体表现较好，能在专长特长方面和学业要求方面有所长进。诚然，一个学生的成长成才不只是表现在专业学习方面，还有做人和适应社会发展的各项素质同等重要。故此，学生所应接受的教育和熏陶亦源自多种环境多个方面，其间，家庭同属重要的一环，敬请家长做好学生的假期放松和教育。

附单： 成绩单

科目	分数	班级平均分	备注
计算机应用	91	75	通过考试！
程序设计	73	70	通过考试！
大学英语	70	69	通过考试！
企业管理	65	72	通过考试！

总分：299　　班级名次：12

班主任： 闫老师

图 3.68 “家长通知书”样本

二、解决方案

闫老师利用 Word 中提供的“邮件合并”功能，首先保留家长通知书中不变化的内容，作为主文档，将“各科成绩表”作为数据源，再将家长通知书中变化的部分作为合并域。经过这三步曲，很快制作出了 37 份“家长通知书”，不仅节省时间，更重要的是准确可靠！结果参见“家长通知书_样例.pdf”。

三、知识要点

（1）掌握邮件合并的使用，并利用该功能给每位学生制作一份家长通知书。

（2）依据每位学生的家庭住址，利用邮件合并功能制作信封。

四、实训任务

任务 1　利用邮件合并功能制作“家长成绩通知书”

操作提示：

第一步：建立主文档——打开家长通知书_空白文件.doc。

① 在“工具”菜单中，选择“信函与邮件”→“邮件合并”命令，打开“邮件合并”任务窗格。在“邮件合并”任务窗格中，选择“信函”。并单击“下一步”，如图 3.69 所示。

图 3.69 启动文档对话框

② 选择“使用当前文档”，如图 3.70 所示。

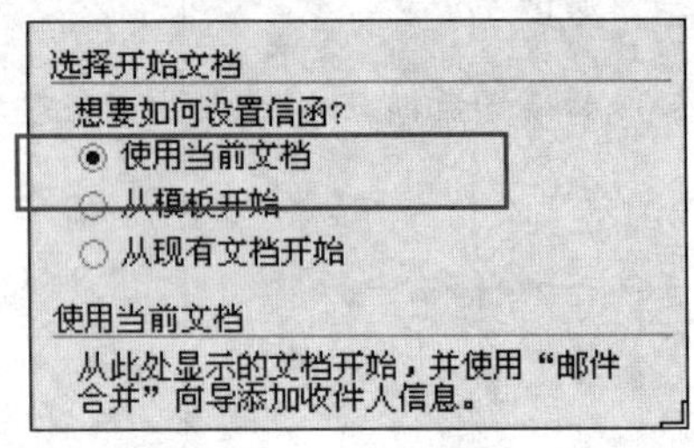

图 3.70 使用当前文档

图 3.71 选取收件人

第二步：建立数据源——打开已建立的数据源文件“成绩表.xls”。

③ 单击“下一步：选取收件人”，如图 3.71 所示。

④ 单击“浏览”，如下图 3.72 所示。

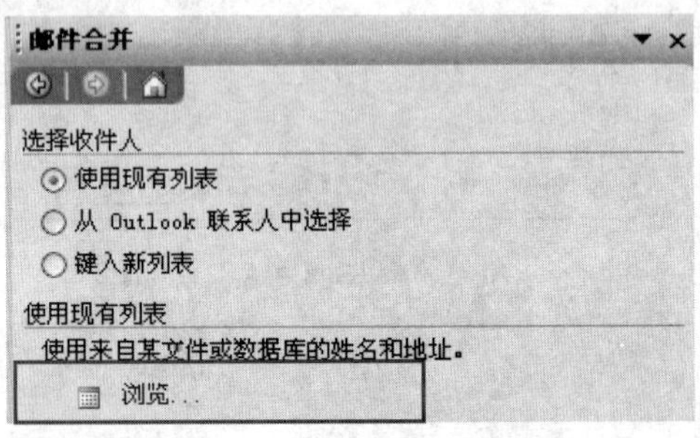

图 3.72

⑤ 在“选取数据源”对话框中，选择“成绩表.xls”，单击“打开”按钮，出现“选择表格”对话框，并选择“各科成绩表$”，如下图 3.73 所示。单击“确定”按钮。

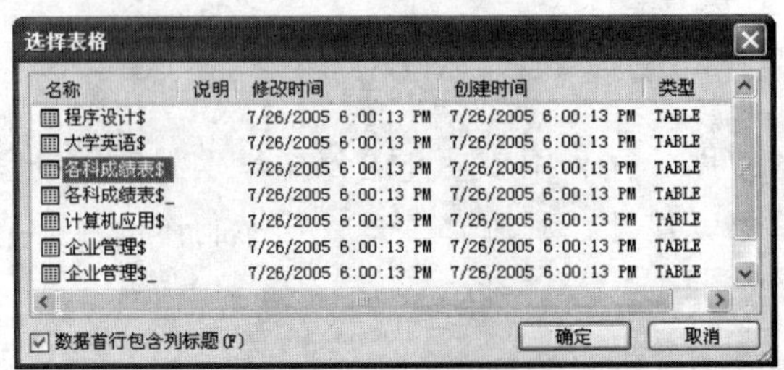

图 3.73 各科成绩表

⑥ 出现“邮件合并收件人”对话框，如下图 3.74 所示。

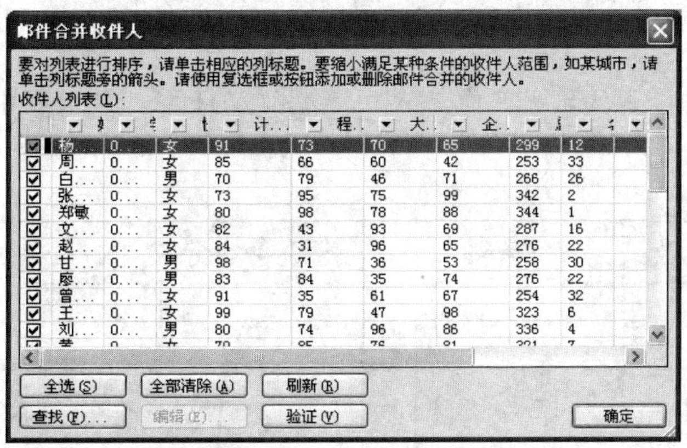

图 3.74　邮件合并收件人

第三步：插入合并域

⑦ 单击“下一步：撰写信函”，如图 3.75 所示；将插入点放在文档中“尊敬的”与“家长”之间。从“撰写信函”中，单击“其他项目”选项，如图 3.76 所示。

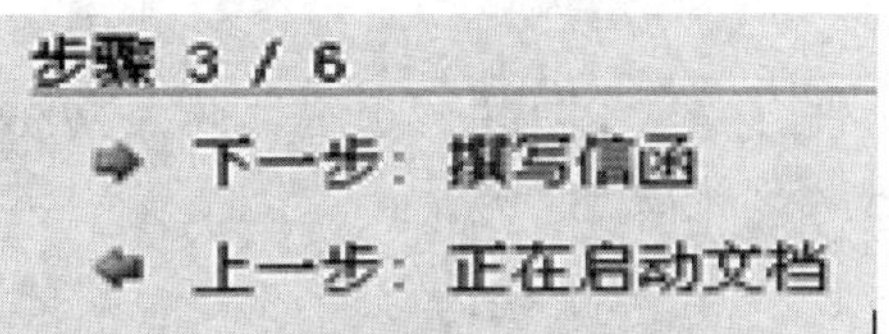

图 3.75　撰写信函

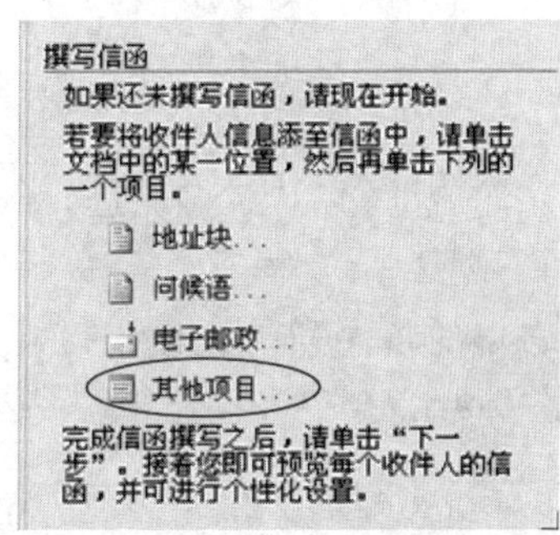

图 3.76　其他项目

⑧ 在打开的“插入合并域”对话框中，选择“姓名”，单击“插入”按钮，如图 3.77 所示（也可通过打开“邮件合并”工具栏，选择“插入域”按钮，打开“插入合并域”对话框）。

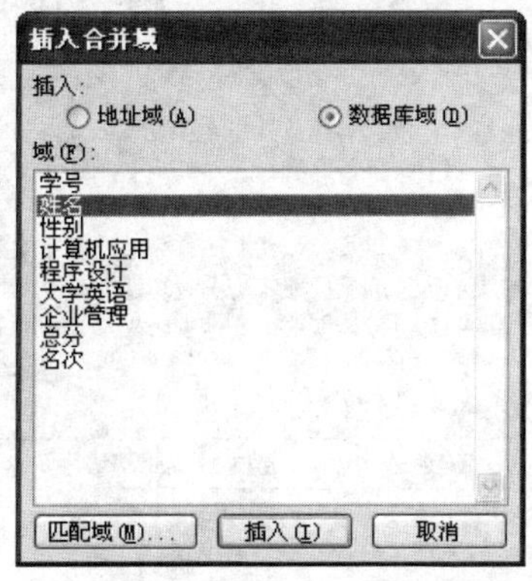

图 3.77　插入合并域

⑨ 重复步骤⑧，分别将插入点放在表格中分数列的相应位置，再分别选取“性别”“计算机应用”“程序设计”“大学英语”“企业管理”“总分”“名次”等，将合并域插入到相应的位置。

⑩ 将从成绩单中获得的班级平均分，输入到相应的班级平均分列中，如图 3.78 所示。

附单： 成绩单

科目	分数	班级平均分	备注
计算机应用	«计算机应用»	75	
程序设计	«程序设计»	70	
大学英语	«大学英语»	69	
企业管理	«企业管理»	72	

总分：«总分»　　　　班级名次：«名次»

图 3.78　插入域成绩单

⑪ 对插入的域变量 “姓名”进行编辑，选中“姓名”域，设置字体为：宋体、小三号、黑色底纹、加下划线。

⑫ 选中表格的备注列单元格，打开“邮件合并”工具栏，选择“插入 Word 域”下拉按钮，选择“If……Then……Else（I）……”命令，如图 3.79 所示。

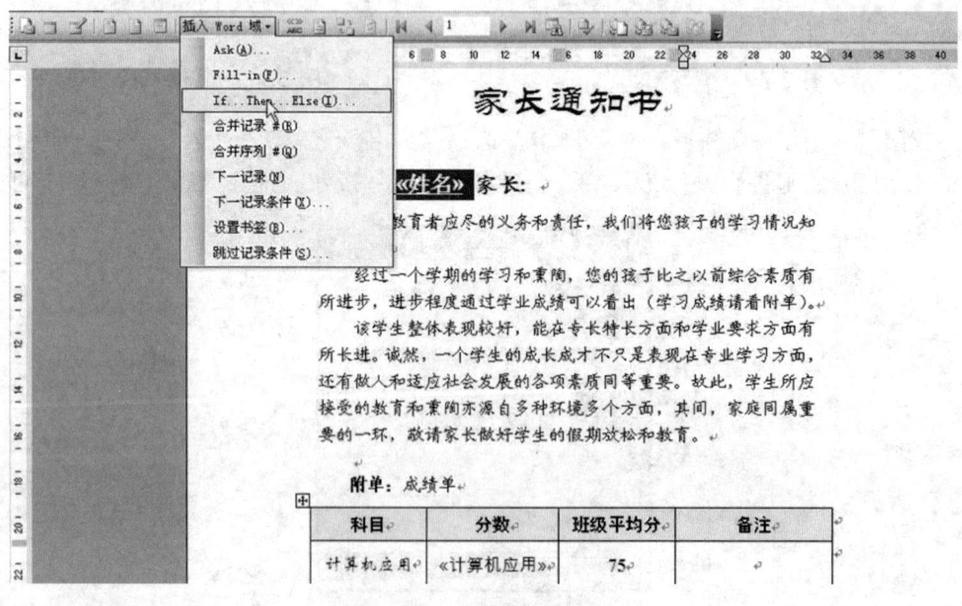

图 3.79　插入 Word 域

⑬ 从"域名"中选择"计算机应用"，从比较条件中选择"大于等于"，在比较对象中输入"60"。并分别输入满足条件和不满足条件的文字内容，如图 3.80 所示。

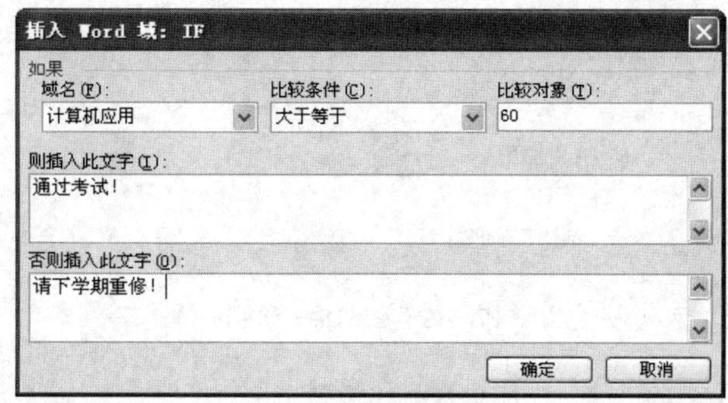

图 3.80 条件文字

⑭ 重复步骤⑬，分别为"程序设计""大学英语""企业管理"设置相同的条件。

⑮ 单击"下一步：预览信函"，可以通过"<<"及">>"按钮查找所有记录。

⑯ 单击"下一步：完成合并"，并选择"编辑个人信函"，可以将所有信函合并到新文档。

⑰ 保存新文档，并命名为"家长通知书"；保存带有合并域的文档，将该文档更名为"家长通知书-合并域"。

注意：带有合并域的文档"家长通知书–合并域"，里面包含有数据源信息，所以在下次打开时，一定要保证数据源信息（如"成绩表.xls"）文件仍然存在，否则下次就不能改变合并域的内容。而生成的"家长通知书"文档是合并后的结果，它已不包含域的内容，属于最终结果，不能对它进行修改。

任务 2 利用邮件合并功能生成统一格式的信封

第一步：利用信封向导选择信封规格

① 在"工具"菜单中，选择"信函与邮件"→"中文信封向导"命令，出现"信封制作向导"对话框。

② 单击"下一步"按钮，选择信封样式为"普通信封：（220 × 110 毫米）"。

③ 单击"下一步"按钮，选项设置如图 3.81 所示。

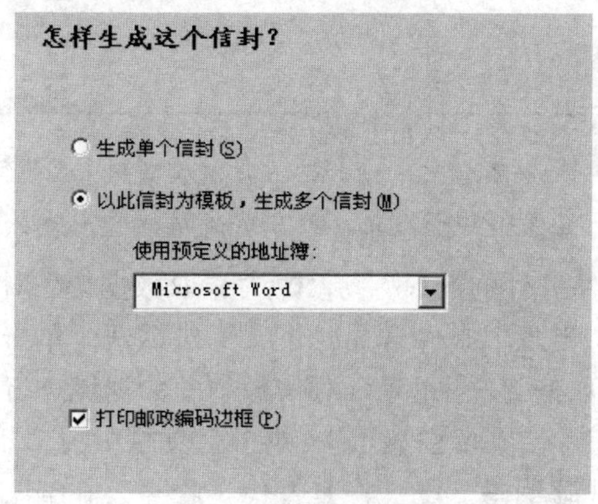

图 3.81 信封模板

④ 单击“完成”按钮，系统随即会自动生成一个信封，如下图 3.82 所示。

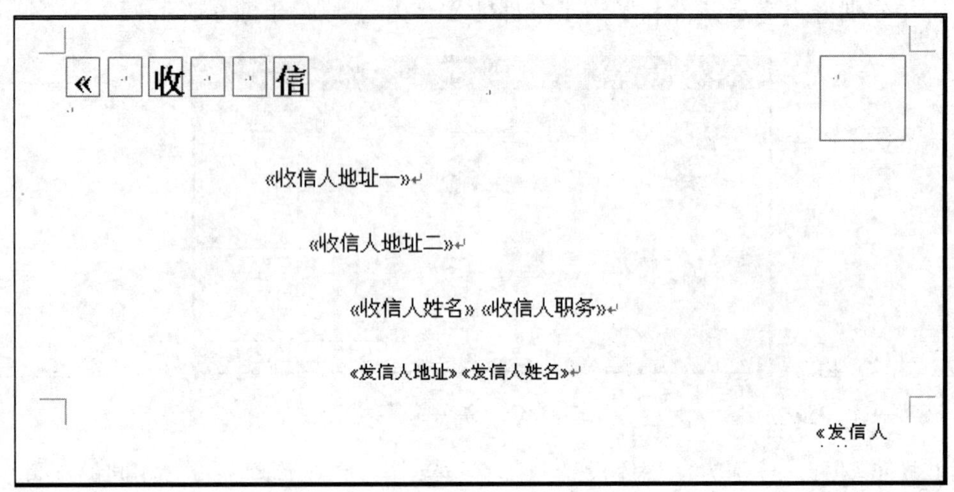

图 3.82 生成信封

⑤ 根据需要，对信封修改如下：删除《收信人地址二》《收信人职务》《发信人地址》《发信人姓名》及《发信人邮编》，并在《发信人姓名》及《发信人邮编》位置上输入发信人地址及邮编文字，修改结果如图 3.83 所示。

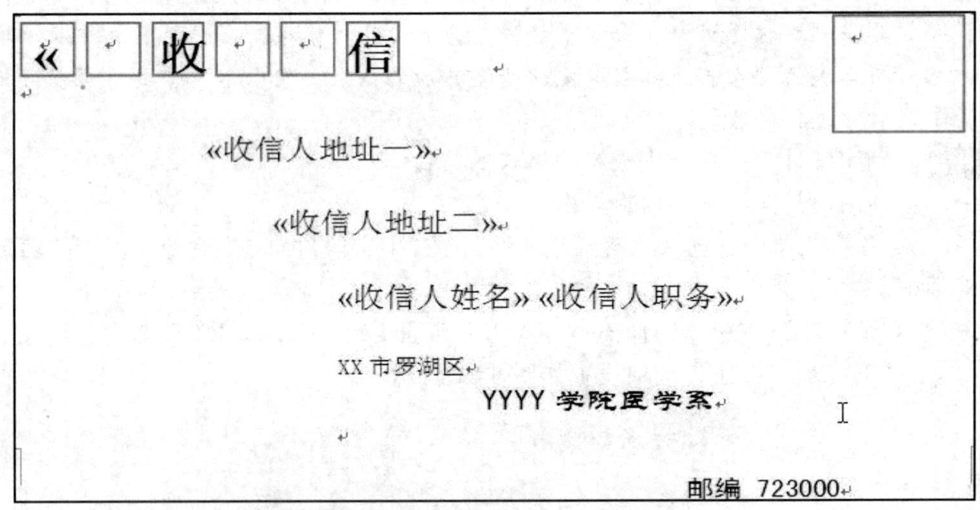

图 3.83 信封输入发信人信息

⑥ 在“工具”菜单中，选择“信函与邮件”→“邮件合并”命令，打开邮件合并任务窗格。

⑦ 在菜单中单击“选择另外的列表”，弹出 “选取数据源”对话框，选择“通讯录.doc”文档，单击“打开”按钮，出现“邮件合并收件人”对话框，单击“确定”按钮。

⑧ 单击“下一步：选取信封”，此时可对信封中的数据域进行重新设置。

⑨ 选中“收件人邮编”（使其反白显示），单击工具栏中的“插入域”按钮，打开“插入合并域”对话框，选择“邮政编码”域，将其替代“收件人邮编”，如图 3.84 所示。

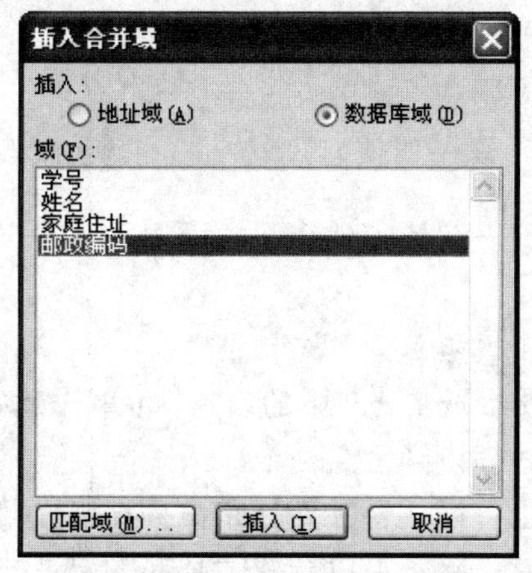

图 3.84　插入合并域

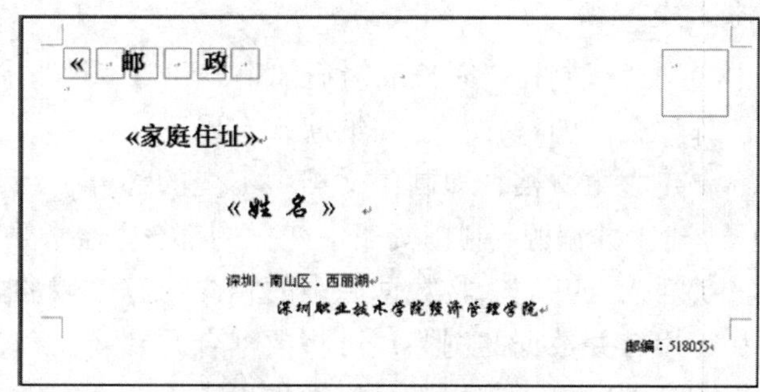

图 3.85　插入家庭住址

⑩ 重复步骤⑨，选中“收件人地址一”用“家庭住址”替代；选中“收件人姓名”用“姓名”替代。替代结果如图 3.85 所示。

⑪ 对插入域的格式进行如下格式设置。“邮政编码”字体格式：华文新魏、加粗、二号；“家庭地址”格式：字体（宋体、加粗、二号）、段落（段前 24 磅、居中对齐）；“姓名”格式：字体（华文行楷、一号）、字间距（加宽、3 磅）；段落格式：段前 30 磅、段后 36 磅、右缩进 0.8 厘米、居中对齐。

⑫ 单击“下一步：预览信封”，可以通过“<<”及“>>”按钮查找所有记录。

⑬ 单击“下一步：完成合并”，并选择“编辑个人信封”，可以将所有信封合并到新文档。

⑭ 保存新文档，并命名为“通知书信封”；保存带有合并域的文档，将该文档命名为“信封-合并域”(结果参见“信封_样例.pdf”)。

五、练习与提高

利用邮件合并功能完成以下邀请函的制作，如图 3.86 所示。

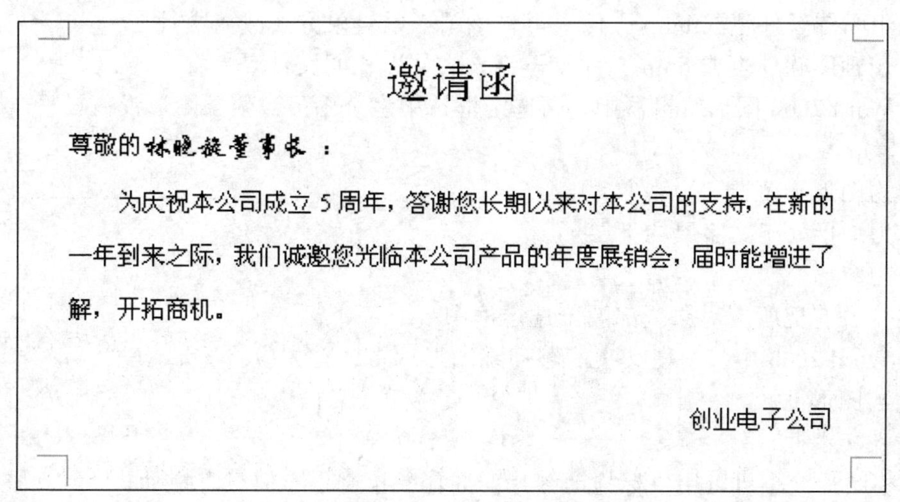
邀请函

尊敬的林晓旋董事长：

为庆祝本公司成立 5 周年，答谢您长期以来对本公司的支持，在新的一年到来之际，我们诚邀您光临本公司产品的年度展销会，届时能增进了解，开拓商机。

创业电子公司

图 3.86　“邀请函”制作

要求：纸张大小（A5），方向（横向）。

数据源文件为："客户通信录.doc"。

六、小　结

本实训通过制作"家长成绩通知书"和"信封"，详细介绍了邮件合并的操作方法和应用技巧。邮件合并的操作方法归纳起来有以下三步：

（1）建立主文档，即制作文档中不变的部分（相当于模板）。

（2）建立数据源，制作文档中变化的部分。通常是 Word 或 Excel 中的表格，可事先建好。

（3）插入合并域。将数据源中的相应内容以域的方式插入到主文档中。

在运用合并数据的浏览，可将数据合并到新文档；也可以"合并到打印机"直接打印出来，或"合并到电子邮件"直接发送出去。在合并数据时，除了可以合并"全部"记录外，还可以只合并"当前记录"，或只合并指定范围的部分记录。

总之，运用邮件合并功能，可以在很短的时间内制作成绩单、准考证、录取通知书，或给企业的众多客户发送会议信函、新年贺卡等。

强化练习

选择题

1. 在 Word 2003 中双击文档中的图片，产生的效果是（　　）。

A. 选中该图形　　　　B. 将该图形加文本框

C. 弹出快捷菜单　　　　D. 启动图形编辑器进入图形编辑状态，并选中图形

2. 在 Word 2003 中，要在编辑文件中插入一个自己画的 bmp 图形，正确的操作是(　　)。

A. 在要插入图形的位置用鼠标直接画，然后双击使其定位

B. 在要插入图形的位置用 Word 2003 提供的画图工具直接画图，然后双击使其定位

C. 先用画图软件生成.bmp 文件，再将该图形以对象方式嵌入文件

D. 先用画图软件生成.bmp 文件，再将该文件以相同文件名保存

3. 在 Word 2003 图形编辑器中，用选定框选中多个图形，某层图形没有被全部选定的原因是（　　）。

A. 因为图形不可选

B. 因为图形处于文字层的下层

C. 因为图形处于文字层的上层

D. 因为没有把所有对象全部圈于选定框中

4. 在 Word 2003 中，要使文字能够环绕图形编辑，首先应将图形（　　）。

A. 插入图形框　　　　B. 直接插入文档中

C. 插入文本框　　　　D. 无法实现

5. 调整图片大小可以用鼠标拖动图片四周任一控制点，但只有拖动（　　）控制点，才能使图片等比例缩放。

A. 左或右　　B. 上或下　　C. 四个角之一　　D. 均不可以

6. 在 Word 2003 中，要使文字环绕在图片的周围，应选择（　　）方式。

A. 四周环绕　　B. 穿越图片　　C. 无环绕　　D. 上下环绕

项目总结

本项目学习了如下内容：

（1）Word 2003 编辑的基本概念，主要有视图、状态栏、工具栏、菜单、显示比例的选择、标尺、段落标记的显示、全角字、半角字等概念。

（2）文档操作，包括文档的建立、打开、保存、另存和关闭以及文档的重命名等操作。

（3）基本编辑方法，包括光标移动、快速定位、文字的录入、移动、删除、修改以及操作的撤销与恢复等编辑方法。

（4）文本的格式化。

① 设置字体、字号、字形、文字的颜色。

② 设置字间距、行间距、段前段后间距，设置对齐方式。

③ 页面设置：包括设置纸张大小、页边界等。

④ 插入页码、分页符，插入页眉页脚、分栏。

（5）字符串的查找与替换。

（6）块操作：包括文本块的选定，块的复制、移动、删除等操作方法。

（7）插入图片与图文混排。

（8）插入并编辑表格：包括设置表格文本格式，插入/删除行、列、单元格，合并/拆分单元格，改变行高和列宽等表格的编辑方法。

巩固练习

选择题

1. Word 2003 应用程序窗口主要由（　　）组成。

A. 标题栏、菜单栏、工具栏和状态栏

B. 标题栏、菜单栏、工具栏、编辑栏和状态栏

C. 控制栏、菜单栏、工具栏、滚动条和光标

D. 编辑栏、光标、标题栏、段落结束符

2. 在 Word 2003 编辑文档，对于用户的错误操作是（　　）。

A. 只能撤销最后一次对文档的操作　　B. 可以撤销用户的多次操作

C. 不能撤销　　D. 可以撤销所有的误操作

3. 打开 Word 文档一般是指（　　）。

A. 把文档的内容从磁盘调入内存，并显示出来

B. 为指定文件开设一个新的、空的文档窗口

C. 把文档的内容从内存读入，并显示出来

D. 显示并打印出指定文档的内容

4. Word 2003 应用程序可以同时打开（　　）Word 文档。

A. 1 个　　B. 256 个　　C. 多个　　D. 两个

5. 打开一篇文档进行编辑后，如想要保存到另外的地方，可选择文件菜单的（　　）命令。

A. 保存　　B. 新建　　C. 另存为　　D. 打开

6. 当前正编辑一个新建文档“文档 1”，当执行“文件”菜单中的“保存”命令后（　　）。

A. 该“文档 1”被存盘

B. 弹出“另存为”对话框，供进一步操作

C. 自动以“文档 1”为名存盘

D. 不能以“文档 1”存盘

7. 文档中的文本被剪切后暂保存在（　　）。

A. 临时文档　　B. 自己新建的文档　　C. 磁盘　　D. 内存

8. 在 Word 2003 中查找和替换时，若操作错误则（　　）。

A. 必须手工恢复　　B. 可以点“撤消”来恢复

C. 无可挽回　　D. 有时可恢复，有时就无可挽回

9. 假设光标在第一段末行第五个字前，先后按“Home”，“Del”两键，结果会是（　　）。

A. 把一、二两段合成一段

B. 仅把第一段末行的第一个字删除

C. 仅把第二段首的空格删除

D. 删除第二段首空格，和第一段合成一段

10. 将文档的一部分内容移动到别处，要进行的操作是（　　）。

A. 粘贴、剪切、定位、复制　　B. 选择、剪切、定位、复制

C. 选择、剪切、定位、粘贴　　D. 粘贴、剪切、定位、选择

11. 输入文本时，若不指定新自然段的字体、字号，则新自然段会自动使用（　　）排版。

A. 宋体五号字　　B. 开机时的默认格式

C. 与上自然段相同的格式　　D. 仿宋体三号字

12. 字号有中文和数字两种表示，中文字号表示的（　　）。

A. 字号与字形有关　　B. 字号越大字符显示越大

C. 字号越大字符显示越小　　D. 字号与字符显示的大小无关

13. 在 Word 2003 编辑状态下，复制文本的快捷键是（　　）。

A. Ctrl+C　　B. Ctrl+O　　C. Ctrl+N　　D. Ctrl+P

14. 如果当前纸张的规格为默认值 A4，现要改为 B5 规格输出，正确的操作是（　　）。

A. 选择“文件”菜单的“打印”命令，在对话框中选择“纸型”

B. 选择“文件”菜单的“页面设置”命令，在对话框中选择“纸型来源”

C. 选择“文件”菜单的“页面设置”命令，在对话框中选择“版式”

D. 选择“文件”菜单的“页面设置”命令，在对话框中选择“纸型”选项卡

15. 要设置段落的边框，可先选择段落，然后打开格式菜单，再单击（　　）。

A. “段落”选项　　B. “样式与格式”选项

C. “字体”选项　　D. “边框和底纹”选项

16. 在 Word 2003 的“文件”菜单底部常有几个文件名显示，这些文件是（　　）。

A. 当前已打开的文件　　B. 所有 Word 2003 文档

C. 最近被 Word 操作过的文件　　D. 该文件正在打印

17. 在 Word 2003 的操作中，为文档添加页码时，页码可放在文档顶部或底部的（　　）位置。

A. 左侧　　B. 居中　　C. 右侧　　D. 以上都是

18.打印机不打印文档的原因不可能是（　　）。

A. 没有连接打印机　　B. 没有设置打印机

C. 没有经过打印预览　　D. 没有安装打印机驱动程序

19. 选择页码范围为：2-5，10，12，表示打印的是文档的（　　）。

A. 第 2 页，第 5 页，第 10 页，第 12 页

B. 第 2 页到第 5 页，第 10 页至第 12 页

C. 第 2 页至第 5 页，第 10 页，第 12 页

D. 第 2 页，第 5 页，第 10 页至第 12 页

20. 在 Word 2003 中输入一些键盘上没有的特殊字符，方法是（　　）。

A. 无法实现

B. 选择“插入”菜单的“符号”命令

C. 用绘图工具绘制符号

D. 选择“编辑”菜单的“符号”命令

21. 在对 Word 2003 表格进行操作时，如果选定了表格中的一列，按 DEL 键，将会(　　)。

A. 删除该列的内容　　B. 删除一行

C. 无任何反应　　D. 删除该列

22. 如果要调整行距，应该在“段落”对话框中的（　　）选项页中进行。

A. 缩进和间距　　B. 换行和分段

C. 中文版式　　D. 其他

23. 在 Word 2003 中，要使文档各段落的第一行全部空出两个汉字位，可以对文档各段落进行（　　）。

A. 首行缩进　　B. 悬挂缩进　　C. 左缩进　　D. 右缩进

24. 如果要查询当前文档中包含的字符数（　　）。

A. 选择“工具/选项”命令　　B. 选择“文件/页面设置”命令

C. 选择“文件/属性”命令　　D. 无法实现

25. 在 Word 2003 窗口中，当鼠标指针位于（　　）时，指针变成指向右上方的箭头形状。

A. 文本编辑区　　B. 文本区左边的选定区

C. 文本区上面的标尺区　　D. 文本区插入的图片或图文框中

26. 在 Word 2003 的编辑状态，为文档设置页码，可以使用（　　）。

A. “工具”菜单中的命令　　B. “编辑”菜单中的命令

C. “格式”菜单中的命令　　D. “插入”菜单中的命令

27. 在 Word 2003 默认情况下，输入了错误的英文单词时，会（　　）。

A. 系统响铃，提示出错

B. 在单词下有绿色下划波浪线

C. 在单词下有红色下划波浪线

D. 自动更正

28.Word 2003 编辑时，文字下面有绿色波浪下划线表示（　　）。

A. 对输入的确认　　B. 已修改过的文档

C. 可能是拼写错误　　D. 可能是语法错误

29.在 Word 2003 编辑状态上，若要输入某字符为上标，应选择的操作是（　　）。

A. 单击“格式→字体”　　B. 单击“插入→符号”

C. 单击“插入→对象”　　D. 单击“格式→更改大小写”

阅读资料

微软 Microsoft Office Word 2010 相对于 Microsoft Office Word 2003，在文件格式、用户界面和功能等几乎各个方面都有了很大的变化。Word 2003 工作环境由传统的菜单栏、工具栏等组成，Word 2010 中却几乎找不到菜单栏和工具栏的影子，取而代之的是功能区（Ribbon）。用户界面和相关功能的改变，使得 Word 2010 成为一个更图形化、图像化的软件，如图 3.87 所示。

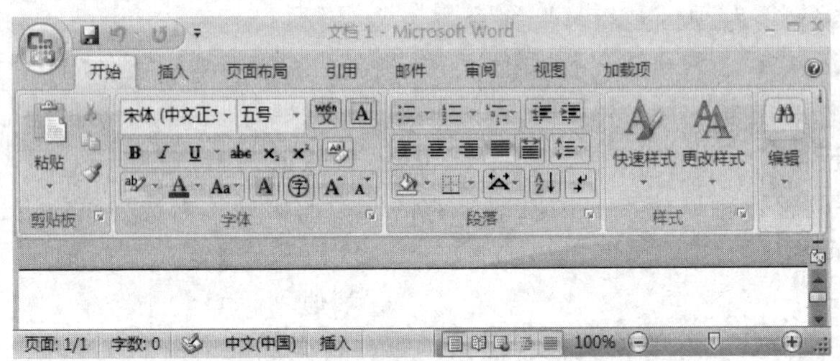

图 3.87　Word 2010 的窗口

一、Microsoft Office Word 2010 的特点

1. 输入法

在 Microsoft Office 2010 安装完毕后点击“输入法”按钮，原有 Windows XP 自带的“微软拼音输入法 2003”自动更新为“微软拼音输入法 2010”。与以前的输入法版本相比，“微软拼音输入法 2010”字词库得到了更新，而且更加智能。

2. 文档保存格式

Microsoft Office Word 2010 文档的默认保存格式为“.docx”，改变格式后文档占用空间将有一定程度的缩小。但是，安装 Microsoft Office Word 97～2003 的计算机无法打开格式为“.docx”的文档，只能到微软官方网站上下载兼容性插件，安装到装有 Microsoft Office Word 97～2003 的计算机上，才能打开“.docx”文档。

3. 隐藏工具栏

用户在使用 Microsoft Office Word 97～2003 编辑文档时经常会用到“字体”和“段落”中的一些功能，例如“文字加粗”“字体颜色”“段落居中”和“字体和字号”等功能，由于频繁操作，用户需要用鼠标上下来回点击，时间一长，易产生厌烦心理。Microsoft Office Word 2010 增加了一个“隐藏工具栏”，只要将需要修改的文字或段落选中，并把鼠标向选中部分末字符的右上角移动，就会发现在该字符的右上角出现了一个工具栏，并且随着鼠标箭头的移近，工具栏的透明度逐渐降低。在这个“隐藏工具栏”中包括了用户经常应用的字体和段落工具栏的选项，使用起来方便快捷，可以显著提高用户的工作效率。

二、Microsoft Office Word 2010 的工作界面与 Microsoft Office Word 2003 的工作界面的区别

1. Office 按钮

Office 按钮位于窗口的左上角，功能和旧版本的 Office 组件的菜单栏中的“文件”菜单的功能一样。单击 Office 按钮，在弹出的 Office 菜单中可以执行新建、打开、保存、打印等操作。

2. 快速访问工具栏

在默认状态下，快速访问工具栏位于 Microsoft Office Word 2010 窗口的顶部，如图所示。

单击快速访问工具栏右侧的下拉按钮，在弹出的菜单中可以将频繁使用的工具添加到快速访问工具栏中。也可以选择“其他命令”，在打开的“Word 2010 选项”对话框中自定义快速访问工具栏。

3. 功能选项卡和功能区

功能选项卡与功能区是对应的关系，单击某个选项卡即可打开相应的功能区，在功能区中有许多自动适应窗口大小的工具栏，为用户提供了常用的命令按钮或列表框，如图 3.88 所示。

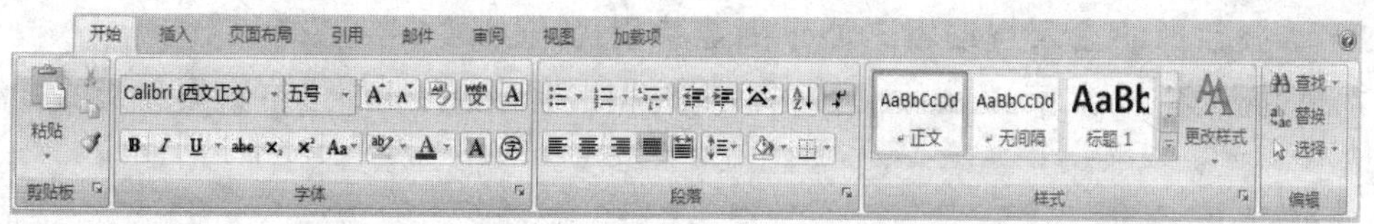

图 3.88　Microsoft Office Word 2010 功能选项卡和功能区

有的工具栏右下角有一个小图标，称为“对话框启动器”按钮，单击它将打开相关的对话框或任务窗格，可以进行更详细的设置。

项目四　Excel 电子表格与数据处理

工作情景

小王所在的公司要召开例会，领导需要小张准备一些材料，给他安排了如下几项工作任务：① 制作一份总公司新的人事信息数据表——人力资源情况统计表。② 制作当月的销售数据统计表。③ 制作公司财务数据的管理和分析表。

解决措施

有一个软件可以很好地帮助小王完成这些任务，它就是 Microsoft Office Excel 2003（以下简称 Excel 2003）。它是微软公司的办公软件 Microsoft Office 2003 的组件之一，是一款出色的电子表格软件。由于它具有强大的计算、分析、传递和共享功能并且直观、操作简单，因此在财务、税务、统计、经济分析、人力资源、市场与销售等领域都得到了广泛的应用。

知识与能力目标

（1）理解 Excel 2003 的基本概念，掌握工作簿、工作表、单元格的相关操作。

（2）掌握数据的输入与编辑，能正确地使用公式与函数。

（3）掌握创建、编辑 Excel 图表，熟练掌握使用 Excel 2003 进行数据分析的方法。

4.1　任务：制作人力资源情况统计表

任务具体要求如下：

① 制作完成如效果图 4.1 所示的“人力资源情况统计表”，统计表中要包含员工的基本信息，包括“工号”、“姓名”、“部门”、“性别”、“职称”、“教育程度”、“出生日期”、“联系电话（北京）”、“基本工资”等；其中，教育程度为“硕士”的还需要通过批注来记录员工毕业的院校。

② 为方便阅读，还需要对制作的统计表进行美化修饰。

③ 完成“人力资源情况统计表”后打印一份存档。

人力资源情况统计表.xls

人力资源情况统计表

制表时间：2009年11月30日 17:00

工号	姓名	部门	性别	职称	教育程度	出生日期	籍贯	联系电话（北京）	基本工资
0001	吴冰冰	技术部	男	高级工程师	硕士	1975-1-25	河北邢台	***	5,600
0002	周晓	技术部	女	高级工程师	硕士	1978-6-24	北京市	***	4,700
0003	严飞	技术部	男	工程师	大专	1981-9-27	辽宁沈阳	***	3,600
0004	王元化	渠道组	女	高级工程师	本科	1976-4-11	安徽蚌埠	***	3,400
0005	林珊	渠道组	女	工程师	本科	1979-3-2	湖北十堰	***	2,400
0006	张华仁	渠道组	男	营销员	本科	1986-7-7	江苏南京	***	2,600
0007	冯再良	人事行政部	男	工程师	大专	1987-8-31	江苏常州	***	4,200
0008	俞志伟	人事行政部	男	工程师	大专	1979-7-15	广西南宁	***	3,000
0009	张雪芬	销售部	女	高级营销师	硕士	1977-5-11	江苏无锡	***	4,800
0010	严盛良	销售部	男	营销师	大专	1990-12-20	广东佛山	***	3,600
0011	周宇权	销售部	男	营销员	大专	1987-5-17	安徽合肥	***	3,000
0012	陆俊峰	销售部	男	营销师	大专	1984-3-19	湖南株州	***	4,600
0013	汤益泽	销售部	男	助理营销师	本科	1982-1-27	重庆	***	4,100
0014	贺强	销售部	男	营销员	中专	1990-2-3	山东烟台	***	3,000

Sheet3　素材　成品

图 4.1　人力资源情况统计表

任务分析

完成这份人力资源情况统计表，应当掌握以下技术要点：

（1）掌握 Excel 2003 的工作簿、工作表、单元格的基本操作。

（2）输入、编辑各类型的数据，利用数据的“自动填充”功能快速输入数据。

（3）插入批注。

（4）工作表的格式设置、页面设置和打印。

实施过程

在开始任务之前先来认识一下 Excel 2003。

4.1.1 Excel 2003 的启动和退出

1. Excel 2003 的启动

在安装了 Excel 2003 软件后，一般情况下桌面会自动生成 Excel 2003 的快捷方式图标。单击“开始→程序→Microsoft Excel 2003”或双击桌面的“Microsoft Excel 2003”快捷方式图标均可启动 Excel 2003。

2. Excel 2003 的退出

执行 Excel 2003“文件”菜单中的“退出”命令，或单击 Excel 2003 窗口右上角的“关闭”按钮✕，或使用快捷键 Alt+F4 组合键即可退出 Excel 2003。

4.1.2 Excel 2003 的工作窗口

Excel 2003 启动成功后，出现如图 4.2 所示的工作窗口。图中标明了一些和 Excel 2003 有关的窗口元素，其中有些元素是 Excel 特有的。

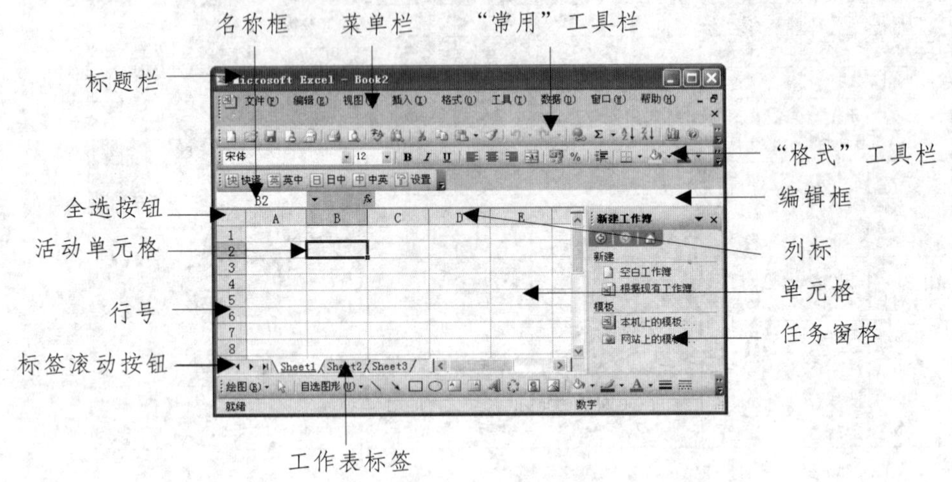

图 4.2 Excel 2003 的窗口组成

1. 名称框

名称框用于显示当前单元格的地址。在图 4.2 中显示的当前单元格是 B2。在名称框中输入单元格地址后按 Enter 键，光标就可以快速定位到对应的单元格。当前单元格进入公式编辑状态时，名称框就被函数列表取代。

2. 编辑栏

可以让用户通过它向当前单元格输入内容，如文字、数据和公式等。

3. 编辑栏按钮

在名称框和编辑栏中间，光标定位到编辑后，会出现三个按钮“×”、“√”、“*fx*”，按“×”按钮放弃修改，按“√”确认修改，按“*fx*”按钮可以打开“插入函数”对话框。

4. 工作表标签

显示每个工作表的名称如 Sheet1、Sheet2 等，单击某个表的名称时该表成为活动工作表。当工作表比较多时，可以通过标签滚动按钮来选择需要显示的工作表。

4.1.3 Excel 2003 的基本概念

1. 工作簿（Book）

工作簿是用来存储表格、图表等数据的文档，电子表格软件所处理的文档就是工作簿（WorkBook）。每一个工作簿可以包含若干个工作表，在默认情况下新建一个工作簿包含 3 张工作表，用 Sheet1、Sheet2、Sheet3 来表示。一个工作簿最多可包含 255 张工作表。

2. 工作表（Sheet）

工作表又称为电子表格，用于计算和储存数据，位于工作簿的中央区域，由行号、列标和网格线组成。

3. 单元格（Cell）

单元格是由行和列的交叉部分组成的区域，是组成工作表的最小单位，输入的数据保存在单元格中。每一个单元格都处于工作表的某一行和某一列的交叉位置，这也就是它的“地址”。通常把列标写在前面，行号写在后面来标识单元格。如地址为 B3 的单元格表示第 2 列第 3 行的单元格。

提示：

① 一个工作簿和工作表之间的关系如同一个账簿和账页之间的关系。用户可以将若干相关工作表组成一个工作簿，在同一工作簿的不同工作表间可以方便地切换。

② 在 Excel 2003 中，列标采用英文字母标记，从左至右依次将列标记为“A，B，C，…，Z，AA，AB，…，AZ，BA，…BZ，…，IA，…IV”，共 256 列。行号采用阿拉伯数字标记，依次为“1，2，3，…，65 536”，共 65 536 行。

4.1.4　工作簿的新建、保存和打开

1. 新建工作簿

单击“文件”菜单中的“新建”命令，Excel 窗口右方就出现 “新建”任务窗格，单击其中的“空白工作簿”；或单击常用工具栏上的“新建”按钮 。

提示：启动 Excel 2003 时系统会自动建立一个名为“Bookl”的新工作簿，此后新建的工作簿依次用 Book2、Book3、Book4……为新工作簿临时命名。

2. 保存工作簿

第一次保存工作簿时，应为工作簿分配文件名或取默认名，并在本机硬盘或其他地址指定保存位置。以后每次保存工作簿时，Excel 2003 将用最新的更改内容来更新工作簿文件，保存方法与 Word 相似。Excel 文件扩展名为“.xls”。

3. 打开工作簿

（1）打开（或创建）工作簿。

在资源管理器或“我的电脑”中，找到拟打开的工作簿文件“人力资源情况统计表”并双击，出现 Excel 工作窗口，然后选择 “人力资源情况统计表”工作簿中名为“素材”的工作表，该工作表已经提供了大部分数据。

（2）向工作簿内输入和编辑数据。

在单元格中可以输入和保存的数据包括六种基本类型：文本、数值、日期、时间、公式和函数。参照图 4.1 所示，在“人力资源情况统计表”中涉及数值、文本、日期等类型的数据，还需要插入批注。在预定单元格中输入数据，首先要单击选定该单元格，该单元格就变成“活动单元格”，然后键入数据并按 Enter 键或 Tab 键。

4.1.5 输入数据

1. 文本数据

在 Excel 2003 中，文本可以是数字、空格和非数字字符的组合。例如，Excel 2003 将下列数据项视作文本：

10AA109、127AXY、12－976 和 208 4675。

提示：

① 在默认时，所有文本在单元格中均左对齐。如果要改变其对齐方式，可单击“格式”菜单上的“单元格”命令，选择“对齐”选项卡，从中选择所需选项。

② 如果要在同一单元格中显示多行文本，可选中“对齐”选项卡中的“自动换行”复选框。如果要在单元格中输入硬回车，则可按 Alt+Enter 键。

③ Excel 2003 将忽略数字前面的正号“+”，并将单个句点视作小数点，所有其他数字与非数字的组合均作文本处理。

④ 如果要将全部由数字字符构成的数据作为文本输入，则需要在数字字符前加上英文标点单引号。例如，在本任务中的“工号”、“电话号码”等项中，在输入数字前加上一个英文标点的单引号（如’0001、’13901007580），即输入“’13901007580”，在单元格中左对齐。

注意：当输入的文字过多，超出了单元格宽度，会出现两种情况：

① 如果右边相邻的单元格中没有数据，超出的文字在右边相邻的单元格中显示，如图 4.3 所示。

	A	B	C	D	E	F
10	0007	冯再良	人事行政部		工程师	大专
11	0008	俞志伟	人事行政部		工程师	大专

图 4.3 右边相邻列没有数据的显示结果

② 如果右边相邻的单元格中有数据，超出的文字将不再显示，如图 4.4 所示。这部分文字仍然存在，只需加大列宽或以“自动换行”方式格式化该单元格后，就可以显示全部内容。

	A	B	C	D	E	F
10	0007	冯再良	人事行政	男	工程师	大专
11	0008	俞志伟	人事行政	男	工程师	大专

图 4.4 右边相邻列有数据的显示结果

2. 数值数据

Excel 2003 中使用的数学符号只可以是下列字符：数字 0～9、正号“+”、负号“－”、货币符号“$”或“¥”、分数号“/”、指数符号“E”或“e”、百分号“%”、千位分隔号“,”等。在默认时，所有数值数据在单元格中均右对齐。

例如，在本任务中的“基本工资”项中，就可直接在单元格中输入工资数额，该数值将会自动右对齐。选中输入数据的单元格或区域，点击工具栏中的“千位分隔样式”，就可以使基本工资中的数字显示千位分隔符“,”，如图 4.5 所示。

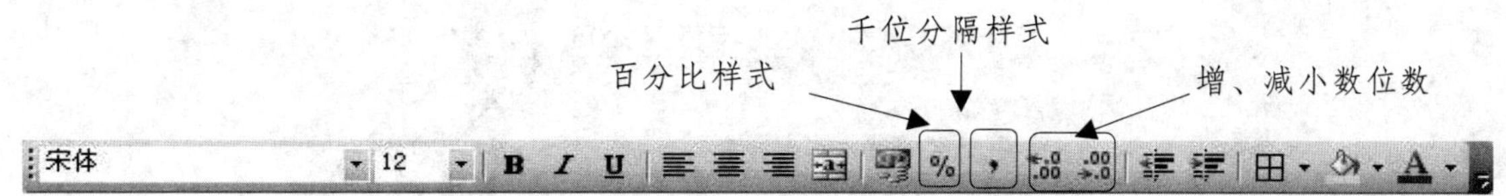

图 4.5　工具栏上的“千位分隔样式”按钮

提示：Excel 2003 数字输入与显示未必相同，如果数字的长度超过 11 位，在默认时 Excel 2003 自动以科学计数法表示。

小技巧：

在 Excel 中输入分数时，为了避免把分数视作日期，应在分数键入前输入 0 和一个空格。例如，输入分数 1/5，应先输入“0”和一个空格，再输入“1/5”。如果不输入“0”，Excel 则会把该数据作为日期格式处理，存储为“1 月 5 日”。

当输入的数值外面包含一对小括号时，如（123456），系统会自动以负数形式来保存和显示括号中的数值，而括号不再显示。

3. 日期/时间数据

对于日期/时间数据的输入需要作以下说明：

（1）Excel 2003 是从 20 世纪的日期开始进行计算的，即日期系列数中的 1 对应于日期 1900 年 1 月 1 日，以后每过一天，数字值加 1。Excel 2003 将日期和时间视为数值处理。工作表中的时间或日期的显示方式取决于所在单元格中的数字格式。在键入了 Excel 可以识别的日期或时间数据后，单元格格式会从“常规”数字格式改为某种内置的日期或时间格式。默认状态下，日期和时间项在单元格中右对齐。如果 Excel 不能识别输入的日期或时间格式，输入的内容将被视作文本，并在单元格中左对齐。

（2）在中文版 Windows 系统的默认日期设置下，Excel 可以自动识别为日期数据的输入形式，包括短横线分隔符“-”、斜线分隔符“/”和中文“年月日”等输入形式。例如，“2009/11/30”、“2009-11-30”、“2009 年 11 月 30 日”都是可以识别出的日期数据。而其他不被识别的日期输入方式则被识别为文本形式的数据，如键入“2009/15/12”。

在单元格中输入员工的“出生日期”，操作步骤如下：选择目标单元格（如 G4），直接输入“1975-12-5”或“1975/12/5”。

（3）输入时间要用“:”作为时间分隔符。如果要基于 12 小时制键入时间，则在时间后键入一个空格，然后键入 AM 或 PM（也可 A 或 P），用来表示上午或下午。如输入“9:18　A”，表示上午 9 时 18 分。否则，Excel 将基于 24 小时制计算时间。例如，如果键入 5:00 而不是 5:00 PM，则将被视为 5:00 AM 保存。

（4）日期和时间可以在同一个单元格内输入，但它们之间要用空格分开。

在 C2 单元格中输入制表时间：“2009 年 11 月 30 日　17:00”。操作步骤如下：选择 C2 单元格，直接输入“2009 年 11 月 30 日<空格>17:00”，如图 4.6 所示。

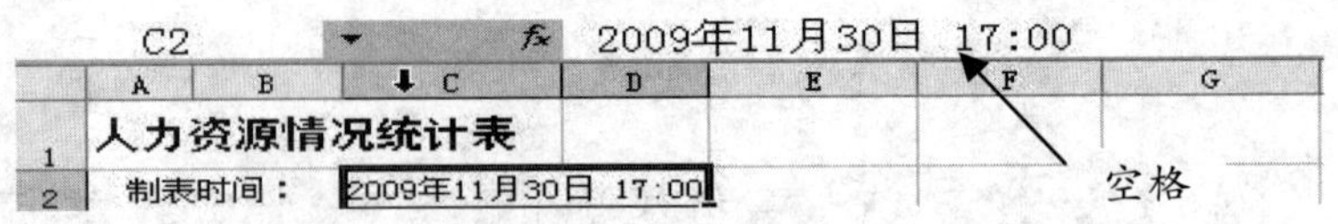

图 4.6 日期和时间在同一个单元格内输入

时间和日期可以相加减，并可以包含到其他运算中。如果要在公式中使用日期或时间，请用带引号的文本形式输入日期或时间值。例如，公式“="2004/5/12"-"2004/3/5"” 得出的差值为 68。

小技巧：

如果要输入当天的日期，按 CTRL+;（分号）。

如果要输入当前的时间，按 CTRL+SHIFT+:（冒号）。

4.1.6 数据的自动填充

Excel 2003 中有多种数据自动填充方式，可以帮助我们提高输入数据的效率，以下逐一介绍。

1. 填充相同的数据

在“部门”项中的 C4:C6 单元格中都输入“技术部”。操作步骤如下：

（1）在第一个单元格即 C4 单元格中填入数据“技术部”，如图 4.7 所示。

（2）将鼠标指向单元格右下角的小方块（填充柄），形状由空心“十”字形变为黑色“十”字形，按住鼠标左键拖动到 C6 单元格即可。也可水平方向拖动填充柄，在水平方向的单元格中填充数据。

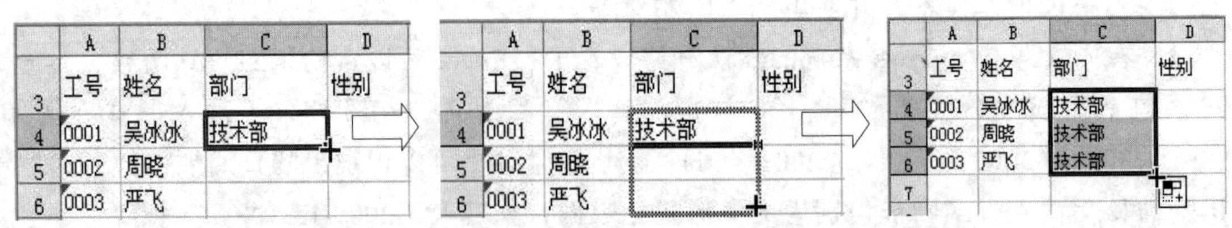

图 4.7 利用“填充柄”填充相同的数据

2. 填充数据序列

数据序列是一种按某种规律变化的数据，可以是数字序列、日期序列，也可以是其他序列。在起始单元格中包含可以扩展序列中的数字、日期或时间，那么进行填充操作时，相邻单元格的数据将按序列递增或递减的方式填充。

在 A4:A17 填入四位连续的数字作为“工号”。操作步骤如下：

（1）在 A4 和 A5 两个单元格中分别输入“’0001”、“’0002”，选择这两个单元格。

（2）将鼠标指向单元格右下角的小方块（填充柄），形状由空心“十”字形变为黑色“十”字形，按住鼠标左键拖动到 A17 单元格即可，如图 4.8 所示。

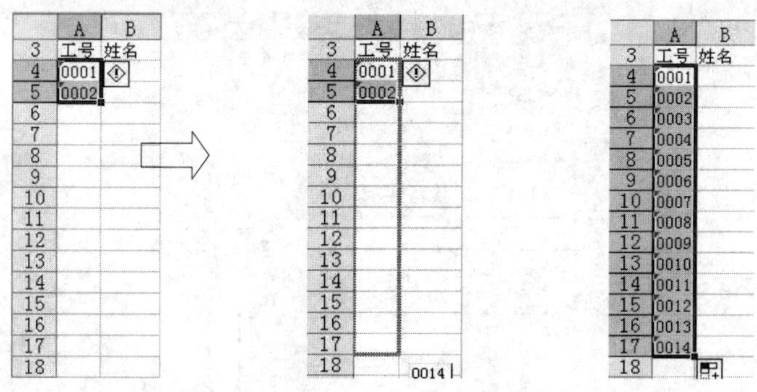

图 4.8　利用“填充柄”填写数据序列

Excel 可扩展序列是 Microsoft Excel 提供的默认自动填充序列，包含数字、日期、时间及文本数字混合序列等。

注意：如果自动填充的数据是星期、月份、序列数时，要使所有单元格填充相同的数据，拖动鼠标时应按住 Ctrl 键，否则将以序列进行填充。

3. 自定义序列

Excel 允许用户根据自己的需要，定义自己的数据序列，以后可以随时使用。常用的方式为：

（1）在“工具”菜单上，单击“选项”命令，再单击“自定义序列”选项卡。

（2）在“自定义序列”列表框中选择所需的序列。

（3）如果要编辑序列，可在“输入序列”编辑列表框中进行改动，然后单击“添加”按钮。

（4）如果要删除序列，则单击“删除”按钮。

注意：不能对内置的日期和月份序列进行编辑或删除。

4.1.7　插入批注

如果需要在不改变单元格结构的情况下对单元格的内容进行说明，可以通过添加批注来实现。在目标单元格的右上角出现红色三角符号，此符号为批注标识符，标识当前单元格包含批注。右侧的矩形文本框通过引导箭头与红色标识符相连，此矩形文本框即为批注内容的显示区域，用户在此输入文本内容。批注内容会默认以加粗字体的用户名开头，标识了添加此批注的作者。

为“教育程度”项中的硕士员工增加批注内容，批注的内容分别是：“吴冰冰（毕业院校：北京大学）、周晓（毕业院校：清华大学）、张雪芬（毕业院校：广西大学）”，为单元格添加批注的方法如下（见图 4.9）：

（1）单击需要添加批注的单元格，如 F4。

（2）在“插入”菜单中，单击“批注”命令。

（3）在弹出的批注框中键入批注文本，如“毕业院校：北京大学”。

（4）完成文本键入后，单击批注框外部的工作表区域。

如果要编辑或删除单元格的批注，可以右击此单元格，在弹出的快捷菜单中选择相应的命令即可。

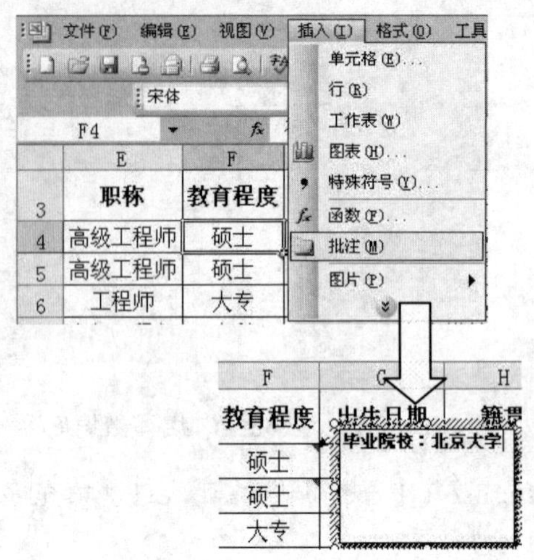

图 4.9　插入批注

4.1.8　数据的编辑

1. 修改单元格数据

修改单元格中的数据有两种方法：一是直接在单元格中进行修改，只需双击单元格，在单元格中重新输入或修改数据即可；二是在编辑栏中进行修改，先选中要修改的单元格，然后将光标移到编辑栏中进行相应的修改，按“√”按钮可确认修改。后一种方法适合数据较长或修改公式的情况。

2. 清除或删除单元格、行或列

如果要清除单元格或行、列中的数据而保留它们本身，可以先选定它们，再选择“编辑”菜单中的“清除”命令，在弹出的子菜单中可选项有全部、格式、内容、批注。选择格式、内容或批注命令将分别只取消单元格的格式、内容批注；选择“全部”命令则将单元格的格式、内容或批注全部取消。选定单元格或行、列后，按 Del 键，相当于选择清除“内容”命令。而删除单元格、行或列不仅删除它们中间的数据，而且连它们本身也删除。可以选定需要删除的单元格或一个区域，再选择菜单栏的“编辑→删除”，将出现如图 4.10 所示的对话框，可选择“右侧单元格左移”或“下方单元格上移”来填充单元格后留下的空缺。选择“整行”或“整列”将删除选取的行或列，其下方行或右侧列自动填充空缺。如果直接选择整行或列，图 4.11 所示的对话框将不出现。

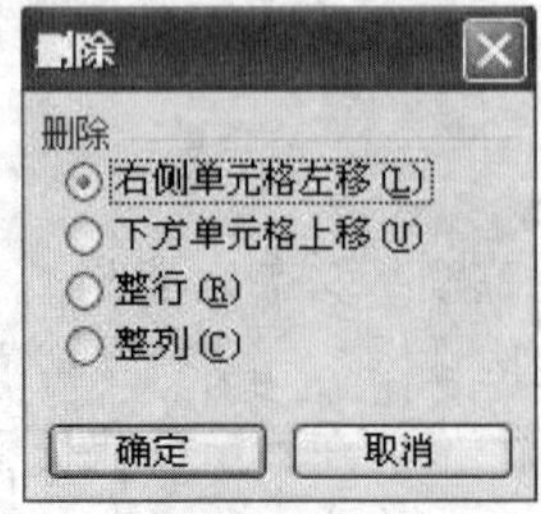

图 4.10　“删除”对话框

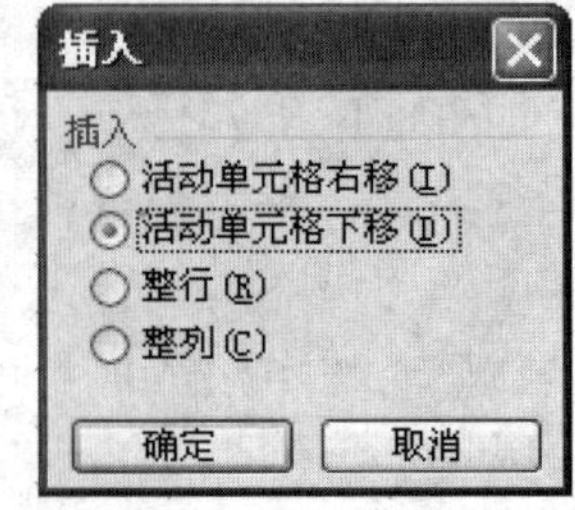

图 4.11　“插入”对话框

3. 单元格、行或列的插入

Excel 2003 中可以根据需要非常方便地插入单元格、行或列，并对其进行填充。对于移动或复制单元格，可以将它们插入已有单元格中，从而避免覆盖原有的内容。其方法如下：

（1）插入空单元格。

① 请在需要插入空单元格处选定相应的单元格区域。

② 在“插入”菜单上，单击“单元格”命令。

③ 在随后出现的对话框中，单击“活动单元格右移”或“活动单元格下移”选项，如图 4.11 所示。

注意：在需要插入空单元格处选定相应的单元格区域时，选定的单元格数量应与待插入的空单元格的数目相同。

（2）插入行和列。

插入行的步骤如下：

① 如果只需要插入一行，请单击需要插入的新行之下相邻行中的任意单元格。例如，如果要在第 5 行之上插入一行，请单击第 5 行中任意单元格。

如果需要插入多行，请单击需要插入的新行之下相邻的若干行，可选定与待插入的空行相同数目的数据行。

② 在“插入”菜单上，单击“行”命令。

插入列的步骤与插入行的步骤类似。

（3）在现有单元格间插入移动或复制的单元格。

① 请选定包含需要移动或复制内容的单元格。

② 如果要移动选定区域，请单击“剪切”按钮；如果要复制选定区域，请单击“复制”按钮。

③ 选定待插入剪切或复制单元格的区域的左上角单元格。

④ 在“插入”菜单上，单击“剪切单元格”或“复制单元格”命令。

⑤ 在随后出现的对话框中，单击选定周围单元格的移动方向。

完成复制操作后，在被剪切或复制的工作表区域周围，出现一种动态显示的边框，即为活动选定边框。按 Esc 键可以取消活动选定框。

4. 单元格与单元格区域的粘贴

通过粘贴，用户可将原先复制或剪切的单元格或区域的内容存放到新目标区域中。可以通过依次单击菜单栏上的“编辑→粘贴”命令，或通过按“Ctrl+V”组合键实现。在常规的粘贴操作下，默认粘贴到的目标区域的内容包括了数据源单元格中的数据（包括公式）、单元格中所有格式（包括条件格式）、数据有效性及单元格的批注。

4.1.9 工作表的编辑

1. 工作表的插入、删除和重命名

（1）插入新工作表。

如果要添加一张工作表，请单击“插入”菜单中的“工作表”命令，如图 4.12 所示。即

可在当前工作表的左边插入一张工作表。

（2）删除工作表。

选定待删除的工作表，在“编辑”菜单上，单击“删除工作表”命令即可删除选中的工作表。

注意：删除工作表时将弹出警告对话框，要求确认，一旦工作表被删除，将无法恢复。

（3）重命名工作表。

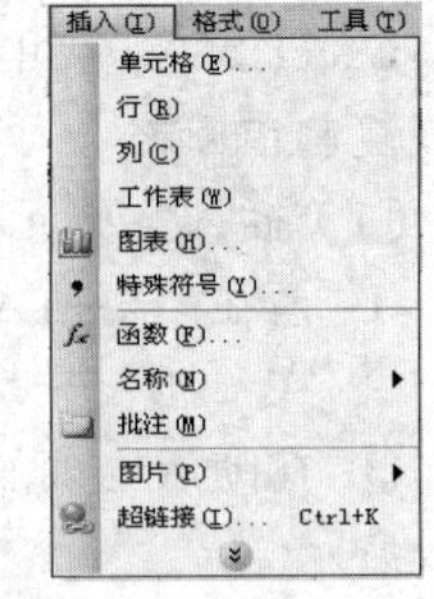

图 4.12 “插入”菜单

新建一个 Excel 工作簿时，默认包含三张工作表，这三张表的名称分别为 Sheet1、Sheet2 和 Sheet3，为了方便识别，工作表的名称最好能反映工作表的内容，这就需要给工作表重新命名。选定工作表，选择菜单栏“格式→工作表→重命名”命令，选定的工作表名称就处于可编辑状态。用户可以重新输入新的名称，按回车键确定。

2. 复制或移动工作表

（1）在同一工作簿中复制或移动工作表。

如果要在当前工作簿中移动工作表，可以沿工作表标签行拖动选定的工作表标签到预定位置即可；如果要在当前工作簿中复制工作表，需要在按住 Ctrl 键的同时拖动工作表，并在目的地释放鼠标按键后，再放开 Ctrl 键。复制的新工作表名称是在原工作表名称后加了一个带括号的序号，如图 4.13 所示。

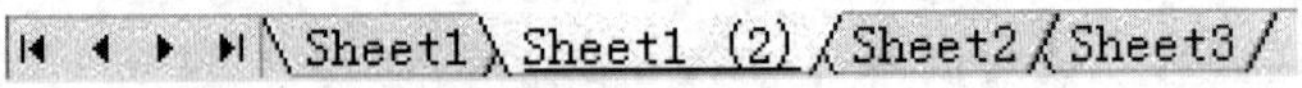

Sheet1 Sheet1 (2) Sheet2 Sheet3

图 4.13 复制工作表

（2）在不同工作簿中复制或移动工作表。

① 选择要复制或移动的工作表。

② 执行“编辑”菜单中的“移动或复制工作表（M）…”命令，打开如图 4.14 所示的“移动或复制工作表”对话框。

③ 在“工作簿”列表框中选择目的地工作簿。

④ 在“下列选定工作表之前”列表框中进行选择，以确定移动或复制到指定的工作表前。如果是复制操作，则勾选 “建立副本”，移动操作则不用勾选。

⑤ 单击“确定”即可完成复制或移动。

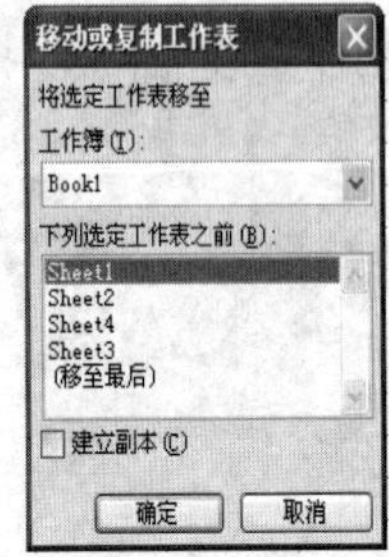

图 4.14 “移动或复制工作表”对话框

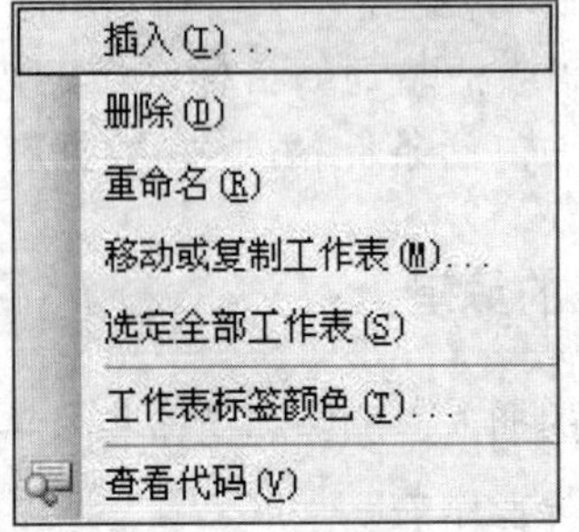

图 4.15 工作表管理快捷菜单

提示：以上工作表的插入、移动、复制、删除以及重命名操作，都可以通过快捷菜单实现。

方法：选定工作表标签，然后单击鼠标右键，执行如图 4.15 所示的快捷菜单，从中选择所需的选项即可。如果工作簿中包含多个工作表，则保存该工作簿时会同时保存所有工作表而不需要分别保存不同的工作表。

小技巧：

① 工作表窗口的拆分。

对于单个工作表来说，可以通过“拆分窗口”的方法在现有的工作表窗口中同时显示多个位置。

菜单命令：当鼠标定位于任一单元格时，在菜单栏上执行“窗口→拆分”，就可将当前表格区域沿着当前激活单元格的左边框和上边框的方向拆分为 4 个窗格。

也可通过鼠标操作：将鼠标指针移至拆分条（见图 4.16），当鼠标指针变成双向箭头时，按住左键向下（或左）拖动，拖到任意位置松开，窗口即分为两个水平（或垂直）窗口。

② 工作表窗口的冻结。

对于比较复杂的大型表格，常常需要在滚动浏览表格时固定显示表头标题行（或标题列），使用“冻结窗口”命令可以方便地实现这种效果。

操作方法：选中定位的单元格，在菜单栏上执行“窗口→冻结窗口”，就会沿着当前激活单元格的左边框和上边框的方向出现水平和垂直方向的两条黑色冻结线，在冻结线的左侧和上方的表格区域将被“冻结”，始终保持可见状态。

要取消对窗口的冻结和拆分，可以在拆分线的任何部位双击，或选择菜单栏“窗口→取消拆分”命令。要取消标题或拆分区域的冻结，可选择菜单栏“窗口→取消冻结窗口”命令。

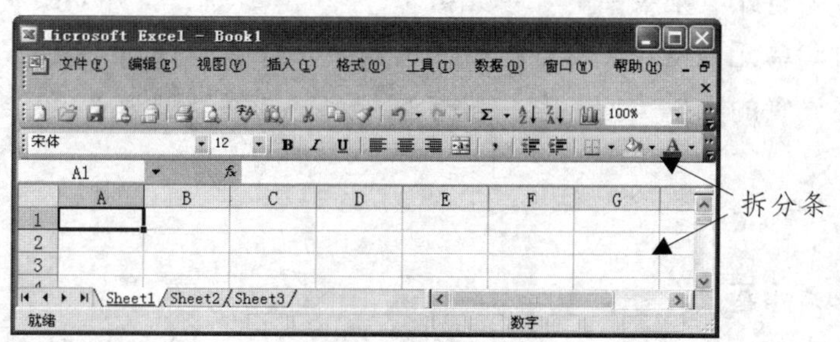

图 4.16　工作窗口拆分条位置

4.1.10　工作表的格式设置

通过前面的操作，已初步完成了工作簿的创建、数据的输入和基本编辑，要使工作表的外观更漂亮、排列更整齐、重点更突出，可对工作表中各单元格的数据进行格式化设置。

工作表的格式设置的具体方法是：

（1）选定要进行格式设置的单元格或单元格区域。

（2）执行“格式”菜单中的“单元格（E）…”命令；也可以右击已选定的单元格区域，在弹出的快捷菜单中执行“设置单元格格式（F）…”命令，打开如图 4.17 所示的“单元格格式”对话框，在相应的选项卡中进行设置即可。

单元格格式设置主要包括五个方面的内容：数字格式、对齐方式、字体、边框、图案（底纹）等。

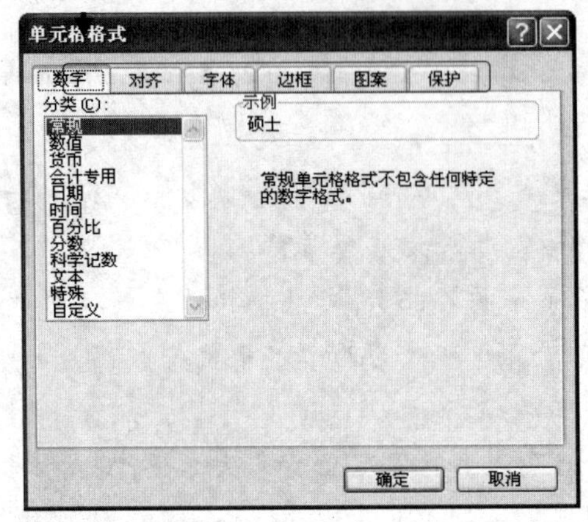

图 4.17 “单元格格式”对话框

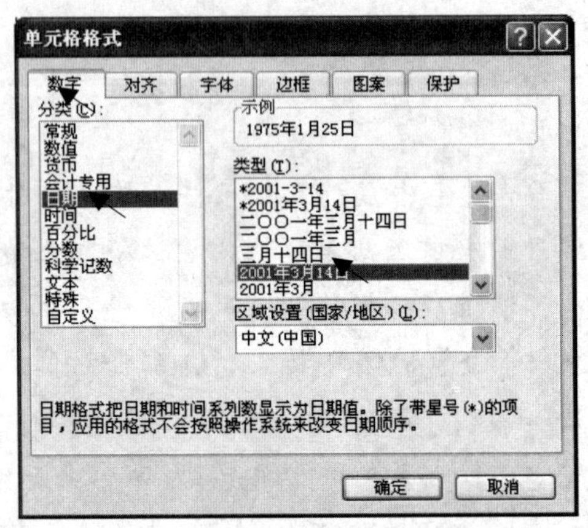

图 4.18 “单元格格式-数字”对话框

1. 设置数字格式

将“人力资源情况表”中的“出生日期”字段进行格式设置，数字格式：“出生日期”字段数据设置为“日期”，日期格式类型设置为“2001 年 3 月 14 日”型。操作方法如下：

（1）选择 G4:G17 单元格区域。

（2）执行“格式”菜单中的“单元格（E）…”命令，打开如图 4.17 所示的对话框。

（3）单击“单元格格式”对话框中的“数字”标签，打开“数字”选项卡，在“分类”框中选择所要设置的数据类型。这里选择“日期”，选择类型为“2001 年 3 月 14 日”的样式，如图 4.18 所示。

（4）单击“确定”。

2. 设置对齐格式

图 4.1 所示的对齐设置效果是：标题为水平方向（A1:J1）跨列居中、垂直方向为居中对齐，其他单元格设置为水平和垂直方向居中对齐。操作方法如下：

（1）选择 A1:J1 单元格区域。

（2）执行“格式”菜单中的“单元格（E）…”命令。

（3）单击“单元格格式”对话框中的“对齐”标签，打开如图 4.19 所示的“对齐”选项卡。

（4）在“水平对齐”列表框中选择“跨列居中”，在“垂直对齐”列表框中选择“居中”。

（5）单击“确定”。

其他单元格区域的对齐方式的设置参照“标题”的对齐方式设置。

注意：“合并居中”与“跨列居中”的区别：合并居中是将几个单元格合并成一个，然后内容居中；而跨列居中是在其中的一个单元格内输入内容，从居中形式上看，比较像合并居中，但单元格实际上并没有合并。

3. 设置字体

图 4.1 所示的字体设置效果是：标题格式为黑体、16 号、黑色字；表头（参看 § 4.3 数据清单）格式为宋体、12 号、白色字；记录（参看 § 4.3 数据清单）格式为宋体、12 号、黑色字。使用菜单方式设置字体操作方法如下：

（1）选择单元格区域（例：A1:J1 单元格区域或 A1 单元格）。

（2）执行“格式”菜单的“单元格（E）…”命令。

（3）单击“单元格格式”对话框中的“字体”标签，打开如图 4.20 所示“字体”选项卡。

（4）在“字体”列表框中选择“黑体”，在“字形”列表框中选择“加粗”，在“字号”列表框中选择“16”，在“颜色”列表框中选择“黑色”或“自动”。

（5）单击“确定”按钮。

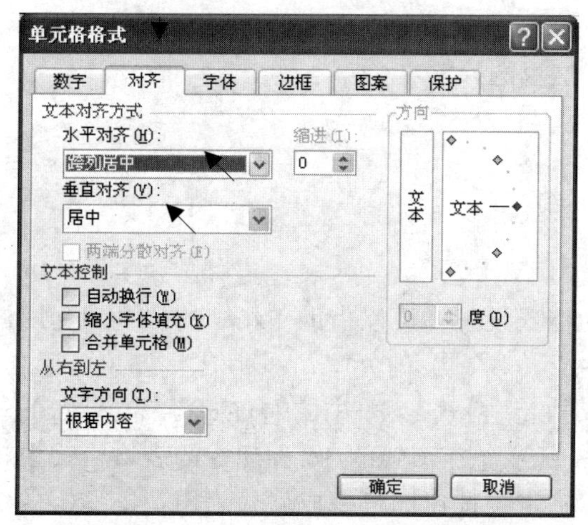
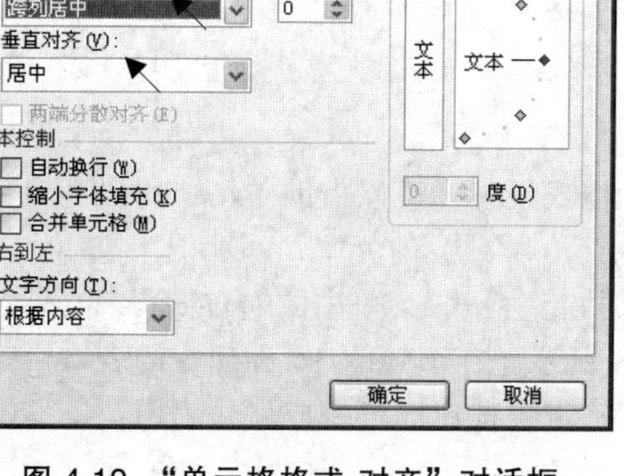

图 4.19 “单元格格式-对齐”对话框

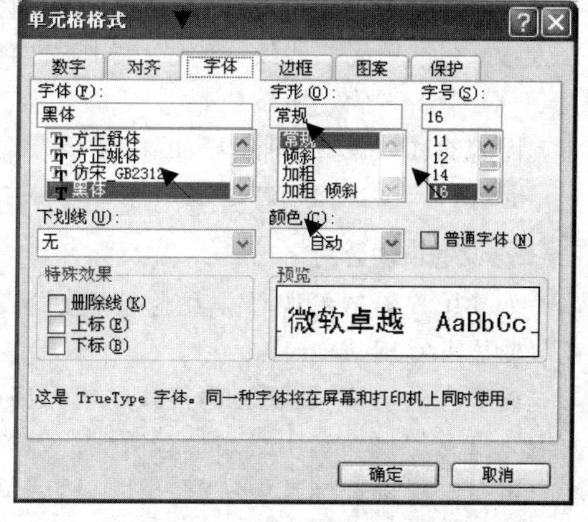

图 4.20 “单元格格式-字体”对话框

表头和记录的字体设置参照“标题”的字体设置。

4. 设置边框线

图 4.1 所示边框设置样式是：黑色全边框线，默认线条样式。操作方法如下：

（1）选择 A3:J17 单元格区域。

（2）执行“格式”菜单中的“单元格（E）…”命令。

（3）单击“单元格格式”对话框中的“边框”标签，打开如图 4.21 所示的“边框”选项卡。

（4）在颜色框中选择边框线的颜色；在“线条样式”框中选择相应的线条样式，这里选择 1 磅的实线。

（5）单击“预置”选项组中的“外边框”和“内部”添加边框线。

（6）单击“确定”按钮。

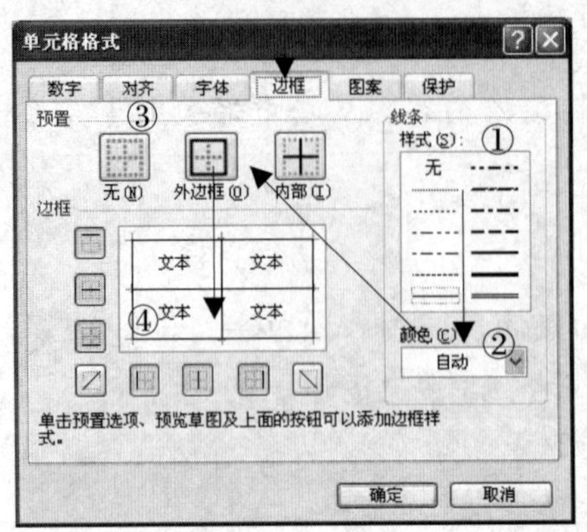

图 4.21 “单元格格式-边框”对话框

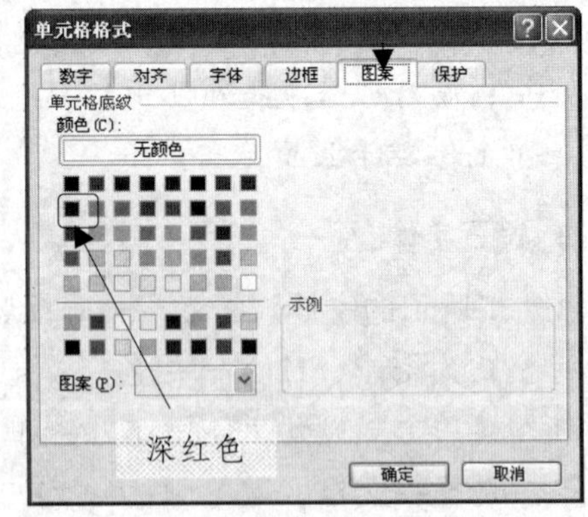

图 4.22 “单元格格式-图案”对话框

5. 设置底纹

图 4.1 所示进行底纹设置效果是：表头部分底纹为深红色；记录部分底纹为茶色。操作方法如下：

（1）选择待设置底纹的单元格区域，例如选择 A3:J3。

（2）单击“单元格格式”对话框中的“图案”标签，打开“图案”选项卡，如图 4.22 所示。

（3）在“单元格底纹”中选择相应的颜色，这里选择深红色。

（4）单击“确定”按钮。

记录的底纹设置参照表头的设置步骤。

提示： 以上操作也可通过工具栏的相应按钮来进行设置。

6. 设置自动套用格式

如果用户希望更省心省力地完成数据表格的格式设置，可以借助 Excel 的“自动套用格式”功能来实现。

设置方法：选中需要套用格式的单元格区域，执行“格式”菜单中的“自动套用格式(A)…”命令，打开“自动套用格式”对话框，如图 4.23 所示。在预置的 16 种现成的表格格式中，用户可单击鼠标选择其中任意一种，然后单击“确定”按钮即可完成格式套用。

7. 设置条件格式

有时需要对某些特殊数据设置某种指定格式，从而醒目地显示这些特殊数据，可以采用“条件格式”来进行设置。设置方法为：选择“格式”菜单中的“条件格式（D）…”命令，打开“条件格式”对话框，如图 4.24 所示。单击“添加”按钮可以添加条件，单击“格式(F)…”按钮设置条件格式。

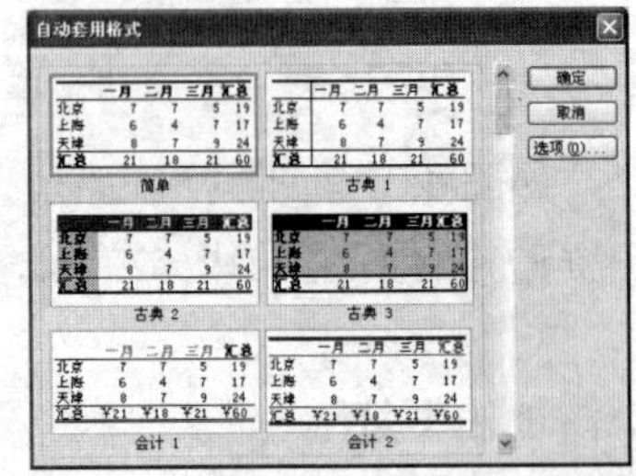

图 4.23 “自动套用格式”对话框

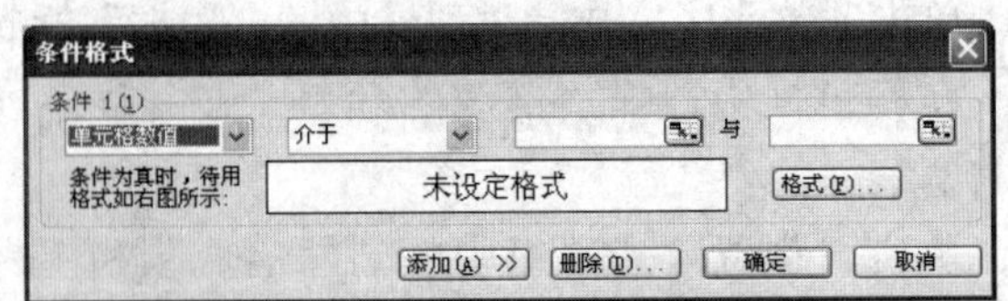

图 4.24 “条件格式”对话框

8. 设置行高与列宽

用户建立工作表时，所有单元格具有相同的宽度和高度，但具体应用过程中单元格的内容有长有短，这就需要调整行高和列宽。设置行高与列宽有用鼠标设置和用菜单设置两种方法。下面，我们就尝试着分别用两种方法来设置“人力资源情况统计表”的行高与列宽，使之更加适于阅读。

（1）用鼠标设置。

用鼠标设置行高和列宽的具体步骤为：

① 鼠标指向要调整列宽（或行高）的列标（或行号）的分隔线，这时鼠标指针会变成一个双向箭头的形状，如图 4.25 所示。

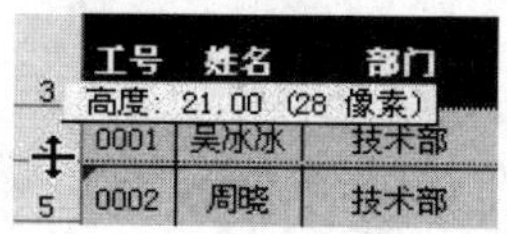

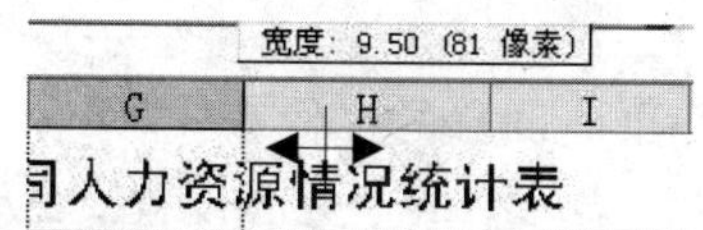

图 4.25　拖动鼠标可调整行高或列宽值

② 单击左键，拖曳分隔线至适当的位置。拖曳时在箭头的上方会显示具体的数字，拖动到所需的高度（或宽度）即可。

（2）用菜单设置。

用菜单设置行高和列宽的具体步骤为：

① 选择要设置的行或列。

② 执行菜单命令“格式→行→行高（E）...”或“格式→列→列宽（W）...”，打开“行高”或“列宽”对话框，如图 4.26 所示。

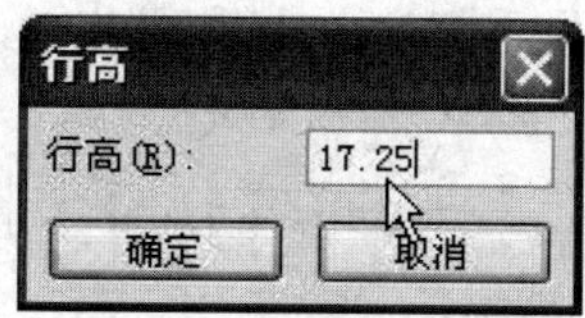

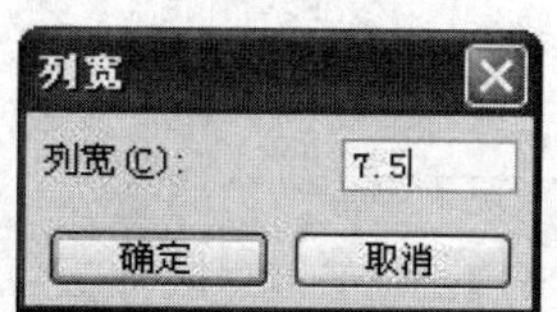

图 4.26　“行高”和“列宽”对话框

③ 输入要设置的值（单位：磅），单击“确定”按钮即可完成设置。

（3）设置最适合的行高和列宽。

“最适合的行高”和“最适合的列宽”菜单命令可以让用户快速地设置行高或列宽，使得设置后的行高和列宽自动适应表格中的字符高度和长度。

为“人力资源情况统计表”设置最合适的行高与列宽，具体操作方法如下：

① 同时选中 A 列至 J 列。

② 执行菜单命令“格式→列→最适合的列宽”。

③ 同时选中 1 行至 17 行。

④ 执行菜单命令“格式→行→最适合的行高”。

提示：如图 4.27 所示，若单元格中的数据显示为#，说明该列的列宽设置过小，只需加大列宽即可正常显示。

教育程度	出生日期	籍贯	联系电话（北京）
硕士	########	河北邢台	***
硕士	########	北京市	***

图 4.27　列宽不足时数据显示为#

4.1.11　页面设置和打印

打印输出是以纸张为载体记载数据信息的一种方式，追求的是美观、实用、节约。

1. 页面设置

（1）选择要进行页面设置的工作表。

（2）执行“文件”菜单中的“页面设置”命令，出现如图 4.28 所示“页面设置”对话框。在该对话框中可以设置工作表的打印方向、缩放比例、纸张大小、页边距、页眉、页脚等。

2. “工作表”选项卡的设置

单击“页面设置”的“工作表”标签，出现如图 4.29 所示的“工作表”选项卡，下面介绍相关文本框的设置及含义。

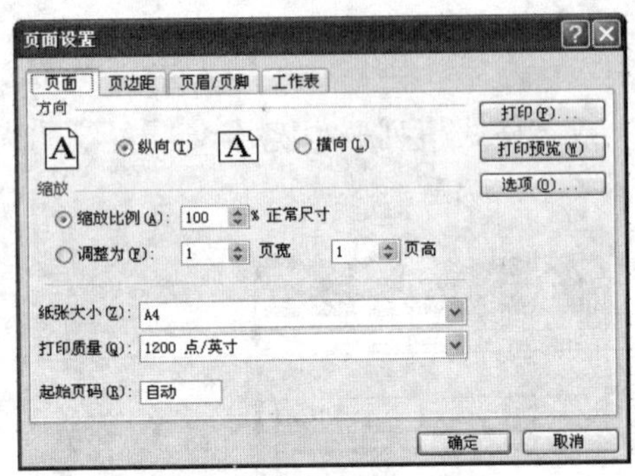

图 4.28　“页面设置”对话框

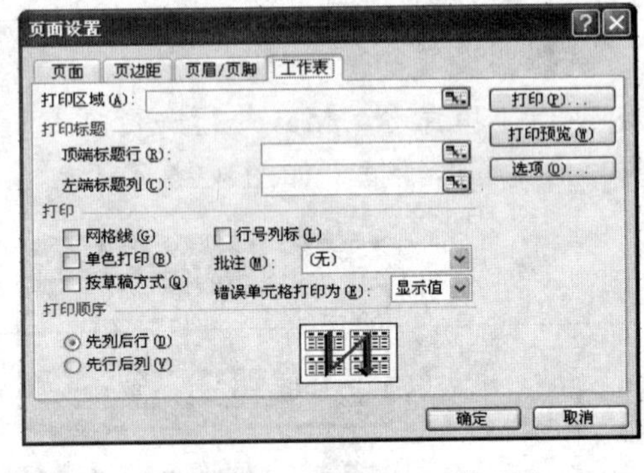

图 4.29　“工作表”选项卡

（1）“打印区域”框：允许用户输入或直接选择打印区域的地址范围。

（2）“打印标题”选项组：“顶端标题行”文本框用于输入打印在每页的顶端作为标题的行（可以是多行）。如果要使每一页上都重复打印列标志，请单击“顶端标题行”编辑栏，然后键入列标志所在行的行号。“左端标题列”文本框用于打印各页左侧的列标题。如果要使每一页上都重复打印行标志，单击“左端标题列”编辑栏，然后键入行标志所在列的列标。

3. 打印预览

在正式打印之前一般需要先通过“打印预览”浏览文件的外观，模拟显示打印的设置结果，再进行调整，直到符合要求。

4. 打　印

经过打印区域设置、页面设置、打印预览满意后，工作表就能正式打印了。执行“文件”

菜单中的“打印”命令，或在“打印预览”视图中单击“打印”按钮。在设置好“打印范围”、“打印份数”和“打印内容”后即可单击“确定”按钮进行打印输出。

如果无须设置打印内容，可单击“常用工具栏”的打印按钮直接打印。

知识拓展

选择性粘贴

选择性粘贴包含了许多详细的粘贴选项设置。一般情况下，用户在执行复制操作后，可以通过单击菜单栏上的“编辑”中的“选择性粘贴”项或单击“常用”工具栏上“粘贴”按钮右侧的下拉箭头，在下拉菜单中选择“选择性粘贴”并打开对话框，如图 4.30 所示，再根据需要选择相应的选项。

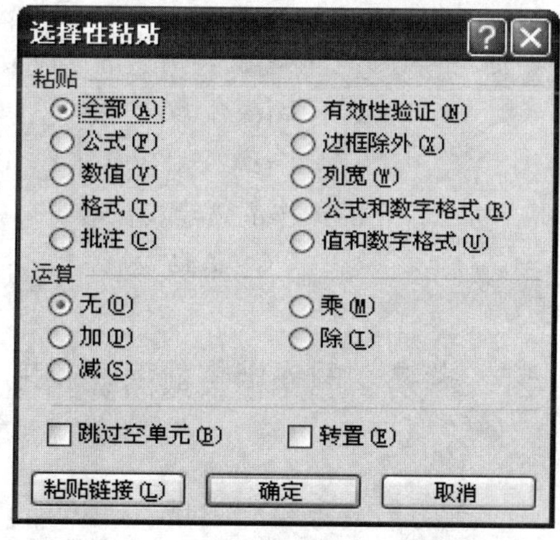

图 4.30　“选择性粘贴”对话框

归纳小结

本节主要介绍的是 Microsoft Office Excel 2003 的启动和退出，Excel 2003 的窗口组成，Excel 2003 的基本概念，工作簿的新建、保存和打开，数据的输入及编辑，插入批注，工作表的编辑，工作表的格式设置、页面设置和打印。

其中 Microsoft Office Excel 2003 的基本概念包括工作簿、工作表、单元格的概念。

数据的输入包括：直接输入文本数据、数值数据、日期/时间数据以及用自动填充的方式进行数据输入。

工作表的编辑包括：工作表的插入、删除、重命名、复制和移动。

工作表的格式设置包括：数字格式、对齐方式、字体、边框、图案（底纹）、自动套用格式、条件格式设置及设置行高与列宽。

强化练习

选择题

1. Excel 2003 的填充功能不能实现（　　）操作。

A. 复制等差数列　　B. 填充等比数列

C. 复制数据或公式到相邻单元格中　　D. 复制数据或公式到不相邻单元格中

2. 在 Excel 2003 中，工作簿是由一系列的工作表组成的，是计算和存储数据的（　　）。

A. 表格　　B. 图表　　C. 文件　　D. 数据库

3. 一个 Excel 工作簿最多可以有（　　）个工作表。

A. 255　　B. 256　　C. 65 536　　D. 676

4. 在 Excel 2003 工作表中，选择了一组单元格后，其中（　　）是活动单元格。

A. 1 个　　B. 1 行　　C. 1 列　　D. 被选中的单元格全

5. Excel 2003 能处理“数值”、“文本”等六种数据类型，但不能处理（　　）型数据。

A. 公式　　B. 函数

C. 结构　　D. 日期和时间

6. 在 Excel 2003 中，所有对工作表的操作都是建立在对（　　）操作的基础上的。

A. 工作簿　　B. 工作表　　C. 数据　　D. 单元格

4.2 任务：制作销售数据统计表

任务具体要求如下：

小王所在的公司制定了一套完善的考核及奖励机制，每个月都将通过制作“公司销售数据统计表”的方法来统计业务员的销售情况，并评定业务员的业绩等级，再根据等级来决定业务员的提成比例，以此调动业务员的工作积极性，促进业务员之间展开公平销售竞争，从而提升公司的销售业绩。小王接到制作一份“公司销售数据统计表”的任务，任务的具体要求如下：

（1）打开名为“公司销售数据统计表”的工作簿，在名为“销售业绩统计表”的工作表中完成以下操作：

① 计算每个业务员的“本月销售总额”、“周平均销售额”，以及各数据列项的“合计”。

② 在数据统计的基础上，依据公司的相关规定（见表 4.1），给业务员评定月度销售业绩等级，根据获得的等级，来评定“销售业绩等级”和“销售员提成比例”，并核算“业务员提成金额”。

表 4.1　销售业绩等级和提成比例评定办法

条件 项目	本月销售总额≥15 000	本月销售总额<15 000
等级	优秀	合格
提成比率	3%	2%
提成金额 ＝ 本月销售总额 × 提成比例		

③ 统计销售员中的月度“有销售业绩的人数”、“最高提成金额”、“最低提成金额”。

图 4.31 就是小王要完成的用 Excel 制作的“公司销售数据统计表”，黑色方框区域内的数据是通过公式或函数进行计算的结果。

公司销售情况统计表.xls

	A	B	C	D	E	F	G	H	I	J
1	销售业绩统计表									
2	单位：销售部								时间：2009年11月	
3	销售员	第1周销售额	第2周销售额	第3周销售额	第4周销售额	本月销售总额	周平均销售额	销售业绩等级*	销售员提成比率*	销售员提成金额**
4	孙丽勤	8530.00	3509.00	3537.00	3596.00	19172.00	4793.00	优秀	3.00%	575.16
5	邓达	11508.00	7539.00	9884.00	10807.00	39738.00	9934.50	优秀	3.00%	1192.14
6	师胜河	7128.00	6060.00	5508.00	6507.00	25203.00	6300.75	优秀	3.00%	756.09
7	岳尔冬	4573.00	4089.00	5803.00	4250.00	18715.00	4678.75	优秀	3.00%	561.45
8	郝晓河	3870.00	2208.00	3309.00	1560.00	10947.00	2736.75	合格	2.00%	218.94
9	赵思迪	8901.00	5500.00	3968.00	5861.00	24230.00	6057.50	优秀	3.00%	726.90
10	吉致杰	6608.00	4545.00	3500.00	1967.00	16620.00	4155.00	优秀	3.00%	498.60
11	张玲玲	2506.00	6570.00	3569.00	6400.00	19045.00	4761.25	优秀	3.00%	571.35
12	刘慧颖	4510.00	4009.00	2586.00	1590.00	12695.00	3173.75	合格	2.00%	253.90
13	马益强	1290.00	4580.00	3029.00	5696.00	14595.00	3648.75	合格	2.00%	291.90
14	张志强	2760.00	3500.00	3350.00	3000.00	12610.00	3152.50	合格	2.00%	252.20
15	徐蛟	2500.00	4061.00	2840.00	1435.00	10836.00	2709.00	合格	2.00%	216.72
16	合计	64684.00	56170.00	50883.00	52669.00	224406.00	——	——	——	6115.35
17	其它统计	有销售业绩的人数***				本月最高提成金额		本月最低提成金额		
18		12				1192.14		216.72		

销售业绩统计表

图 4.31　销售业绩统计表

（2）分别在“销售数据统计表”工作簿中名为“销售情况柱形图”和“销售情况饼图”的工作表中完成以下操作：

① 分别根据该工作表中的数据清单，在各自所在的工作表中分别创建如图 4.32 所示的三维簇状柱形图和如图 4.33 所示的饼图。

② 为了美观，还需要根据具体的效果图表对所制作的图表进行编辑美化。

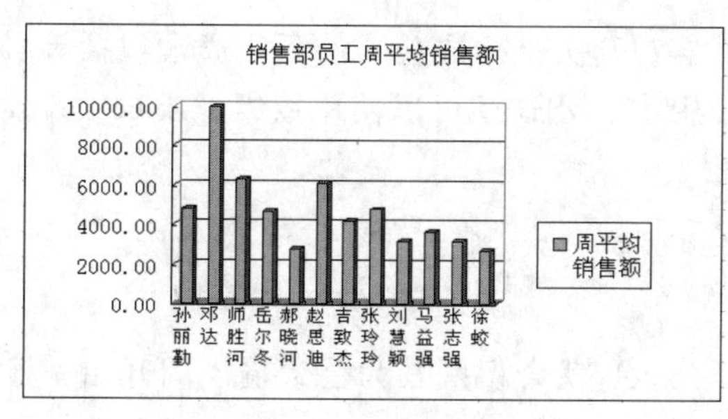

图 4.32　销售情况柱形图

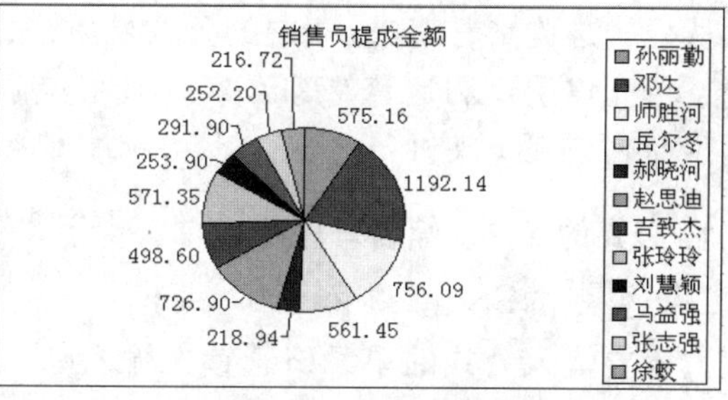

图 4.33　销售情况饼图

任务分析

完成这份“公司销售数据统计表”，在掌握 Excel 2003 的数据录入和格式化设置等操作的基础上，还应当掌握以下技术点：

① 公式（见 4.2.1 小节）。

② 函数（见 4.2.2 小节）。

③ 图表的基本知识（见 4.2.3 小节）。

④ 图表的创建及编辑（见 4.2.4 和 4.2.5 小节）。

任务分解如下（见表 4.2）：

表 4.2 销售数据统计表中需要计算的部分项目

子任务	需要计算的字段名（计算结果所在单元格）	计算要求	子任务	需要计算的字段名（计算结果所在单元格）	计算要求
1	本月销售总额（F4:F15）	求和	6	销售员提成金额（J4:J15）	求乘积
2	合计 （B16:F16，J16）		7	有销售业绩的人数（B18）	统计数量
3	本月每周平均销售额（G4:G15）	求平均值	8	最高提成金额（E18）	求最大值
4	销售业绩等级评定（H4:H15）	逻辑判断	9	最低提成金额（H18）	求最小值
5	销售员提成比率（I4:I15）				
子任务 10 创建图表； 子任务 11 编辑图表；					

4.2.1 公 式

公式是利用单元格引用地址对存放在其中的数值数据进行计算的等式。

例如图 4.31 中 F4 单元格求的是“孙丽勤”的“本月销售总额”，当中的公式可以是：“=B4+C4+D4+E4”

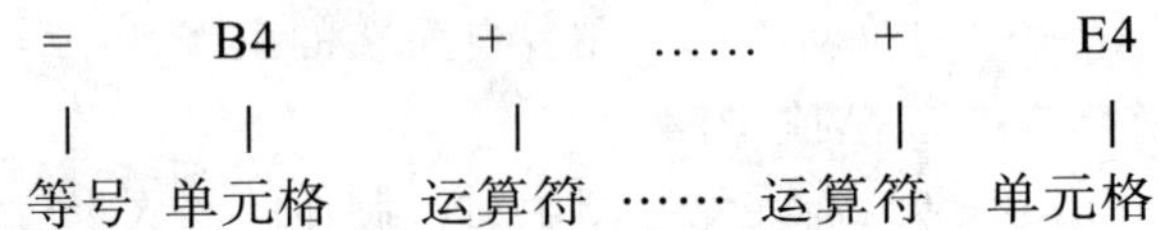

从公式结构来看，Excel 中的公式性质是以“=”开头，构成公式的元素通常包括等号、常量、单元格引用和运算符等元素。但在实际应用中，公式还可以使用数组、Excel 函数或名称（命名公式）来进行运算。

1. 公式的输入、编辑与复制

（1）公式的输入。

选定要输入公式的单元格，首先输入“=”，Excel 就会识别其为公式输入的开始，输入公式后，按“Enter”键结束公式编辑。

（2）公式的编辑。

对已经输入的公式进行编辑，可以双击公式所在单元格，或在选中公式所在单元格后，单击编辑栏，就可以对原有公式进行编辑。

（3）公式的复制。

如果在某个区域使用相同的计算方法，用户不必逐个编辑公式，这是因为公式具有可复制性。在连续的区域中使用相同算法的公式，可以通过“双击”或“拖动”单元格右下角的填充柄进行公式的复制。

注意： 输入公式时一定要使用半角英文符号，否则运算会出错。

2. 运算符

Excel 包含四种类型的运算符——算术运算符、文本运算符、比较运算符、引用运算符。通常情况下，Excel 按照从左向右的顺序进行公式运算。当公式中使用多个运算符时，Excel 将根据各运算符的优先级进行运算；对于同一级次的运算符，则按自左向右的顺序运算。具体的优先顺序如表 4.3 所示。

表 4.3　运算符优先级次

优先级次	运算符	说明	
1	: （空格） ,	区域运算符：（冒号） 交叉运算符：（空格） 联合运算符：（逗号）	都属于引用运算符
2	−	算术运算符：负号（如：−1）	
3	%	算术运算符：百分比	
4	^	算术运算符：乘幂	
5	* 和 /	算术运算符：乘和除	
6	+ 和 −	算术运算符：加和减	
7	&	文本运算符：连接两串文本（连接符）	
8	=，<，>，<=，>=，<>	比较运算符：比较两个值=（等于），小于（<），大于（>），小于等于（<=），大于等于（>=），不等于（<>）	

公式中常见的运算符有：

（1）算术运算符。

对数值型数据可以进行算术运算。

利用公式完成表 4.2 中子任务 1，计算一名销售员“孙丽勤”的“本月销售总额”。“本月销售总额”=“第 1 周销售额”+……+“第 4 周销售额”。具体步骤为：

① 单击单元格 F4（先计算销售员“孙丽勤”的“本月销售总额”）。

② 输入公式“= B4+C4+D4+E4”（“=”可以从键盘直接输入，也可以单击编辑栏旁边的“=”按钮，如图 4.34 所示），按回车键确认。

利用公式完成表 4.2 中子任务 3，计算“孙丽勤”的“周平均销售额”，操作步骤为：单击单元格 G4 并输入公式“= F4/4”或“=（B4+C4+D4+E4）/4”，按回车键确认就可以得出计算结果。

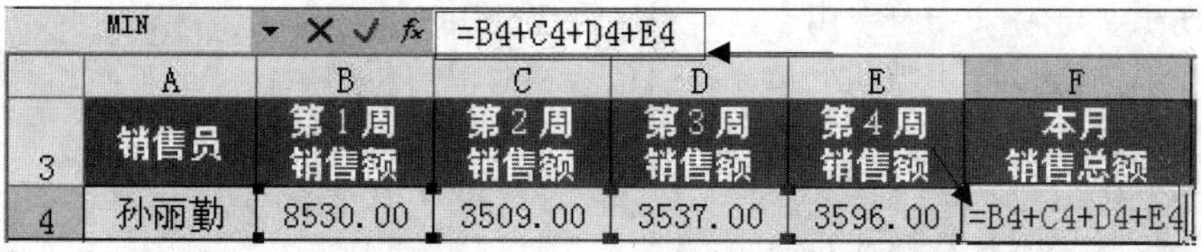

MIN　=B4+C4+D4+E4

	A	B	C	D	E	F
3	销售员	第 1 周销售额	第 2 周销售额	第 3 周销售额	第 4 周销售额	本月销售总额
4	孙丽勤	8530.00	3509.00	3537.00	3596.00	=B4+C4+D4+E4

图 4.34　公式求和

（2）文本运算符。

文本连接运算符“&”，用于将前、后两个字符或字符串进行连接、合并。例如，A1 单元格中是“中国”，B1 单元格中是“广西”，则在 A2 单元格中输入“=A1&B1”，确定后，在 A2 单元格中显示的是“中国广西”；或者在 A2 单元格中直接输入“=中国”&“广西”，也将得到同样的结果，如图 4.35 所示。

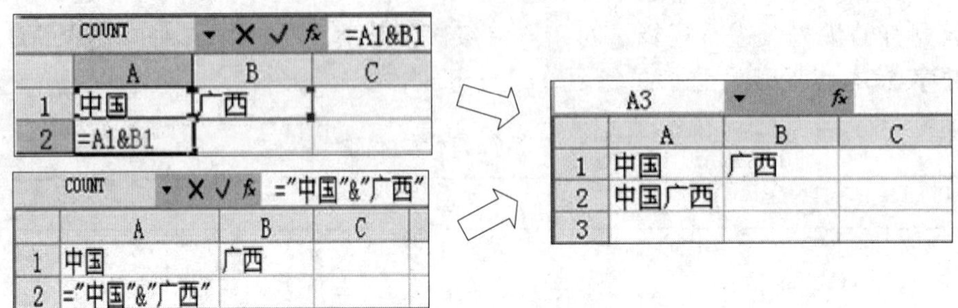

图 4.35 字符串运算

（3）比较运算符。

比较运算的符号“。”，用于计算两数据之间的某种顺序关系是否成立，成立时结果为逻辑值 True，否则为 False。

（4）引用运算符。

引用运算符用冒号“:”、逗号“,”和空格“ ”来表示。单个单元格地址引用不需要专门的运算符；引用若干个单元格可用“,”分隔；若干连续单元格的引用称为“单元格区域引用”，写出开头的单元格地址和末尾的单元格地址，中间用“:”分隔。引用两个单元格区域中共有的单元格，两个单元格区域中间用空格“ ”分隔。常用单元格引用如表 4.4 所示。

表 4.4 单元格引用举例

引用举例	引用范围
A3，A5	表示引用 A 列第 3 行和 A 列第 5 行的单元格区域，共 2 个单元格
A3:E5	表示引用 A 列第 3 行到 E 列第 5 行的单元格区域，共 15 个单元格
3:3	表示引用第 3 行中所有的单元格，共 256 个单元格
A:A	表示引用第 A 列中所有的单元格，共 65 536 个单元格
A1:B5 A4:D9	相当于 A4:B5，共 4 个单元格

在 Excel 的公式中经常会引用单元格地址来表示该单元格的数据，称为“单元格引用”。常用的引用方式有三种：相对引用、绝对引用和混合引用。

① 相对引用。Excel 中默认的单元格引用为相对引用，如 A1、A2 等。相对引用是指当公式复制时，会根据移动的位置自动调节公式中引用单元格的地址。

② 绝对引用。在行号和列标前均加上“ $ ”符号，则代表绝对引用。公式复制时，绝对引用单元格将不随着公式位置变化而改变。

③ 混合引用。混合引用是指单元格地址的行号或列标前加上“＄”符号，如＄A1 或 A＄1。公式复制时，公式的相对地址部分会随位置变化而变化，而绝对地址部分仍保持不变。

4.2.2 函 数

函数是 Excel 中一种预先定义的公式，函数根据参数值执行运算操作，然后返回结果值。使用函数不仅可以减少输入的工作量，而且可以减少输入时出错的概率。所有的函数都由函数名和位于其后的用括号括起来的一系列参数组成，即函数名（参数 1，参数 2，…，参数 n）。例如：图 4.31 中 F16 单元格求的是月销售总额的“合计”项，可使用的函数表达式是：“=SUM（F4:F15）”。

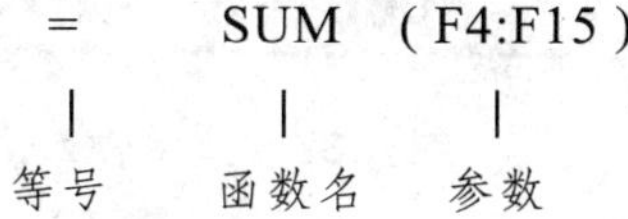

函数名是函数的标识，代表函数的功能。函数的参数个数可以是多个，且有的函数的参数个数是确定的，有的函数的参数是不确定的，但最多不超过 30 个，各参数之间用“，”隔开。

1. 函数的输入

Excel 提供了几种输入函数公式的方法：使用“函数向导”插入函数；利用名称框中的函数列表插入函数；直接手工输入函数；使用工具栏“自动求和”按钮输入函数。

（1）使用“插入函数向导”插入函数。

① 选中目标单元格。单击用来存放函数计算结果的目标单元格。

② 打开“插入函数”对话框。单击编辑栏中的“*fx*”按钮或单击“插入”菜单中的“函数”选项，可以打开“插入函数”对话框。

③ 选择函数。在对话框中选择所需要的函数。日常使用的函数在“或选择类别”列表框中的“常用函数”类中。还可以通过搜索函数的方法寻找合适的函数。

④ 设置函数参数。选中所需要的函数后，打开该函数的“函数参数”对话框，用户可以根据需要进行设置，设置完毕确定即可。

（2）利用名称框中的函数列表插入函数。

在选中目标单元格后，可以直接在该单元格或编辑栏中输入“=”，此时名称框中会显示最近使用的函数名称，而单击名称框旁边的倒三角时，会出现最近使用的 10 个函数，用户可以直接单击需要的函数，即可打开该函数的“函数参数”对话框。而点击最下方的“其他函数”可以打开“插入函数”对话框。如图 4.36 名称框中的函数列表所示。

（3）直接输入函数。

用户对于熟悉的函数，在使用时可以采取直接输入方法完成。当输入等号、函数名和左括号后，系统会自动出现当前函数语法结构信息提示，如图 4.37 所示。

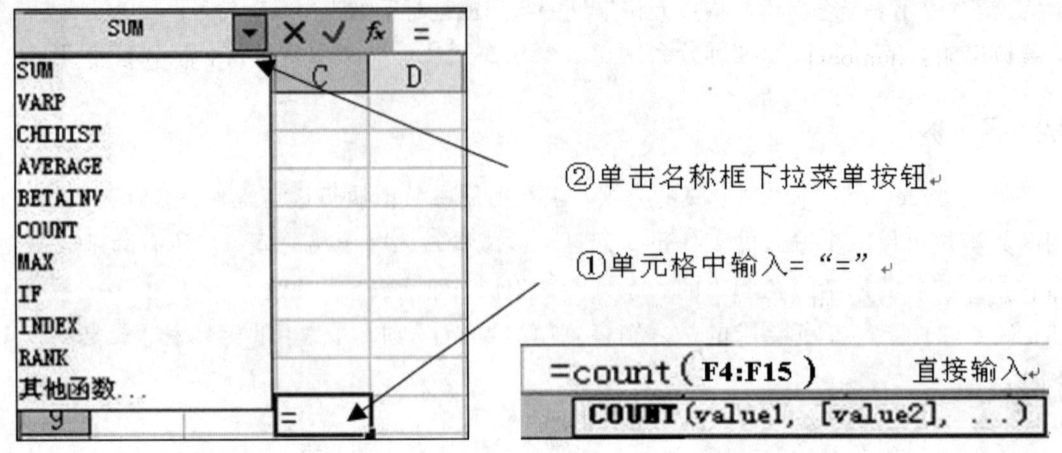

图 4.36 名称框中的函数列表　　图 4.37 直接输入函数时的提示信息

（4）利用“自动求和”按钮插入函数

用鼠标单击“常用”工具栏上的Σ按钮时，Excel 会自动添加求和函数，而且在单击按钮右侧的倒三角时，“自动求和”将会出现一个下拉菜单，其中包括“求和”、“平均值”、“计数”、“最大值”、“最小值”和其他函数六个备选项（默认为求和），如图 4.38 所示。

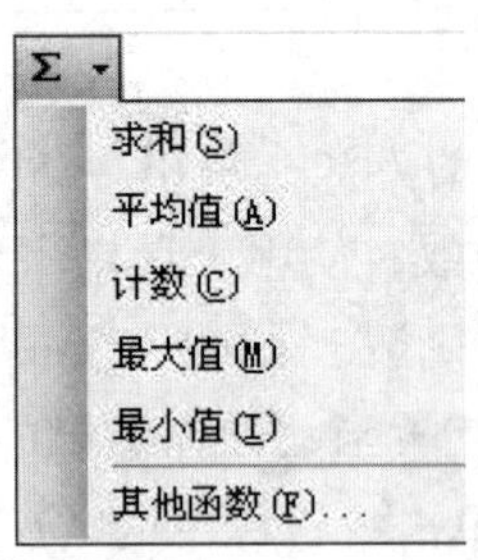

图 4.38 工具栏中“自动求和”下拉菜单

利用公式完成表 4.2 中子任务 2，求的是第 1 ~ 4 周每周的销售金额的“合计”值。计算结果存放的单元格与数据单元格相连，可以采用自动求和的方法来计算。具体步骤如下：

① 选中求和的单元格区域 B16:E16 单元格。

② 单击工具栏上的Σ按钮，即可计算出结果。

2. 部分常用函数

（1）求和函数——SUM。

功能：求出计算机单元格区域中所有数值的和

格式：SUM（number1，number2，...，number30）

（2）求平均值函数——AVERAGE。

功能：返回其参数的算术平均值。

格式：AVERAGE（number1，number2，...，number30）

（3）求最大值函数——MAX。

功能：返回数据集中的最大数值。

格式：MAX（number1，number2， ...）

参数说明：number1，number2， ...为要从中找出最大值的 1 到 30 个数字参数。

（4）求最小值函数——MIN。

功能：返回给定参数表中的最小值。

格式：MIN（number1，number2， ...）

参数：number1， number2， ... 为要从中找出最小值的 1 到 30 个数字参数。

以上四个函数的语法格式都是相同的，即函数名（number1，number2， ...），参数 number 的最大数量为 30 个，可以是常数、单元格引用、单元格区域引用、函数等。

前面使用公式时我们完成了第一个销售员的“全月销售总额”的计算，接下来我们使用 SUM 函数来完成其他销售员的“全月销售总额”计算。使用插入函数向导的方法来输入函数完成本操作，如图 4.39 所示，具体步骤如下：

① 选中 F5 单元格（第 2 名销售员的销售总额结果存放的单元格）。

② 单击编辑栏中的“*fx*”按钮，可以打开“插入函数”对话框。

③ 选择“常用函数”类下的“SUM”函数，确定。

④ 选中所需要的函数后，打开该函数的“函数参数”对话框，在 number1 框中输入“B5:E5”（也可直接在表中选择该单元格区域后确定），设置完毕确定即可。前四步操作如图 4.39 所示。

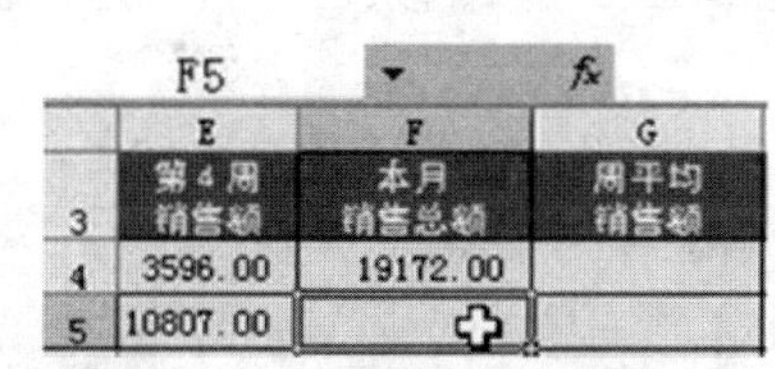

第①步 选中目标单元格

单击“*fx*”按钮

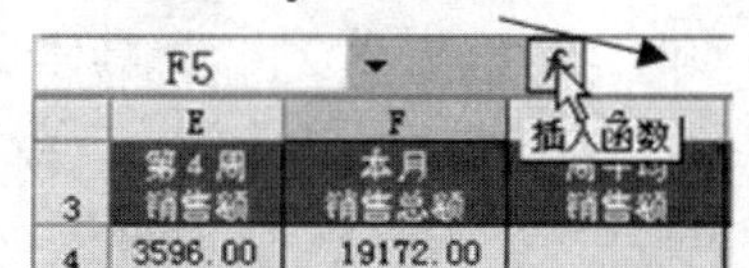

第②步 打开插入函数

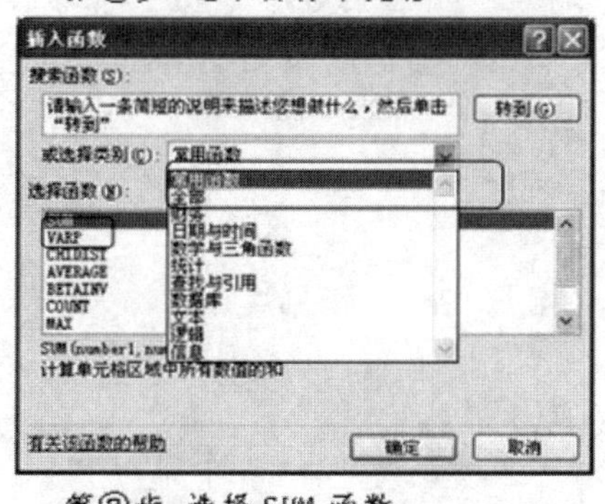

第③步 选择 SUM 函数

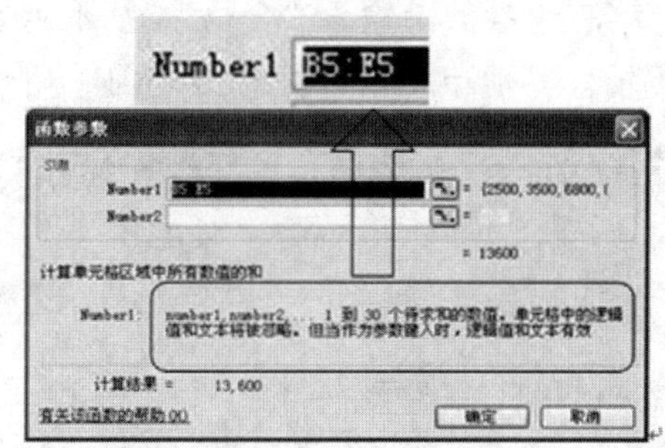

第④步 设置参数：求和单元格区域

图 4.39 使用 SUM 函数求“全月销售总额”操作示意图

⑤ 选中 F5 单元格，将填充柄拖至 F15 单元格，即可将函数公式复制到 F15，完成子任务 1 计算。

也可用插入函数的方式完成表 4.2 中的子任务 3（先删除 G4 中的公式），图 4.31 中 G4:G15 单元格求的是每个销售员“周平均销售额”。使用名称框下拉菜单输入函数完成本操作，具体步骤如下：

① 选中 G4 单元格。

② 在 G4 单元格中输入“=”。

③ 单击名称框右边的倒三角下拉菜单按钮，单击“AVERAGE”函数（如列表中没有该函数，选择“其他函数”，打开插入函数对话框后，在常用函数类中选择“AVERAGE”函数）。

④ 在“函数参数”对话框中，在 number1 框中输入“B4:E4”（也可直接在表中选择该单元格区域后确定），设置完毕确定即可得出结果。

⑤ 选中 G4 单元格，将填充柄拖至 G15 单元格，即可将函数公式复制到 G15，完成子任务 3 的计算。

（5）选择条件函数——IF。

功能：执行真假值判断，根据逻辑计算的真假值，返回不同结果。当参数 logical_test 为真时返回 value_if_true，否则返回 value_if_false。

格式：IF（logical_test，value_if_true，value_if_false）

参数说明：logical_test 为 IF 函数的条件测试表达式，它的值为 True 或 False。value_if_true 是当 logical_test 为 True 时 IF 函数的值。value_if_false 是 logical_test 为 False 时 IF 函数返回的值。

根据表 4.1 所示销售业绩等级和提成比率评定办法，求销售员的业绩等级和提成比率。业绩等级的评定标准依据是“本月销售总额≥15 000 为优秀，本月销售总额<15 000 为合格”，IF 函数中的条件值是“本月销售总额所在的单元格地址≥15 000”，当条件为真时返回值是“优秀”，当条件为假时返回值是“合格”。具体步骤如下：

① 选中 H4 单元格（先计算一个人的值）。

② 单击编辑栏中的“*fx*”按钮，可以打开“插入函数”对话框。

③ 选择“常用函数”类下的“IF”函数，单击确定。

④ 在 IF 的“函数参数”对话框中，第一个参数中输入“F4>=15 000”，第二个参数中输入“优秀”，第三个参数中输入“合格”（都不需要写引号，系统会自动添加），确定即可完成，如图 4.40 所示。其他单元格计算方法同前（略）。

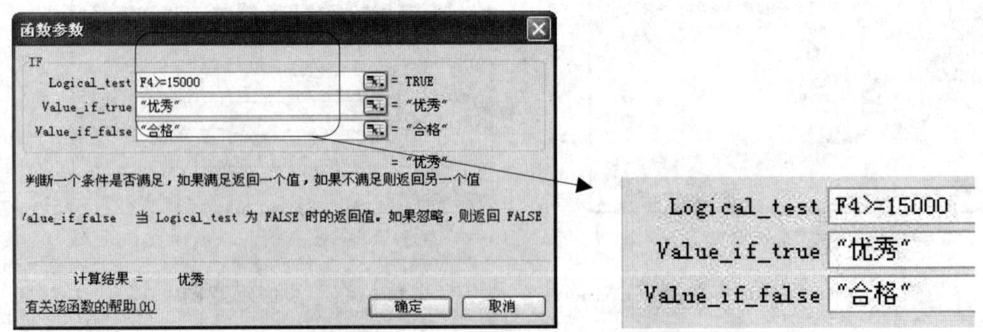

图 4.40　IF 函数参数设置示意图

子任务 6 的操作方法：在业绩等级的基础上进行再次的条件判断，在 I4 单元格中使用 IF 函数，IF 函数的公式设置为“=IF（H4=“优秀”，3%，2%）”即可完成子任务 6，H4 即业绩等级所在的单元格地址。其他任务可参照前文描述的操作方法完成。

（6）统计函数——COUNT。

功能：返回参数组中数值的个数。

格式：COUNT（value1，value2，...）

参数说明：value1，value2，... 为包含或引用的各种类型数据的参数（1～30 个），但只有数值类型的数据才被计数。

要完成表 4.2 中的子任务 7，图 4.31 中 B18 单元格求的是“有销售业绩的人数”，实际计算的区域是“月销售总额”所在单元格区域（F4:F15）中有数据的单元格数量，使用直接输入函数来完成本操作，具体步骤如下：

① 选中 B18 单元格。

② 在 B18 单元格中或在编辑栏中直接输入“=COUNT（F4:F15）”，按回车键确定即可得出结果。

提示： 在较复杂的情况下可利用多层嵌套，如编辑栏中 H4 单元格的公式改为：“=IF(F4>=15 000，“优秀”，IF（F4＞＝8 000，“合格”，“不合格”））”，可以将本题的评定等级分成三个等级。

注意：

① 常见错误列表。在使用 Excel 公式进行计算时，可能会因为某种原因无法得到正确结果，而返回一个错误值，常见的错误值及其含义如表 4.5 所示。

表 4.5 函数公式错误值列表

错误值类型	含义
#####	当使用了负的日期或负的时间，或列宽不够显示日期或时间时，出现错误
#VALUE!	当使用的参数或操作数类型错误时，出现错误
#DIV/0!	当数字被零（0）除时，出现错误
#NAME?	当 Excel 未识别公式中的文本时，出现错误
#N/A	当数值对函数或公式不可用时，出现错误
AREF!	当单元格引用无效时，出现错误
#NUM!	公式或函数中使用无效数字值时，出现错误
#NULL!	当指定并不相交的两个区域的交点时，出现错误

②处理循环引用。循环引用，也被称为反复引用。通常情况下，循环引用的产生是由于公式中引用了自身单元格而导致。

默认情况下，Excel 禁止用户使用循环引用。系统会帮助用户定位循环引用单元格，以便纠正，如图 4.41 所示。

图 4.41 循环引用工具栏

4.2.3 图表的基本知识

图表是电子表格的另一种表示形式。电子表格中的数据通过图表可以更加形象和直观地表现出来。图表具有较好的视觉效果，可方便用户查看数据的差异、图案和预测趋势。图表都链接到工作表上的源数据，这就意味着当更新工作表数据时，同时也会更新图表。

Excel 提供了十几种图表类型，如柱形图、饼图、折线图、条形图、面积图、圆环图等，每种类型又提供了若干种子图。

根据图表与工作表的关系，图表又可分为嵌入式图表和图表工作表。嵌入式图表可将图表看作一个图形对象，并作为工作表的一部分进行保存。当要与工作表数据一起显示或打印一个或多个图表时，可以使用嵌入式图表。而图表工作表是工作簿中具有特定工作表名称的独立工作表。

图表的几个基本概念：

（1）数值轴和分类轴：Excel 图表的纵轴为数值轴，横轴为分类轴。

（2）坐标值：Excel 根据工作表上的数据来创建坐标值。在图 4.42 的图表中，坐标值的范围是 0.00 到 10000.00，它覆盖了图表中数值的范围。

（3）分类名称：Excel 会将工作表数据中的行或列标题作为分类轴的名称使用，也可以改变分类坐标的名称，使用行或列标题，或者创建其他名称。

（4）数据系列名称：Excel 也会将工作表数据中的行或列标题作为系列名称使用。系列名称会出现在图表的图例中。在本任务中，行标题“周平均销售额”是作为系列名称显示的，也可以改变系列的名称，使用行或列标题，或者创建其他名称。

（5）数据标记：具有相同图案的数据标记代表一个数据系列。每个数据标记都代表工作表中的一个数据。

（6）图例：用以指明各个颜色的图案所代表的数据系列。

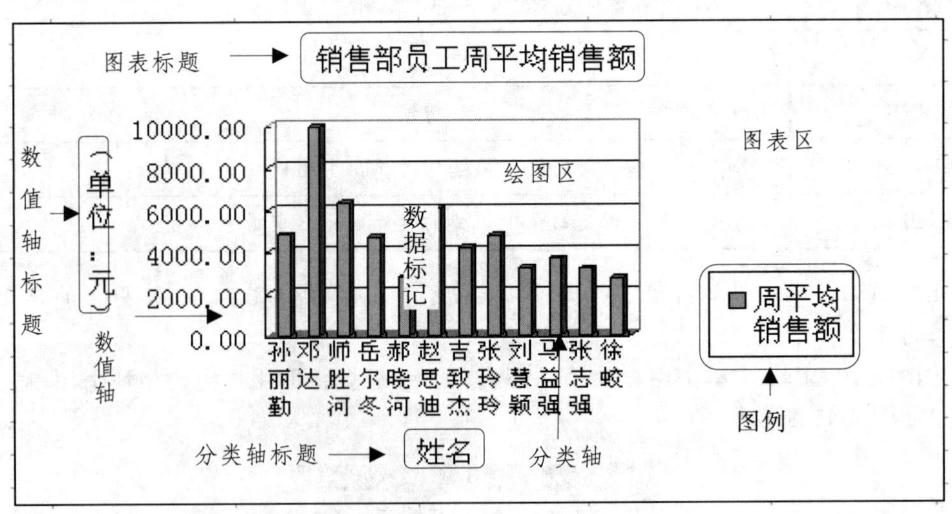

图 4.42 图表示例

4.2.4 创建图表

制作图表的方法是通过“图表向导”先插入一个图表，再根据需要对图表进行编辑。

小王打开名为“影响购买的因素分析表”的工作表，首先创建如图 4.32 所示的三维簇状柱形图。具体步骤共为四步：

1. 选择“图表类型”

在工作表“销售情况柱形图”中选择数据区域，如图 4.43 所示。单击“插入”菜单中的“图表（H）...”命令，或单击常用工具栏中的“图表向导”按钮，打开图表向导-4 步骤之 1“图表类型”对话框，如果希望新数据的行列标志也显示在图表中，则选定区域还应包括含有标志的单元格。如图 4.44 所示，选择图表类型，这里选择“柱形图”中的“三维簇状柱形图”。如果按住“按下不放可查看示例”按钮可查看反映用户数据的图表效果。

	A	B	C	D	E	F	G	H	I	J
1	销售业绩统计表									
2	单位：销售部								时间：2009年11月	
3	销售员	第1周销售额	第2周销售额	第3周销售额	第4周销售额	本月销售总额	周平均销售额	销售业绩等级	销售员提成比率	销售员提成金额
4	孙丽勤	8530.00	3509.00	3537.00	3596.00	19172.00	4793.00	优秀	3.00%	575.16
5	邓达	11508.00	7539.00	9884.00	10807.00	39738.00	9934.50	优秀	3.00%	1192.14
6	师胜河	7128.00	6060.00	5508.00	6507.00	25203.00	6300.75	优秀	3.00%	756.09
7	岳尔冬	4573.00	4089.00	5803.00	4250.00	18715.00	4678.75	优秀	3.00%	561.45
8	郝晓河	3870.00	2208.00	3309.00	1560.00	10947.00	2736.75	合格	2.00%	218.94
9	赵思迪	8901.00	5500.00	3968.00	5861.00	24230.00	6057.50	优秀	3.00%	726.90
10	吉致杰	6608.00	4545.00	3500.00	1967.00	16620.00	4155.00	优秀	3.00%	498.60
11	张玲玲	2506.00	6570.00	3569.00	6400.00	19045.00	4761.25	优秀	3.00%	571.35
12	刘慧颖	4510.00	4009.00	2586.00	1590.00	12695.00	3173.75	合格	2.00%	253.90
13	马益强	1290.00	4580.00	3029.00	5696.00	14595.00	3648.75	合格	2.00%	291.90
14	张志强	2760.00	3500.00	3350.00	3000.00	12610.00	3152.50	合格	2.00%	252.20
15	徐敏	2500.00	4061.00	2840.00	1435.00	10836.00	2709.6[illegible]	合格	2.00%	216.72
16	合计	64684.00	56170.00	50883.00	52669.00	224406.00	——	——	——	6115.35
17	其它统计	有销售业绩的人数***			本月最高提成金额			本月最低提成金额		
18		12			1192.14			216.72		

图 4.43　选中的源数据

2. 设置“图表源数据”

单击“下一步”按钮，打开图表向导-4 步骤之 2“图表源数据”对话框，可以单击“数据区域”标签，设置创建图表所用的源数据，在上一步我们已经设置好了源数据，现在可以选择系列产生在“行”或“列”，以确定图表在 x 轴上的数据是按照当前所选的行或列来显示的，根据图 4.32 在此默认系列产生在“列”，如图 4.45 所示。

图 4.44　“图表类型”对话框

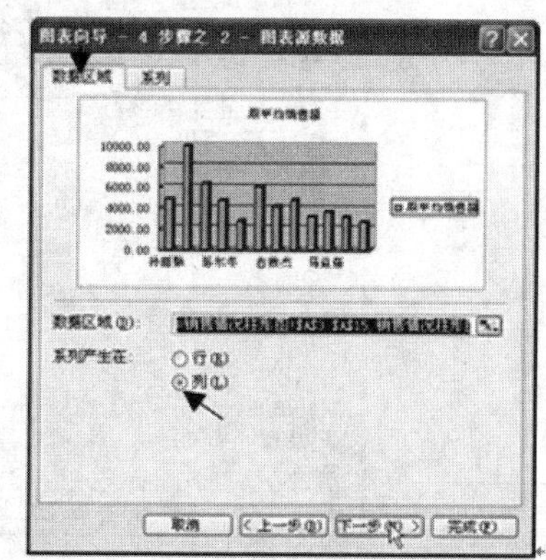

图 4.45　“图表源数据”对话框

3. 设置“图表选项”

单击“下一步”按钮，打开图表向导-4 步骤之 3“图表选项”对话框，选择“标题”选项卡，如图 4.46 所示，在其中输入图表和坐标轴的标题。这里，在“图表标题”文本框中输入“销售部员工周平均销售额”。

4. 选择“图表位置”

单击“下一步”按钮，打开如图 4.47 所示的图表向导-4 步骤之 4“图表位置”对话框。若选择“作为新工作表插入”选项，则所产生的图表将作为一个单独的工作表；若选择“作为其中的对象插入”，则产生的图表将插入到当前（或列表中所选）的工作表中。这里选择“作为其中的对象插入”，单击“完成”按钮，即可插入一个图表，如图 4.32 所示。

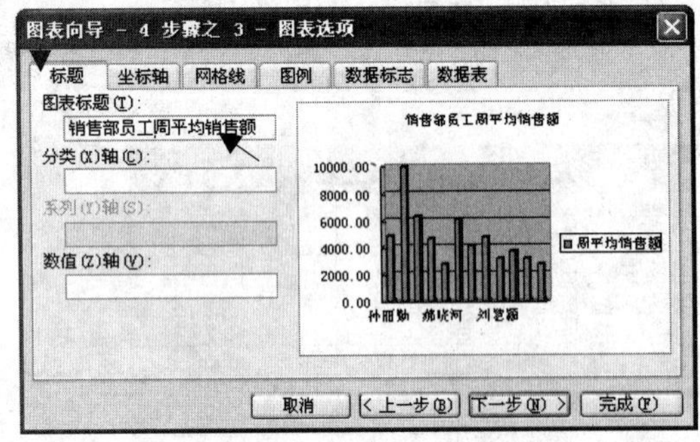

图 4.46 “图表选项”对话框

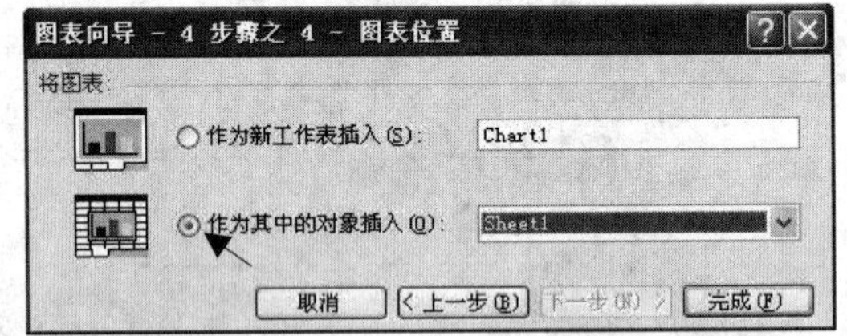

图 4.47 “图表位置”对话框

Excel 的图表类型有很多种，比较常用的还有饼图，下面小张要完成任务中饼图的插入。

在名为“销售情况饼图”的工作表中完成如图 4.33 所示的饼图，具体操作步骤如下：

① 选中“销售情况饼图”工作表，选择数据区域，单击常用工具栏中的“图表向导”按钮，打开图表向导-4 步骤之 1“图表类型”对话框，选择“饼图”。

② 单击“下一步”按钮，打开图表向导-4 步骤之 2“图表源数据”对话框后，饼图只能有一个数据系列，在此默认系列产生。

③ 单击“下一步”按钮，打开图表向导-4 步骤之 3“图表选项”对话框后，选择“标题”选项卡，在“图表标题”文本框中默认其标题为“销售员提成金额”，选择“数据标志”选项卡，选中“值”和“显示引导线”两项，其他选项默认，如图 4.48 所示。

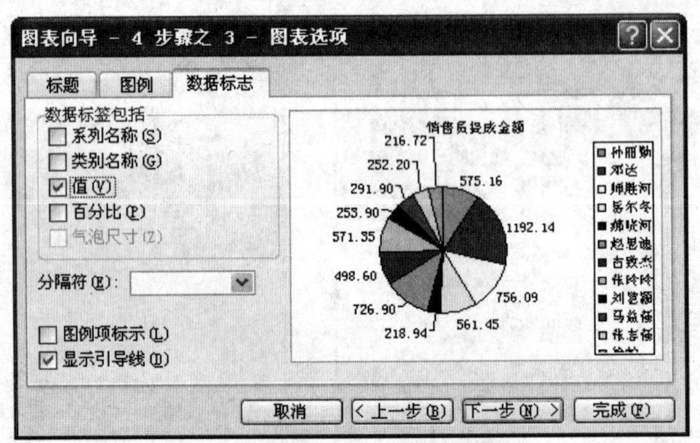

图 4.48 “图表选项”对话框

④ 单击“下一步”按钮，打开如图 4.47 所示的图表向导-4 步骤之 4“图表位置”对话框，选择“作为其中的对象插入”，单击“完成”按钮，即可完成如图 4.33 所示的图表。

4.2.5　编辑图表

1. 修改图表类型

创建了图表后，对于大部分二维图表，既可以修改数据系列的图表类型，也可以修改整个图表的图表类型。对于气泡图，只能修改整个图表的类型。对于大部分三维图表，修改图表类型将影响到整个图表。对于三维条形图和柱形图，可以将有关数据系列修改为圆锥、圆柱或棱锥图表类型。用户根据需要可以对已创建的图表的类型进行修改，可按以下方法进行：

（1）单击图表区将整个图表选中。

（2）执行“图表”菜单中的“图表类型（Y）...”命令，或右击图表，在如图 4.49 所示的快捷菜单中选择“图表类型（Y）...”。

（3）在打开的如图 4.44 所示的“图表类型”对话框中选择“标准类型”或“自定义类型”选项卡，单击需要的图表类型和子图表类型。

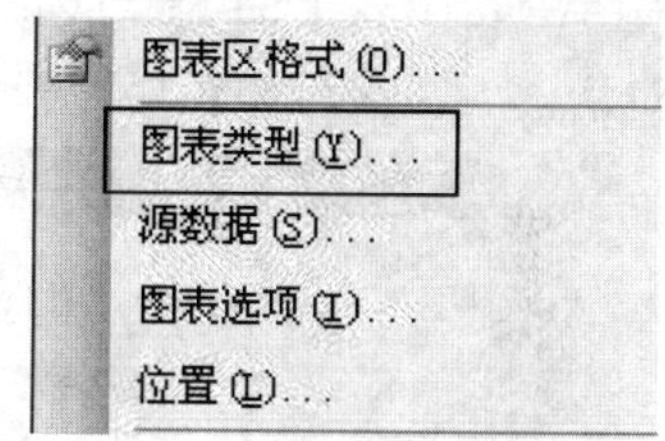

图 4.49　图表编辑快捷菜单

2. 修改源数据

如果要修改已创建图表的源数据或数据系列，有以下两种方法：

（1）通过图表修改。

① 单击图表区将其选中。

② 单击图表区后，图表处于选中状态，工作簿窗口中的“数据”菜单将变为“图表”菜单，选择“图表”菜单中的“源数据（S）...”命令，或右击图表，在弹出的快捷菜单中选择“源数据（S）...”打开如图 4.45 所示的“图表源数据”对话框。

③ 在对话框中重新设置源数据或更改、删除、添加数据系列。

（2）通过表格修改。

① 打开用于绘制图表的数据所在的工作表。

② 在含有需要更改数值的单元格中键入新值。

③ 按 Enter 键，修改数据，对应图表随之变化。

3. 修改图表选项

修改图表选项的具体步骤为：

（1）单击图表区将其选中。

（2）执行“图表”菜单中的“图表选项（I）...”命令，或右击图表，在弹出的快捷菜单中选择“图表选项（I）...”，打开图 4.46 所示的“图表选项”对话框。

（3）在对话框中重新设置图表的各选项。

4. 修改图表的位置

（1）单击图表区将其选中。

（2）执行“图表”菜单中的“位置（L）...”命令，或右击图表，在弹出的快捷菜单中选择“位置（L）...”，打开如图 4.47 所示的“图表位置”对话框。

（3）在对话框中更改图表的位置。

5. 修改图表元素的格式

我们通过使用“格式”菜单或者选定图表元素后单击鼠标右键，从快捷菜单中选择“格式”命令来对图表元素进行格式化。还有一种快捷方法：双击图表元素，将会调出此图表元素的格式对话框，就可进行对象的格式化设置。

要完成任务中的图表编辑，首先选中工作表“销售情况柱形图”，双击图表上的分类轴，打开如图 4.50 所示的“坐标轴格式”对话框。单击“字体”标签，将“字体”设为 10 号，再单击“对齐”标签，选择将文字方向设置为竖排。

右击图表上的“背景墙”区域，在快捷菜单中选择“背景墙格式”，打开“背景墙格式”对话框，在区域颜色中选择“白色”。

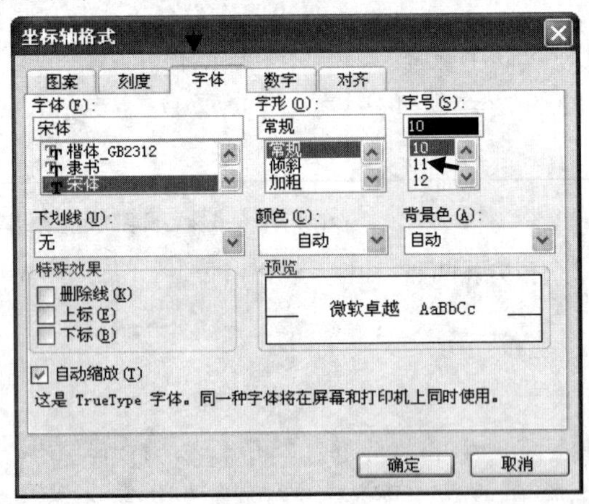

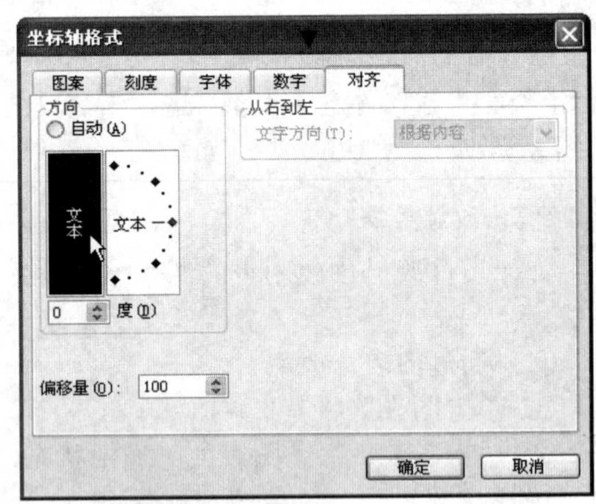

图 4.50 “坐标轴格式”对话框

类似地也可以完成工作表“销售情况饼图”中图表的编辑，这样小张的数据图表化的任务也完成了。

知识拓展

条件统计函数——COUNTIF

如果要计算满足条件的单元格数目，可以使用函数 COUNTIF。

功能：计算包含数字的单元格以及参数列表中的数字个数。

格式：COUNTIF（range，criteria）

参数说明：range 为需要计算其中满足条件的单元格数目的单元格区域，criteria 为确定哪些单元格将被计算在内的条件，其类型可以为数字、表达式或文本。

归纳小结

本节主要介绍的是 Microsoft Office Excel 2003 中公式与函数的使用、数据的图表化。

其中函数的使用包括函数的输入方法及部分常用函数（SUM、AVERAGE、MAX、MIN、IF、COUNT、COUNTIF）。

数据的图表化主要是创建图表和编辑图表。

强化练习

选择题

1. Excel 工作簿中既有工作表又有图表，当执行“文件”→“保存”命令时，则（　　）。

A. 只保存图表　　B. 将工作表和图表作为一个文件来保存

C. 只保存工作表　　D. 分成两个文件来保存

2. 当向 Excel 工作表单元格中输入公式时，使用单元格地址$E8 引用 E 列 8 行单元格，该单元格的引用称为（　　）。

A. 交叉地址引用　　B. 混合地址引用　　C. 相对地址引用　D. 绝对地址引用

3. Excel 中的公式是以（　　）号开头的式子。

A. +　　B. $　　C. =　　D. -

4. 若单元格 B2，C2，D2，E2 中的数据分别为 4，9，11，3，则公式“=SUM（B2：D2）/E2”的结果为（　　）。

A. 5　　B. 10　　C. 8　　D. 23

5. 在 Excel 编辑中，若单元格 D2，E5，F4，H3 的值分别为 0，9，4，11，K5 中函数表达式为“=MAX（D2，E5，F4，H3）”，则 K5 的值为（　　）。

A. 0　　B. 24　　C. 8　　D. 11

6. 在工作簿中创建图表，Excel 2003 菜单栏上的（　　）菜单就被替换为“图表”菜单。

A. 格式　　B. 工具　　C. 视图　　D. 数据

7. 在 Excel 中，要在公式中引用某个单元格的数据时，应在公式中键入该单元格的（　　）。

A. 格式　　B. 名称　　C. 数据　　D. 附注

4.3　任务：制作财务数据的管理和分析表

任务具体要求如下：

小王根据公司的分公司财务部门提供的数据，需要对分公司职工月工资明细表中的数据完成排序、筛选，汇总出不同部门奖金的平均值等工作。现小王已将如图 4.51 所示名为“工资表”的工作表在当前工作簿中复制了四个，分别命名为“数据排序”、“自动筛选”、“高级筛选”和“分类汇总”，任务具体要求如下：

① 对名为“数据排序”的工作表中的数据列表进行多条件排序，其中“实发工资”为主要关键字降序排列，“基本工资”为次要关键字降序排列，“奖金”为第三关键字升序排列。

② 对名为“自动筛选”的工作表中的数据列表进行自动筛选，筛选出奖金数高于 1 000 的管理人员记录。

③ 对名为“高级筛选”的工作表中的数据列表进行高级筛选，筛选出部门为“财务部”的实发工资大于 4 500，或部门为“生产部”的实发工资大于 4 000 的记录。

④ 对名为“分类汇总”的工作表中的数据列表进行分类汇总，按“部门”分类统计奖金的平均值；在求出奖金平均值后再次汇总，统计各部门获得奖金的人数。

财务数据管理和分析表.xls

	A	B	C	D	E	F	G	H	I	J
1	工资发放明细表									
2	姓名	部门	职工类别	基本工资	补贴	奖金	应发工资	扣养老金	扣所得税	实发工资
3	赵一平	财务部	管理人员	4000.00	350.00	800.00	5150.00	250.00	310.00	4590.00
4	张小东	办公室	管理人员	4000.00	500.00	2000.00	6500.00	300.00	505.00	5695.00
5	高兴宁	销售部	管理人员	3500.00	350.00	1600.00	5450.00	200.00	362.50	4887.50
6	王玉泉	生产部	工人	2000.00	350.00	1500.00	3850.00	200.00	140.00	3510.00
7	丁涛	生产部	工人	2000.00	350.00	2300.00	4650.00	150.00	250.00	4250.00
8	伍飞飞	财务部	管理人员	3500.00	350.00	800.00	4650.00	250.00	235.00	4165.00
9	黄小丽	生产部	工人	2000.00	350.00	2000.00	4350.00	150.00	205.00	3995.00
10	郭良华	销售部	管理人员	3500.00	400.00	800.00	4700.00	200.00	250.00	4250.00
11	李定峰	办公室	管理人员	4000.00	400.00	1100.00	5500.00	300.00	355.00	4845.00
12	任劲松	生产部	工人	2000.00	350.00	2000.00	4350.00	150.00	205.00	3995.00
13	常青	销售部	管理人员	3500.00	350.00	800.00	4650.00	200.00	242.50	4207.50
14	何燕燕	销售部	管理人员	3500.00	350.00	800.00	4650.00	200.00	242.50	4207.50
15	孙小红	生产部	工人	2000.00	350.00	2500.00	4850.00	150.00	280.00	4420.00
16	李靖	生产部	工人	2000.00	350.00	1500.00	3850.00	150.00	145.00	3555.00
17	符珍	生产部	工人	2000.00	400.00	2300.00	4700.00	150.00	257.50	4292.50
18	许红	生产部	工人	2000.00	350.00	2000.00	4350.00	150.00	205.00	3995.00
19	张子云	生产部	工人	2000.00	400.00	1500.00	3900.00	150.00	150.00	3600.00
20	朱美琼	生产部	管理人员	3500.00	350.00	800.00	4650.00	200.00	242.50	4207.50
21										

工资表 / 数据排序 / 自动筛选 / 高级筛选 / 分类汇总

图 4.51 财务数据管理和分析表

任务分析

要完成这份财务数据的管理和分析表，在掌握 Excel 2003 的基本操作及使用函数对数据进行运算的基础上，还应当掌握以下知识点：

① 认识 Excel“数据列表”（见 4.3.1 小节）。

② 数据排序（见 4.3.2 小节）。

③ 数据筛选（见 4.3.3 小节）。

④ 数据的分类汇总（见 4.3.4 小节）。

4.3.1 数据列表

在 Excel 2003 中数据管理是以数据列表为基础的。数据列表又称数据清单，是工作表中单元格构成的一个矩形区域。数据列表中第一行俗称“表头”（或称为标题行），数据列表中的列称为字段，表头以外的行称为记录，如图 4.52 所示。

	A	B	C	D	E	F	G	H	I	J
1	工资发放明细表									
2	姓名	部门	职工类别	基本工资	补贴	奖金	应发工资	扣养老金	扣所得税	实发工资
3	赵一平	财务部	管理人员	4000.00	350.00	800.00	5150.00	250.00	310.00	4590.00
4	张小东	办公室	管理人员	4000.00	500.00	2000.00	6500.00	300.00	505.00	5695.00
5	高兴宁	销售部	管理人员	3500.00	350.00	1600.00	5450.00	200.00	362.50	4887.50
6	王玉泉	生产部	工人	2000.00	350.00	1500.00	3850.00	200.00	140.00	3510.00
7	丁涛	生产部	工人	2000.00	350.00	2300.00	4650.00	150.00	250.00	4250.00

图 4.52　数据列表

注意：为了保证数据列表能够有效地工作，数据列表必须具备以下特点：

① 在数据列表中要避免空白行和空白列，否则可能影响筛选和列表的选择。

② 数据列表中每一列必须是性质相同、类型相同的数据。

③ 每个工作表中只能有一个数据列表。

4.3.2　数据排序

排序是数据列表常用的操作之一，不仅可以以某种方式显示数据，而且能满足数据列表其他操作的需要，如数据分类汇总就是在排序的基础上进行的。

1. 简单排序

简单排序就是按数据列表中一个字段的值进行递增或递减的排列。如要对工作表“数据排序”中的“应发工资”进行降序排列，具体步骤为：

（1）单击数据列表内要排序关键字所在列的任何一个单元格位置，即“应发工资”列的任何一个单元格位置。

（2）单击“常用”工具栏的“降序”按钮。

2. 多条件排序

如果需要按照多个字段的值作为条件进行排序，则可以通过菜单命令完成。

要完成任务中的对名为“数据排序”的工作表中的数据列表进行多条件排序，其中“实发工资”为主要关键字降序排列，“基本工资”为次要关键字降序排列，“奖金”为第三关键字升序排列，具体步骤为：

（1）单击数据列表中的任何一个单元格。

（2）单击“数据”菜单中的“排序”命令，打开“排序”对话框，在“主要关键字”下拉列表中选择“实发工资”，在“次要关键字”下拉列表框中选择“基本工资”，在“第三关键字”下拉列表框中选择“奖金”，再按要求选择“升序”或“降序”，如图 4.53 所示。单击“确定”按钮，结果如图 4.54 所示。

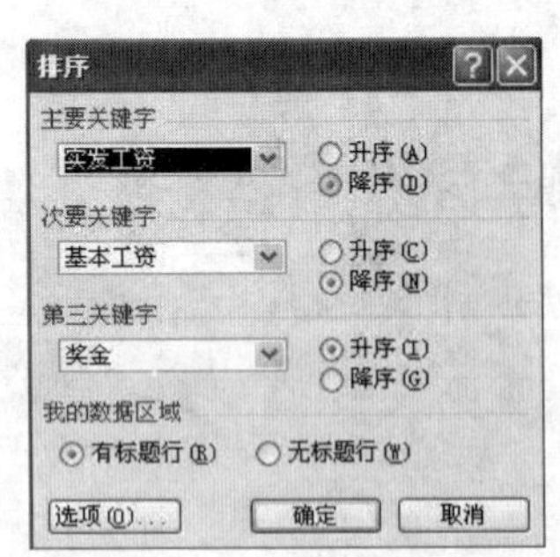

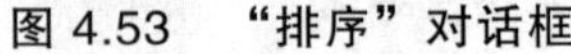
图 4.53 “排序”对话框

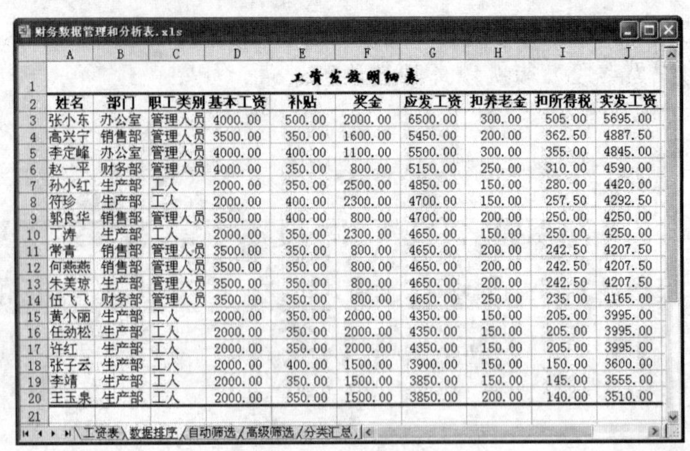
财务数据管理和分析表.xls

工资发放明细表

姓名	部门	职工类别	基本工资	补贴	奖金	应发工资	扣养老金	扣所得税	实发工资
张小东	办公室	管理人员	4000.00	500.00	2000.00	6500.00	300.00	505.00	5695.00
高兴宁	销售部	管理人员	3500.00	350.00	1600.00	5450.00	200.00	362.50	4887.50
李定峰	办公室	管理人员	4000.00	400.00	1100.00	5500.00	300.00	355.00	4845.00
赵一平	财务部	管理人员	4000.00	350.00	800.00	5150.00	250.00	310.00	4590.00
孙小红	生产部	工人	2000.00	350.00	2500.00	4850.00	150.00	280.00	4420.00
符珍	生产部	工人	2000.00	400.00	2300.00	4700.00	150.00	257.50	4292.50
郭良华	销售部	管理人员	3500.00	400.00	800.00	4700.00	200.00	250.00	4250.00
丁涛	生产部	工人	2000.00	350.00	2300.00	4650.00	150.00	250.00	4250.00
常青	销售部	管理人员	3500.00	350.00	800.00	4650.00	200.00	242.50	4207.50
何燕燕	销售部	管理人员	3500.00	350.00	800.00	4650.00	200.00	242.50	4207.50
朱美琼	生产部	管理人员	3500.00	350.00	800.00	4650.00	200.00	242.50	4207.50
伍飞飞	财务部	管理人员	3500.00	350.00	800.00	4650.00	250.00	235.00	4165.00
黄小丽	生产部	工人	2000.00	350.00	2000.00	4350.00	150.00	205.00	3995.00
任劲松	生产部	工人	2000.00	350.00	2000.00	4350.00	150.00	205.00	3995.00
许红	生产部	工人	2000.00	350.00	2000.00	4350.00	150.00	205.00	3995.00
张子云	生产部	工人	2000.00	400.00	1500.00	3900.00	150.00	150.00	3600.00
李靖	生产部	工人	2000.00	350.00	1500.00	3850.00	150.00	145.00	3555.00
王玉泉	生产部	工人	2000.00	350.00	1500.00	3850.00	200.00	140.00	3510.00

工资表 数据排序 自动筛选 高级筛选 分类汇总

图 4.54 排序结果

4.3.3 数据筛选

筛选是查找和处理数据清单中数据子集的快捷方法。如果要在数据清单中查找满足某些条件的记录并显示出来，可以使用 Excel 2003 的数据筛选功能。筛选清单仅显示满足条件的记录，该条件由用户针对某字段指定。Excel 2003 提供了两种筛选清单的命令：

（1）自动筛选，包括按选定内容筛选，它适用于简单条件。

（2）高级筛选，适用于复杂条件。

与排序不同，筛选并不重排清单。筛选只是暂时隐藏不必显示的记录。Excel 在进行筛选时，可以对清单子集进行编辑、设置格式、制作图表和打印，而不必重新排列或移动。

1. 自动筛选

如果筛选的条件比较简单，可以使用自动筛选。使用菜单“数据→筛选→自动筛选”命令时，自动筛选箭头会出现在筛选清单中列表头的右边。

（1）自动筛选的几个基本概念。

① 自动筛选箭头：单击自动筛选箭头将显示该列中所有唯一的可见项目清单，这些项目包括空项（空格）和非空项。通过从清单中为特定字段选择一个项目，可以立即隐藏所有不含选定值的记录。

② 快速筛选值：如果筛选的是数字清单，那么可以单击自动筛选清单中的“前 10 个”项，这样就可快速查看清单中的最大值。要继续查看该字段中的所有项，可单击“全部”。

③ 查看筛选清单：Excel 2003 用可见标识来指示筛选项。如在含有选定值的列中，自动筛选箭头为蓝色，筛选行号也是蓝色。

④ 自动筛选每次可以根据一个条件进行筛选，在筛选结果中，可以用其他条件继续进行筛选。

（2）自动筛选的步骤。

要对名为“数据筛选”的工作表中的数据清单进行自动筛选，筛选出奖金数高于 1 000 的管理人员记录，具体步骤为：

① 单击数据清单中任一单元格。

② 单击菜单“数据→筛选→自动筛选”，如图 4.55 所示。这时，会在数据清单的每列的字段名称右边增加一个下拉箭头，如图 4.56 所示。

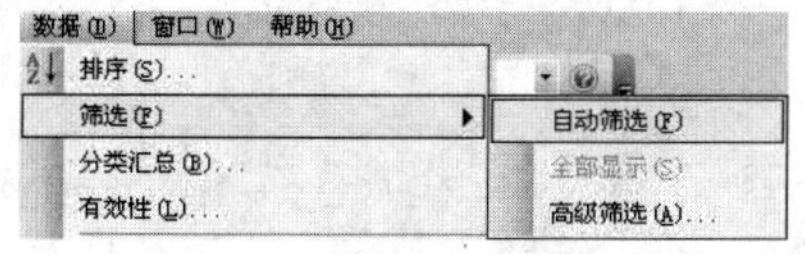

图 4.55 自动筛选菜单

工资发放明细表

	姓名	部门	职工类	基本工	补贴	奖金	应发工	扣养老	扣所得	实发工
3	赵一平	财务部	管理人员	4000.00	350.00	800.00	5150.00	250.00	310.00	4590.00
4	张小东	办公室	管理人员	4000.00	500.00	2000.00	6500.00	300.00	505.00	5695.00
5	高兴宁	销售部				1600.00	5450.00	200.00	362.50	4887.50
6	王玉泉	生产部				1500.00	3850.00	200.00	140.00	3510.00
7	丁涛	生产部				2300.00	4650.00	150.00	250.00	4250.00
8	伍飞飞	财务部	管理人员	3500.00	350.00	800.00	4650.00	250.00	235.00	4165.00
9	黄小丽	生产部	工人	2000.00	350.00	2000.00	4350.00	150.00	205.00	3995.00
10	郭良华	销售部	管理人员	3500.00	400.00	800.00	4700.00	200.00	250.00	4250.00
11	李定峰	办公室	管理人员	4000.00	400.00	1100.00	5500.00	300.00	355.00	4845.00
12	任劲松	生产部	工人	2000.00	350.00	2000.00	4350.00	150.00	205.00	3995.00
13	常青	销售部	管理人员	3500.00	350.00	800.00	4650.00	200.00	242.50	4207.50
14	何燕燕	销售部	管理人员	3500.00	350.00	800.00	4650.00	200.00	242.50	4207.50
15	孙小红	生产部	工人	2000.00	350.00	2500.00	4850.00	150.00	280.00	4420.00
16	李靖	生产部	工人	2000.00	350.00	1500.00	3850.00	150.00	145.00	3555.00
17	符珍	生产部	工人	2000.00	400.00	2300.00	4700.00	150.00	257.50	4292.50
18	许红	生产部	工人	2000.00	350.00	2000.00	4350.00	150.00	205.00	3995.00
19	张子云	生产部	工人	2000.00	400.00	1500.00	3900.00	150.00	150.00	3600.00
20	朱美琼	生产部	管理人员	3500.00	350.00	800.00	4650.00	200.00	242.50	4207.50

图 4.56 插入了“自动筛选箭头”按钮的数据清单

③ 单击“职工类别”字段的筛选箭头，在下拉列表中选择“管理人员”，如图 4.57 所示。

④ 单击“奖金”字段的筛选箭头，在下拉列表中选择“(自定义…)”，出现“自定义自动筛选方式”对话框，在第一排左边操作符下拉列表框中选择“大于”，在右边列表框中输入 1 000，如图 4.58 所示。

工资发放明细

	姓名	部门	职工类	基本工	补贴	奖金
3	赵一平	财务部		4000.00	350.00	800.00
4	张小东	办公室		4000.00	500.00	2000.00
5	高兴宁	销售部		3500.00	350.00	1600.00
6	王玉泉	生产部		2000.00	350.00	1500.00
7	丁涛	生产部		2000.00	350.00	2300.00
8	伍飞飞	财务部	管理人员	3500.00	350.00	800.00
9	黄小丽	生产部	工人	2000.00	350.00	2000.00
10	郭良华	销售部	管理人员	3500.00	400.00	800.00
11	李定峰	办公室	管理人员	4000.00	400.00	1100.00

图 4.57 筛选出“管理人员”记录

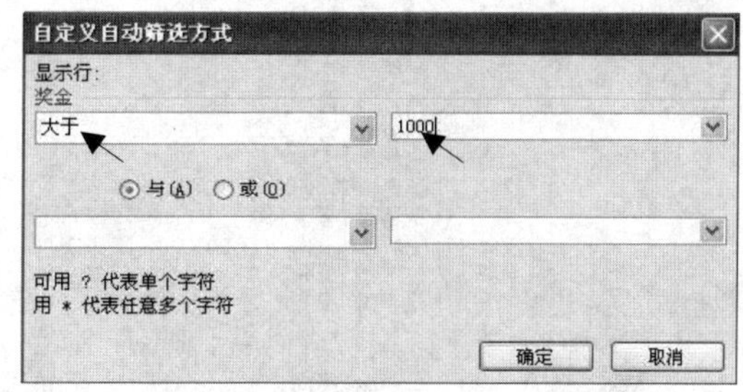

图 4.58 “自定义自动筛选方式”对话框

⑤ 单击“确定”按钮，即可得到筛选结果，如图 4.59 所示。

工资发放明细表

	姓名	部门	职工类	基本工	补贴	奖金	应发工	扣养老	扣所得	实发工
4	张小东	办公室	管理人员	4000.00	500.00	2000.00	6500.00	300.00	505.00	5695.00
5	高兴宁	销售部	管理人员	3500.00	350.00	1600.00	5450.00	200.00	362.50	4887.50
11	李定峰	办公室	管理人员	4000.00	400.00	1100.00	5500.00	300.00	355.00	4845.00

图 4.59 自动筛选结果

在自定义的比较值（如果是文本型数据）中可以使用通配符“*”和“?”，“*”代表任意多个字符，而“?”代表任意一个字符。

如果要删除自动筛选，只需再次在菜单中单击“数据→筛选→自动筛选”。

2. 高级筛选

如果筛选条件比较复杂，自动筛选就不能完成，这时就需要使用高级筛选。进行高级筛选操作，需要在数据列表以外的区域内单独设定所需要的筛选的条件。条件区域至少包含两行，第一行是列标题，列标题应和数据列表中的标题匹配，建议采用“复制”、“粘贴”命令将数据列表中的标题粘贴到条件区域的顶行；第二行必须由筛选条件构成。

筛选条件之间主要是“与”和“或”的关系，筛选条件在同一行的为“与”关系，即同时满足这些条件；筛选条件在不同行的为“或”关系，即只需要满足其中之一的条件即可。

在名为“高级筛选”的工作表中要使用高级筛选，筛选出部门为“财务部”的实发工资大于 4 500，或部门为“生产部”的实发工资大于 4 000 的记录，筛选结果在原数据区域中显示，具体步骤如下：

（1）定义条件区域，这里定义的条件区域如图 4.60 所示（条件区域可以定义在工作表中的任意位置，但为了防止筛选后把条件区域所在的行隐藏，一般置于数据清单的上方或下方）。

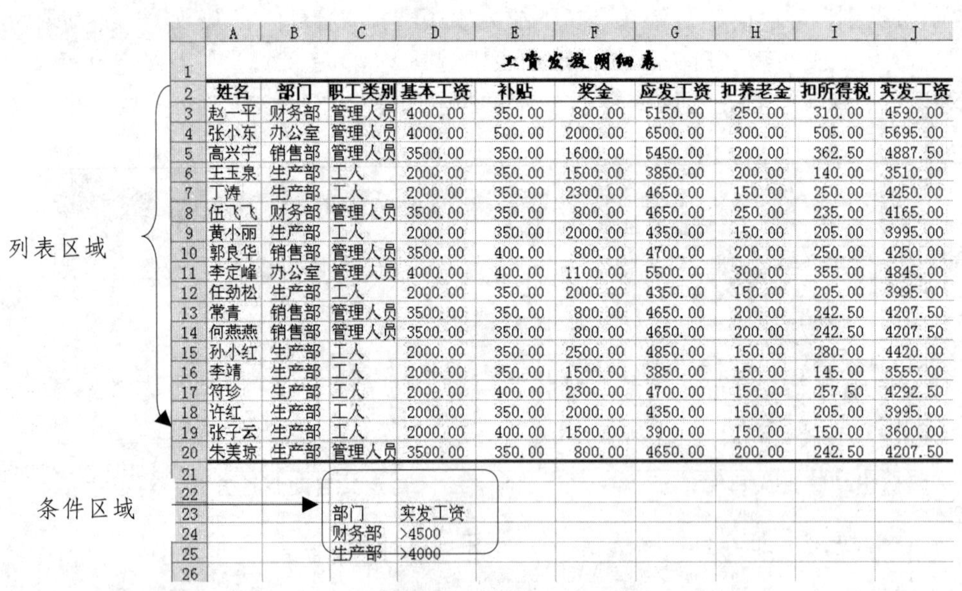

	A	B	C	D	E	F	G	H	I	J
1	工资发放明细表									
2	姓名	部门	职工类别	基本工资	补贴	奖金	应发工资	扣养老金	扣所得税	实发工资
3	赵一平	财务部	管理人员	4000.00	350.00	800.00	5150.00	250.00	310.00	4590.00
4	张小东	办公室	管理人员	4000.00	500.00	2000.00	6500.00	300.00	505.00	5695.00
5	高兴宁	销售部	管理人员	3500.00	350.00	1600.00	5450.00	200.00	362.50	4887.50
6	王玉泉	生产部	工人	2000.00	350.00	1500.00	3850.00	200.00	140.00	3510.00
7	丁涛	生产部	工人	2000.00	350.00	2300.00	4650.00	150.00	250.00	4250.00
8	伍飞飞	财务部	管理人员	3500.00	350.00	800.00	4650.00	250.00	235.00	4165.00
9	黄小丽	生产部	工人	2000.00	350.00	2000.00	4350.00	150.00	205.00	3995.00
10	郭良华	销售部	管理人员	3500.00	400.00	800.00	4700.00	200.00	250.00	4250.00
11	李定峰	办公室	管理人员	4000.00	400.00	1100.00	5500.00	300.00	355.00	4845.00
12	任劲松	生产部	工人	2000.00	350.00	2000.00	4350.00	150.00	205.00	3995.00
13	常青	销售部	管理人员	3500.00	350.00	800.00	4650.00	200.00	242.50	4207.50
14	何燕燕	销售部	管理人员	3500.00	350.00	800.00	4650.00	200.00	242.50	4207.50
15	孙小红	生产部	工人	2000.00	350.00	2500.00	4850.00	150.00	280.00	4420.00
16	李靖	生产部	工人	2000.00	350.00	1500.00	3850.00	150.00	145.00	3555.00
17	符珍	生产部	工人	2000.00	400.00	2300.00	4700.00	150.00	257.50	4292.50
18	许红	生产部	工人	2000.00	350.00	2000.00	4350.00	150.00	205.00	3995.00
19	张子云	生产部	工人	2000.00	400.00	1500.00	3900.00	150.00	150.00	3600.00
20	朱美琼	生产部	管理人员	3500.00	350.00	800.00	4650.00	200.00	242.50	4207.50
21										
22										
23			部门	实发工资						
24			财务部	>4500						
25			生产部	>4000						
26										

图 4.60　条件区域

（2）单击数据清单的任意单元格。

（3）单击菜单“数据→筛选→高级筛选”，打开如图 4.61 所示“高级筛选”对话框。

（4）在对话框的“方式”选项组中可以选择将筛选结果放在原来位置或复制到其他位置，如果选择复制到其他位置，需在“复制到”框中指定目标位置的左上角单元格地址，这里选择“在原有区域显示筛选结果”；在“数据区域”中选择筛选的数据清单；在“条件区域”中选择条件区域，如图 4.61 所示。

（5）单击“确定”按钮，即可得到高级筛选结果，如图 4.62 所示。

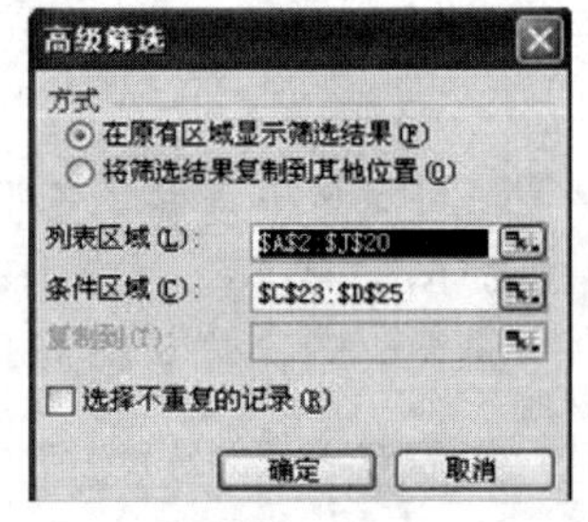

图 4.61　“高级筛选”对话框

图 4.62 高级筛选结果

如果要删除高级筛选，可以单击菜单“数据→筛选→全部显示”。

4.3.4 分类汇总

分类汇总是对数据记录按不同的字段进行分类，将字段相同的记录作为一类，进行求和、求平均、计数等汇总运算。进行分类汇总的前提是数据清单按分类字段进行排序。

1. 简单分类汇总

要对名为“分类汇总”的工作表中的数据清单进行分类汇总，按“部门”分类统计奖金的平均值，具体步骤为：

（1）以“部门”为关键字进行排序。该操作实际上是首先进行分类，部门相同的职工记录放在一起。

（2）单击菜单“数据→分类汇总（B）...”，打开“分类汇总”对话框。

（3）在“分类字段”列表框中选择“部门”；在“汇总方式”列表框（汇总方式表示要进行汇总的函数，如求和、计数、平均值等）中选择“平均值”；在“选定汇总项”（汇总项表示用选定汇总函数进行汇总的对象）列表框中选择“奖金”；其他都选择系统默认设置，如图 4.63 所示。

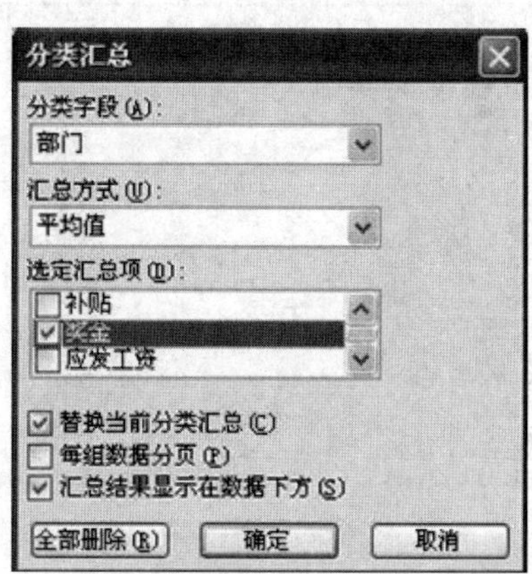

图 4.63 简单汇总选项操作

（4）单击“确定”按钮，即可得到如图 4.64 所示的汇总结果。

	A	B	C	D	E	F	G	H	I	J
1	工资发放明细表									
2	姓名	部门	职工类别	基本工资	补贴	奖金	应发工资	扣养老金	扣所得税	实发工资
3	高兴宁	销售部	管理人员	3500.00	350.00	1600.00	5450.00	200.00	362.50	4887.50
4	郭良华	销售部	管理人员	3500.00	400.00	800.00	4700.00	200.00	250.00	4250.00
5	常青	销售部	管理人员	3500.00	350.00	800.00	4650.00	200.00	242.50	4207.50
6	何燕燕	销售部	管理人员	3500.00	350.00	800.00	4650.00	200.00	242.50	4207.50
7	销售部 平均值					1000.00				
8	王玉泉	生产部	工人	2000.00	350.00	1500.00	3850.00	200.00	140.00	3510.00
9	丁涛	生产部	工人	2000.00	350.00	2300.00	4650.00	150.00	250.00	4250.00
10	黄小丽	生产部	工人	2000.00	350.00	2000.00	4350.00	150.00	205.00	3995.00
11	任劲松	生产部	工人	2000.00	350.00	2000.00	4350.00	150.00	205.00	3995.00
12	孙小红	生产部	工人	2000.00	350.00	2500.00	4850.00	150.00	280.00	4420.00
13	李靖	生产部	工人	2000.00	350.00	1500.00	3850.00	150.00	145.00	3555.00
14	符珍	生产部	工人	2000.00	400.00	2300.00	4700.00	150.00	257.50	4292.50
15	许红	生产部	工人	2000.00	350.00	2000.00	4350.00	150.00	205.00	3995.00
16	张子云	生产部	工人	2000.00	400.00	1500.00	3900.00	150.00	150.00	3600.00
17	朱美琼	生产部	管理人员	3500.00	350.00	800.00	4650.00	200.00	242.50	4207.50
18	生产部 平均值					1840.00				
19	赵一平	财务部	管理人员	4000.00	350.00	800.00	5150.00	250.00	310.00	4590.00
20	伍飞飞	财务部	管理人员	3500.00	350.00	800.00	4650.00	250.00	235.00	4165.00
21	财务部 平均值					800.00				
22	张小东	办公室	管理人员	4000.00	500.00	2000.00	6500.00	300.00	505.00	5695.00
23	李定峰	办公室	管理人员	4000.00	400.00	1100.00	5500.00	300.00	355.00	4845.00
24	办公室 平均值					1550.00				
25	总计平均值					1505.56				

图 4.64 简单分类汇总结果

2. 嵌套汇总

对同一字段进行多种方式的汇总，称为嵌套汇总。

已经求出奖金平均值，现在要再次汇总，统计各部门人数。具体步骤为：

（1）再次单击菜单“数据→分类汇总（B）…”，打开“分类汇总”对话框。

（2）“分类字段”仍然选择“部门”，“汇总方式”选择“计数”，选定汇总项仍然是“奖金”，“替换当前分类汇总”的复选框不能选中，如图 4.65 所示。

（3）单击“确定”按钮，即可得到如图 4.66 所示的汇总结果。

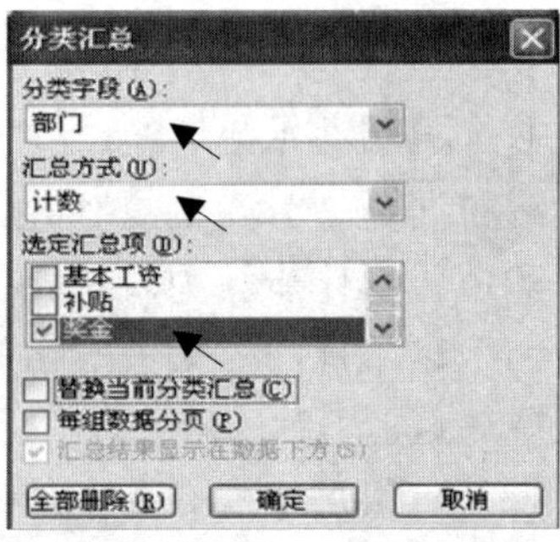

图 4.65 嵌套汇总选项操作

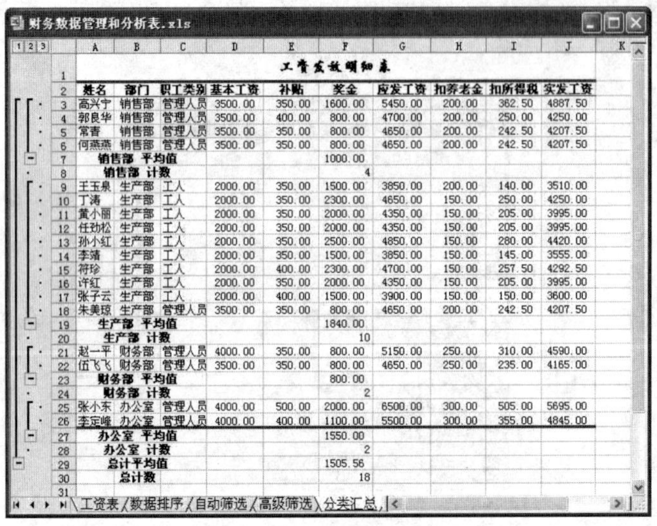

财务数据管理和分析表.xls

	A	B	C	D	E	F	G	H	I	J
1	工资发放明细表									
2	姓名	部门	职工类别	基本工资	补贴	奖金	应发工资	扣养老金	扣所得税	实发工资
3	高兴宁	销售部	管理人员	3500.00	350.00	1600.00	5450.00	200.00	362.50	4887.50
4	郭良华	销售部	管理人员	3500.00	400.00	800.00	4700.00	200.00	250.00	4250.00
5	常青	销售部	管理人员	3500.00	350.00	800.00	4650.00	200.00	242.50	4207.50
6	何燕燕	销售部	管理人员	3500.00	350.00	800.00	4650.00	200.00	242.50	4207.50
7	销售部 平均值					1000.00				
8	销售部 计数					4				
9	王玉泉	生产部	工人	2000.00	350.00	1500.00	3850.00	200.00	140.00	3510.00
10	丁涛	生产部	工人	2000.00	350.00	2300.00	4650.00	150.00	250.00	4250.00
11	黄小丽	生产部	工人	2000.00	350.00	2000.00	4350.00	150.00	205.00	3995.00
12	任劲松	生产部	工人	2000.00	350.00	2000.00	4350.00	150.00	205.00	3995.00
13	孙小红	生产部	工人	2000.00	350.00	2500.00	4850.00	150.00	280.00	4420.00
14	李靖	生产部	工人	2000.00	350.00	1500.00	3850.00	150.00	145.00	3555.00
15	符珍	生产部	工人	2000.00	400.00	2300.00	4700.00	150.00	257.50	4292.50
16	许红	生产部	工人	2000.00	350.00	2000.00	4350.00	150.00	205.00	3995.00
17	张子云	生产部	工人	2000.00	400.00	1500.00	3900.00	150.00	150.00	3600.00
18	朱美琼	生产部	管理人员	3500.00	350.00	800.00	4650.00	200.00	242.50	4207.50
19	生产部 平均值					1840.00				
20	生产部 计数					10				
21	赵一平	财务部	管理人员	4000.00	350.00	800.00	5150.00	250.00	310.00	4590.00
22	伍飞飞	财务部	管理人员	3500.00	350.00	800.00	4650.00	250.00	235.00	4165.00
23	财务部 平均值					800.00				
24	财务部 计数					2				
25	张小东	办公室	管理人员	4000.00	500.00	2000.00	6500.00	300.00	505.00	5695.00
26	李定峰	办公室	管理人员	4000.00	400.00	1100.00	5500.00	300.00	355.00	4845.00
27	办公室 平均值					1550.00				
28	办公室 计数					2				
29	总计平均值					1505.56				
30	总计数					18				

工资表 / 数据排序 / 自动筛选 / 高级筛选 / 分类汇总

图 4.66 嵌套分类汇总结果

3. 删除分类汇总

单击“分类汇总”对话框中的“全部删除”按钮，可以删除分类汇总。

知识拓展

创建数据透视表

数据透视表是用于快速汇总大量数据的交互式表格。数据透视表既具有排序、筛选、分类汇总与合并计算的功能，能按多个字段进行汇总，又具有在数据列表中重新组织和统计数据的功能，可通过“数据透视表和数据透视图向导”来完成。

归纳小结

本节主要介绍的是 Microsoft Office Excel 2003 中数据的管理分析。主要内容包括数据列表的概念、数据的简单排序、多条件排序、自动筛选、高级筛选、简单汇总及嵌套汇总。

强化练习

选择题

1. 在 Excel 2003 中数据清单中的每一列称为（　　）。

A. 字段　　B. 列数据　　C. 记录　　D. 一栏

2. 关于筛选掉的记录的叙述，下面（　　）是错误的。

A. 不打印　　B. 不显示

C. 可以恢复　　D. 永远丢失

3. Excel 2003 中，可以使用（　　）菜单中的“分类汇总”命令来对记录进行统计分析。

A. 编辑　　B. 数据　　C. 格式　　D. 工具

4. 为了取消分类汇总，必须（　　）。

A. 执行“编辑”→“删除”命令

B. 在分类汇总对话框中单击“全部删除”按钮

C. 按“Del”键

D. 以上都不可以

5. 在 Excel 2003 工作表中，若用某列数据进行简单排序，可以利用工具栏上的“降序”按钮，此时用户应先（　　）。

A. 选取整个数据要排序的区域　　B. 选取整个数据表

C. 单击该列数据中任一单元格　　D. 单击数据清单中任一单元格

6. 在 Excel 2003 中，要查找数据清单中的内容，可以通过筛选功能，(　　) 符合指定条件的数据行。

A. 部分隐藏　　B. 部分显示　　C. 只隐藏　　D. 只显示

项目总结

本项目学习了如下内容：

(1) Excel 2003 的基本概念包括：工作簿、工作表、单元格的概念。

(2) 数据的输入（文本数据、数值数据、日期/时间数据、自动填充）。

(3) 工作表的编辑（工作表的插入、删除、重命名、复制和移动）。

(4) 工作表的格式设置（数字格式、对齐方式、字体、边框、图案（底纹）、自动套用格式、条件格式设置及行高与列宽的设置）。

(5) Excel 2003 中公式与函数（SUM、AVERAGE、MAX、MIN、IF、COUNT、COUNTIF）的使用。

(6) 图表的创建及其编辑。

(7) Excel 2003 中数据的管理分析（数据列表的概念、数据的简单排序、多条件排序、自动筛选、高级筛选、简单汇总及嵌套汇总）。

设计性实训

选择与自己所学专业相关或自己感兴趣的内容，制作一份含有公式或函数、图表和数据分析的 Excel 的学生作品。

综合性实训

实训 8　用 Excel 制作学生成绩表

一、任务描述

学期结束时，班主任闫老师遇到了一个难题：系办将各位任课教师给出的成绩表（每张成绩表都是一个单独的 Word 文档或 Excel 工作簿，见素材）全部交给了他，要求他据此得到“各科成绩表”（见图 4.67）及“成绩统计表”（见图 4.68），以便于对全班同学的各科成绩进行分析统计。

	A	B	C	D	E	F	G	H	I
1	学号	姓名	性别	计算机应用	程序设计	大学英语	企业管理	总分	名次
2	04302101	杨妙琴	女	91	31	70	65	257	30
3	04302102	周凤连	女	85	35	60	42	222	37
4	04302103	白庆辉	男	70	38	46	71	225	36
5	04302104	张小静	女	73	43	75	99	290	18
6	04302105	郑敏	女	80	43	78	88	289	20
7	04302106	文丽芬	女	82	45	93	69	289	20
8	04302107	赵文静	女	84	46	96	65	291	17
9	04302108	甘晓聪	男	98	56	36	53	243	35

图 4.67　各科成绩表

成绩统计表				
课程	计算机应用	程序设计	大学英语	企业管理
参加考试人数	37	37	37	37
最高分	99	98	96	99
最低分	38	31	34	35
平均分	68.89	92.78	70	69.56
90-100(人)	6	8	8	4
80-89(人)	13	2	4	8
70-79(人)	6	13	10	10
60-69(人)	7	4	5	7
59以下(人)	5	10	10	8
及格率	86.49%	72.97%	72.97%	78.38%

图 4.68　成绩统计表

起初，他将所有的成绩表工作簿（见素材）全部打开，企图把各科成绩粘贴到图 4.67 中，结果发现粘贴后的单元格中却显示了出错信息，他手忙脚乱地忙活了半天，图 4.67 的要求都没有达到，就更别提完成图 4.68 的要求了。他只好硬着头皮一个一个去输入了，但这既容易出错，工作量又很大。不得已他向相关老师请教，经指点，他快速准确地完成了图 4.67 和图 4.68 两个工作表的制作，并顺利地对全班成绩进行了其他的分析统计工作，下面是他的解决方案。

二、解决方案

首先建立一个新的 Excel 工作簿，并打开所有的成绩表文件（见素材），将相应的工作表复制或导入到新建工作簿中。并按图 4.67 所示的要求，将内容复制到一个空白工作表中，特别注意，在复制分数时，必须使用“选择性粘贴”或引用其他工作表相应单元格的数据，否则就会显示出错信息。至于得到图 4.68 的结果嘛，就必须使用各种函数（如：COUNT、MAX、MIN、COUNTIF 以及 IF 等）来解决问题了！

三、知识要点

（1）数据的输入（文本数据、数值数据、日期/时间数据、自动填充）。

（2）工作表的编辑（工作表的插入、删除、重命名、复制和移动）。

（3）工作表的格式设置（数字格式、对齐方式、字体、边框、图案（底纹）、自动套用格式、条件格式设置及行高与列宽的设置）。

（4）公式与函数（SUM、AVERAGE、MAX、MIN、IF、COUNT、COUNTIF）的使用。

（5）图表的创建及其编辑。

（6）数据的管理分析（数据的简单排序、多条件排序、自动筛选、高级筛选、汇总）。

四、实训任务

任务1 制作“计算机应用”成绩登记表

操作提示：

① 新建一个工作簿，将工作簿命名为“学号后2位+姓名.xls”。

② 在工作表Sheet1中，利用素材“‘计算机应用’成绩.doc”完成图4.69所示的内容。

	A	B	C	D	E	F	I	J
1	《计算机应用》课程学生成绩登记表							
2	学号	姓名	性别	平时	第一次测试	第二次测试	平均成绩	计算机应用
3	04302101	杨妙琴	女	90	88	95	91	91
4	04302102	周凤连	女	93	78	88	86	85
5	04302103	白庆辉	男	75	62	78	72	70
6	04302104	张小静	女	78	65	80	74	73
7	04302105	郑敏	女	70	85	78	78	80
8	04302106	文丽芬	女	85	84	78	82	82
9	04302107	赵文静	女	90	80	85	85	84
10	04302108	甘晓聪	男	96	97	99	97	98
11	04302109	廖宇健	男	89	82	80	84	83
12	04302110	曾美玲	女	93	91	90	91	91
13	04302111	王艳平	女	99	98	99	99	99
14	04302112	刘显森	男	78	75	87	80	80
15	04302113	黄小惠	女	70	83	79	77	79
16	04302114	黄斯华	女	65	60	60	62	61

图4.69 “计算机应用”成绩表

③ 将各列的宽度调整到最适合的位置，将“第一次测试”“第二次测试”栏目的栏目名进行自动换行。将标题的字体设置为“黑体”，“18”号，粗体，并跨列居中。

④ 表头单元格区域设置：行高（30），水平、垂直居中，淡绿色底纹。

⑤ 表格数据区域单元格设置：字号（10）；垂直居中；学号内容左对齐，其他数据内容水平居中。

⑥ “计算机应用”成绩公式为：平时*0.2+第一次测试*0.45+第二次测试*0.35。

⑦ 通过减少小数位或ROUND函数，分别将“平均成绩”和“计算机应用”的结果以整数位呈现。

⑧ 工作表“Sheet1”更名为“计算机应用”。

任务2 生成各科成绩表

操作提示：

① 参见样例“成绩表.xls”，分别打开“程序设计”“大学英语”“企业管理”三个工作簿，

并将同名的工作表复制到“学号后 2 位+姓名.xls”的工作簿中。

② 将四个工作表的排列顺序调整为“计算机应用”“程序设计”“大学英语”“企业管理”。

③ 选择工作表“Sheet2”，并将工作表更名为“各科成绩表”。

④ 将“程序设计”工作表中“学号”“姓名”“性别”列的数据复制到“各科成绩表”中的相应位置。

⑤ 用选择性粘贴的方法分别将工作表“计算机应用”“程序设计”中的同名列粘贴到“各科成绩表”中；用引用单元格的方法将“大学英语”“企业管理”中的同名列引用到“各科成绩表”中的对应位置。**思考：**你觉得这两种方法各有何特点？

⑥ 分别计算每人的总分和名次（用 RANK 函数完成，注意相对引用与绝对引用的区别），并计算各科成绩的班级平均分（参见样例），要求四舍五入到小数点后两位。

任务 3 生成成绩统计表

操作提示：

① 在“学号后 2 位+姓名.xls”的工作簿中，选择工作表“Sheet3”，并将工作表更名为“统计表”。参见样例“成绩表.xls”中的“统计表”，如图 4.70 所示。

	A	B	C	D	E
1	成绩统计表				
2	课程	计算机应用	程序设计	大学英语	企业管理
3	参加考试人数				
4	最高分				
5	最低分				
6	平均分				
7	90-100(人)				
8	80-89(人)				
9	70-79(人)				
10	60-69(人)				
11	59以下(人)				
12	及格率				

图 4.70　成绩统计空表

② 利用 COUNT 函数计算四门课程参加考试的人数。

必须引用“各科成绩表”相应区域的数据，如：“=COUNT(各科成绩表!D2:D38)”，下同。

③ 分别利用 MAX 函数与 MIN 函数计算四门课程中的最高分数与最低分数。

④ 将“各科成绩表”工作表中四门课程的班级平均分引用到平均分行中。计算“计算机应用”课程的平均成绩：=各科成绩表!D39。

⑤ 用 COUNTIF 函数分别统计出各门课程中各分数段的人数。

90～100 分数段：=COUNTIF(各科成绩表!D2:D38，">=90")；

80～89 分：=COUNTIF(各科成绩表!D2:D38，">=80")－COUNTIF(各科成绩表!D2:D38，">=90")　或　=COUNTIF(各科成绩表!D2:D38，">=80")－B7；

70～79 分：=COUNTIF(各科成绩表!D2:D38，">=70")－COUNTIF(各科成绩表!D2:D38，">=80")或=COUNTIF(各科成绩表!D2:D38，">=70")－B7－B8。

其余以此类推。

⑥ 分别计算四门课程中的及格率，效果图如 4.68 成绩统计表所示。

任务 4　制作成绩统计图

操作提示：

利用图表向导绘制成绩统计图，如图 4.71 所示为成绩统计图。

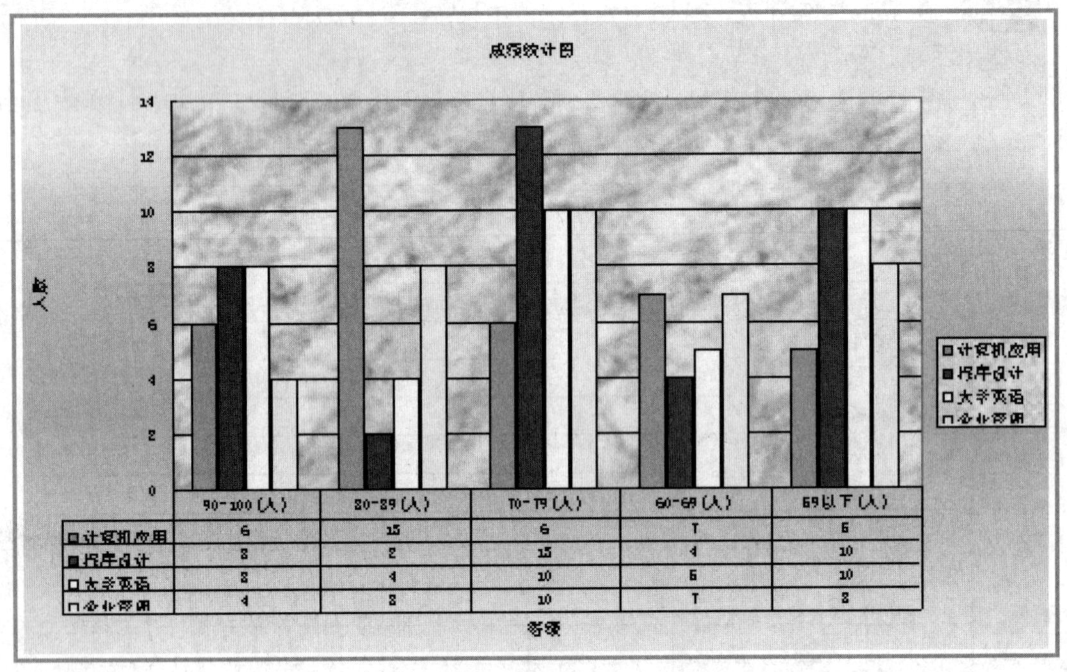

图 4.71　成绩统计图

制作要求：

① 图表类型用簇状柱形图；数据系列产生在列。

② 图表标题为“成绩统计图”；分类（X）轴为等级；数值（Y）轴为人数。

③ 图表区域的填充效果用“麦浪滚滚”；图例格式的填充效果用“蓝色面巾纸”。

④ 绘图区格式的填充效果用纹理“白色大理石”。

任务 5　根据“各科成绩表”制作“各科等级表”

操作提示：

① 利用函数及条件格式制成各科等级表，如图 4.72 所示为各科等级表。

学号	姓名	性别	计算机应用	程序设计	大学英语	企业管理
04302101	杨妙琴	女	及格	C	C	D
04302102	周风连	女	及格	D	D	E
04302103	白庆辉	男	及格	C	E	C
04302104	张小静	女	及格	A	C	A
04302105	郑敏	女	及格	A	C	B
04302106	文丽芬	女	及格	缺考	A	D
04302107	赵文静	女	及格	E	A	D
04302108	甘晓聪	男	及格	C	E	E
04302109	廖宇健	男	及格	B	E	C
04302110	曾美玲	女	及格	E	D	D
04302111	王艳平	女	及格	C	E	A
04302112	刘显森	男	及格	C	A	B
04302113	黄小惠	女	及格	B	C	B
04302114	黄斯华	女	及格	A	A	E
04302115	李平安	男	不及格	缺考	A	C
04302116	彭秉鸿	男	及格	D	C	B

图 4.72　各科等级表

② 插入一个新的工作表，并将工作表命名为“各科等级表”。

③ 将“各科成绩表”中“学号”“姓名”“性别”列的数据复制到“各科等级表”中的相应位置。

④ 利用 If 函数对“各科成绩表”工作表中“计算机应用”成绩在 60 分以上的设置为“及格”，否则设置为“不及格”。

⑤ 利用 If 嵌套函数对“各科成绩表”工作表中其他三门课程进行如下设置：成绩在 90 分以上的设置为“A”；成绩在 80 ~ 89 分之间的设置为“B”；成绩在 70 ~ 79 分之间的设置为“C”；成绩在 60 ~ 69 分之间的设置为“D”；成绩小于 60 分的设置为“E”。

⑥ 利用条件格式将“不及格”或等级为“E”的单元格设置成“黄色底纹红色加粗字体”。

任务 6　各科成绩表自动筛选与高级筛选（见图 4.73、4.74）

	A	B	C	D	E	F	G	H	I
1	学号	姓名	性别	计算机应	程序设计	大学英语	企业管理	总分	名次
23	04302122	孙娜	女	82	75	46	54	257	28
38	04302137	李妙嫦	女	81	74	96	78	329	5

图 4.73　成绩表自动筛选

操作提示：

① 把“各科成绩表”工作表复制一份，并将工作表改名为“自动筛选”。

② 在“自动筛选”工作表中，将同时满足以下三个条件：

A. “性别”为“女”。

B. 姓“李”或名字中最后一个字为“娜”。

C. “大学英语”的成绩为 90 分以上或不及格的记录筛选出来。

	A	B	C	D	E	F	G	H	I
1	学号	姓名	性别	计算机应用	程序设计	大学英语	企业管理	总分	名次
5	04302104	张小静	女	73	95	75	99	342	2
6	04302105	郑敏	女	80	98	78	88	344	1
16	04302115	李平安	男	54	缺考	91	77	222	37
21	04302120	赵宝玉	男	52	56	34	96	238	34
27	04302126	黄莉	女	89	94	68	91	342	2
38	04302137	李妙嫦	女	81	74	96	78	329	5

图 4.74 成绩表高级筛选

操作提示：

① 把“各科成绩表”工作表复制一份，并将工作表改名为“高级筛选”。

② 在“高级筛选”工作表中，将名次在前 5 名的女同学或名次在后 5 名的男同学的记录筛选出来。

五、练习与提高

在完成实训 8 的基础上，利用素材“个人身份表.xls”中身份证号码提取部分个人信息，完成如图 4.75 所示出生年月、年龄、性别及户籍个人信息的填充。

A	B	C	D	E	F	G
序号	姓名	身份证号	出生年月	年龄	性别	户籍
1	曹康	612326199703291315				
2	付伟	612322199509066514				
3	王芳	612321199602081745				
4	黄升	612328199601204615				
5	候秀霞	612322199611232324				
6	刘娜	612328199702114669				
7	蒋伟	612323199407127315				
8	张杰	612301199512042106				
9	甘露	612324199304170038				
10	李伟	612327199507230714				
11	徐百灵	612327199612080721				
12	叶晓志	612327199507050713				
13	欧小伟	61232719951008641x				
14	曹金凤	612321199705175204				
15	徐波	612328199708170419				
16	史斐	612321199609034260				
17	吴飞	61232219960101302x				
18	石辉	612301199611075640				
19	张亚林	612324199701071113				
20	王斗艳	612329199703112017				
21	陈甜	612325199601051529				
22	徐伟	612324199502121879				
23	田伟	612326199908082655				

图 4.75 个人信息表

说明：公民身份证号码由十七位数字本体码和一位校验码组成。排列顺序从左至右依次为：六位数字地址码、八位数字出生日期码、三位数字顺序码和一位数字校验码。其中，前六位为地址码，表示编码对象常住户口所在县（市、旗、区）的行政区划代码。第七位至十四位为出生日期码，表示编码对象出生的年、月、日。第十五位至十七位为顺序码，表示在同一地址码所标识的区域范围内，对同年、同月、同日出生的人编定的顺序号，顺序码的奇数分配给男性，偶数分配给女性。最后一位是校验码。

操作提示：

① 打开素材“个人身份表.xls”工作簿中的“身份证”表与“户籍”表，如图 4.76、4.77 所示。

A	B	C
序号	姓名	身份证号
1	曹康	612326199703291315
2	付伟	612322199509066514
3	王芳	612321199602081745
4	黄升	612328199601204615
5	候秀霞	612322199611232324
6	刘娜	612328199702114669
7	蒋伟	612323199407127315
8	张杰	612301199512042106
9	甘露	612324199304170038
10	李伟	612327199507230714
11	徐百灵	612327199612080721
12	叶晓志	612327199507050713
13	欧小伟	61232719951008641x

图 4.76 身份证对照表

	A	B
1	身份证前六位	代表户籍
2	612301	陕西省汉中市汉台区
3	612321	陕西省汉中市南郑县
4	612322	陕西省汉中市城固县
5	612323	陕西省汉中市洋 县
6	612324	陕西省汉中市西乡县
7	612325	陕西省汉中市勉 县
8	612326	陕西省汉中市宁强县
9	612327	陕西省汉中市略阳县
10	612328	陕西省汉中市镇巴县
11	612329	陕西省汉中市留坝县
12	612330	陕西省汉中市佛坪县

图 4.77 身份证与户籍对照表

② 将“个人身份表.xls”工作簿中的表“Sheet3”更名为“个人信息提取”，并把“身份证”表的内容复制过来。

③ 参照图 4.75 个人信息表添加对应的“出生年月、年龄、性别及户籍”列。

④ 出生年月获取。

在“个人信息提取”表的 D2 单元格的位置输入“=year(today()) - mid(C2，7，4)”，然后将 D2 单元格向下自动填充到 D24。

⑤ 年龄计算。

在 E2 单元格的位置输入“=year(today()) - mid(C2，7，4)”，然后将 E2 单元格向下自动填充到 E24。

⑥ 性别的提取。

在 F2 单元格的位置输入“=year(today()) - mid(C2，7，4)”，然后将 F2 单元格向下自动填充到 F24。

⑦ 户籍确定。

在 G2 单元格的位置输入“=VLOOKUP(C2，户籍!$A$2:$B$12，2)”，然后将 G2 单元格向下自动填充到 G24。

注意：在“个人信息提取”表中，户籍确定公式中要调用“户籍”表的单元格数据。公式“=VLOOKUP(C2，户籍!$A$2:$B$12，2)”在单元格引用的前面加上工作表的名称——户籍以及一个感叹号。

实训 9 用 Excel 制作自动评分计算表

一、任务描述

公司拟举行演讲比赛，小王为了准确、快捷地统计出每位选手的总分及排名并考虑到比赛公正、避免评委相互影响，小王决定为每位评委设计一张评分表，如图 4.78 所示。同时利用 Excel 强大的计算功能再制作一张“演讲比赛总分表”，如图 4.79 所示。以便于每位选手演讲结束，评委打完分后迅速得到选手的总分及名次。

	A	B	C
1	演讲比赛评分表		
2	选手编号	评委打分	备注
3	1	9.8	
4	2	9.6	
5	3	9.1	
6	4	9.3	
7	5	9.2	
8	6	9.6	
9	7	9.3	
10	8	9.4	
11	9	9.3	
12	10	9.2	

图 4.78 评委评分表

	A	B	C	D	E	F	G	H	I	J
1	演讲比赛总分表									
2	编号	评委1	评委2	评委3	评委4	评委5	评委6	评委7	总分	名次
3	1									
4	2									
5	3									
6	4									
7	5									
8	6									
9	7									
10	8									
11	9									
12	10									

图 4.79 演讲比赛总分表

二、解决方案

首先为每个评委建立一个工作簿，并分别命名为评委-1.xls、评委-2.xls、评委-3.xls……评委-7.xls，并为防止他人擅自打开，设置工作簿打开权限。其次建立“演讲比赛总分表”工作簿，并根据评分原则“去掉一个最高分和最低分，其余评委分相加”设置对应公式计算出最终得分与名次。

三、知识要点

（1）跨工作簿引用数据、文件共享。

（2）设置打开工作簿密码。

（3）SUM，MAX，MIN，RANK 函数的综合应用。

四、实训任务

任务一 建立如图 4.78 所示的评委评分表

操作提示：

① 启动 excel2003，新建一空白工作簿。

② 在 Sheet1 工作表中，仿照如图 4.78 所示的样式，制作一份空白表格。

③ 执行“文件→保存”命令，打开“另存为”对话框，如图 4.80 所示。

④ 单击工具条上“工具”按钮，选择“工具”→“常规选项”，打开“保存选项”对话框，如图 4.81 所示，设置好打开权限密码后，确定返回。

说明：A. 密码需要重新确认输入一次。B. 此处只需要设置“打开权限密码”，如果设置了“修改权限密码”，则评委在保存评分时，必须提供密码，反而造成不必要的麻烦。

⑤ 然后取名（评委 1.xls）保存。

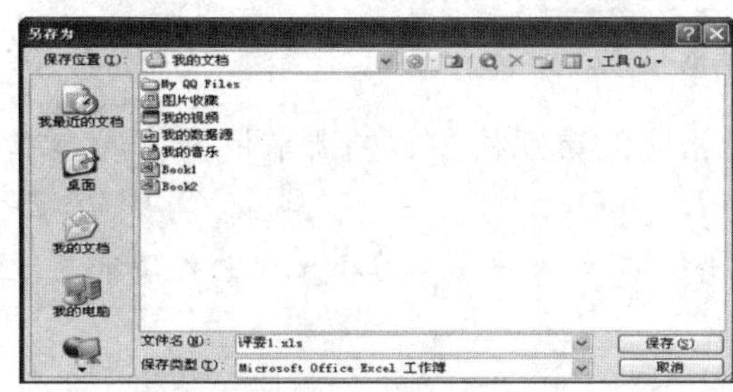

图 4.80 保存对话框

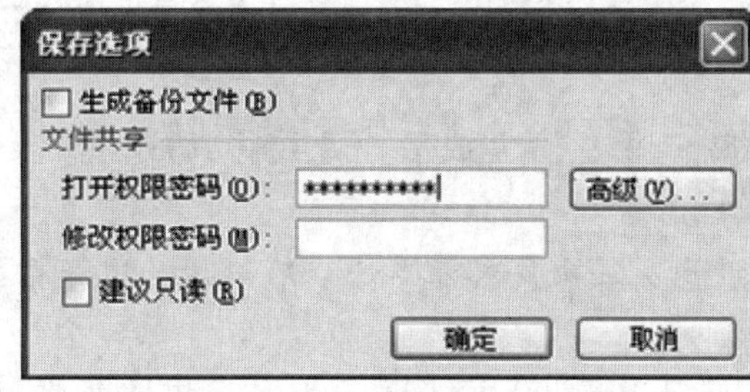

图 4.81 密码对话框

⑥ 再执行“文件→另存为”命令，再次打开“另存为”对话框，然后仿照上面的操作设置一个密码后，另取一个名称（评委 2.xls）保存。

⑦ 重复第 6 步的操作，按照评委数目，制作好多份工作表（此处为 7 份）。

任务二 汇总表的制作

操作提示：

① 新建一工作簿，仿照图 4.79 所示的样式，制作一张空白表格。

② 分别选中 B3 至 H3 单元格，依次输入公式“=[评委 1.xls]sheet1!B3、=[评委 2.xls]sheet1!B3……=[评委 7.xls]sheet1!B3”，用于调用各评委给第一位选手的评分。

说明：将评委评分表和汇总表保存在同一文件夹内。

③ 总分的计算规则为“去掉一个最高分和最低分”，选中 I3 单元格，输入公式“=SUM(B3:H3) – MAX(B3:H3) – MIN(B3:H3))/5”，用于计算选手的最后平均得分。

④ 选中 J3 单元格，输入公式“=RANK(J3,$J$3:$J$12)”，用于确定选手的名次。

⑤ 同时选中 B3 至 H3 单元格区域，用“填充柄”将上述公式复制到下面的单元格区域，完成其他选手的成绩统计和名次的排定。

⑥ 取名（演讲比赛总分表.xls）保存该工作簿。

说明：在保存汇总表的时候，最好设置“打开权限密码”和“修改权限密码”。

任务三 电子评分表及总分表的使用

操作提示：

① 将工作簿文件放在局域网上某台电脑的一个共享文件夹中，供各位评委调用。

说明：当我们移动整个工作簿所在的文件夹时，系统会自动调整公式相应的路径，不影响表格的正常使用。

② 开始前，将工作簿名称和对应的打开权限密码分别告知不同的评委，然后通过局域网，让每位评委打开各自相应的工作簿文档。

注意：评委在打开文档中，系统会弹出一个如图 4.82 所示的对话框，输入“打开权限密码”，确定即可。

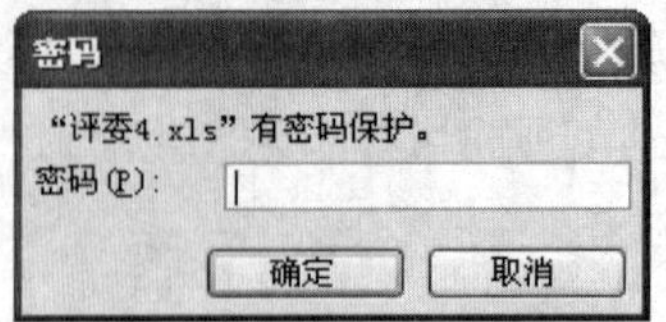

图 4.82 密码对话框

③ 选手比赛完成后，评委将其成绩输入到相应的单元格中，并要求评委执行一下保存操作。

注意：每次要求评委评分后执行一次保存操作，其目的是为了防止出现意外情况而造成数据丢失。

④ 比赛结束后，只要打开“演讲比赛总分表.xls”工作簿，即可公布比赛结果了，如图 4.83 所示。

	A	B	C	D	E	F	G	H	I	J
1	演讲比赛总分表									
2	编号	评委1	评委2	评委3	评委4	评委5	评委6	评委7	总分	名次
3	1	9.4	9.9	9.8	9.1	9.6	9.7	9.9	9.68	1
4	2	9.6	9.5	9.5	9.9	9.6	9.3	9.6	9.56	3
5	3	9.7	9.4	9.1	9.6	9.4	9.1	9.7	9.44	5
6	4	9.1	9.3	9.2	9.8	9.3	9.7	9.3	9.36	6
7	5	9.2	9.8	9.2	9.2	9.2	9.2	9.8	9.32	9
8	6	9.1	9.6	9.7	9.6	9.9	9.9	9.6	9.68	2
9	7	9.3	9.1	9.3	9.3	9.3	9.3	9.8	9.3	10
10	8	9.6	9.6	9.5	9.4	9.5	9.1	9.4	9.48	4
11	9	9.5	9.3	9.3	9.1	9.3	9.3	9.5	9.34	7
12	10	9.9	9.7	9.1	9.2	9.4	9.2	9.2	9.34	7

图 4.83 汇总结果表

说明：在打开“演讲比赛总分表.xls”工作簿时，系统会弹出如图 4.84 所示的对话框，请单击其中的“更新”按钮。

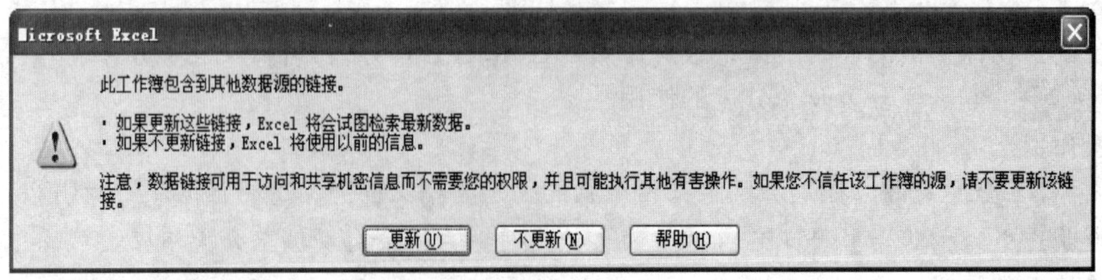

图 4.84 更新对话框

小结：本实训项目主要是练习不同工作簿之间数据的引用，掌握数据引用的格式和方法；区别跨表引用和跨工作簿引用数据的不同；为了保护数据，可以给工作簿设置打开密码，以勉数据被随意更改；灵活使用函数以得到我们想要的数据，利用 RANK 函数在不改变记录顺序的情况下，给每位选手一个正确的名次。

五、练习与提高

新学期刚开始，班主任闫老师遇到了一个难题：学院根据学生填报的志愿重新分了班，教务处给出了一个只包含新班级学生的学号的 Excel 表格，见图 4.85。学生的其他信息只能从分班前旧表中获取，见图 4.86。

	A	B	C	D	E	F	G	H
1	护理6班(新)学生英语成绩							
2	学号	姓名	大学英语	总分	英语等级	奖品	加分率	新总分
3	05302330							
4	05302207							
5	05302515							
6	05302221							
7	05302320							
8	05302501							
9	05302218							
10	05302534							
11	05302105							
12	05302504							
13	05302401							
14	05302104							
15	05302126							
16	05302428							
17	05302423							
18	05302314							
19	05302226							
20	05302533							

图 4.85　新班信息表

	A	B	C	D	E	F	G	H	I	J
1	班级	学号	姓名	性别	计算机应用	病理学	大学英语	护理导论	总分	平均分
2	一班	05302101	杨妙琴	女	91	73	70	65	299	75
3	一班	05302102	周凤连	女	85	66		42	193	64
4	一班	05302103	白庆辉	男	70	79	46	71	266	67
5	一班	05302104	张小静	女		95	53	99	247	82
6	一班	05302105	郑敏	女	80	98	78	88	344	86
7	一班	05302106	文丽芬	女	82	43	93	69	287	72
8	一班	05302107	赵文静	女	84	31	96	65	276	69
9	一班	05302108	甘晓聪	男	98		36	53	187	62
10	一班	05302109	廖宇健	男	83	84	35	74	276	69
11	一班	05302110	曾美玲	女	91	35	61	67	254	64
12	一班	05302111	王艳平	女	99	79	47		225	75
13	一班	05302112	刘显森	男	80	74	96	86	336	84
14	一班	05302113	黄小惠	女	79	85	76	81	321	80
15	一班	05302114	黄斯华	女	61	94	94	47	296	74
16	一班	05302115	李平安	男	54	56	91	77	278	70
17	一班	05302116	彭秉鸿	男		62	72	87	221	74
18	一班	05302117	林巧花	女	92	71	82	41	286	72
19	一班	05302118	吴文静	女	82	72	92	75	321	80
20	一班	05302119	何军	男	60	91	83	77	311	78

图 4.86　分班前信息表

现在闫老师要填写新班级学生的信息。根据以往的经验，他只能一个一个去查找然后粘贴了，但这既容易出错，工作量又很大。于是他向相关老师请教，经指点，才知道用 VLOOKUP 函数可以很容易地解决这个问题，于是很快完成了学生成绩的查询和统计工作。

在 Excel 中查找函数 VLOOKUP 应用非常广泛。它的功能是，在数据区域的第一列中查找指定的数值，并返回数据区域当前行中指定列处的数值。其中 VLOOKUP 的语法为：

VLOOKUP(lookup_value，table_array，col_index_num，range_lookup)。

操作提示：

① 在“护理 6 班(新)”表中，根据学号，应用 VLOOKUP 函数填写出一班学生的“姓名”“大学英语”和“总分”，对没有成绩的填写“缺考”。

另外学校要对上学期“大学英语”考试成绩是“优秀”和“良好”的学生进行奖励。奖励办法见素材中表“奖品及加分”，其中“大学英语”考试成绩是“优秀”的同学总分增加 2%，“良好”的总分增加 1%，请利用“学生信息(素材).xls”给出的数据。

② 用 VLOOKUP 函数填写一班学生的“英语等级”，对缺考的学生填写“英语缺考”。

③ 根据表“奖品及加分”，用 VLOOKUP 函数计算一班学生的“奖品”和“加分率”，其中“加分率”用百分比格式表示。

④ 用 IF 和 ISERROR 函数，使英语等级不是“优秀”和“良好”的学生的“奖品”为空，“加分率”是 0，而不显示错误值“#N/A”。

⑤ 新总分=总分×（1+加分率）。计算出每个学生的“新总分”。

巩固练习

选择题

1. 在 Excel 工作表的单元格中，如要输入数字字符 545000(邮政编码)时，应输入(　　)。

A. 545000　　B. "545000"　　C. '545000　　D. 545000'

2. 在工作表单元格中，不显示结果 110 的输入数据是（　　）。

A. ="10"&"100"　　B. =100+10　　C. ="10"+"100"　　D. =100+"10"

3. 在 Excel 工作表中，单元格区域 B2:D4 所包含的单元格个数为（　　）。

A. 10　　B. 12　　C. 9　　D. 8

4. 启动 Excel 新建的第一个工作簿，其默认的工作簿名为（　　）。

A. Book1　　B. 未命名　　C. Untitled　　D. 文档 1

5. 在 Excel 中，若希望确认工作表上输入数据的正确性，可以为单元格区域指定(　　)。

A. 有效性条件　　B. 条件格式　　C. 无效范围　　D. 正确格式

6. 在单元格中输入文字时，如需要文字能自动换行，可利用“单元格格式”对话框的（　　）选项卡，选择“自动换行”。

A. 对齐　　B. 自动换行　　C. 边框　　D. 数字

7. 在 Excel 中，若要重新命名某个工作表，可以采用（　　）。

A. 单击该工作表标签　　B. 双击该工作表标签

C. 单击表格标题行　　D. 双击表格标题行

8. 若要选取多个不连续的单元格区域，应使用（　　）键加鼠标单击。

A. Ctrl　　B. Shift　　C. Alt　　D. Tab

9. 设置 Excel 工作表“打印标题”的作用是（　　）。

A. 在首页突出显示标题　　B. 在首页打印出标题

C. 在每一页都打印出标题　　D. 作为文件存盘的名字

10. 在 Excel 中，按某一字段内容进行归类，并对每一类作出统计的操作是（　　）。

A. 分类排序　　B. 记录单处理　　C. 筛选　　D. 分类汇总

11. 在 Excel 中复制公式时，为使公式中（　　）的，必须使用绝对地址（引用）。

A. 单元格地址随新位置而变化　　B. 范围随新位置而变化

C. 范围不随新位置而变化　　D. 范围大小随新位置而变化

12. 建立图表时，最后一个对话框是确定（　　）。

A. 图表类型　　B. 图表的数据源　　C. 图表选项　　D. 图表的位置

13. 在 Excel 2003 中，如果在工作表中某个位置插入了一个单元格，则（　　）。

A. 原有单元格被删除

B. 原有单元格必定右移

C. 原有单元格根据选择或者右移，或者下移

D. 原有单元格必定下移

14. 如果将 C4 单元格中的公式“=B4+$D6”复制到同一工作表的 E7 单元格中，该单元格的公式为（　　）。

A. =B4+$D6　　B. =E7+$D9　　C. =D7+$D9　　D. =D7+$D6

15. 在 Excel 2003 中，用（　　）菜单中的命令来为工作表创建副本。

A. 编辑　　B. 格式　　C. 工具　　D. 数据

16. 在 Excel 2003 中，删除了一张工作表后，（　　）。

A. 被删除的工作表可以被恢复到原来位置

B. 被删除的工作表无法恢复

C. 被删除的工作表可以被恢复为最后一张工作表

D. 被删除的工作表可以被恢复为首张工作表

17. 在 Excel 工作表中，（　　）是单元格的混合引用。

A. F7　　B. $F7　　C. $F$7　　D. 以上均不是

18. 在 Excel 工作界面中，（　　）将显示在名称框中。

A. 工作表名称　　B. 行号　　C. 列标　　D. 当前单元格地址

19. Excel 2003 的运算符有算术运算符、比较运算符、文本运算符，其中“&”属于（　　）。

A. 算术运算符　　B. 比较运算符　　C. 文本运算符　　D. 逻辑运算符

20. 在 Excel 2003 中，关于数据清单的说法正确的是（　　）。

A. 数据清单中不能有空单元格　　B. 数据清单就是工作表

C. 数据清单中不能有空行　　D. 每一行叫作一个字段

21. Count 是 Excel 的一个函数，它的用途是计算所选单元格的（　　）。

A. 单元格的个数　　B. 有数值的单元格的个数

C. 数据的和　　D. 数值的和

22. 在单元格中输入（　　），使该单元格显示 0.3。

A. =6/20　　B. 6/20　　C. “6/20”　　D. =“6/20”

23. 在 Excel 2003 中参数必须用（　　）括起来，以告诉公式参数开始和结束的位置。

A. 中括号　　B. 双引号　　C. 圆括号　　D. 单引号

24. Excel 图表是动态的，当在图表中修改了数据系列的值时，与图表相关的工作表中的数据（　　）。

A. 出现错误值　　B. 不变

C. 自动修改　　D. 用特殊颜色显示

25. 求工作表中 C1 到 C6 单元格中数据的和不可用的是（　　）。

A. =C1+C2+C3+C4+C5+C6　　B. =SUM（C1:C6）

C. =（C1+C2+C3+C4+C5+C6）　　D. =SUM（C1+C6）

26. Excel 2003 中，在进行自动分类汇总之前，必须对数据清单进行（　　）。

A. 排序　　B. 有效计算　　C. 筛选　　D. 建立数据库

27. 在 Excel 2003 中，“排序”中提供了三个关键字及其排序方式，其中（　　）。

A.“主要关键字”必须指定　　B. 主、次关键字必须指定

C. 三个关键字都必须指定　　D. 三个关键字都不必指定

28. 在 Excel 编辑中，单元格中文字默认的对齐方式是（　　）。

A. 文字、数值左对齐　　B. 文字左对齐，数值右对齐

C. 文字、数值右对齐　　D. 文字、数值居中

29. 已知在 D4 单元格中输入的是公式：=C5+F3，若用“复制+粘贴”的方法将 D4 复制到 H10，则 H10 中存放的是（　　）。

A. 和 D4 相等的数　　B. 错误信息否

C. 公式：= G11+J9　　D. 无法确定

30. 在 Excel 2003 的单元格内输入日期时，年、月份分隔符可以是（　　）。

A. “/”或“-”　　B. “ ”或“｜”

C. “/”或“\”　　D. “\”或“-”

阅读资料

相对于 Microsoft Office Excel 2003, Microsoft Office Excel 2010 在界面和功能等几乎各个方面都有了很大的改进。Excel 2003 工作界面由传统的菜单栏、工具栏等组成，Excel 2010 中却几乎找不到菜单栏和工具栏的影子。这个根本上的变化让很多初次接触的用户感到无从下手，但真正熟悉 Excel 2010 以后会发现使用它更加方便、快捷、智能化。下面，我们从 Excel 2010 与 Excel 2003 的工作界面和新增功能两个方面进行比较。

1. Excel 2010 与 Excel 2003 工作界面的区别

下图 4.87 是 Excel 2010 的工作界面。

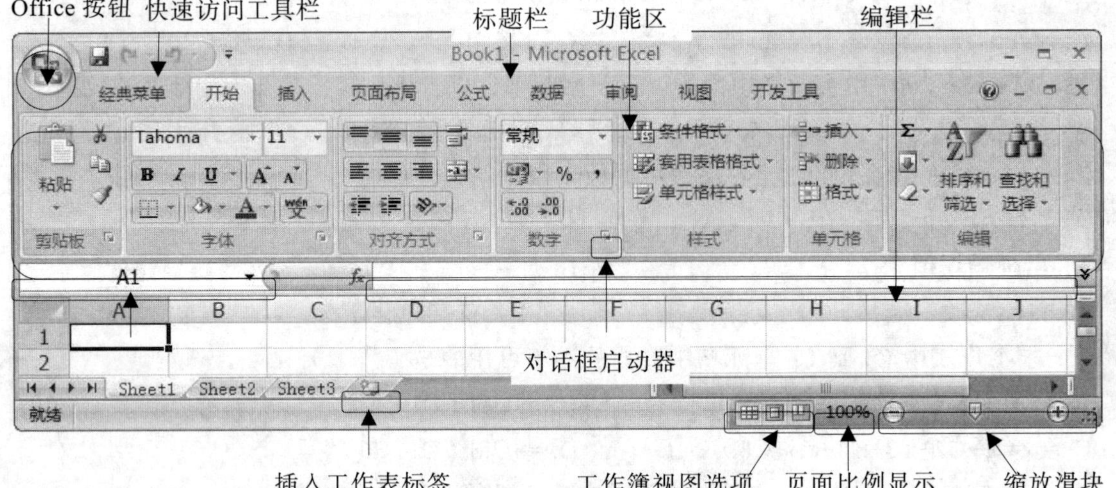

图 4.87　Excel 2010 的工作界面

① Office 按钮。与 2010 版的其他 Office 组件一样，Excel 2010 窗口的左上角是 office 按钮，Office 按钮功能和 2003 版本的 Office 组件的菜单栏中的“文件”菜单的功能一样。

② 快速访问工具栏。在默认状态下，Excel 2010 快速访问工具栏位于 Excel 窗口的顶部，如下图 4.88 所示。用户可自定义快速访问工具栏，添加经常使用的工具。

图 4.88　Excel 2010 快速访问工具栏

③ 功能选项卡和功能区。与 2010 版的其他 Office 组件一样，Excel 2010 将软件功能进行了分类，分别放在相应的功能区中，功能选项卡与功能区是对应的关系。单击某个选项卡即可打开相应的功能区，分别集中相应的功能命令按钮。同时，一些命令按钮旁有下拉箭头，含有相关的功能选项。在一些功能区的右下角有一个小图标，称为“对话框启动器”按钮，单击它将打开相关的对话框或任务窗格，以进行更详细的设置。

④ 插入工作表标签。Excel 2010 在工作表标签的右侧增加了一个“插入工作表”标签，单击该标签即可插入新工作表，使插入新工作表的操作更为快捷。

⑤ 工作簿视图选项。Excel 2010 在状态栏默认添加了工作簿视图选项的几个按钮，基中有一个是“页面布局”按钮，点击该按钮可看到工作表的不同页面，这个页面视图类似于打印预览、页面设置和普通视图的组合，便于看到页面的打印显示。

2. Excel 2010 新增的主要功能简介

Excel 2010 除了工作界面与 Excel 2003 相比有了很大的改变，项目数量以及功能也新增了不少，新增的功能除了前面提到的“页面布局”以外，主要还有以下功能：

① 图表更为美观。虽然 Excel 2010 的图表类型没有增加，但在图表区格式的设置方面变化更为丰富，图表的美观程度有了很大的提高，很具观赏性。

② SmartAt。Excel 2010 虽然是以数值处理功能而著称的，但与 2010 版的其他 Office 组件一样新增了 SmartAt 功能，可以使图形添加阴影、映像、发光和其他特殊效果。

③ 公式记忆式键入。Excel 2010 新增了“公式记忆式键入”功能，使公式的键入更加简单方便。当用户开始键入公式时，Excel 2010 显示不断更新的匹配项的下拉列表，还包括每一项的描述。用户可用 Tab 键或双击鼠标进行确认。

④ 增强条件格式。在单元格的格式化设置中，“条件格式”设置能更方便地突出某些值，Excel 2003 只能设置三个“条件”，但 Excel 2010 取消了对条件数的限定，并且还新添加了数据条、色阶和图标集选项，使单元格的条件格式更加丰富多彩。

⑤ 迷你图。“迷你图”是在这一版本 Excel 中新增加的一项功能，使用迷你图功能，可以在一个单元格内显示出一组数据的变化趋势，让用户获得直观、快速的数据的可视化显示，对于股票信息等来说，这种数据表现形式将会非常适用。在 Excel 2010 中，迷你图有三种

样式，分别是：折线图、直列图、盈亏图。不仅功能具有特色，其使用时的操作也很简单，先选定要绘制的数据列，挑选一个合适的图表样式，接下来再指定好迷你图的目标单元格，确定之后整个图形便成功地显示出来。

以上比较的只是 Excel 2010 与 Excel 2003 的部分区别，我们可以感受到 Excel 2010 更为人性化的智能设计。如果能熟练掌握 Excel 2010，那么它一定会使你的工作更为高效。

项目五　PowerPoint 演示文稿

工作情景

在信息化技术广泛应用的今天，各机关单位、公司企业中，平时的工作汇报及交流不仅仅局限于口头上的表述，更需要形象化地表现出来。公司需要小王用现代化的宣传手段，将业务部的业务成绩展示出来，以便将业务部的经验在全公司推广。

解决措施

Microsoft Office PowerPoint 2003（以下简称 PowerPoint 2003）是 Microsoft Office 2003 办公室套装软件的一个重要组成部分，专门用于设计、制作信息展示领域（如讲演、作报告、各种会议、产品演示、商业演示等）的各种电子演示文稿，使演示文稿的编制更加容易和直观。在以前版本的基础上，PowerPoint 2003 的功能有了较大改进和更新，使得通过 Web 对演示文稿的共享和协作更加简单，允许用户向处于不同地域的人们加以演示并与其合作。此外，它还改进了图表、绘图、图片、文本和输出方式，从而使演示文稿的编制和演示更加容易，极大地增强了其用途。

知识与能力目标

（1）了解 PowerPoint 2003 的视图方式，熟悉 PowerPoint 的工作界面。

（2）使用设计模版创建演示文稿（选择版式；文字的输入与格式化；插入图片、声音或影片；插入表格或图表；选择配色方案与背景）。

（3）能进行幻灯片的插入、移动和删除等操作。

（4）能设置自定义动画、超链接、幻灯片的切换方式及演示文稿的放映方式。

5.1　任务：制作工作项目汇报演示文稿

小王负责一个工程，需要分阶段向公司相关部门汇报该项目的进度情况。传统的手写式工作项目汇报已不能满足新时代的工作需要了，如何把这种枯燥无味的工作变得轻松有趣，用一种新颖的方式表现出来，向上级和同事展示自己的才能和创造力，这是当前处于信息时代新形势下的工作者必须考虑的事情。做好这件事情的解决方案之一就是用 PowerPoint 2003 把手写式工作项目汇报实行电子信息化，从而使工作更简单和省时、省力，同时也可使枯燥无味的工作变得轻松有趣。

任务分析

完成此工作任务的步骤是：① 认识 PowerPoint 2003 的工作界面。② 使用设计模板创建演示文稿。③ 幻灯片的插入、移动与删除。④ 保存演示文稿。

5.1.1 认识 PowerPoint 2003 软件

1. 熟悉 PowerPoint 2003 的工作界面

启动 PowerPoint 2003 后出现如图 5.1 所示的工作界面。在使用前，首先对其工作界面进行介绍。

图 5.1　PowerPoint 2003 的工作界面

（1）标题栏：显示软件的名称（Microsoft PowerPoint）和当前打开的文档名称（演示文稿 1）。在其右侧是常见的“最小化、最大化/还原及关闭”按钮。

（2）菜单栏：通过展开其中的每一个菜单，选择相应的命令项，完成演示文稿的所有编辑操作。其右侧也有“最小化、最大化/还原及关闭”三个按钮，不过它们是用来控制当前文档的。

（3）工具栏：将一些最为常用的命令按钮，集中在本工具栏上，以方便调用。

（4）任务窗格：这是 PowerPoint 2003 新增的一个功能，利用这个窗口，可以完成编辑演示文稿的一些主要工作任务。

（5）工作区：编辑幻灯片的工作区，制作出的一张张图文并茂的幻灯片，就在这里向用户展示。

（6）备注区：用来编辑幻灯片的一些“备注”文本。

（7）大纲窗格：在本区中，通过“大纲视图”或“幻灯片视图”可以快速查看整个演示文稿中的任意一张幻灯片。

（8）绘图工具栏：可以利用上面相应按钮，在幻灯片中快速绘制出相应的图形。

（9）状态栏：在此处显示出当前文档相应的某些状态要素。

2. PowerPoint 2003 的视图方式

PowerPoint 2003 中的视图方式可以分为普通视图方式和幻灯片浏览视图方式。

Microsoft PowerPoint 具有许多不同的视图，可帮助用户创建演示文稿。PowerPoint 中最常使用的两种视图是普通视图和幻灯片浏览视图。单击 PowerPoint 窗口左下角的按钮可在视图之间轻松地进行切换，如图 5.2 所示。

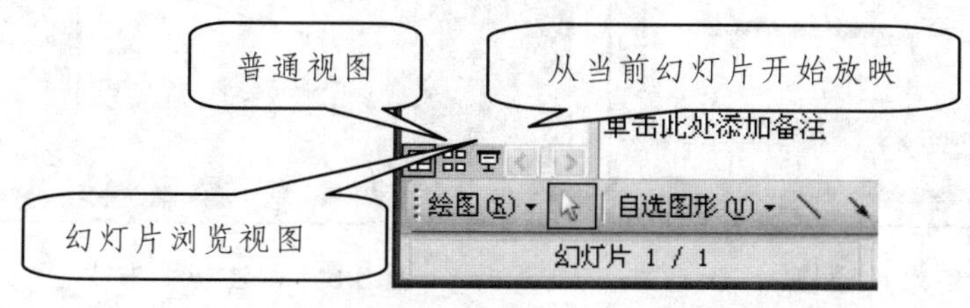

图 5.2　视图放映切换

（1）普通视图。

普通视图包含三种窗格，即大纲窗格、幻灯片窗格和备注窗格。这些窗格使得用户可以在同一位置使用演示文稿的各种特征。拖动窗格边框可以调整窗格的大小。

① 大纲窗格：如图 5.3 所示，使用大纲窗格可组织和开发演示文稿中的内容。可以键入演示文稿中的所有文本，然后重新排列项目符号、段落和幻灯片。

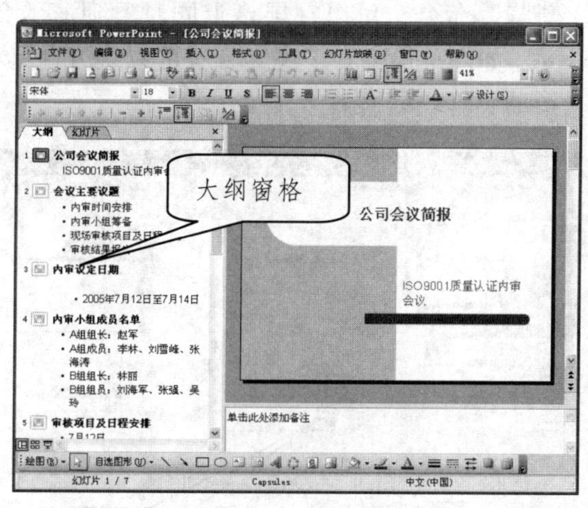

图 5.3　大纲窗格

② 幻灯片窗格：在幻灯片窗格中，可以查看每张幻灯片中的文本外观。可以在单张幻灯片中添加图形、影片和声音，并创建超级链接以及向其中添加动画。在图 5.1 中，按下“大纲窗格”右侧的“幻灯片”选项，屏幕将切换到幻灯片视图方式的窗格下，如图 5.4 所示。

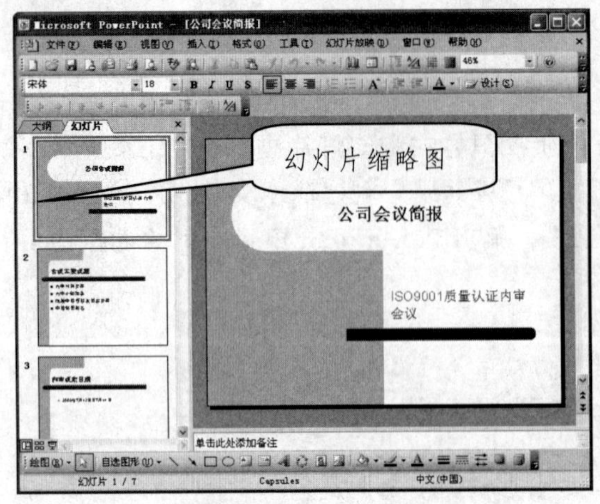

图 5.4 幻灯片窗格

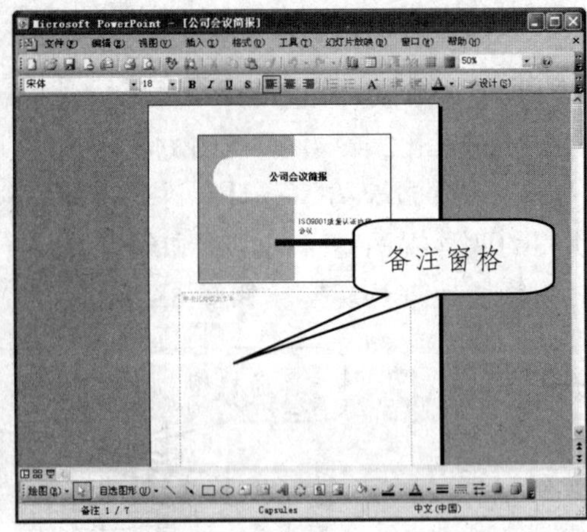

图 5.5 备注视图方式

③ 备注窗格：备注窗格使得用户可以添加与观众共享的演说者备注或信息。如果在备注中含有图形，必须向备注页视图中添加备注。从主菜单中单击“视图/备注页”命令，视图窗格切换至备注窗格下，如图 5.5 所示。

在以 Web 页保存演示文稿时，也存在这 3 种窗格。唯一区别就是大纲窗格中显示有目录，这样用户可以在演示文稿中漫游。

（2）幻灯片浏览视图。

选择“视图→幻灯片浏览”命令，可以在屏幕上同时看到演示文稿中的所有幻灯片。这些幻灯片是以缩略图显示的，如图 5.6 所示。这样，就可以很容易地在幻灯片之间进行添加、删除和移动幻灯片以及选择动画切换等操作。

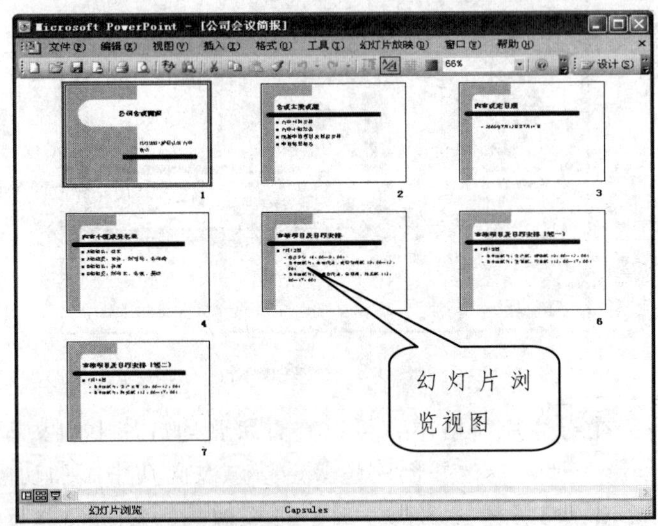

图 5.6 幻灯片浏览视图

在创建演示文稿的任何时候，用户都可以通过单击“从当前幻灯片开始放映”图标以启动幻灯片放映和预览演示文稿。

5.1.2　创建演示文稿

PowerPoint 2003 提供了大量精美别致的专业模板，可以方便快捷地制作具有专业水平的演示文稿。值得强调的是，除了系统内置的专业模板外，用户还可以直接连接到 Microsoft Office Online 网站上下载更多、更新的优秀模板。

首先，创建一个新演示文稿。

（1）启动 PowerPoint 2003 后，单击“文件→新建”命令，如图 5.7 所示。

（2）在工作窗口的右侧会显示一个“新建演示文稿”任务窗格，如图 5.8 所示。

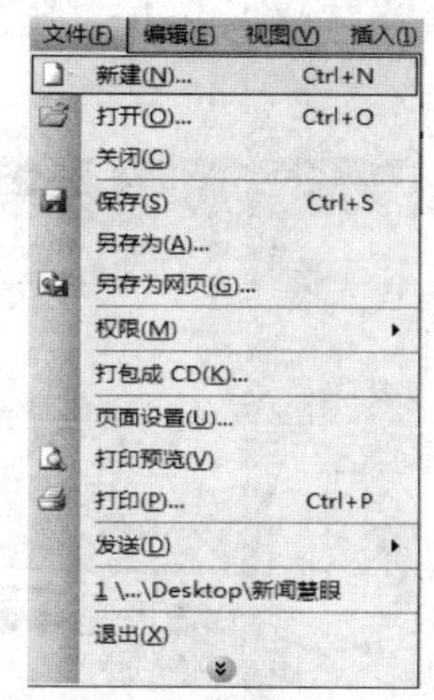

图 5.7　单击“文件→新建”命令

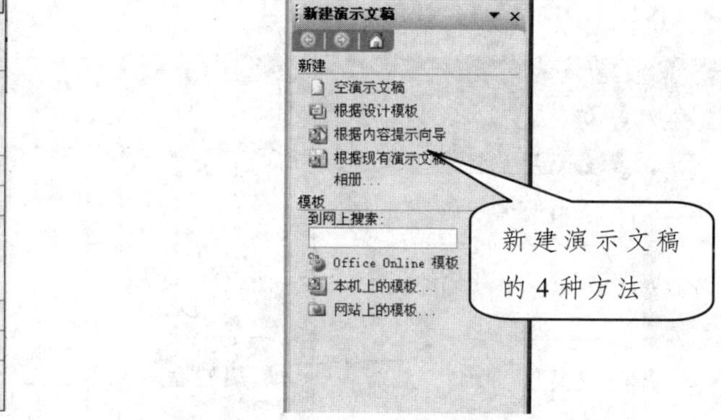

图 5.8　“新建演示文稿”任务窗格

在“新建演示文稿”任务窗格中的“新建”区域，列出了四种创建演示文稿的方法，分别是：空演示文稿、根据设计模板、根据内容提示向导、根据现有演示文稿。

接下来，分别介绍这几种创建演示文稿的方法。

1. 创建空演示文稿

单击“新建空演示文稿”任务窗格中的“空演示文稿”命令，创建空白演示文稿，如图 5.9 所示。

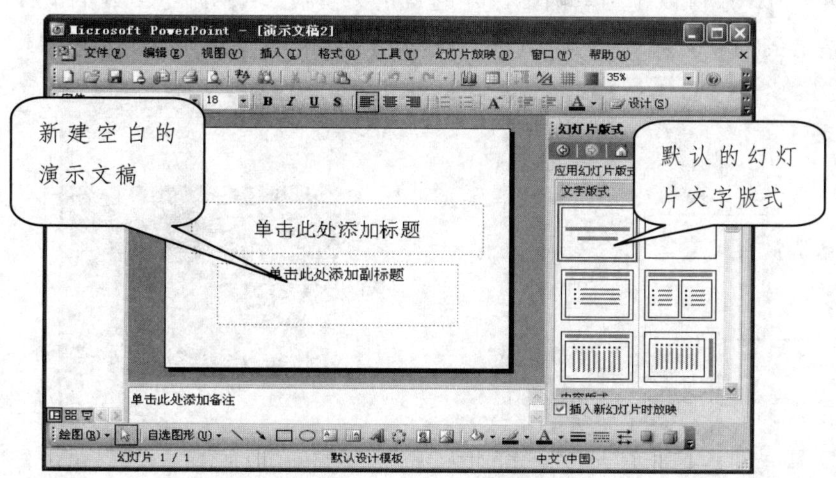

图 5.9　创建空白演示文稿

这里需要注意的是，单击“常用”工具栏上的“新建”按钮，也可以直接创建空演示文稿。

提示：利用此方法创建的演示文稿，没有应用任何背景和样式效果，用户可以不受任何条件约束，充分发挥自己的才能，在空白的页面上创建任意元素。

2. 根据设计模板创建演示文稿

（1）单击“新建演示文稿”任务窗格中的“根据设计模板”命令，在工作窗口右侧显示“幻灯片设计”任务窗格，如图 5.10 所示。

（2）在“应用设计模板”列表框中，拖动右侧的滚动条，可以浏览所有的内置模板，然后选择一种满意的模板，如这里选择 Capsules 选项，在该模板上双击，则将该模板应用于当前演示文稿，如图 5.11 所示。

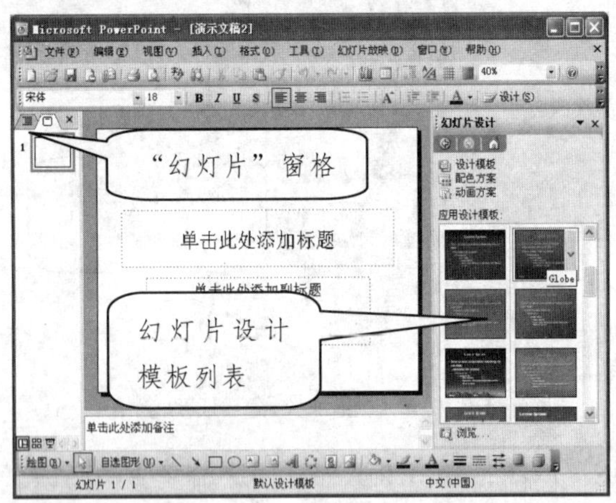

图 5.10 根据设计模板创建演示文稿

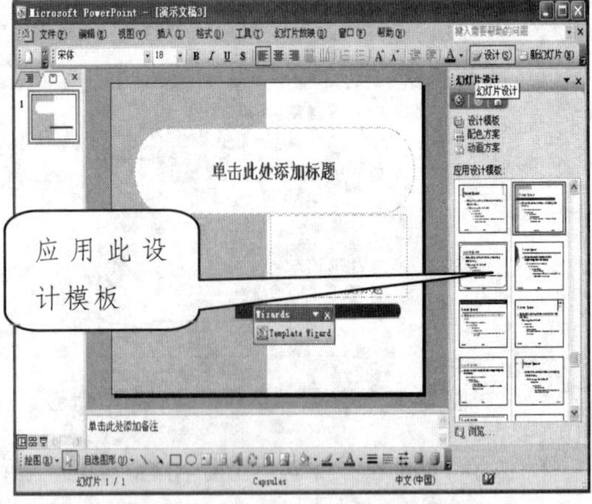

图 5.11 应用设计模板的演示文稿

（3）单击“幻灯片设计”任务窗格底部的“浏览”命令，可打开“应用设计模板”对话框，可以选择更多的模板，如图 5.12 所示。

在图 5.12 所示的设计模板对话框中所列出的均是系统提供的专业模板，除了应用这些内置模板之外，用户还可以应用电脑中保存的自定义模板、从网站上下载的模板，或者是 Office Online 网站上的模板文件。

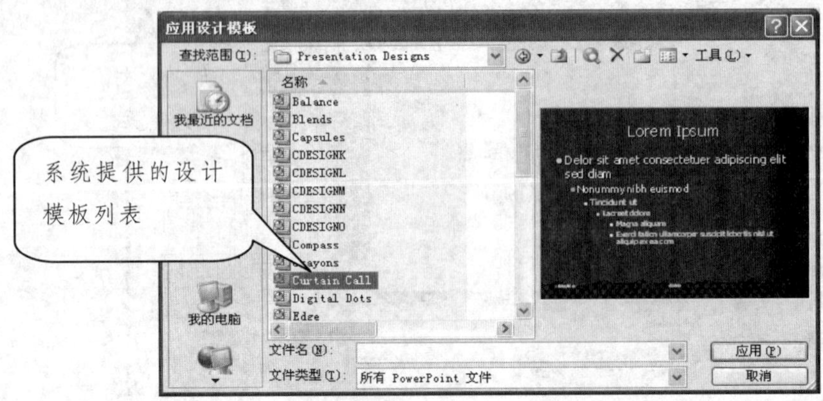

图 5.12 “应用设计模板”对话框

（4）在“新建演示文稿”任务窗格中的“模板”区域单击“本机上的模板”命令，如图 5.13 所示。

（5）接着，系统打开“新建演示文稿”对话框，单击“演示文稿”标签，如图 5.14 所示，该选项卡中列出了常见的演示文稿，用户可以根据这些演示文稿模板创建自己的演示文稿。在“设计模板”选项卡中的模板内容正是图 5.12 中的“应用设计模板”列表中的模板。

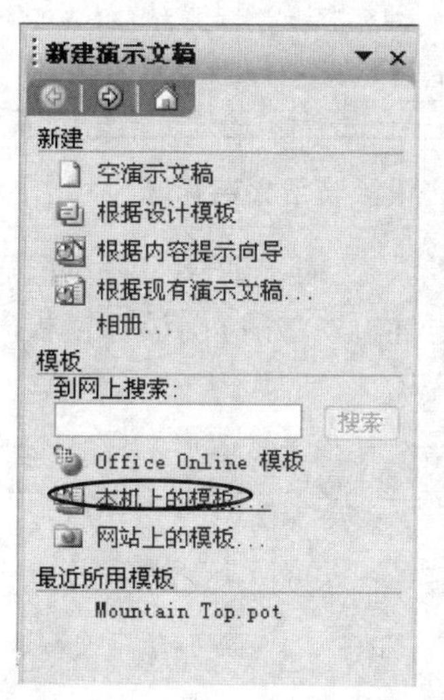

图 5.13　单击“本机上的模板”

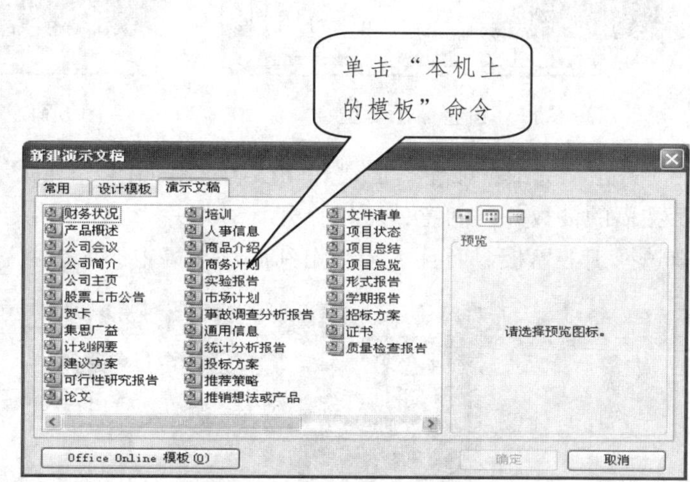

图 5.14　“新建演示文稿”对话框

3. 根据内容提示向导新建演示文稿

（1）单击“新建演示文稿”任务窗格中的“根据内容提示向导”命令，打开“内容提示向导”对话框，如图 5.15 所示。

（2）单击“下一步”按钮，进入新的提示向导，如图 5.16 所示，选择所需的演示文稿类型，这里请选择“项目”类型中的“项目总结”模板。

（3）单击“下一步”按钮，选择输出演示文稿的类型，如图 5.17 所示，选择“屏幕演示文稿”的输出类型。

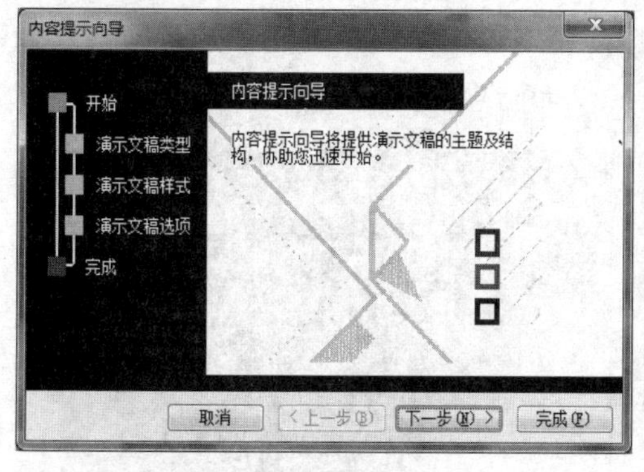

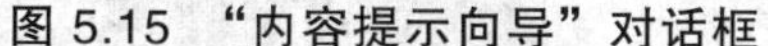

图 5.15　“内容提示向导”对话框

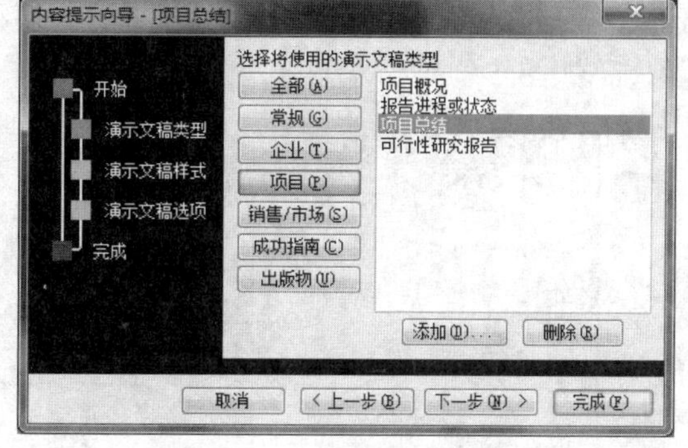

图 5.16　选择演示文稿类型

（4）单击“下一步”按钮，在“演示文稿标题”文本框中输入演示文稿的名称，如图 5.18 所示。

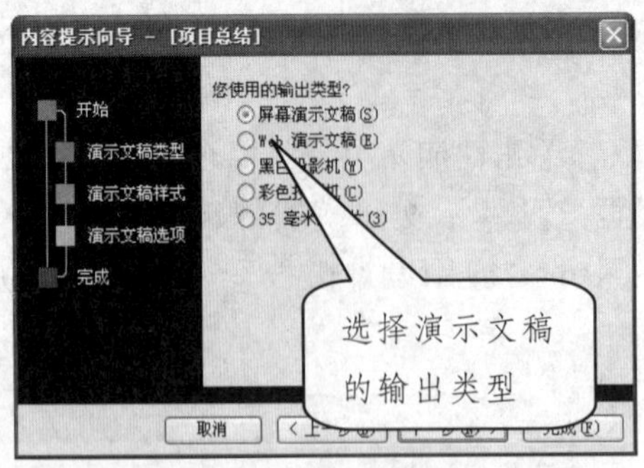

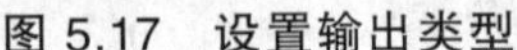

图 5.17 设置输出类型

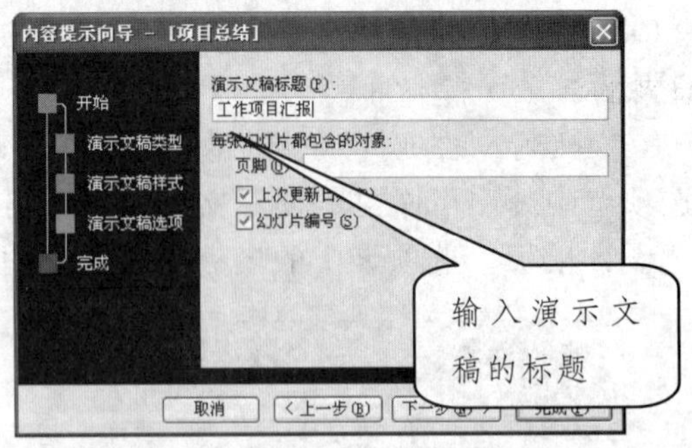

图 5.18 设置演示文稿标题

（5）单击“完成”按钮，创建好的演示文稿如图 5.19 所示。此时，如果用户对向导生成的演示文稿的模板并不满意，可以打开“幻灯片设计”任务窗格，在“应用设计模板”列表中重新选择别的模板，而且不会影响到演示文稿中的内容文字。

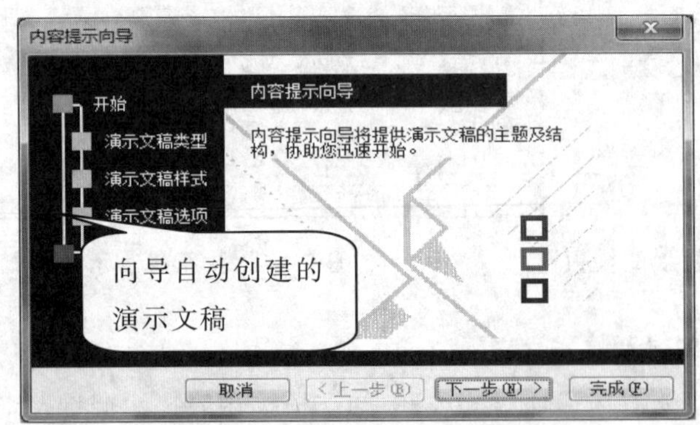

图 5.19 根据向导创建的演示文稿

4. 根据现有文稿新建

在“新建演示文稿”任务窗格中的“新建”区域单击“根据现有演示文稿”命令，打开“根据现有演示文稿新建”对话框，如图 5.20 所示。利用“查找范围”下拉列表定位到所需演示文稿所在的目录下，单击选定“庄重型模板.ppt”，然后单击“创建”按钮即可，创建的演示文稿如图 5.21 所示。

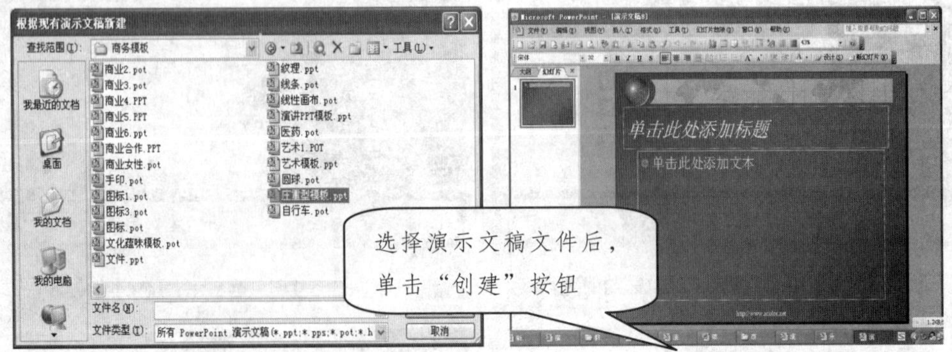

图 5.20 “根据现有演示文稿新建”对话框　　图 5.21 由模板生成的新演示文稿

这种建演示文稿的方法适合于对某个已经存在的演示文稿做出修改，但同时又不想影响到原来的演示文稿，此时可以采取此方法创建一个新的演示文稿。

5.1.3 向演示文稿中添加内容

利用模板创建好演示文稿后，就可以向演示文稿中添加具体的内容了。

1. 创建项目报告的文字说明

（1）如果不满意幻灯片的背景，可以单击“格式→背景”命令，弹出如图 5.22 所示的对话框，单击下拉列表，选择“其他颜色”可以改变背景的颜色，选择“填充效果”弹出如图 5.23 所示的对话框，可以进行更为复杂的背景设置，进行更改后单击“确定”即可。

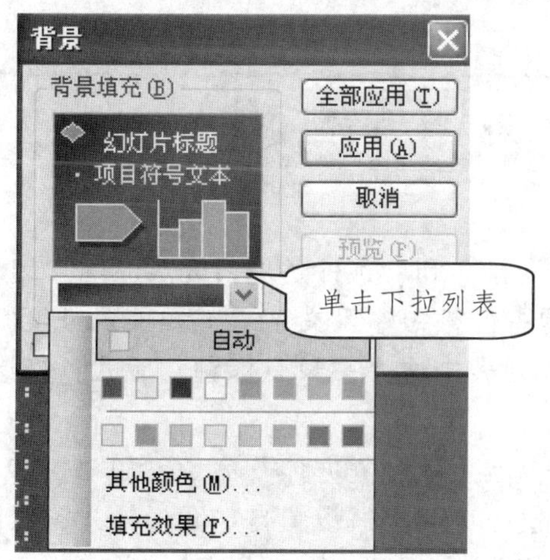

图 5.22 背景对话框

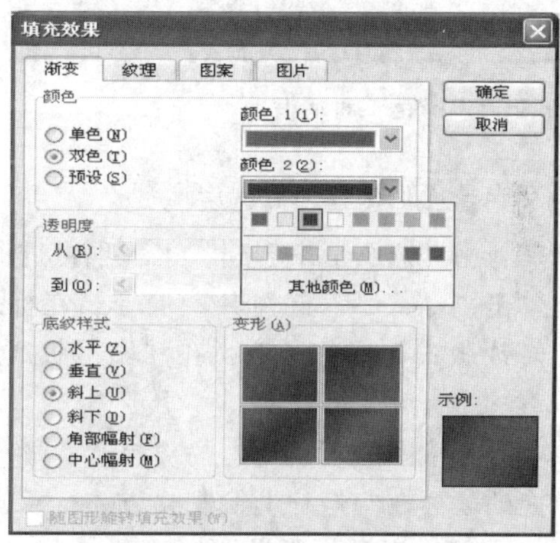

图 5.23 填充效果对话框

（2）单击“单击此处添加标题”占位符，输入演示文稿标题文字“乐天大厦工程项目进度报告”；再单击“单击此处添加副标题”添加副标题“项目经理：赵科庆”，并单击“格式”工具栏中的“右对齐”按钮，使副标题右对齐，如图 5.24 所示。

（3）切换到幻灯片 2，在标题占位符中输入文字“工程承包范围”，在文本项目列表中输入工程所包含的具体项目，如图 5.25 所示。

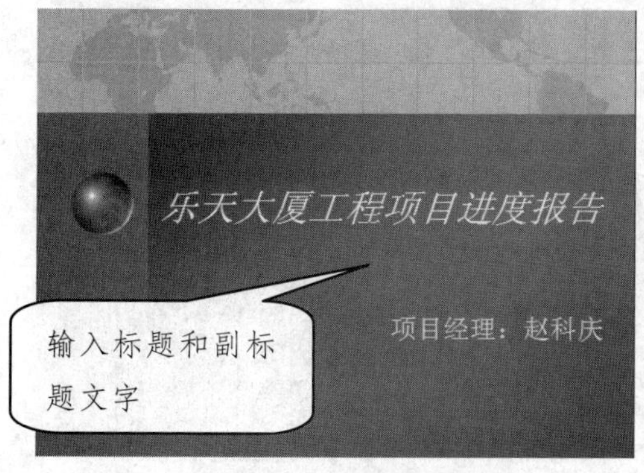

图 5.24 标题幻灯片

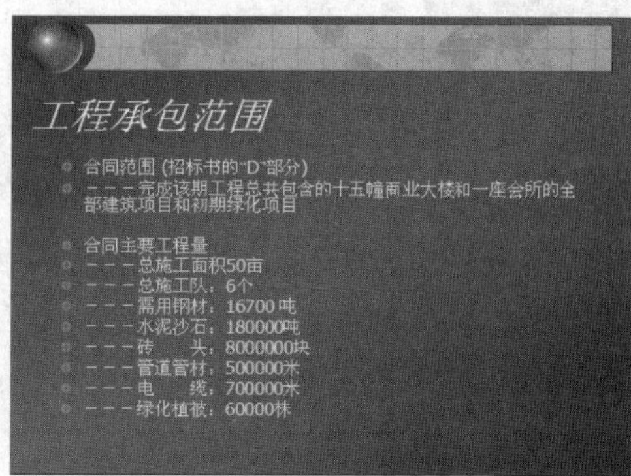

图 5.25 输入“工程承包范围”

（4）如果不满意系统自动根据占位符调整的段落行距，可以单击“格式→行距”命令，在打开的“行距”对话框中的“行距”文本框中输入需要的行距值，如图 5.26 所示，然后单击“确定”按钮。如果对字体不满意，可以单击“格式→字体”命令，在打开的“字体”对话框中对“字体”、“字形”、“字号”等进行设置，如图 5.27 所示，然后单击“确定”按钮。

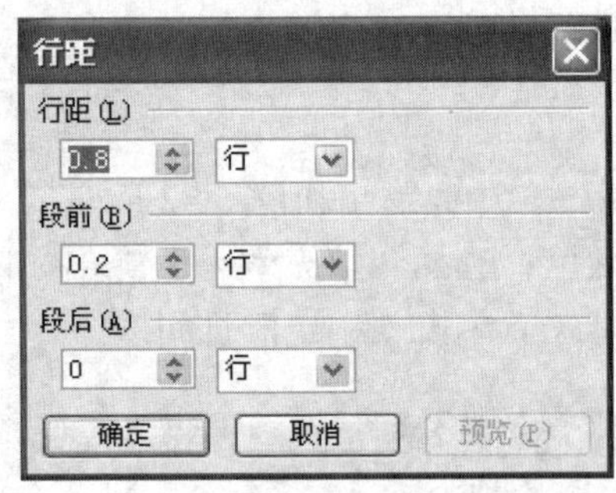

图 5.26 “行距”对话框

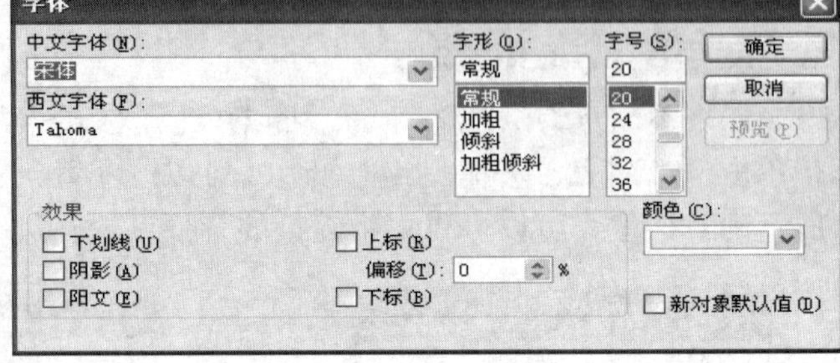

图 5.27 “字体”对话框

2. 利用自选图形创建项目进度

接下来利用自选图形来创建“工程项目进度安排”和“预计各项目完成时间”幻灯片。

（1）单击“插入→新幻灯片”命令，在标题占位符中输入文字“工程项目进度安排”，打开“幻灯片版式”任务窗格，在“文字版式”列表中选择“只有标题”版式，如图 5.28 所示。

（2）单击“绘图”工具栏上的“自选图形→基本形状→立方体”命令，如图 5.29 所示。

（3）拖到鼠标在幻灯片上绘制立方体，双击立方体弹出“设置自选图形格式”对话框，如图 5.30 所示，在对话框中设置填充颜色为“白色”，线条颜色为“黑色”，单击立方体左上角的黄色空点可以调整立方体的高度。

（4）单击“绘图”工具栏上的“自选图形→箭头总汇→下箭头”命令，在立方体的下面绘制 7 个向下的箭头，设置下箭头的填充颜色为“白色”，线条色为“黑色”，从左到右，下箭头的高度依次从“2 厘米”到“8 厘米”，高度值依次递增“1 厘米”，如图 5.31 所示。

图 5.28 选择“只有标题”版式

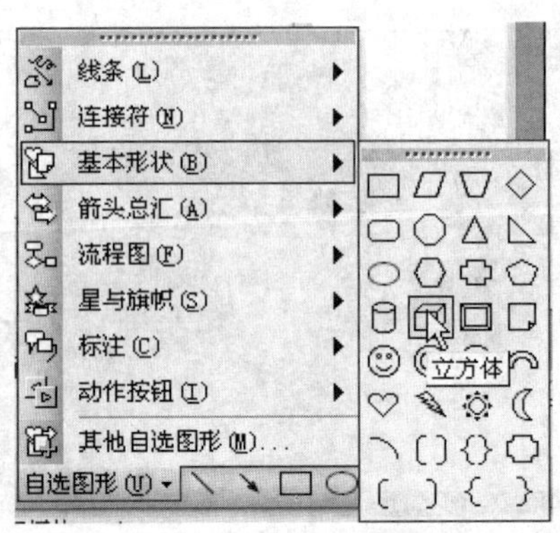

图 5.29 选择“立方体”形状

提示：想要又快又准地创建这些下箭头，设置好第一个箭头后，其他的形状可以通过复制粘贴得到，然后再打开“设置自选图形格式”对话框，在“尺寸”选项卡中依次更改它们的高度值。

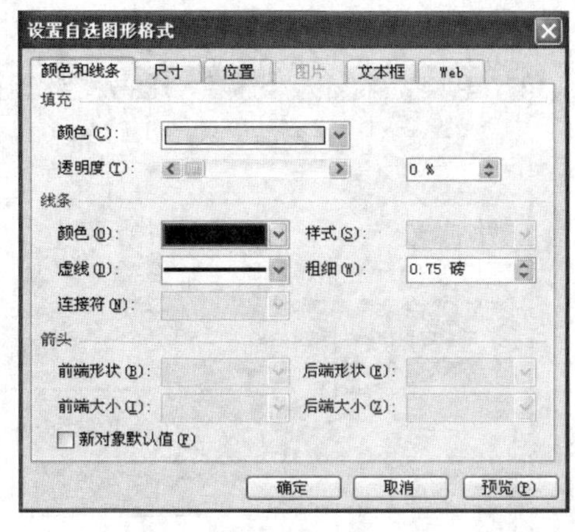

图 5.30　设置自选图形格式对话框

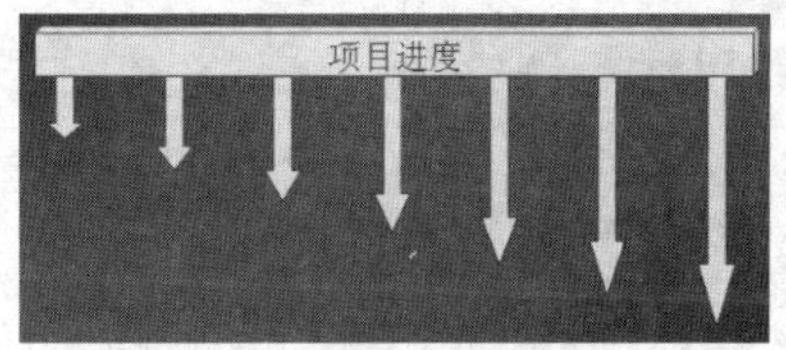

图 5.31　绘制下箭头形状

（5）按住 Shift 键，依次单击选中所有的下拉箭头，再单击“绘图→对齐或分布→横向分布”命令，如图 5.32 所示，接着会发现幻灯片中的箭头会自动调整它们的位置，使两两之间的距离完全相同。

（6）再次单击“绘图”工具栏中的“立方体”按钮，在幻灯片中绘制立方体，然后右击，从弹出菜单中选择“添加文本”选项，输入文字“基建设施”，如图 5.33 所示。

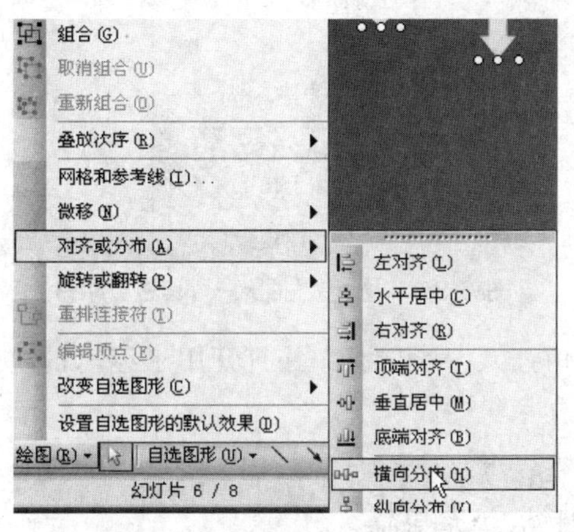

图 5.32　横向分布图形

图 5.33　绘制立方体

（7）然后选中立方体，单击鼠标右键，在弹出的菜单中选择“设置自选图形格式”命令，在打开的“设置自选图形格式”对话框中单击“尺寸”标签，在“尺寸”选项卡内设置立方体的“高度”为“4 厘米”，“宽度”为“1.6 厘米”，如图 5.34 所示。

（8）单击“文本框”标签，切换到“文本框”选项卡中，选择“将自选图形中的文字旋转 90°”选项，如图 5.35 所示。也可以选定自选图形中的文字，直接单击“格式”工具栏中的“更改文字方向”按钮，使文字旋转 90°。

（9）创建该立方体的形状副本，并将它们拖放到下箭头形状的下面，为立方体设置填充色，如图 5.36 所示，用不同的颜色来表示不同的工程项目。

（10）单击“插入→批注”命令，如图 5.37 所示，或打开“审阅”工具栏，单击该工具栏上的“插入批注”按钮。

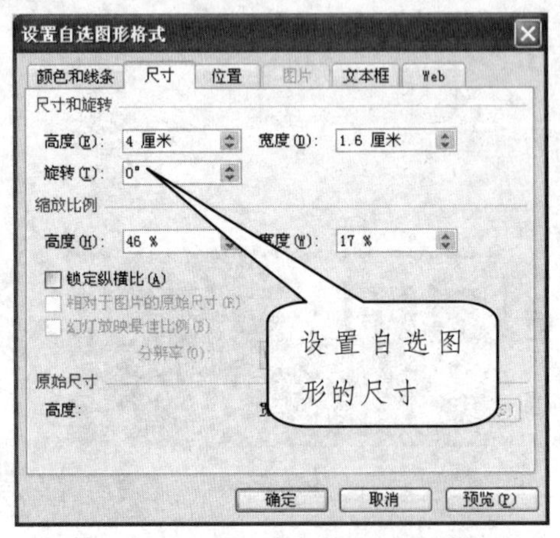

图 5.34　设置图片的叠放次序

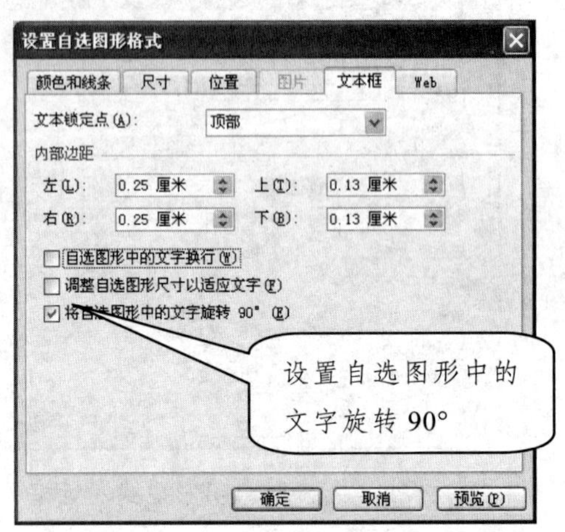

图 5.35　设置文字旋转 90°

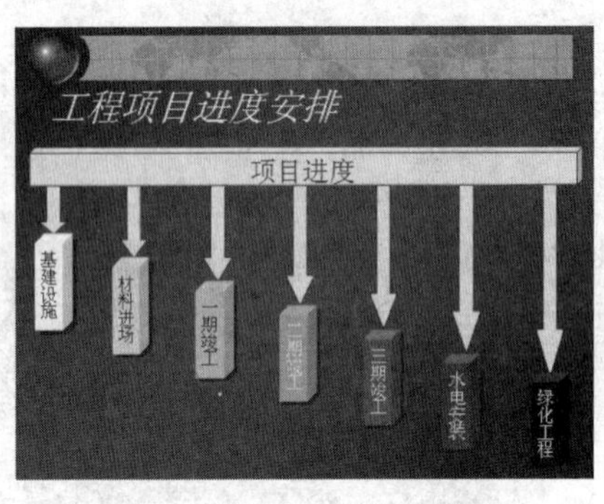

图 5.36　工程项目进度图形

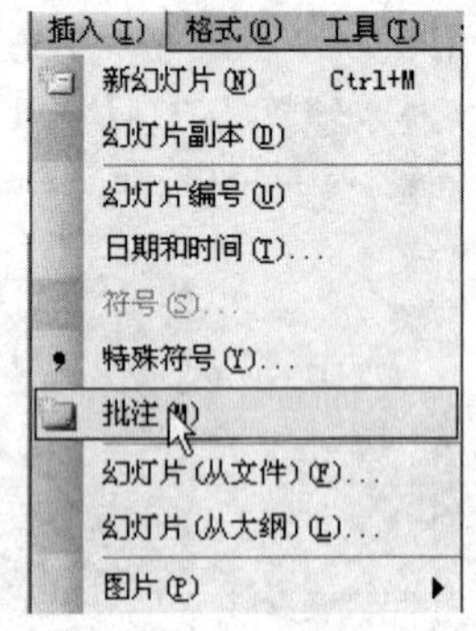

图 5.37　执行“插入→批注”命令

（11）PowerPoint 会自动在当前幻灯片的左上角插入一个图标，并打开用于编辑批注内容的文本框，在文本框中输入如图 5.38 所示的批注文字。

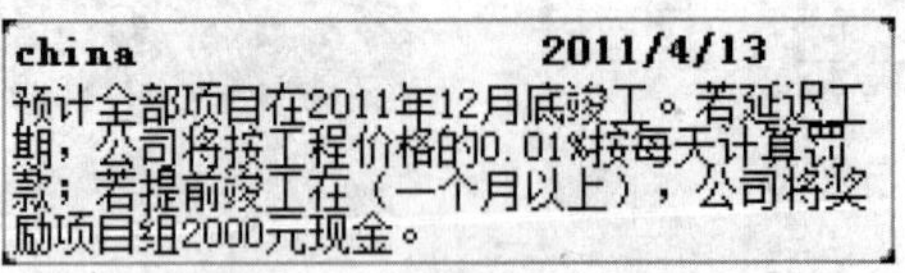

图 5.38　编辑批注内容

提示：当鼠标停留在批注图标上面片刻，便会在该批注图标的右侧显示所输入的内容，起到注释作用。当想对该批注进行修改时，只需选择该图标，然后单击鼠标右键，在弹出的快捷菜单中可分别执行“编辑批注”、“插入批注”及“删除批注”等命令对批注进行相应的操作。

（12）单击“插入→新幻灯片”，新建一张新幻灯片，输入标题“预计各项目完成时间”，然后在标题下的空白区域绘制一个矩形，并设置为白色的由深到浅的渐变填充，如图 5.39 所示。

（13）再次单击“绘图”工具栏上的“矩形“按钮，在上图创建的矩形上面再绘制一个矩形，并设置该矩形的填充色彩为粉红色，线条颜色为白色，并设置矩形的“高度”为 2.03 厘米，“宽度”为 3.3 厘米，如图 5.40 所示。

图 5.39　绘制大矩形并设置填充

图 5.40　绘制小矩形并设置填充

（14）按住 Ctrl 键，单击选定矩形后拖动鼠标，为该矩形创建多个副本，并排列为如图 5.41 所示的图形。

（15）单击“绘图”工具栏中的“自选图形→箭头汇总→右箭头”命令，拖动鼠标在矩形的下面绘制右箭头形状，并将该形状填充为蓝色，如图 5.42 所示。

图 5.41　创建形状副本

图 5.42　绘制右箭头

（16）然后再绘制一个矩形，设置其“高度”为 5.52 厘米，“宽度”为 3.3 厘米，然后为该矩形创建多个副本，并按照图 5.43 所示布局排列。

（17）接下来依次单击各个自选图形，为它们添加文字，最后得到的幻灯片如图 5.44 所示。

图 5.43　绘制其他自选图形

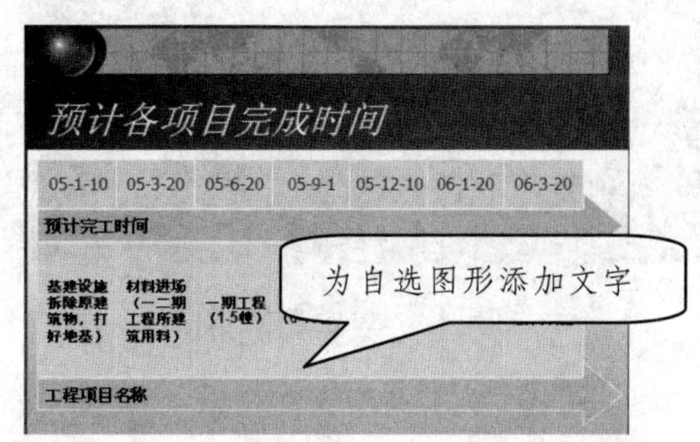

图 5.44　为自选图形添加文字

3. 表格和自选图形的组合应用

（1）单击“插入→新幻灯片”命令，插入一页新幻灯片，并单击“单击此处添加标题”占位符，输入文字“项目实施进度”，然后在“幻灯片版式”任务窗格中选择“其他版式”列表中的“标题和表格”选项。

（2）应用“标题和表格”版式的幻灯片，如图 5.45 所示，双击“双击此处添加表格”占位符，向幻灯片中插入表格。插入表格也可通过“插入→表格”菜单完成。

（3）接着，屏幕上显示“插入表格”对话框，输入如图 5.46 所示的“列数”和“行数”后，单击“确定”按钮。

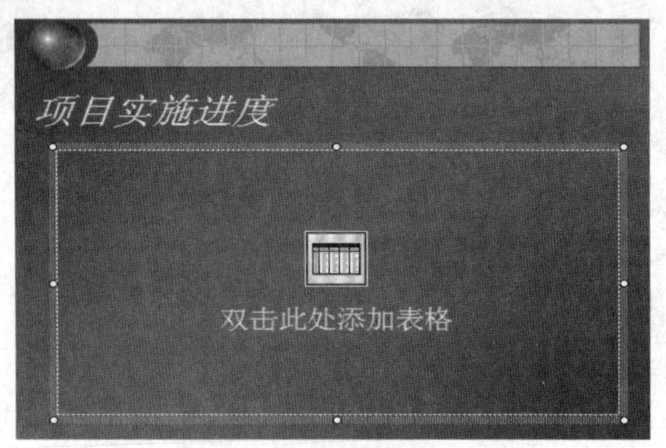

图 5.45 应用“标题和表格”版式

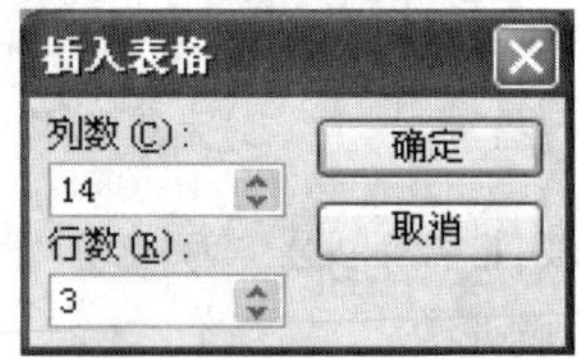

图 5.46 “插入表格”对话框

（4）系统将根据幻灯片空白区域的大小插入表格，将鼠标置于表格的控制点上，当指针变为双向箭头时，拖动鼠标调整表格到适当的大小。单击单元格 A1，在“表格和表框”工具栏上选择“外侧框线”按钮，从其下拉列表中单击“斜下框线”，如图 5.47 所示。

（5）由于预计整个项目工期共计 13 个月，从第 2 列起依次输入 1 到 13 数字为列标题，另外两行的行标题为“已完成项目”和“正在进行的项目”，而表格中还需要用一行来表示“未启动项目”。将光标放在第 3 行中，然后在“表格和边框”工具栏中单击“表格”按钮，从下拉列表中选择“在下方插入行”选项，如图 5.48 所示。

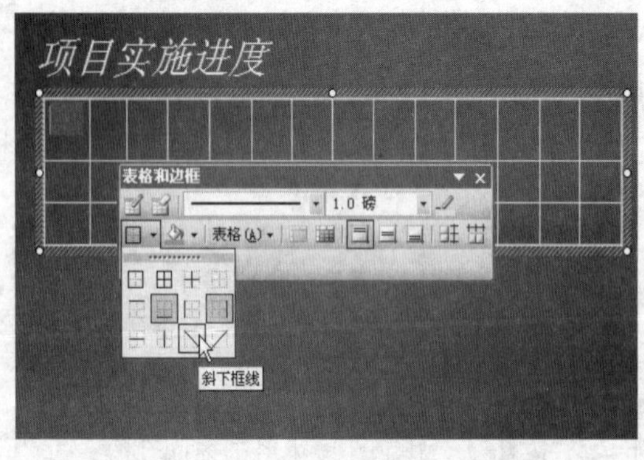

图 5.47 设置斜线表头

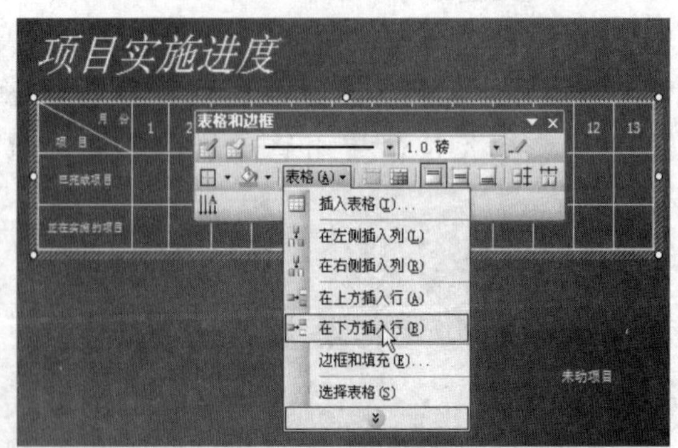

图 5.48 在表格中插入行

（6）将鼠标指针放在表格框线上，待指针形状发生变化后，拖动鼠标，可移动选择的边框线从而达到调整表格行高或列宽的目的，如图 5.49 所示。

（7）选中表格中的行标题单元格，在“表格和边框”工具栏中单击“垂直居中”按钮，然后再单击“格式”工具栏中的“居中”按钮，如图 5.50 所示，使表格行标题在垂直和水平方向都居中对齐。

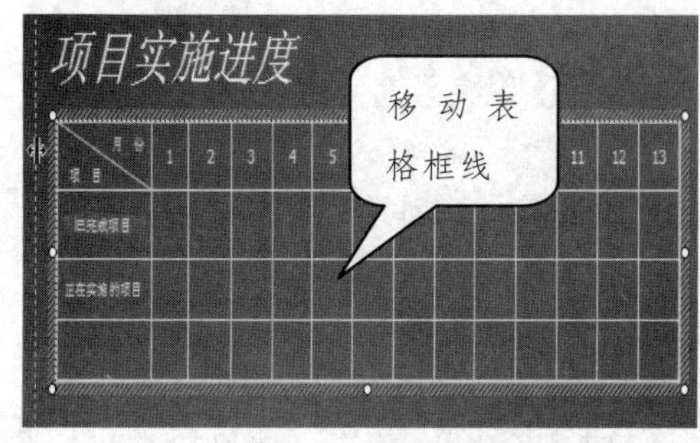

图 5.49　调整表格列宽

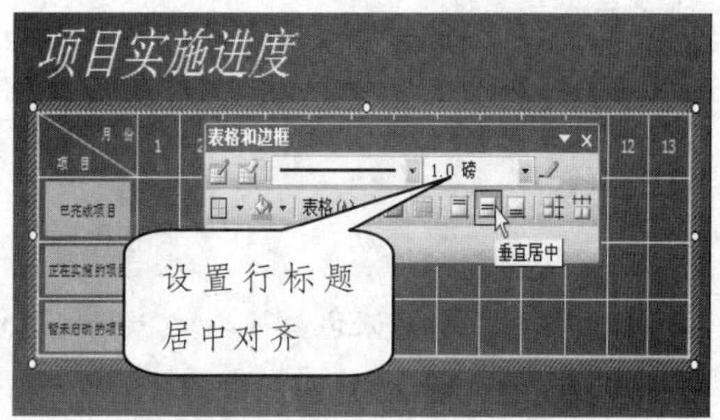

图 5.50　居中对齐文本

（8）单击“绘图”工具栏中的“自选图形→流程图→流程图：终止”图示，在“已完成项目”行中的“1 月”到“6 月”的表格区域绘制该图示，用来表示已经竣工的项目。然后再单击“箭头汇总”中的“五边形”图示用来表示正在进行的项目，最后单击“自选图形→基本形状→六边形”命令，用于表示未启动的项目，然后分别为这些自选图形添加文字和填充效果，如图 5.51 所示。

（9）为了增强幻灯片的可读性，可以将上一步中用来表示不同状态的项目的自选图形制作成图例，放在表格的下方，并用文本框来说明图例所表示的内容，幻灯片的最终效果如图 5.52 所示。

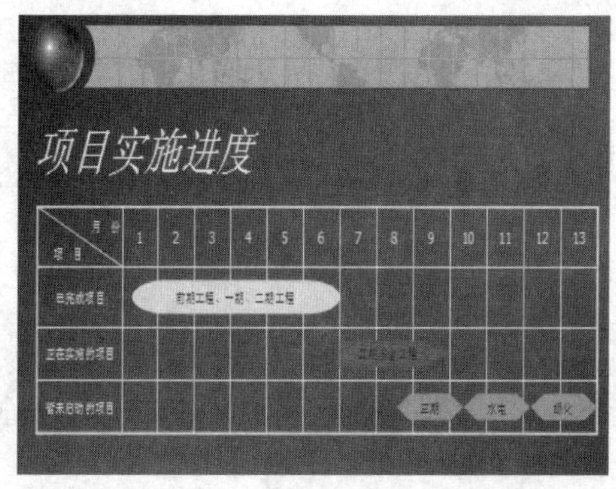

图 5.51　绘制项目进度图表

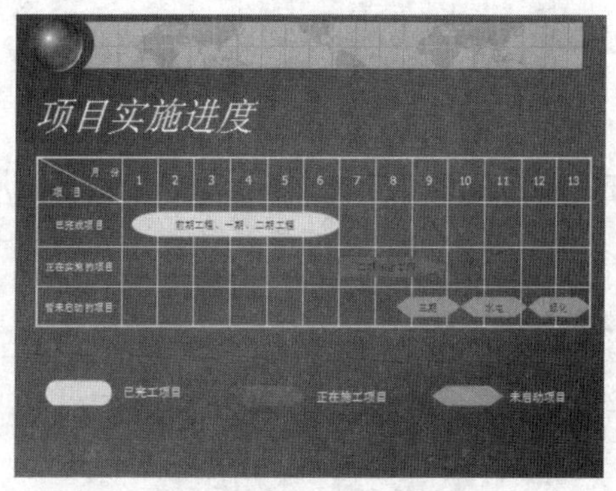

图 5.52　增加图例说明

归纳小结

本节以制作工作项目汇报演示文稿的过程为目的，讲解了创建演示文稿的方法以及对幻灯片进行编辑、插入、移动等操作。在实际学习和工作中，如果要创建的演示文稿构思还不完全，可以利用大纲视图首先完成文稿内容的输入，利用大纲视图中的工具栏，可以方便地调整演示文稿的内容。

强化练习

选择题

1. PowerPoint 2003 中，设置文本的段落格式的项目符号和编号时，在格式下拉列表中选择（　　）。

A. 字体　　B. 项目符号和编号

C. 字体对齐方式　　D. 行距

2. 用内容提示向导来创建 PowerPoint 演示文稿时，下列选项中（　　）不属于演示文稿类型。

A. 企业　　B. 项目　　C. 成功指南　　D. 服装设计

3. PowerPoint 2003 中，应用设计模板时，选择模板文件后，点击（　　）选项确定。

A. 粘贴　　B. 复制　　C. 应用　　D. 取消

4. 使用（　　）下拉菜单中的“背景”命令改变幻灯片的背景。

A. 格式　　B. 工具　　C. 视图　　D. 幻灯片放映

5. PowerPoint 2003 中，应用设计模板时，在菜单栏中选择下列哪项进入（　　）。

A. 格式　　B. 视图　　C. 工具　　D. 插入

6. 在 PowerPoint 2003 中，通过“背景”对话框可对演示文稿进行背景和颜色的设置，打开“背景”对话框的正确方法是（　　）。

A. 选中“编辑”菜单中的“背景”命令

B. 选中“视图”菜单中的“背景”命令

C. 选中“插入”菜单中的“背景”命令

D. 选中“格式”菜单中的“背景”命令

7. PowerPoint 2003 提供了几种视图方便用户进行操作，分别是普通视图、幻灯片浏览视图和（　　）。

A. 幻灯片放映视图　　B. 图片视图

C. 文字视图　　D. 一般视图

8. 在一个演示文稿中选择了一张幻灯片，按下“Del”键，则（　　）。

A. 这张幻灯片被删除，且不能恢复

B. 这张幻灯片被删除，但能恢复

C. 这张幻灯片被删除，但可以利用“回收站”恢复

D. 这张幻灯片被移到回收站内

9. 在 PowerPoint 2003 中打开了一个演示文稿，对文稿做了修改，并进行了“关闭”操作以后（　　）。

A. 文稿被关闭，并自动保存修改后的内容

B. 文稿不能关闭，并提示出错

C. 文稿被关闭，修改后的内容不能保存

D. 弹出对话框，并询问是否保存对文稿的修改

5.2　任务：制作产品营销宣传文稿

小王负责的阳光大厦就要竣工了，公司要求其制作一个关于乐天大厦项目推广的营销宣传文稿以便进行招商引资。如何进行产品推广，直接影响到大厦后期引资的整体效果。

任务分析

完成此工作需要完成以下工作任务：① 设置幻灯片的切换方式。② 设置自定义动画。③ 设置演示文稿的放映方式。④ 设计幻灯片母版。

5.2.1　设置幻灯片的切换方式

在幻灯片演示过程中，一张幻灯片进入另外一张幻灯片时，为保持放映的流畅性，可应用多种不同的切换效果。例如，“水平百叶窗”、“盒状展开”等方式。

（1）选择一张或多张幻灯片（选择多张时按住 Shift 键再单击）。

（2）选择“幻灯片放映”菜单下的“幻灯片切换”命令，如图 5.53（a）所示；也可在“任务窗格”工具栏的“开始工作”列表框中选择“幻灯片切换”命令，如图 5.53（b）所示。

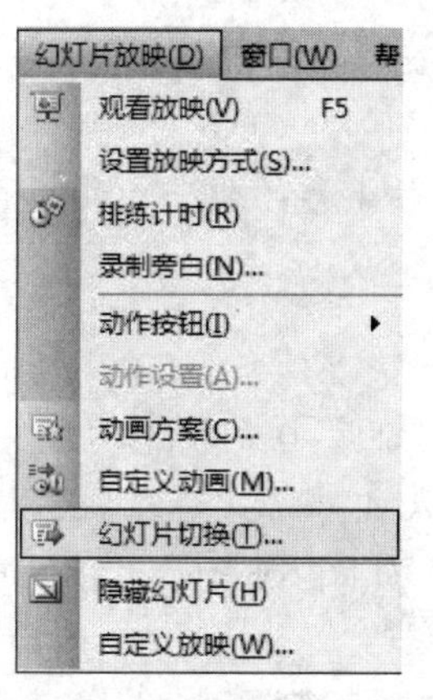

（a）选择“幻灯片切换”

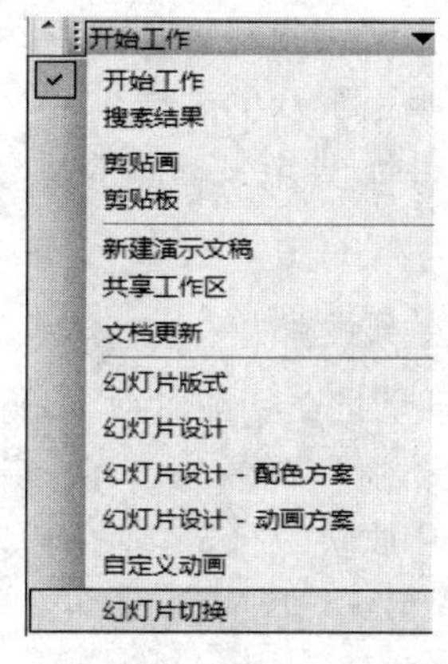

（b）选择“幻灯片切换”

图 5.53　选择“幻灯片切换”

（3）在“幻灯片切换” 效果列表框中，选择所要的切换效果，即可应用于当前所选幻灯片，如选择“阶梯状向左下展开”切换效果，如图 5.54 所示。

（4）在“速度”区中可选择切换速度：“慢速”、“中速”、“快速”，如图 5.55 所示。

（5）在“换页方式”区中，如选“单击鼠标换页”复选框，则用鼠标单击幻灯片切换到下一张幻灯片；如选“每隔__秒”复选框，则幻灯片按设定的时间自动切换到下一张；如果两个复选框都选择，如选择的时间到了，则自动切换到下一张，选择的时间未到而用鼠标单击了幻灯片，也将切换到下一张，如图 5.55 所示。

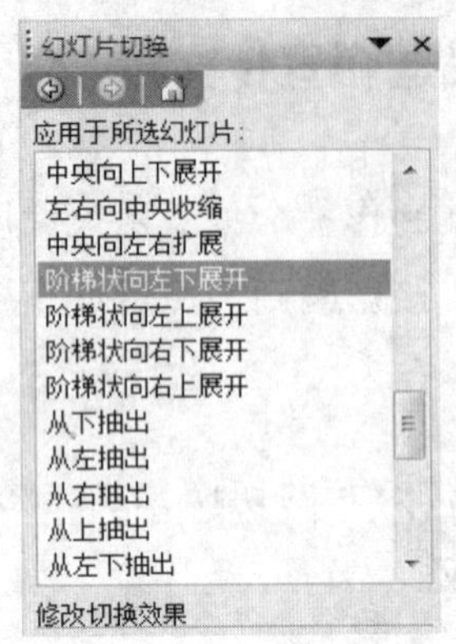

图 5.54 选择“阶梯状向左下展开”

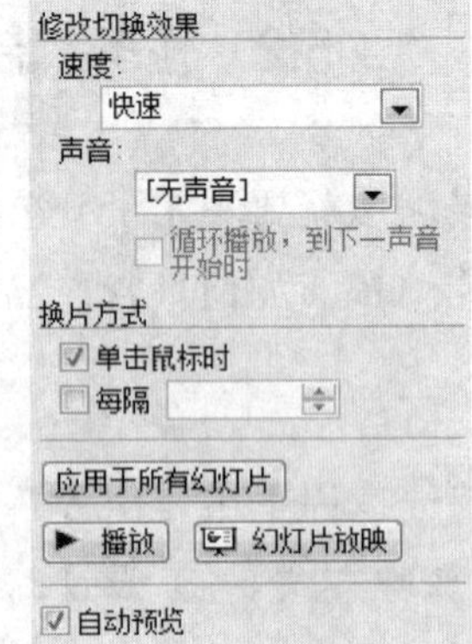

图 5.55 幻灯片切换设置选项

（6）在“声音”列表框选择所需声音。如果要求在幻灯片演示过程中始终留有声音，则选择“循环播放，到下一声音开始时”复选框，如图 5.55 所示。

（7）要将切换效果应用到所有的幻灯片上，请单击“应用于所有幻灯片”按钮，如图 5.55 所示。

5.2.2 设置自定义动画

为演示文稿中的文本、图片等其他对象加入一定的动画效果，不仅可以增加演示文稿的趣味性，而且还可以吸引观众的眼球。

PowerPoint 2003 中的自定义动画效果可以分为 4 类，即进入动画、强调动画、退出动画和动作路径动画。

1. “进入动画”效果设置

“进入动画”效果是指文字或者对象进入到幻灯片中采取的动画方式，PowerPoint 2003 中自带了多种“进入动画”效果，如百叶窗、飞入和弹跳式等。

（1）单击“幻灯片放映→自定义动画”命令，如图 5.56 所示，在窗口的右侧显示“自定义动画”任务窗格。

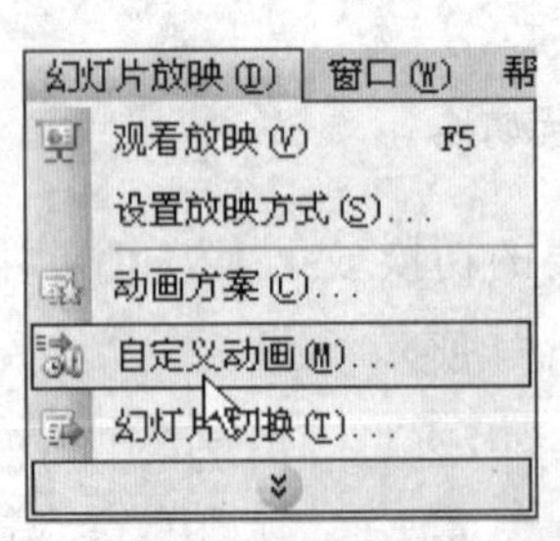

图 5.56 选择“自定义动画”

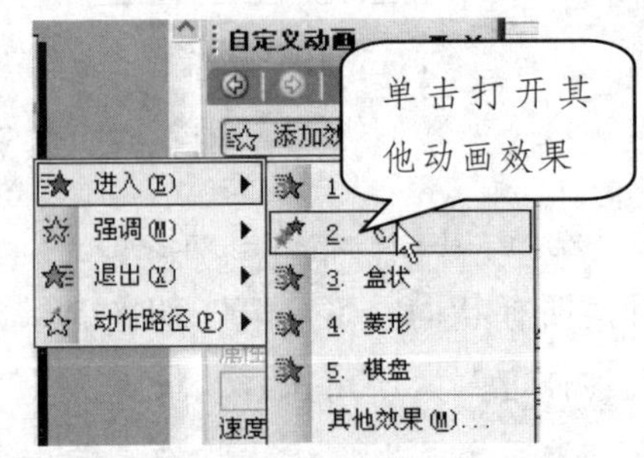

图 5.57 选择进入动画方案

（2）在“幻灯片”窗格中单击幻灯片 2，选择“房地产营销推广方案”幻灯片标题占位符，接着在“自定义动画”任务窗格中单击“添加效果→进入→飞入”命令，如图 5.57 所示。

（3）如果在“进入”下拉菜单中没有出现该动画效果，请单击“其他效果”命令，打开如图 5.58 所示的“添加进入效果”对话框。在该对话框中，将系统内置的进入效果共分为 4 种类型，即基本型、细微型、温和型和华丽型，而每种类型又包含了多种效果。

（4）选择“华丽型”下面的“螺旋飞入”，单击“添加进入效果”对话框底部的“预览效果”复选框，用户即刻就会看见幻灯片中的幻灯片标题文字“房地产营销推广方案”应用“螺旋飞入”的动画效果。如果用户对“螺旋飞入”的动画效果不满意，可以直接在该对话框中选择其他的动画效果，只要选择了“预览效果”复选框，当用户切换到其他效果时，标题文字都会显示新动画的预览效果。最后单击“确定”按钮关闭该对话框，如图 5.59 所示。

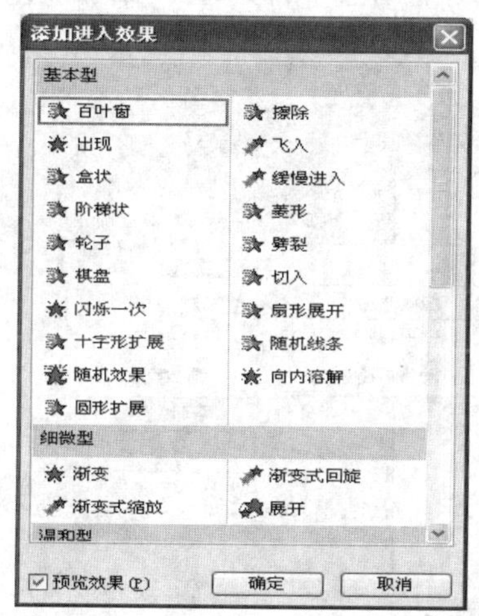

图 5.58 “添加进入效果”对话框

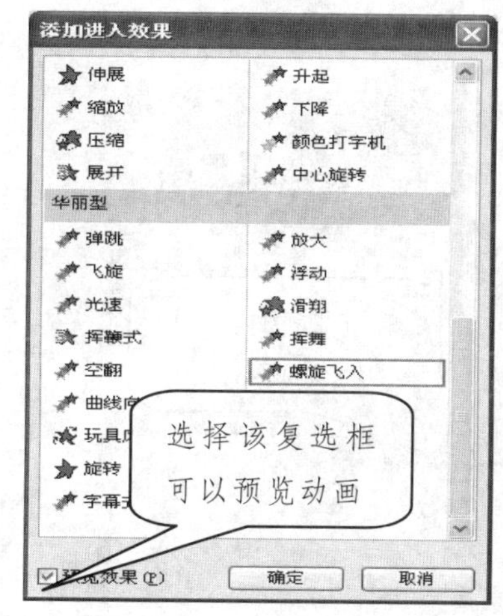

图 5.59 选择进入动画效果

图 5.57 中所示“进入”子菜单中会显示最近使用过的进入动画效果，例如上一步操作中选择的“螺旋飞入”效果就会自动加入到“进入”子菜单中，下次如果还需要应用，可以直接从“进入”菜单中选择。

（5）在“自定义动画”任务窗格中，进入动画效果的名称会添加到“添加效果”按钮的下方，单击“开始”下拉箭头，从列表中选择“之前”选项，如图 5.60 所示。

（6）在幻灯片区域单击正文占位符，单击“添加效果→进入→其他效果”命令，在“添加进入效果”对话框中选择“颜色打字机”选项，在“自定义动画”任务窗格中的“开始”列表中选择“之后”，默认的“速度”值为“0.08 秒”，如图 5.61 所示。

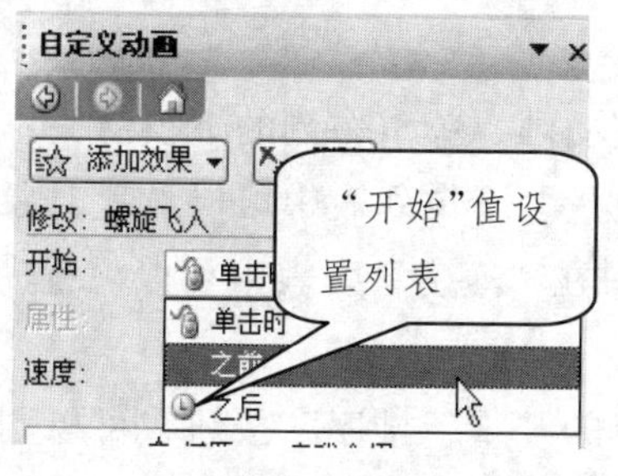

图 5.60 “设置”开始选项

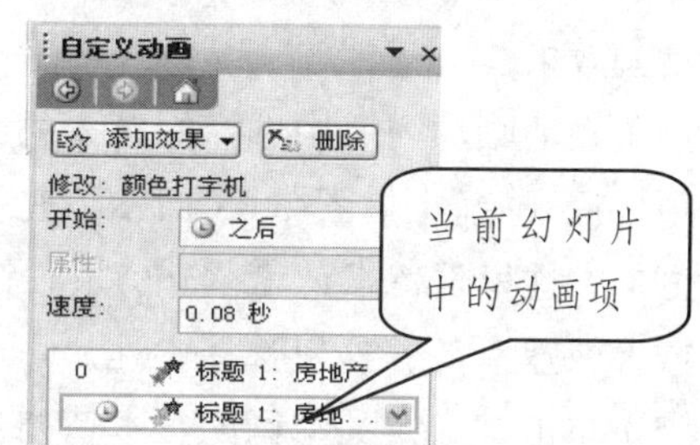

图 5.61 添加效果

（7）将其他幻灯片的标题也设置为“螺旋飞入”效果，“开始”设置为“之后”，“速度”设置为“快速”。幻灯片中正文的进入效果设置为“颜色打字机”，“开始”设置为“之后”，

“速度”设置为“0.08 秒”。

2. “强调动画”效果设置

除了可以为文本或对象添加进入动画外，还可以为需要强调的对象添加强调动画效果，不仅可以突出演讲重点，还可以将此信息准确地传达给听众。

（1）以幻灯片 5 为例，打开“自定义动画”任务窗格，如图 5.62 所示，已经为幻灯片中的标题和文本占位符添加了进入动画效果“颜色打字机”。

（2）单击选定标题占位符，在“自定义动画”任务窗格中单击“添加效果→强调→陀螺旋”，如图 5.63 所示。

图 5.62 “自定义动画”任务窗格

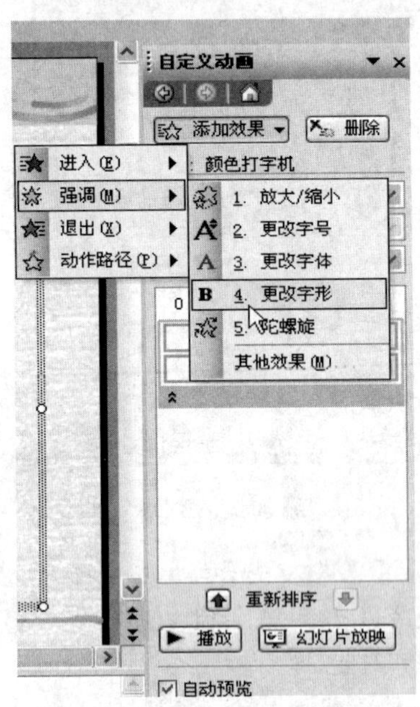

图 5.63 设置强调动画效果

（3）如果“陀螺旋”效果没有出现在“强调”列表中，请单击“其他效果”命令，打开如图 5.64 所示的“添加强调效果”对话框，该对话框中列出了系统内置的所有强调效果，和前面的进入效果一样，用户可以选择“预览效果”复选框，选择效果的同时同步在幻灯片中预览动画效果。

（4）在动画项列表中选择标题 1 的强调动画，单击右侧的下拉箭头，从列表中选择“从上一项之后开始”，如图 5.65 所示，在“数量”下拉列表中可以设置对象旋转的角度值和旋转的方向，这里保留默认值“360°顺时针”。在“速度”列表中可以设置动画的速度，如“中速”或“快速”等，这里选择中速。

（5）单击“自定义动画”任务窗格底部的“重新排序”按钮，可以调整动画项的顺序，例如，单击按钮，将“标题 1”的强调效果上移到“标题 1”的进入效果之后，如图 5.66 所示，然后选择“文本 2”动画项，单击从下拉列表中选择“从上一项开始”命令。也就是说，当“标题 1”进入后，执行强调效果的同时也执行“文本 2”的进入动画。

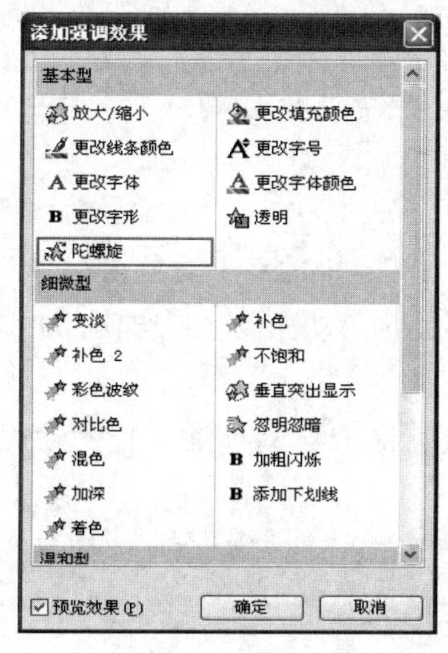

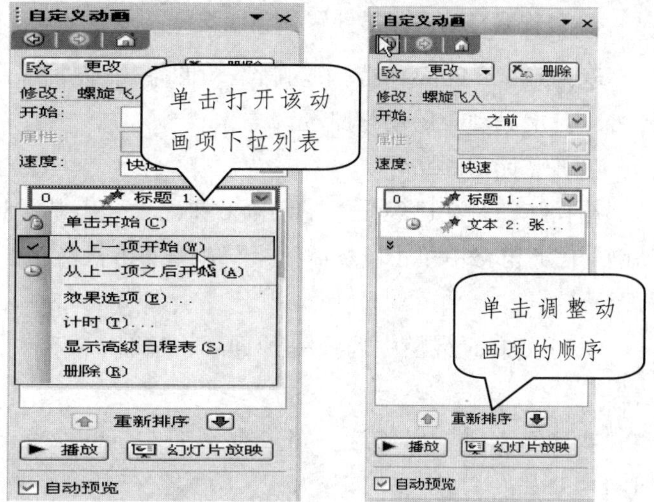

图 5.64 “添加强调效果”对话框　图 5.65 设置强调动画选项　图 5.66 调整动画项的顺序

3. 退出动画效果设置

所谓“退出”动画，就是演示文稿在放映过程中幻灯片已经显示出的文本或对象离开画面时所设置的动画效果。设置“退出”效果与设置“进入”效果方法类似。

（1）选中幻灯片中的文本或对象，展开“自定义动画”任务窗格。

（2）单击其中的“添加效果”按钮，在随后出现的下拉菜单中展开“退出”下面的级联菜单，如图 5.67 所示，在随后出现的动画形式列表中选择一种退出的动画形式即可。

同样，退出动画形式列表也只列出了一些常用的退出动画和最近使用的退出动画效果，如果需要设置其他效果的“退出”动画，可在如图 5.67 所示中单击“其他效果”，打开“添加退出效果”对话框，如图 5.68 所示，选择相应设置即可。

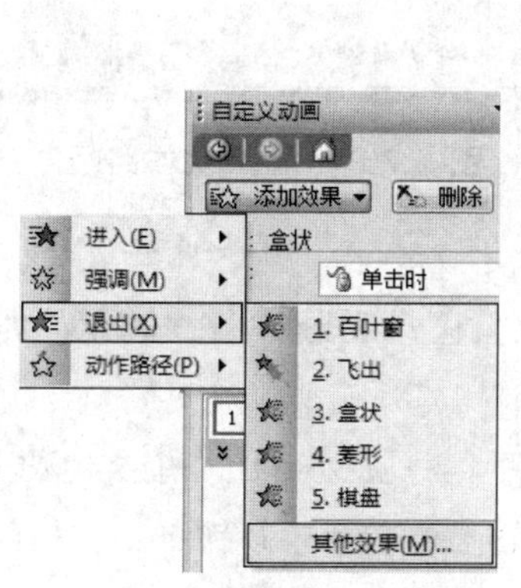

图 5.67 设置退出动画

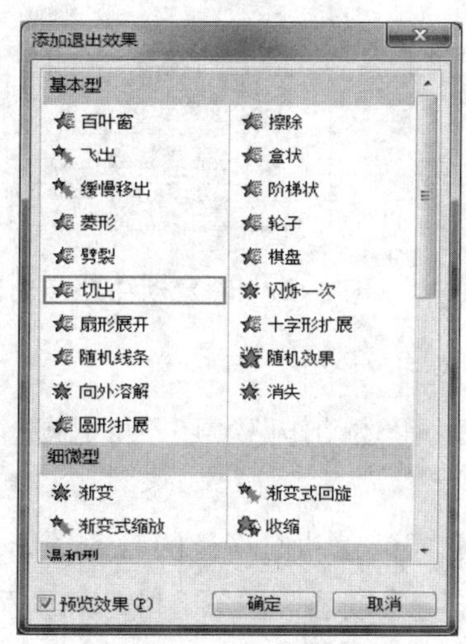

图 5.68 添加退出效果

4. 动作路径动画效果设置

PowerPoint 2003 内置了动画运动的路径，你可以从中选择一种路径。如果你觉得不满意，还可以自定义动画的动作路径。

（1）选择动画路径。

选择路径是在已经设置了动画效果之后进行的，选中幻灯片中的一个对象，在“自定义动画”任务窗格中单击“添加效果”右侧的下拉箭头，然后指向“动作路径”选项，如图 5.69 所示。

从列表中的路径中选择一种即可。这时，在幻灯片编辑区会自动预演设置的动画路径效果。

如果你觉得列出的这些路径都不如意，可以单击“其他动作路径”选项，即弹出“添加动作路径”对话框，如图 5.70 所示，在其中选择满意的路径后单击“确定”按钮退出设置。

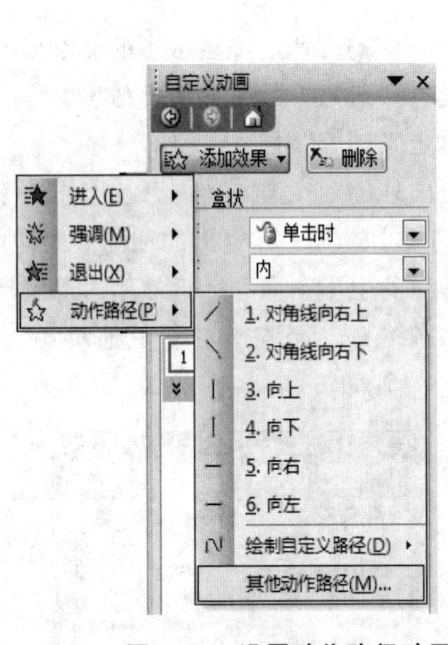

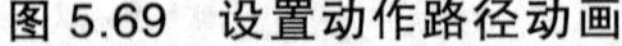

图 5.69　设置动作路径动画

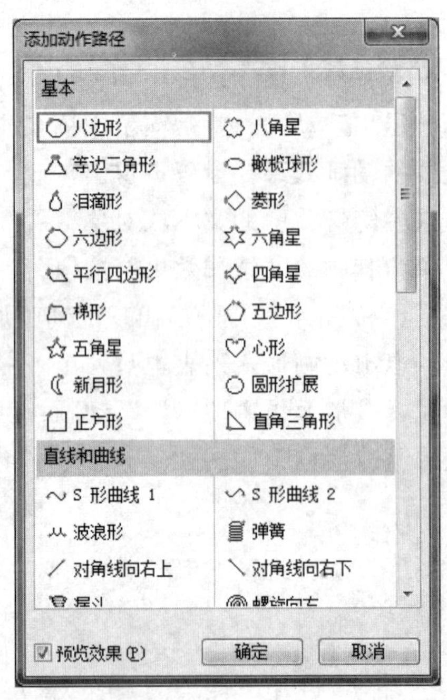

图 5.70　“添加动作路径”效果

（2）自定义动作路径。

你如果认为上述动作路径还不够过瘾，那可以自己动手画一条你满意的路径。具体的操作步骤是：

① 选定需要设置动作路径的对象（如一张图片、一段文字、一个文本框等）。

② 在“自定义动画”任务窗格单击“添加效果”右侧的下拉按钮，依次指向“动作路径”/“绘制自定义路径”，在其下级列表中单击选择一种线形，如“曲线”。

此时鼠标指针会变成细十字形，你可以根据兴趣在工作区中拖动鼠标描绘出该对象动画的动作路径，注意在转弯处要单击鼠标。全部路径描绘完成后，会自动用虚线描画出路径，双击鼠标即可结束绘制。

自定义动作路径设置完成后，动画就会沿着绘制的路径运动。单击“播放”可看到动画效果。

5. 同时播放多个对象动画

实现同时播放多个对象的动画效果通常有两种方法：一种方法是分别为多个对象添加动画，然后将“自定义动画”任务窗格中的“开始”项设置为“之前”，适用于为多个对象添加不同的动画并同时播放；另一种方法是将多个对象组合成一个对象，然后为这个组合对象添加动画，适用于为对象添加相同的动画。下面通过具体的制作来分别讲述这两种方法。

（1）设置不同动画效果同时播放。

① 在“幻灯片”窗格中选择幻灯片 9，单击幻灯片中的图片“效果图”，打开“自定义动画”任务窗格，单击“添加效果→进入→其他效果”命令，在如图 5.71 所示的“其他效果”对话框中选择“圆形扩展”，单击“确定”按钮。

② 用同样的方法选择“外景图”图片，设置该图片的进入效果为“扇形展开”，如图 5.72 所示。

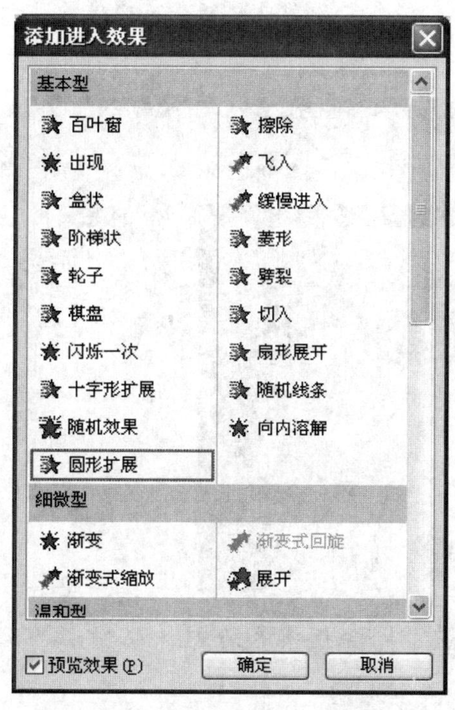

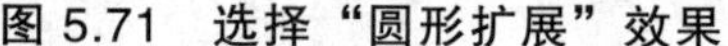

图 5.71　选择“圆形扩展”效果

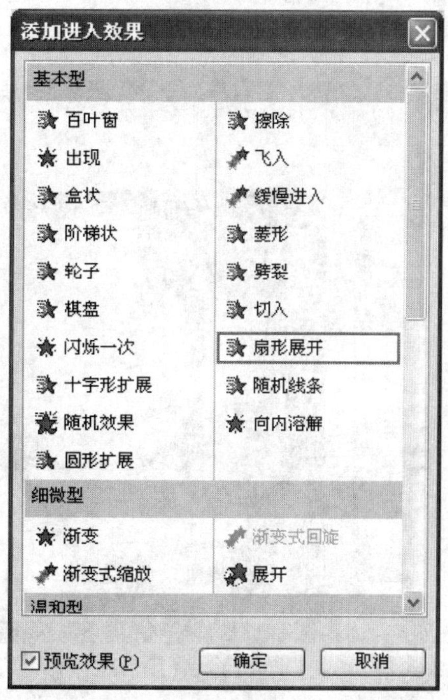

图 5.72　选择“扇形展开”效果

③ 在“自定义动画”任务窗格中的动画项列表中选择“效果图”选项，单击下拉箭头，从列表中选择“效果选项”，如图 5.73 所示。

④ 接着打开“圆形扩展”对话框，单击“计时”标签，在“计时”选项卡中，单击“开

始”下拉箭头，从列表中选择“之前”选项，如图 5.74 所示。

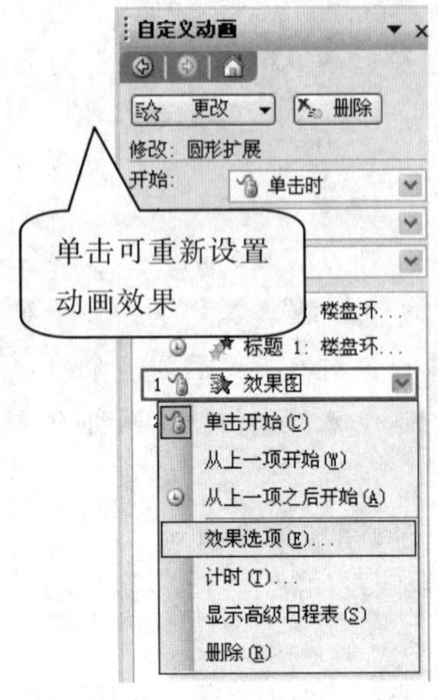

图 5.73 选择“效果选项”命令

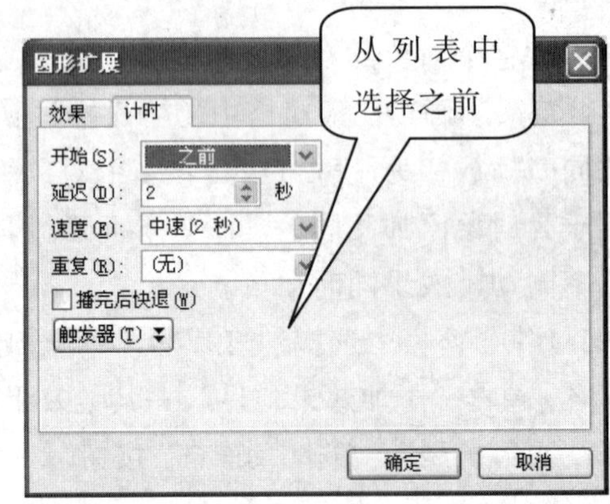

图 5.74 “圆形扩展”对话框

提示：在该对话框中设置“开始”项和直接在“自定义动画”任务窗格中的“开始”列表中选择“之前”所得到的效果是一样的。

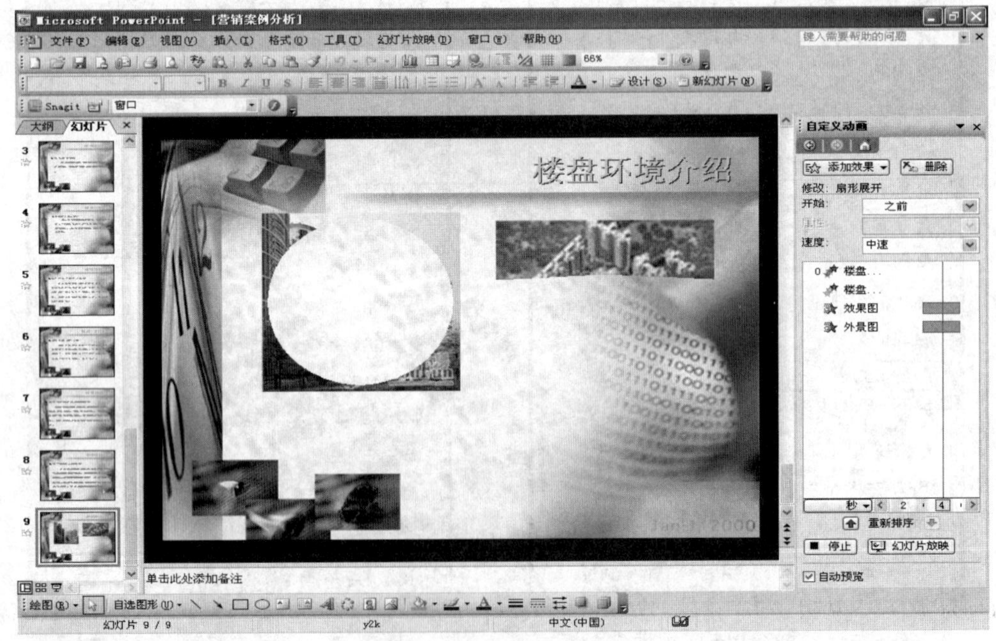

图 5.75 播放幻灯片

⑤ 用同样的方法，将图片“广告作品 2”的“开始”值也设置为“之前”。单击“自定义动画”任务窗格底部的“播放”按钮观看幻灯片的播放效果，如图 5.75 所示。

从期间框和播放的结果都可以看出，该页幻灯片中的三个动画效果同时开始进行，这显然与要求不符，要求是两个图片的动画同时进行。

⑥ 选择“效果图”和“外景图”动画项，从下拉菜单中选择“计时”命令，打开如图 5.76 所示的对话框，设置“延迟”值为 2 秒。

⑦ 用同样的方法设置图片“广告作品 2”的进入动画“扇形展开”的延迟值为 2 秒，如图 5.77 所示。

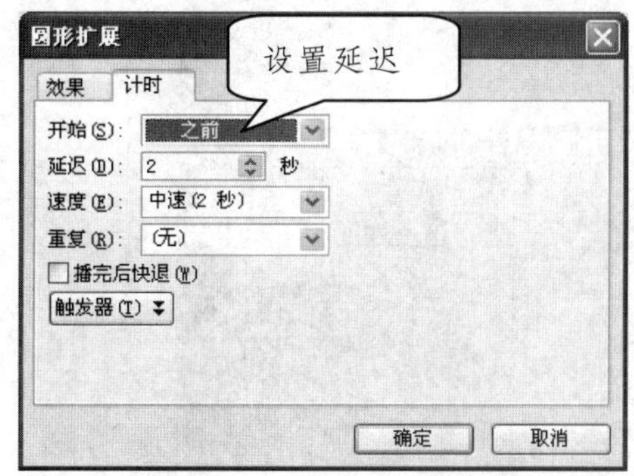

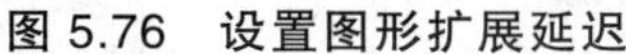
图 5.76 设置图形扩展延迟

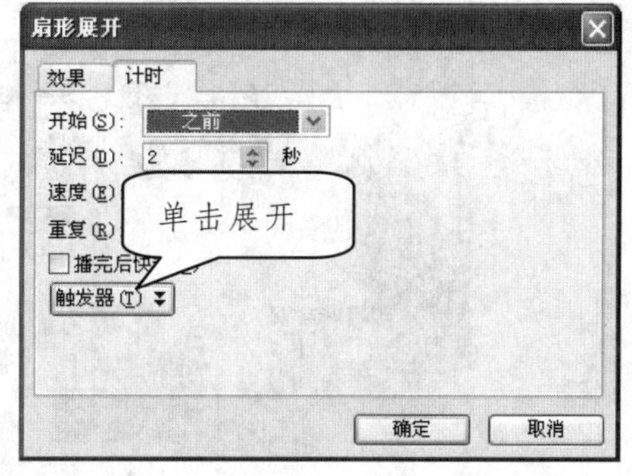

图 5.77 设置扇形展开延迟

这时用户再单击“播放”按钮，会发现“自定义动画”任务窗格，如图 5.78 所示。

图 5.78 延迟后播放状态

从图中的期间框也可以看出，在标题动画之后有一段间隔，这段间隔正是设置的时间延迟。

（2）设置相同动画效果同时播放。

① 为了便于说明问题，在幻灯片 9 之后插入新幻灯片，在标题占位符中输入“楼盘环境介绍二”。

② 单击“插入→图片→来自文件”命令，将素材文件“样板间”和“交通图”插入到幻灯片中，如图 5.79 所示，按住 Shift 键同时选择这两幅图片，右键单击从弹出的菜单中选择“组合→组合”命令，将它们组合为一个对象。

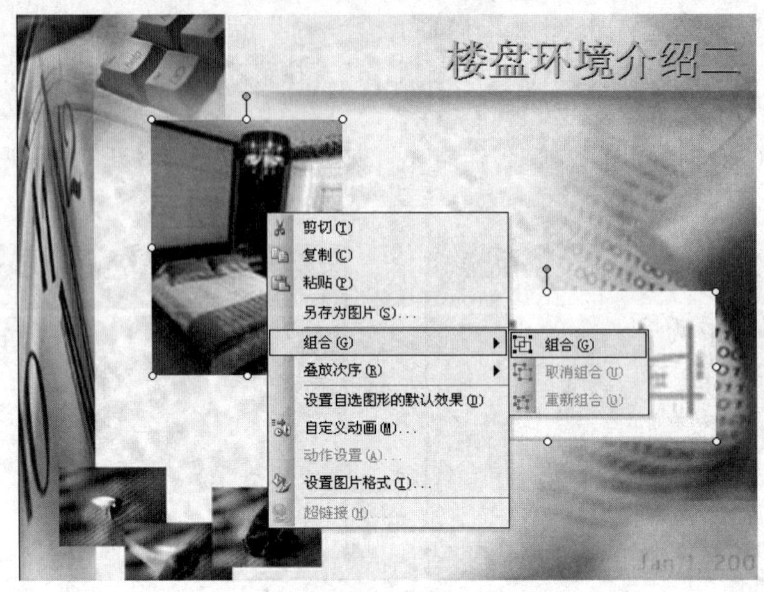

图 5.79 组合对象

③ 在“自定义动画”任务窗格中为该组合对象添加进入效果“盒状”，设置“开始”为“之后”，选择该动画项，展开下拉列表，从列表中选择“效果选项”选项，如图 5.80 所示。

④ 接着打开如图 5.81 所示的“盒状”对话框，在“增强”框中的“动画播放后”列表中选择“播放后动画隐藏”选项。

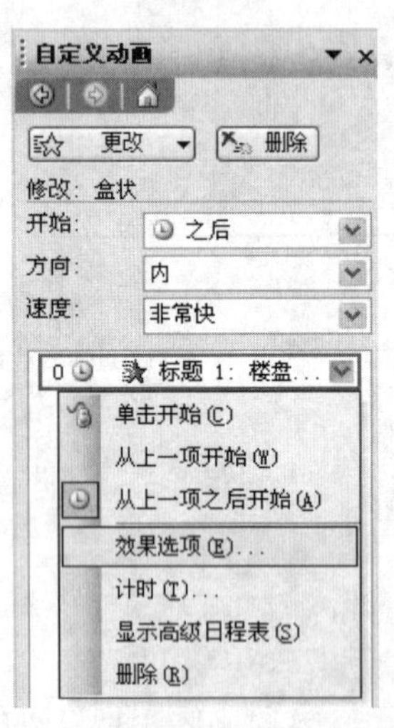

图 5.87 选择“效果选项”命令

图 5.88 设置对象播放后隐藏

⑤ 接着再将素材文件夹中的“效果图”和“环境图”插入到幻灯片中，用户可以将它们放置在原来两幅图片的位置，也可以选择其他的位置，如图 5.82 所示。同时，将它们也组合为一个对象。

⑥ 为该组合添加进入动画为“翻转式由远及近”，并设置“开始”值为“之后”，“速度”为“中速”，如图 5.83 所示。

图 5.82　插入图片并组合为对象

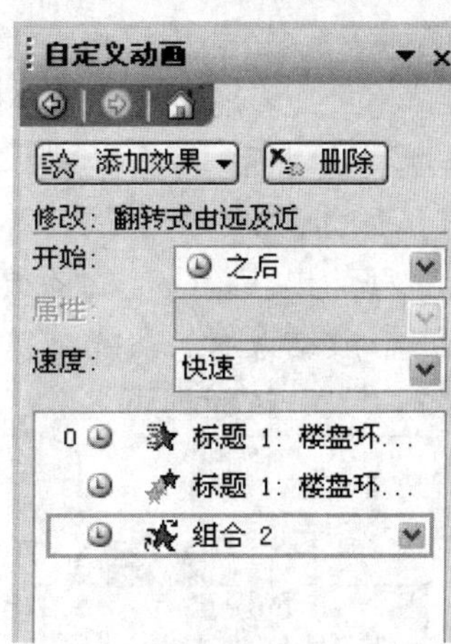

图 5.83　设置组合的动画效果

单击“播放”按钮可以观看当前幻灯片的动画效果。这种方法不仅可以实现同时播放多个对象的动画效果，而且还可以演变为在同一位置播放多个动画效果，只要在“动画播放后”列表中选择“播放动画后隐藏”即可。

5.2.3　设置演示文稿的放映方式

幻灯片的放映一般分为手动放映和自动放映，用户可以根据实际情况设置放映方式。

1. 手动播放演示文稿

如果播放时，需要进行手动播放，可以进行以下设置：单击“幻灯片放映→设置放映方式”命令，打开“设置放映方式”对话框，选中“换片方式”中的“手动（M）”选项，“确定”退出即可，如图 5.84 所示。

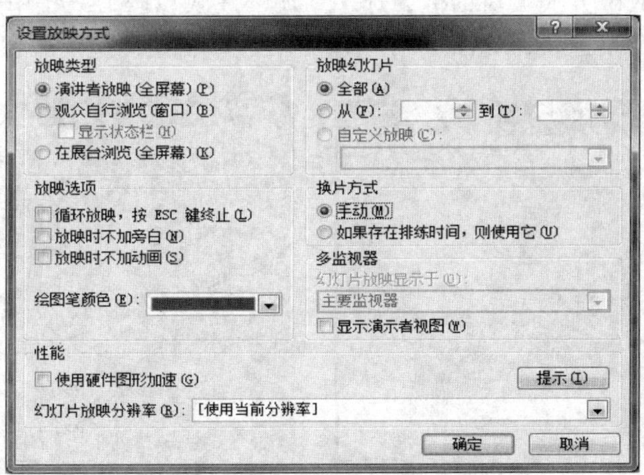

图 5.84　“设置放映方式”对话框

2. 自动播放演示文稿

如果要实现演示文稿的自动播放，需要进行排练计时。

（1）单击“幻灯片放映→排练计时”命令，进入排练计时状态。

（2）此时，单张幻灯片放映所耗用的时间和文稿放映所耗用的总时间显示在如图 5.85 所示的“预演”对话框中。

（3）手动播放一遍文稿，并利用“预演”对话框中的“暂停”和“重复”等按钮控制排练计时过程，以获得最佳的播放时间。

（4）播放结束后，系统会弹出一个提示是否保存计时结果的对话框，如图 5.86 所示，单击其中的“是”按钮即可。

图 5.85 “预演”对话框

图 5.86 “排练计时”状态

提示：“录制旁白”时，系统也出现了一个相似的提示框，如果选择其中的“是（Y）”按钮，同样可以保存放映时间。

（5）进行排练计时后，如果播放时，需要手动进行，执行“幻灯片放映→设置放映方式”命令，打开“设置放映方式”对话框，如图 5.87 所示。在“换片方式”栏中，勾选“如果存在排练时间，则使用它”选项，然后单击“确定”按钮。

（6）经过上述设置后，按下F5键，当前幻灯片就可以自动放映了。

3. 循环播放演示文稿

如果用户的演示文稿是在展示产品，吸引消费者的，那么就应该将演示文稿设置为循环播放，设置方法如下所述。

（1）要设置成循环播放的方式，首先要进行“排练计时”。

（2）打开“设置放映方式”对话框，选中“循环放映，按Esc键中止”和“如果存在排练时间，则使用它”两个选项，如图 5.88 所示，然后单击“确定”按钮。

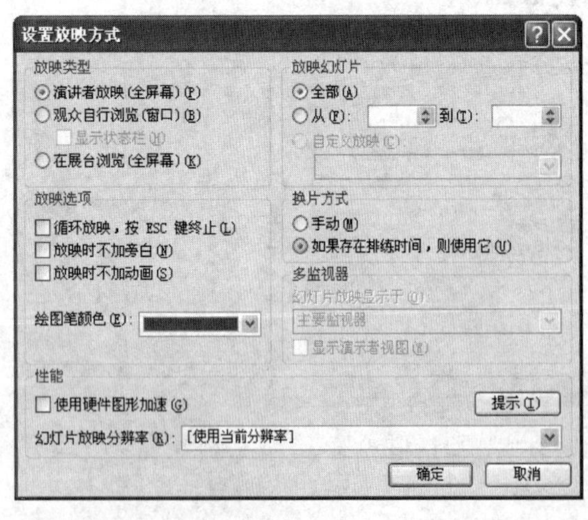

图 5.87 “设置放映方式”对话框

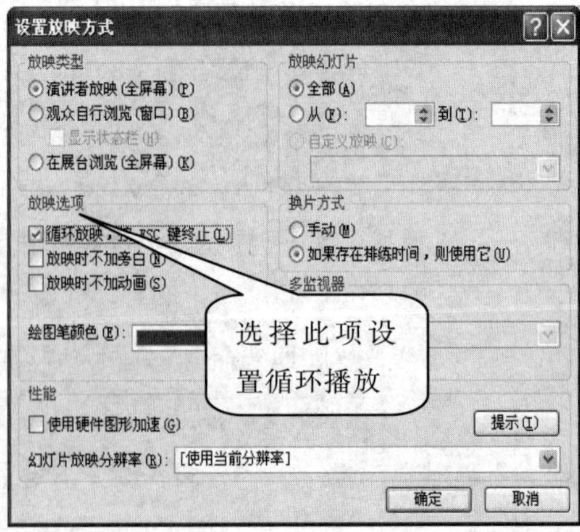

图 5.88 设置循环放映

4. 幻灯片的隐藏和再现

（1）从菜单中选择“视图→幻灯片浏览”命令，切换到“幻灯片浏览”视图状态，如图5.89所示。

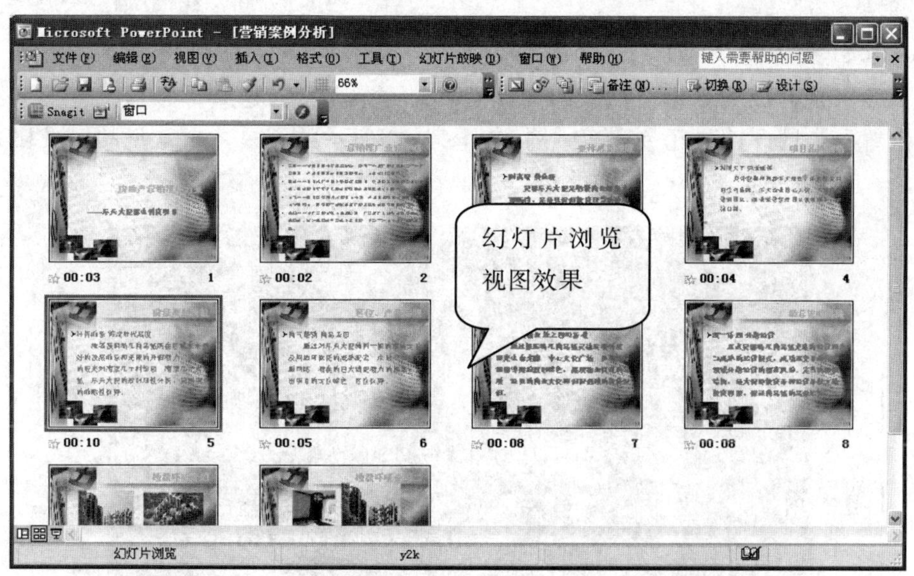

图 5.89 “幻灯片浏览”视图

（2）选中需要隐藏的幻灯片，单击鼠标右键，弹出如图5.90所示的快捷菜单，选择“隐藏幻灯片”命令。

提示：再次右击该幻灯片，选择“取消隐藏”命令，则显示该幻灯片。

（3）在播放演示文稿时如果需要显示隐藏的幻灯片，则单击鼠标右键，在弹出如图5.91所示的快捷菜单中选择“定位至幻灯片→建筑规划特色”（隐藏幻灯片序号有一个括号）选项即可。

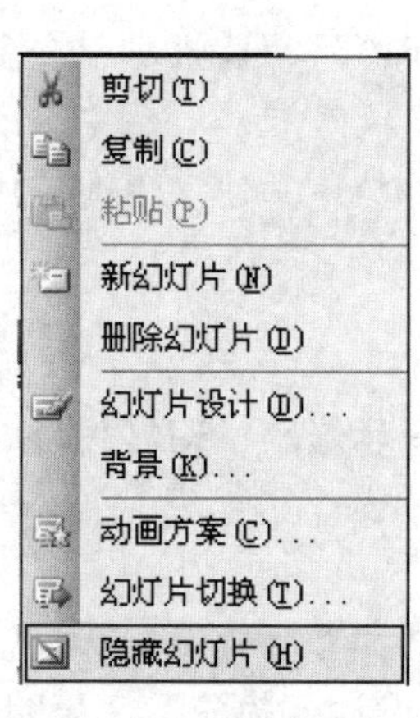

图 5.90 “隐藏幻灯片”快捷菜单

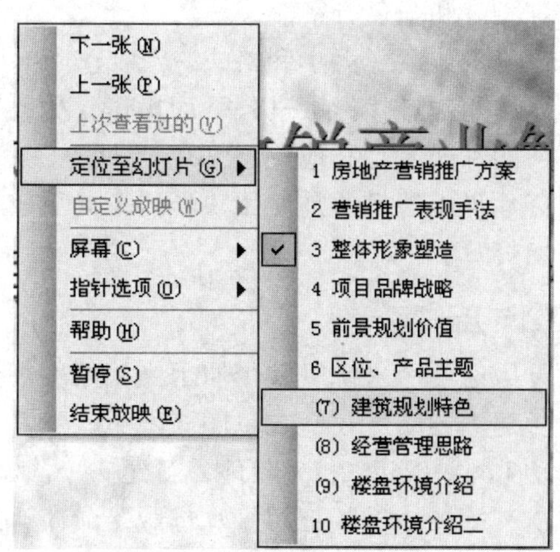

图 5.91 隐藏的幻灯片播放设置菜单

5.2.4 幻灯片母版设计

母版是指用于定义演示文稿中所有幻灯片或页面格式的幻灯片视图或页面。每个演示文稿的关键组件（如幻灯片、标题幻灯片、演讲者备注和听众讲义）都有一个母版。

1. 关于幻灯片母版

幻灯片母版是存储关于模板信息的设计模板的一个元素，这些母版信息包括字形、占位符大小和位置、背景设计和配色方案。例如，图 5.92 所示的就是一个常见的标准格式的幻灯片母版。

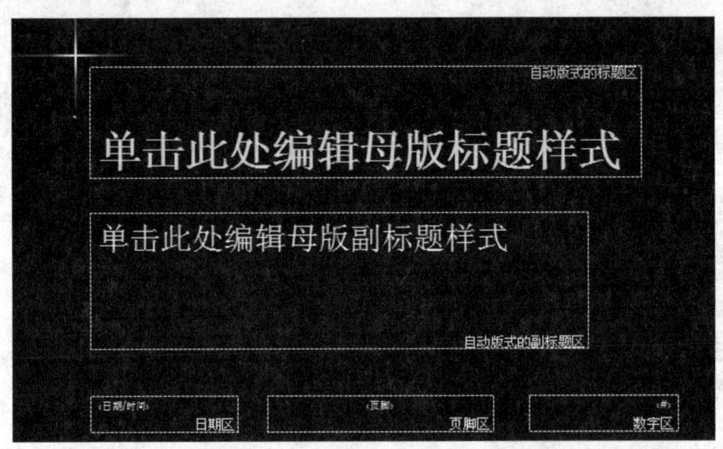

图 5.92 幻灯片母版样式

其中包含的元素如下：

（1）标题、正文和页脚的字体样式。

（2）文本和对象占位符的位置。

（3）项目符号的样式。

（4）背景设计和配色方案。

（5）占位符的位置、大小和格式。

通常可以使用幻灯片母版进行下列操作：更改字体或项目符号；插入显示在多个幻灯片上的艺术字、图片或者是其他对象。

使用幻灯片母版的目的是使用户进行全局更改（如替换字体），并使该更改应用到演示文稿中的所有幻灯片。

2. 创建幻灯片母版

幻灯片母版通常用来统一整个演示文稿的幻灯片格式，一旦修改了幻灯片母版，则所有采用这一母版建立的幻灯片格式也随之发生改变。

（1）启动 PowerPoint 2003 软件，新建一个演示文稿。

（2）单击“视图→母版→幻灯片母版”命令，进入“幻灯片母版视图”状态，如图 5.93 所示，此时“幻灯片母版”工具栏也自动被打开。这便是默认设计模板演示文稿的母版视图，用户可以根据需要，根据该母版创建自己的幻灯片母版。

（3）右击“单击此处编辑母版标题样式”，从弹出的快捷菜单中选择“字体”命令，打开“字体”对话框，如图 5.94 所示，从“中文字体”列表中选择“华文中宋”，从“字体”列表中选择“加粗”，字号还是保持默认的 44 号，从“颜色”列表中选择青色。

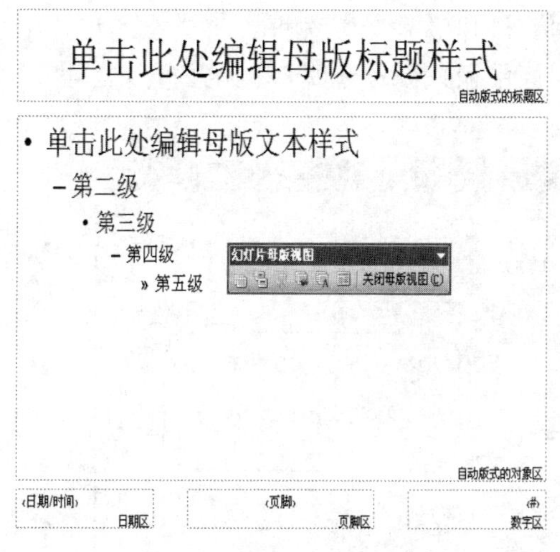

图 5.93　默认幻灯片母版视图

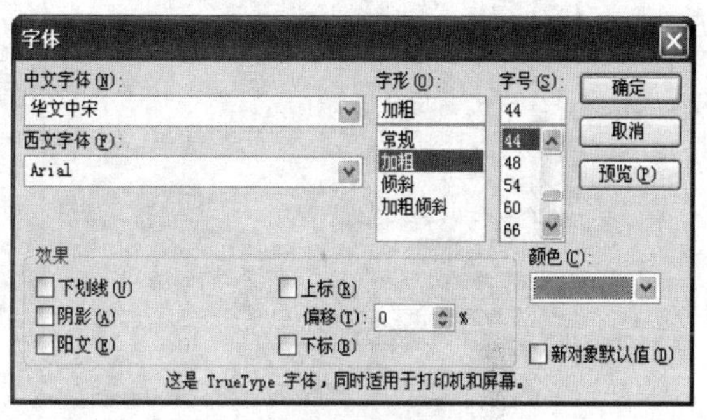

图 5.94　设置母版标题字体

（4）右击“单击此处编辑母版文本样式”选项，在“字体”对话框中设置“中文字体”为“华文仿宋”，从“字形”列表中选择“加粗”，字号还是保持默认的 32 号，从“颜色”列表中选择青色，如图 5.95 所示。

采用同样的方法，依次单击“第二级”至“第五级”文字，设置相同的“中文字体”、“字形”及“颜色”。接着再选择幻灯片母版视图底部页脚区的文字，设置字体为“华文仿宋”。

（5）设置好字体后，幻灯片的效果如图 5.96 所示。

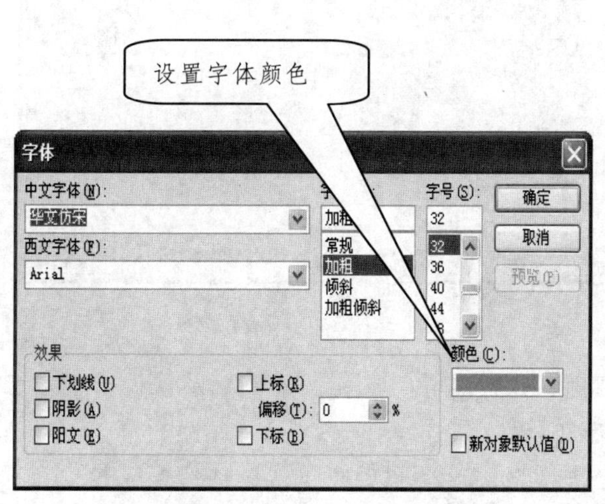

图 5.95　设置项目列表字体

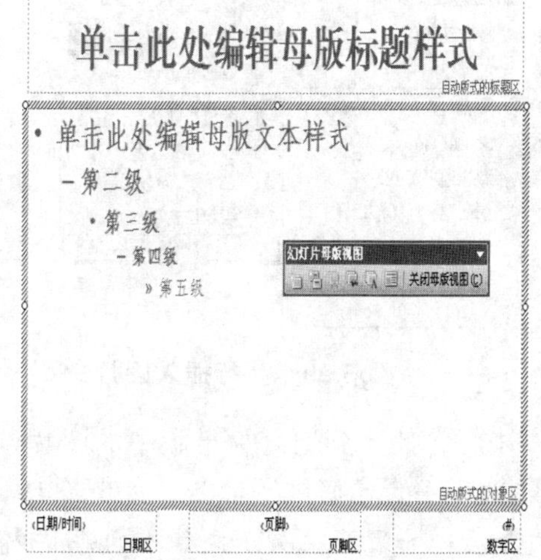

图 5.96　更改字体后的母版效果

（6）单击“视图→页眉和页脚”命令，如图 5.97 所示。

（7）接着，屏幕上会显示“页眉和页脚”对话框，如图 5.98 所示。单击“幻灯片”标签，在“幻灯片包含内容”框中勾选“日期和时间”复选框，激活其下的选项按钮和文本框。如果希望每次运行演示文稿时，都能显示当前的时间，那么选择“自动更新”选项，其下的列表框中会自动显示当前的系统日期。如果希望显示固定的日期，选择“固定”选项按钮，在其下的文本框中输入要显示的日期值即可。勾选“幻灯片编号”复选框，将会在幻灯片中显示编号，选择“页脚”复选框，可以在其下的文本框中输入要显示页脚区的内容。

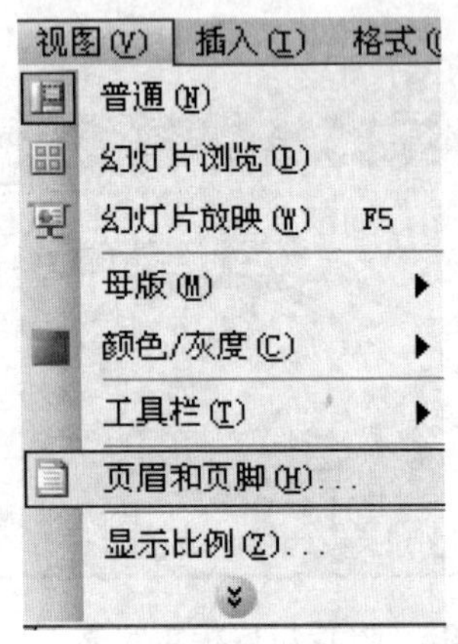

图 5.97　单击“页眉和页脚”

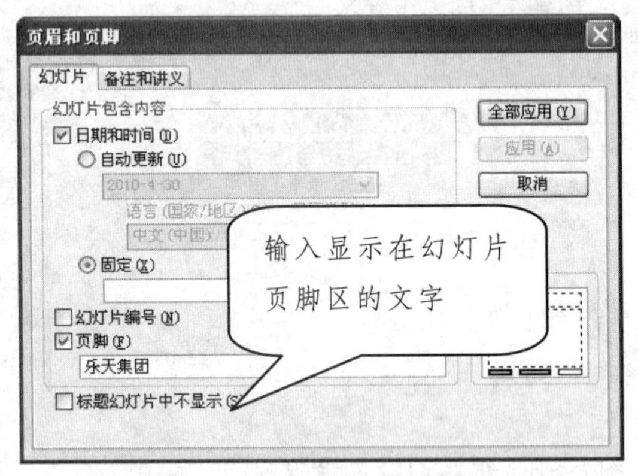

图 5.98　“页眉和页脚”对话框

（8）单击“插入→图片→来自文件”命令，如图 5.99 所示。

（9）在打开的“插入图片”对话框中，单击选中需要插入的图片，然后再单击“插入”按钮，如图 5.100 所示。

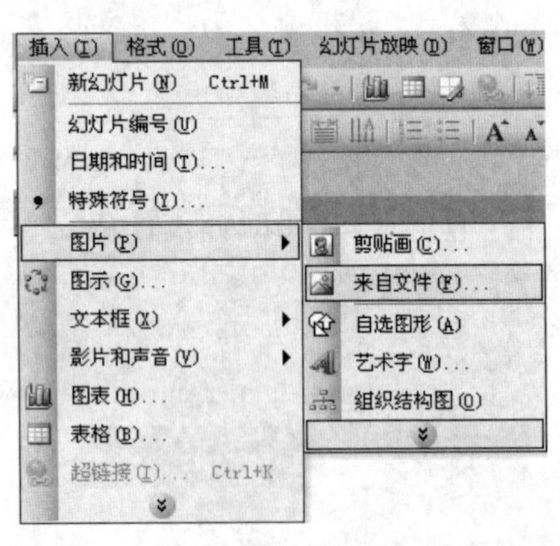

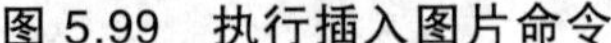

图 5.99　执行插入图片命令

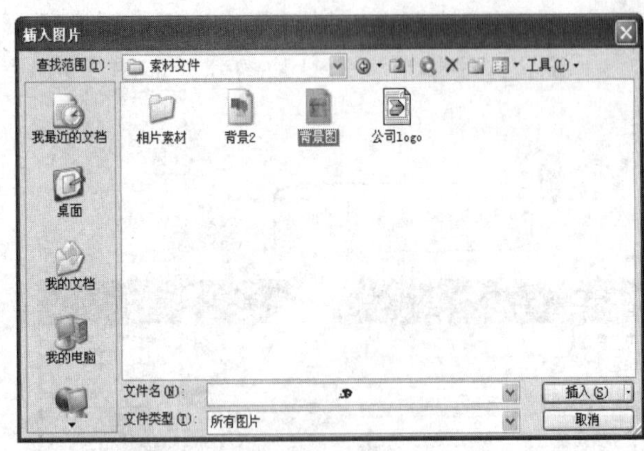

图 5.100　插入背景图片

（10）将插入到幻灯片母版中的图片调整到和幻灯片尺寸相同，右击后从快捷菜单中选择“叠放次序→置于底层”命令，如图 5.101 所示。

提示：如果希望演示文稿中的每页内容都包含一些相同的信息，比如公司的 logo 标志、商标及公司名称等，此时最好的方法就是将这些信息放入到幻灯片母版视图中。

（11）单击“插入→图片→来自文件”命令，在“插入图片”对话框中选择公司的 logo 标志，如图 5.102 所示，单击“插入”按钮。

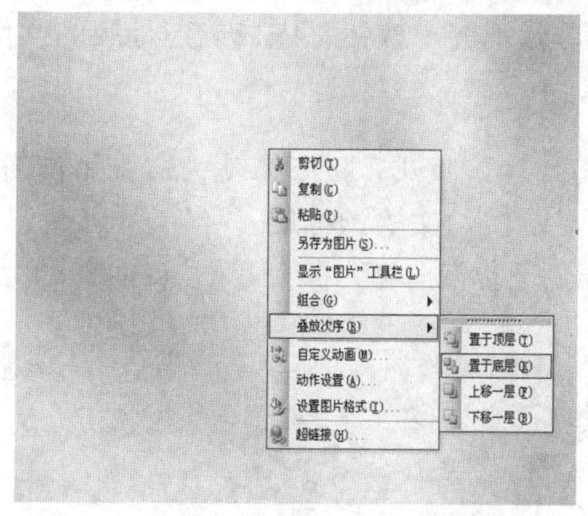

图 5.101　设置图片的叠放次序

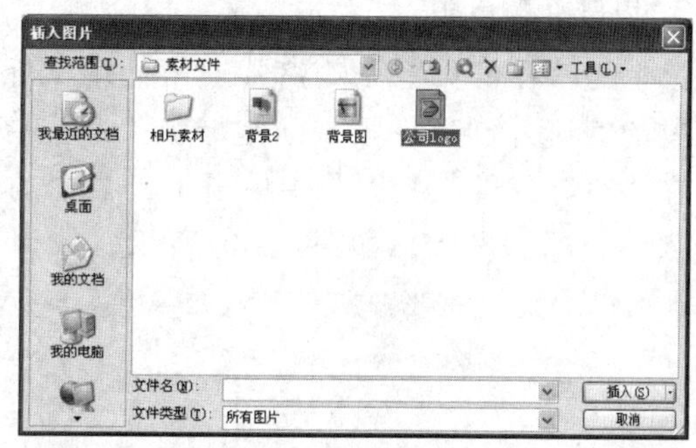

图 5.102　插入公司 logo

（12）调整幻灯片母版中标题占位符的尺寸，将图片移动到它的右侧，如图 5.103 所示。

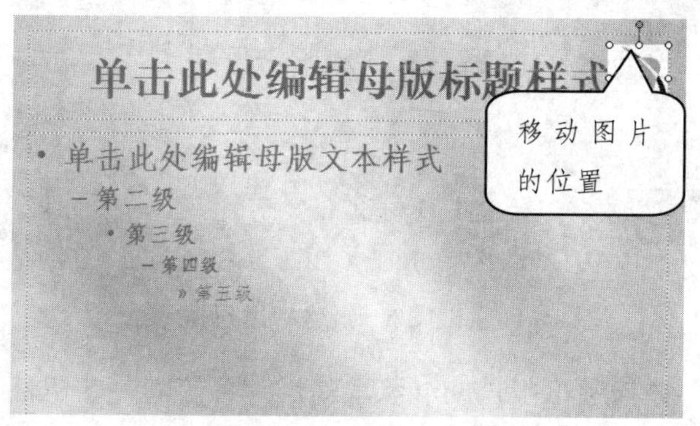

图 5.103　移动图片

（13）右击图片，从快捷菜单中选择“显示‘图片’工具栏”命令，接着，屏幕上会显示如图 5.104 所示的“图片”工具栏。单击“图片”工具栏中的“设置透明色按钮”，然后将鼠标指针移到插入的 logo 图片中的白色位置单击鼠标，设置该标记的底色为透明色。此时，用户会看到 logo 图片的白色底纹没有了。

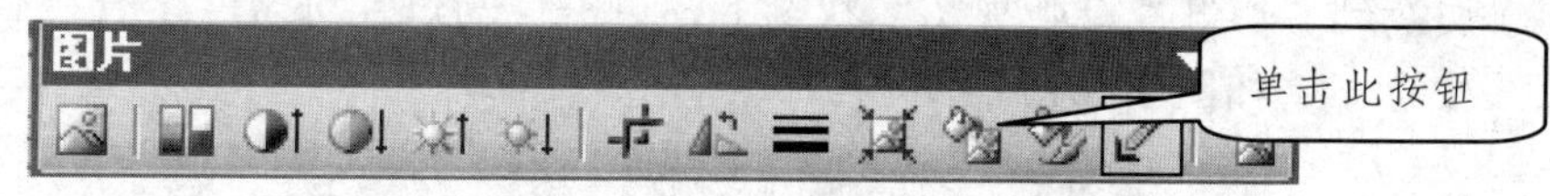

图 5.104　“图片”工具栏

（14）单击“幻灯片母版”工具栏中的“重命名母版”按钮，随后打开“重命名母版”对话框，如图 5.105 所示，在“母版名称”框中输入母版的新名称，单击“重命名”按钮完成命名操作。

图 5.105　“重命名母版”对话框

（15）单击“幻灯片母版”工具栏中的“关闭母版视图”按钮，完成创建母版的操作。

3. 创建标题母版

演示文稿中的第一张幻灯片通常使用“标题幻灯片”版式，接下来就为这张用作演示文稿标题的幻灯片创建一张“标题母版”，用于突出显示演示文稿的标题。

在“幻灯片母版视图”中单击工具栏中的“插入新标题母版”按钮，自动在母版视图中插入一个标题母版，如图 5.106 所示。

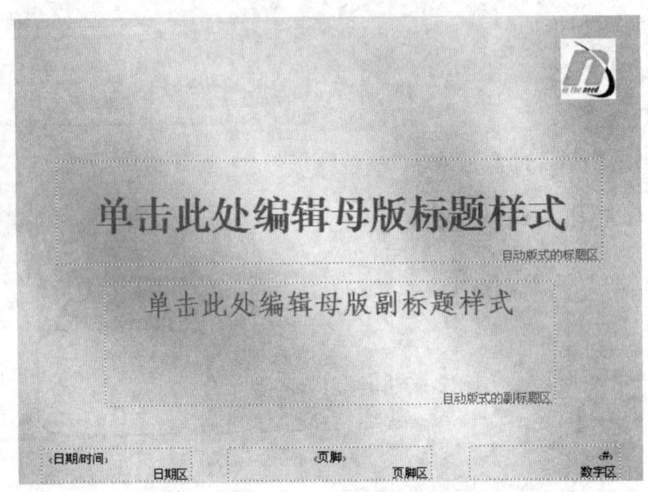

图 5.106 新建标题母版

从图中可以看到，该标题母版自动继承了幻灯片母版的一些属性，如背景图片、字体格式等。如果用户希望标题母版拥有不同的风格，可以重新设置标题母版。

设置好标题母版的格式后，单击“幻灯片母版视图”中的“关闭母版视图”命令即可。

提示：母版创建完成后，可以将当前演示文稿保存为模板（后缀为“.ppt”），供以后建立演示文稿时调用。

4. 创建多重母版

（1）切换到“幻灯片母版视图”状态下，单击“幻灯片母版”工具栏中的“插入新幻灯片母版”按钮，如图 5.107 所示。

图 5.107 单击“插入新母版”命令

（2）接着系统会自动创建一个默认的幻灯片母版，再次单击“幻灯片母版视图”中“插入标题母版”按钮，会自动创建一个默认的标题母版，如图 5.108 所示。

（3）用同样的方法，为母版设置背景、标题和文本的格式。

（4）单击“幻灯片母版视图”工具栏中的“重命名母版”命令，为母版重新命名。

（5）可以设置允许或禁止在演示文稿中应用多个模板，请单击“工具→选项”命令，在“选项”对话框中单击“编辑”标签，切换到“编辑”选项卡，如图 5.109 所示。

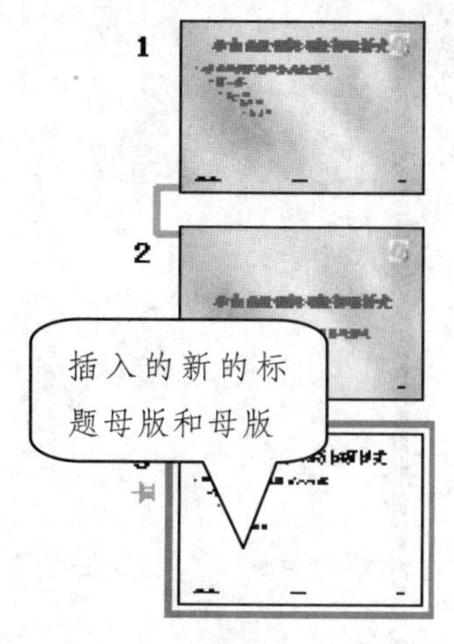

图 5.108　插入新母版和标题母版

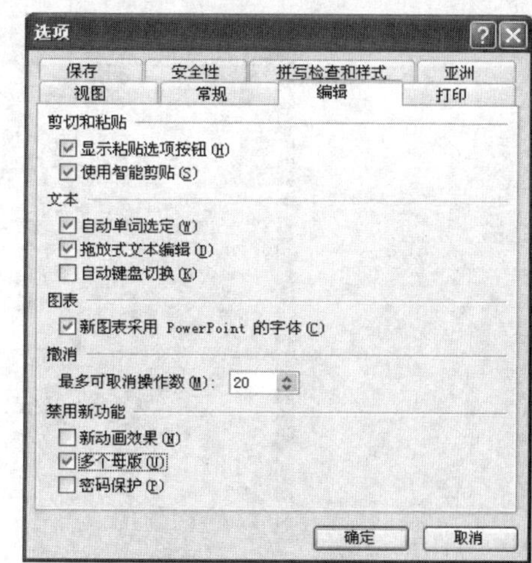

图 5.109　“选项”对话框

（6）如果禁止演示文稿中应用多个母版，选择“多个母版”复选框，如果允许演示文稿中应用多个母版，请取消勾选该复选框。

提示：如果演示文稿中已经应用了一个以上的设计模板，然后再设置禁用多个母版选项，则当前幻灯片的母版不会被删除，但试图添加的任何新设计模板都将应用于所有幻灯片。

5. 创建讲义母版

前面已经提到，演示文稿中的每个关键组件，如听众讲义都会有一个母版，对讲义母版所做的更改可能会包含重新定位、调整大小或设置页眉和页脚占位符的格式。对讲义母版所做的任何更改在打印大纲时也会显示出来。

（1）单击“视图→母版→讲义母版”命令。

（2）将当前演示文稿视图切换到“讲义母版”视图，同时屏幕上还会显示“讲义母版视图”工具栏，如图 5.110 所示。

在“讲义母版”工具栏上共有六个按钮，分别代表显示的幻灯片的张数和排列样式。在该工具栏上选择一个需要的张数和样式所代表的按钮并单击鼠标，此时讲义上便显示出所要的幻灯片张数的排列样式。

“讲义母版”工具栏上的按钮的功能说明如下所述。

——显示每页 1 张幻灯片的讲义位置。

——显示每页 2 张幻灯片的讲义位置。

——显示每页 3 张幻灯片的讲义位置。

——显示每页 4 张幻灯片的讲义位置。

——显示每页 6 张幻灯片的讲义位置。

——显示每页 9 张幻灯片的讲义位置。

——显示大方位置。

——讲义母版版式。

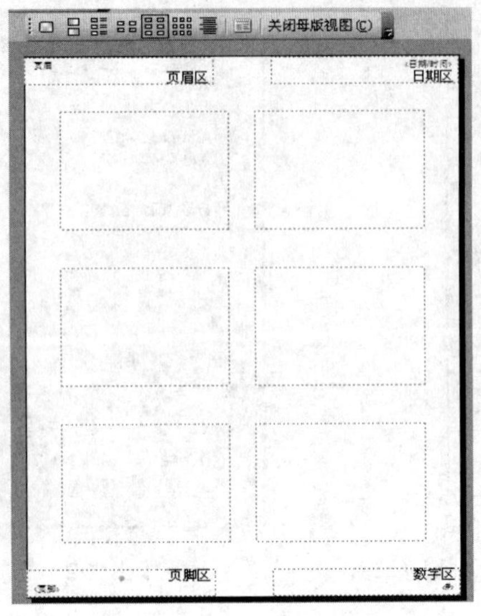

图 5.110 “讲义母版”视图

（3）如果要设置讲义母版的“页眉和页脚”，请单击“视图→页眉和页脚”命令，在弹出的“页眉和页脚”对话框中选择“备注和讲义”选项卡，如图 5.111 所示，然后进行相应的设置即可。

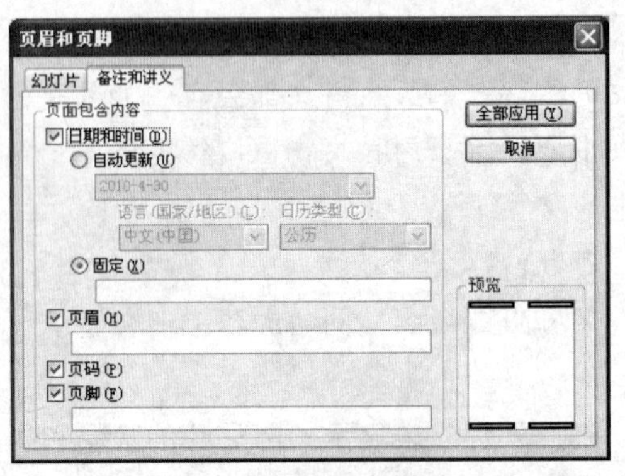

图 5.111 设计备注和讲义母版的页眉页脚

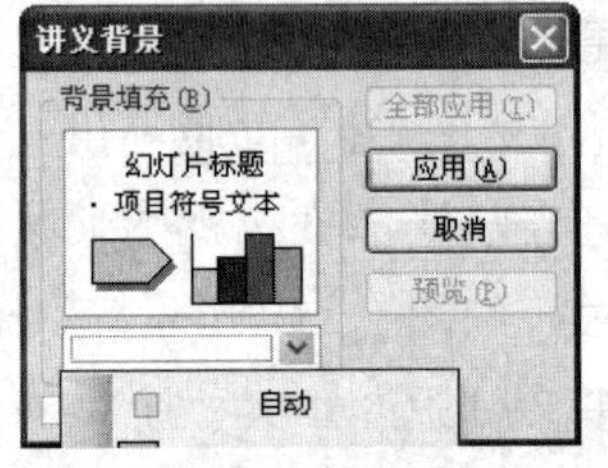

图 5.112 “讲义背景”对话框

（4）单击“格式→讲义背景”命令。

（5）接着打开“讲义背景”对话框，如图 5.112 所示，单击下拉箭头，可以选择为讲义背景设置其他颜色填充或者单击“填充效果”命令，同设置母版的背景类似，为讲义母版设置背景。

6. 创建备注母版

设置备注母版格式的操作方法如下所述。

（1）单击“视图→母版→备注母版”命令，进入备注母版设置窗口。

（2）单击“备注区文本”，此时“备注区文本”的外框显示为粗框，表明此时该区域处于编辑状态，如图 5.113 所示。

（3）将鼠标置于文本区，当指针变为“十”字时，就可以通过拖动鼠标来改变备注框的位置。将鼠标置于边框上的控制点上，当指针变为双向箭头时，拖动鼠标可以改变备注页框的大小。

（4）分别选中“备注区文本”中的各级文本，右击打开如图 5.114 所示的“字体”对话框，然后对它们进行字形、字体、字号及效果、颜色等设置。

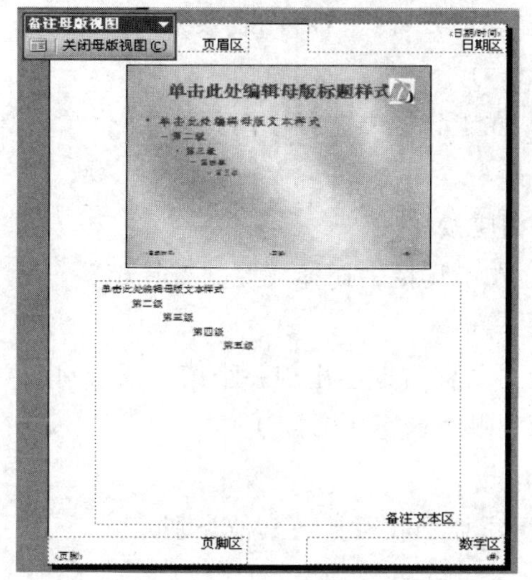

图 5.113 备注母版视图

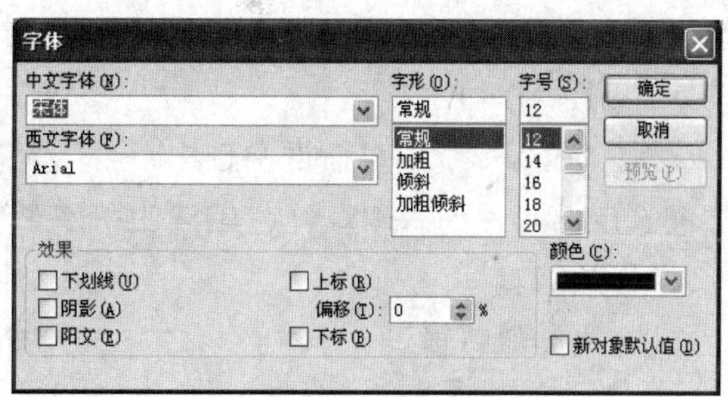

图 5.114 “字体”对话框

提示：另外，还可以根据需要在备注页上添加上图片或者其他的对象。同样，单击“格式→备注背景”命令可以设置备注页的背景格式。

归纳小结

通过为演示文稿中的对象设置进入动画、强调动画，介绍了系统提供的、丰富的自定义动画方案，介绍了实现同时播放多个对象的动画效果。介绍了模板在演示文稿中的应用，当创建大型的演示文稿时，可能需要包含上百张幻灯片，统一整个演示文稿风格最好的方法就是利用母版，而幻灯片的母版又分为标题母版、幻灯片母版、讲义母版和备注母版。

强化练习

选择题

1. 预设动画的操作要用菜单中的哪一栏（　　）。

A. 编辑　　B. 视图　　C. 工具　　D. 幻灯片放映

2. 对幻灯片进行幻灯片切换效果的操作应该在菜单的哪一栏中进行（　　）。

A. 编辑　　B. 格式　　C. 插入　　D. 幻灯片放映

3. PowerPoint 2003 中，各种视图模式切换的快捷按钮在 PowerPoint 窗口的哪一部分(　　)。

A. 左上角　　B. 右上角　　C. 左下角　　D. 右下角

4. 如果要设置幻灯片播放的动画效果，则应用到“自定义动画”对话框中的哪一栏(　　)。

A. 顺序和时间　　B. 效果　　C. 多媒体设置　　D. 图表效果

5. 下列有关动画预设的操作过程正确的是(　　)。

A. 在幻灯片视图中选择需要动态显示的对象，在工具栏中选择“动画效果”，单击其中的相应按钮

B. 在工具栏中选择“动画效果”，单击其中的相应按钮

C. 在幻灯片视图中选择需要动画显示的对象，在工具栏中选择“控制工具箱”

D. 以上操作均不对

6. 在“插入影片”对话框中选中一个类别后点击鼠标右键会出现一个菜单，请问如果要把当前选定的影片插入幻灯片，应该使用该菜单中的哪个命令(　　)

A. 播放剪辑　　B. 插入剪辑

C. 查找类似剪辑　　D. 将剪辑添加到收藏夹或其他类别

项目总结

本项目通过 2 个工作任务的完成，学会利用 PowerPoint 2003 来设计、制作信息展示领域的各种电子演示文稿。掌握利用大纲视图和设计模板快速创建演示文稿的方式；学会使用图片、自选图形及文本框制作图文混排的演示文稿；能够将声音、文字、影片、图像及动画集于一体，并设置各种播放形式。

PPT 是一种辅助表达的工具，其目的是让 PPT 的受众能够快速地抓住表达的要点和重点。因此，好的 PPT 一定要思路清晰、逻辑明确、重点突出、观点鲜明。这是最基本的要求。要达到以上要求，首先在 PPT 的构思阶段，就要先拟好大纲，设计好内容的逻辑结构。如果是由现成的文字内容转制 PPT，则要对文字进行提炼，使之精简化、层次化、框架化。

PPT 的运用越来越广泛了，不但教学课件、工作汇报、产品展示、项目介绍、活动宣传需要用 PPT，而且一些简单的平面设计、动画制作甚至电子杂志都可以通过 PPT 来实现。

设计性实训

选择与自己所学专业相关的适当内容，创作出至少十张幻灯片的演示文稿，要求版式规范、采用不同字体和字号、采用不同颜色、使用超级链接、图文并茂、色彩和谐、主题突出、动画恰当、链接准确、结构完整。

例如：假设你即将大学毕业，要赴企业应聘，需要制作一个应聘书演示文稿。应聘书至少包含以下内容：

(1) 个人基本信息：姓名、性别、年龄、籍贯等。

（2）学历：小学、中学、大学。

（3）工作经历（顶岗实习）。

（4）专业特长：① 所学主要课程及成绩；② 工作业绩。

（5）业余爱好。

（6）性格特点。

（7）工作规划。

综合性实训

实训 10　制作多媒体演示活动策划稿

一、任务描述

学院将举行第十届“指尖飞扬信息技术应用大赛”，为了在比赛中取得好成绩，班上小王同学最近很刻苦地进行赛前准备。某天他在网上下载了一个“多媒体演示活动策划稿”，包含动画、背景音乐、视屏播放等应用的 PPT 文件（见“样例.mp4”），想模仿制作，但该 PPT 文件设置了文档保护，所以无法查看详细的制作过程。于是，他就找相关老师帮忙。老师经过观看 PPT 播放过程，发现该 PPT 由 8 个页面组成，如图 5.115 所示。并且各个页面分别设置动画效果、音视频插入、各种图片素材应用等，完成此演示文稿制作过程比较复杂。

图 5.115　ppt 各页面静态图

二、解决方案

由于该 PPT 文件制作过程插入了许多图片（含文字图片）及音视频，所以，制作前首先要准备演示文稿需要的相关素材：新闻视频、背景音乐、文字素材、背景图片等，详见图 5.116。并参照“样例.mp4”文件，利用搜集整理的素材，根据任务要求制作演示文稿（注：此列举素材均在“PPT 素材”文件夹中）。

图 5.116 所有素材列表

三、知识要点

（1）PowerPoint 母版、幻灯片设计、幻灯片版式等应用。

（2）PowerPoint 幻灯片中图片与图形组合、叠放次序调整、音视频插入。

（3）PowerPoint 制作演示文稿时，自定义动画的添加及相应设置技巧等综合应用。

四、实训任务

任务一 制作封面（ppt 第一页）

操作提示：

① 启动 PowerPoint2003，新建一空白演示文稿。

② 将“PPT 素材”中“背景 1.gif”设置为该页背景，可以使用插入图片后调整大小的方法，也可使用背景菜单，建议用后者。在空白处点击鼠标右键，选择“填充效果”，如图 5.117 所示，在“填充效果”对话框中选择“图片”，输入“背景 1.gif”路径得到图 5.118。

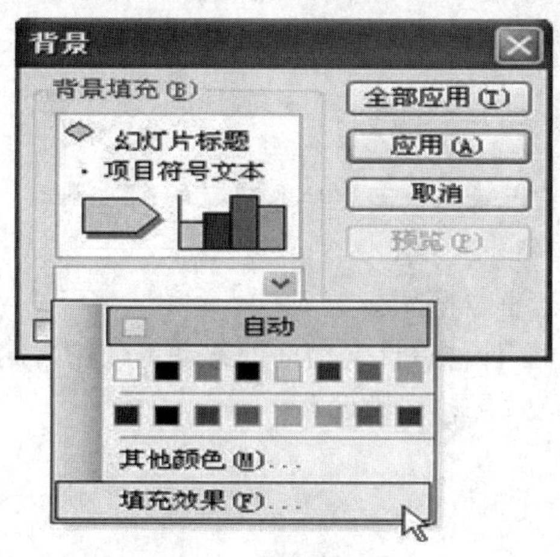

图 5.117 背景菜单

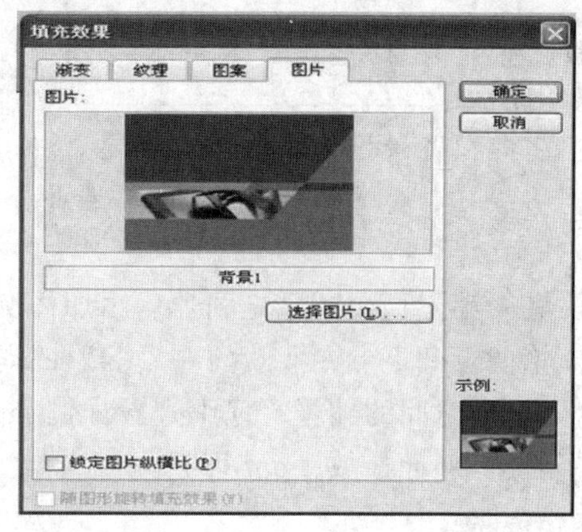

图 5.118 图片填充背景

③ 插入“logo.png”图片，并参照样例设置阴影效果。插入横排文本框，输入标题文字，标题字体黑体、字号 44、动画效果“擦除”。填写系部及自己的姓名（黑体 32）、动画效果“渐变”。

任务二 美丽的校园（ppt 第二页）

操作提示：

① 将此页背景设为黑色，方法同上。

② 将“PPT 素材”中“美丽的校园.gif”及“我的家.gif”插入页面，并参照样例调整大小位置。给“美丽的校园.gif”添加“翻转式由远及近”和“渐变式缩放”动画效果；给“我的家.gif”添加“圆形扩展”和“中子”动画效果，如图 5.119 所示。

③ 插入“素材”中“1.MP3”音乐文件，要求音乐自动画播放开始即自动播放到第 4 页停止，其他动画效果如样例，如图 5.120 所示。

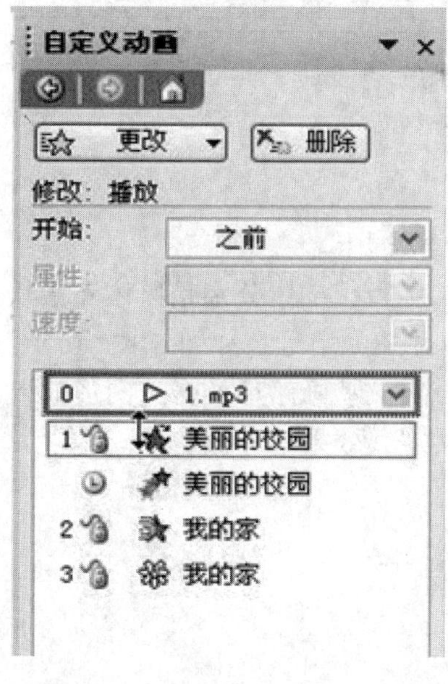

图 5.119 自定义动画

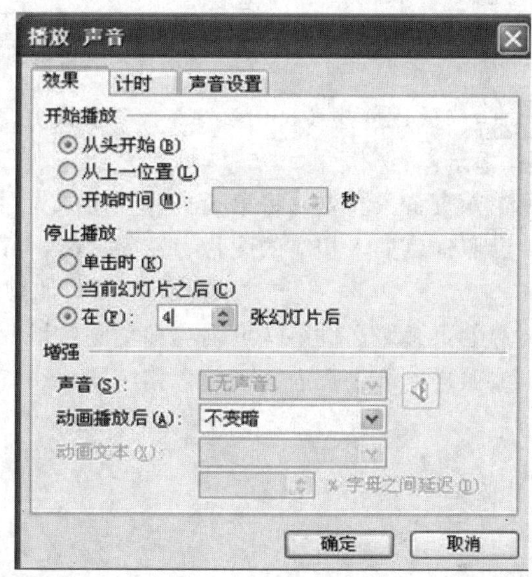

图 5.120 播放声音设置

任务三 学院简介（ppt 第三、四页）

操作提示：

① 将此页背景设为黑色，方法同上。

② 将“PPT 素材”中校园风光、专业介绍等图片插入页面，并参照样例调整大小、位置及相应动画效果。

③ 其中第三页校园风光图片均添加样例所示边框、阴影效果。

④ 第四页“重点专业”向左、“4”的向下、“会计与审计”横向的移动都使用自定义动画路径和出现时间的编排。仔细查看样例.mp4 示范效果，准确设置。

任务四 新闻播放（ppt 第五页）

操作提示：

① 将此页背景还原为白色，方法同上。

② 根据样例所示，添加文字“营造氛围，追逐梦想”及文字背景。

③ 在适当的位置，插入“PPT 素材”中“观看新闻”与“电视机图-1”图片。

④ 插入“3D 新闻视频.wmv”，设为“鼠标点击播放”。并调整大小至电视机图框架中，将其组合在一起，如图 5.121 所示。

图 5.121 电视新闻图片制作

任务五 放逐梦想（ppt 第六、七、八页）

操作提示：

① 第六页背景同上，将第七页背景还原为白色。方法同上。

② 参照样例插入相应的图片、文字素材，并按样例排版，字体分别是黑体和微软雅黑，字号 44、28。其中“心”与“脚”两字用其他醒目字体并加大字号，如图 5.122 所示。

③ 第七页参照样例第 7 页内容和动画效果，制作自定义动画路径及自选图形效果。

④ 参照样例第 8 页内容，插入相应图片、背景、文字，效果如样例。

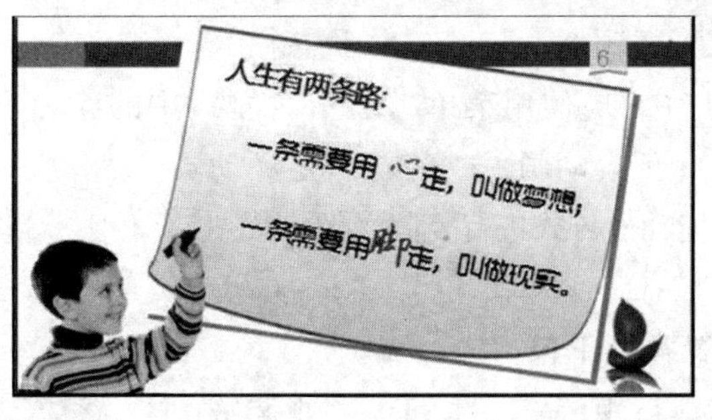

图 5.122 放逐梦想

说明：在完成实训任务的同时，注意观察其中使用到的图片、音乐、视频文件格式，并比较它们之间的区别。“巧妇难为无米之炊”，是否拥有一个“好又多”的素材库是决定我们能否快速制作一个赏心悦目的 PPT 的关键，这些素材来自于哪里呢？浩瀚的互联网为我们提供了巨大的素材仓库。

五、练习与提高

为了更好地辅助表达，PPT 设计中常采用大量图片、图表来增加信息量，或使信息更为直观。PPT 的版式设计，最难的是创意。创意从何而来呢？通常的方法是：

（1）在庞大的素材库中寻找灵感——采百家花，酿自己蜜。

（2）在生活中随处去留意灵感——随时去发现美，比如各种海报、指示牌、店面门头设计都有可借鉴之处。

（3）在浩瀚的互联网中去探寻灵感——素材无穷无尽，创意千变万化。互联网时代的学习和创新的便利是任何时代都无法比拟的，我们怎能不好好利用互联网呢？

（4）请朋友给予点评或建议，在朋友的互动中激发灵感——思维碰撞出火花。

巩固练习

一、选择题

1. PowerPoint 2003 窗口中视图切换按钮有（　　）个。

A. 4　　　B. 5　　　C. 6　　　D. 7

2. PowerPoint 2003 演示文稿的默认扩展名是（　　）。

A. PTT　　　B. XLS　　　C. PPT　　　D. DOC

3.下列（　　）操作，不能退出 PowerPoint2003 演示文稿窗口。

A. 单击“文件”菜单中的“退出”命令

B. 用鼠标左键点击窗口右上角的“关闭”按钮。

C. 按 Alt+F4 键

D. 按 Esc 键

4. PowerPoint 2003 中用以显示文件名的栏叫（　　）。

A. 常用工具栏　　B. 菜单栏　　C. 标题栏　　D. 状态栏

5. 如果要从第二张幻灯片跳转到第八张幻灯片，应使用菜单“幻灯片放映”中的(　　)。

A. 动作设置　　B. 幻灯片切换　　C. 预设动画　　D. 自定义动画

6. 在 PowerPoint 2003 编辑状态下，采用鼠标拖动的方式进行复制操作，需要按下(　　)键。

A. Shift　　B. Ctrl　　C. Alt　　D. Alt + Ctrl

7. 对幻灯片中文本进行段落格式设置，设置类型不包括(　　)。

A. 段落对齐　　B. 段落缩进　　C. 行距调整　　D. 字距调整

8. 通过打开演示文稿窗口上的标尺，可设置文本或段落的缩进，打开“标尺”命令的正确操作方法是(　　)。

A. 选中“编辑”菜单中的“标尺”命令

B. 选中“格式”菜单中的“标尺”命令

C. 选中“视图”菜单中的“标尺”命令

D. 选中“插入”菜单中的“标尺”命令

9. 添加与编辑幻灯片“页眉与页脚”操作的命令位于(　　)菜单中。

A. 插入　　B. 格式　　C. 视图　　D. 编辑

10. “设置自绘图形格式”命令在(　　)菜单中。

A. 编辑　　B. 格式　　C. 工具　　D. 插入

11. (　　)不是幻灯片母版的格式。

A. 大纲母版　　B. 幻灯片母版　　C. 标题母版　　D. 备注母版

12. 设计制作幻灯片母版的命令位于(　　)菜单中。

A. 视图　　B. 格式　　C. 工具　　D. 编辑

13. “幻灯片版面设置”位于(　　)菜单中。

A. 编辑　　B 视图　　C. 格式　　D. 工具

14. PowerPoint 2003 中创建演示文稿最简单的方法是采用(　　)。

A. 设计模板　　B. 制作模板　　C. 内容模板　　D. 大纲模板

15. 在 PowerPoint 2003(　　)视图环境下，不可以对幻灯片内容进行编辑。

A. 幻灯片　　B. 幻灯片浏览　　C. 幻灯片放映　　D. 黑白

16. “18”号字体比“8”号字体(　　)。

A. 大　　B. 小　　C. 有时大，有时小　　D. 一样

17. 如果要从一个幻灯片“溶解”到下一个幻灯片，应使用菜单“幻灯片放映”中的(　　)。

A. 动作设置　　B. 预设动画　　C. 幻灯片切换　　D. 自定义动画

18. (　　)不是幻灯母版的格式。

A. 黑白母版　　B. 备注母版　　C. 标题母版　　D. 讲义母版

19. 在制作过程中如果对页面版式不满意，可以通过(　　)菜单中的“幻灯片版式”来调整。

A. 格式　　B. 工具　　C. 文件　　D. 视图

20. 如果想在幻灯片中插入一张图片，可以选择（ ）菜单。

A. 图片 B. 插入 C. 视图 D. 工具

阅读资料

PowerPoint 的历史

在电脑发展史上最辉煌、最具影响力、也引来最多抱怨的软件之一 PowerPoint 今年 20 岁了，很难说 PowerPoint 还将有多少个生日庆典。挖苦这款软件的人几乎同愿意使用它的人一样多。

PowerPoint 曾使数不胜数的精彩演示文稿锦上添花，也曾让无穷无尽的愚蠢想法穿上了图形化的华丽外衣。它不仅出现在会议室中，也出现在诸如六年级的读书报告或 PowerPointSermons.com 中。

随着这一切的发生，或许可以被称为 PowerPoint 文化缺陷的内容给它的两位创造者带来的困惑、忧虑甚至是震惊丝毫不亚于其他任何人。

罗伯特·加斯金斯(Robert Gaskins)是一位具有远见卓识的企业家。早在 20 世纪 80 年代中期，他就意识到商业幻灯片这一巨大但尚未被人发掘的市场同正在出现的图形化电脑时代形成了完美的结合。加斯金斯的老朋友丹尼斯·奥斯丁(Dennis Austin)负责编写了这款软件的主要程序，Mac 操作系统版的 PowerPoint1.0 就这样在 1987 年上市了。微软(Microsoft)以 1400 万美元收购了该公司（这也是微软历史上的第一次收购）。三年后，Windows 版的 PowerPoint 也问世了。

现年已是 63 岁的加斯金斯和 60 岁的奥斯丁接受采访时谈到了 PowerPoint 的诞生以及它现在广泛的应用。他们对技术和策略上的成功深感自豪。但更值得一提的是，他们对有关 PowerPoint 的种种批评根本没有进行任何辩解。实际上，获得对 PowerPoint 评论（无论是赞美还是批评）的最佳单一来源就是加斯金斯的个人主页 RobertGaskins.com，上面还有大量的呆伯特（Dilbert）漫画。

最严厉的批评也许要算来自于耶鲁大学图像大师爱德华·塔夫特(Edward Tufte)。他说这款软件将形式提升到内容之上，暴露了商人将所有事情转化为销售宣传的态度。他甚至表示 PowerPoint 对 2003 年哥伦比亚号航天飞机失事也负有一定的责任，因为一些至关重要的技术问题被掩盖在了乐观的幻灯片之下。加斯金斯没有为此争辩。他说，塔夫特所说的所有这些绝对正确。人们常常非常错误地使用 PowerPoint。

加斯金斯提醒那些质问他的人，PowerPoint 演示文稿从来都不应该是一个提议或方案的全部内容，它只是思考成熟的长篇内容的一个简单总结。

加斯金斯和奥斯丁表示，问题之一在于现在 PowerPoint 已同 Office 捆绑到一起，这使得接触到该软件的人大大超过了原来的目标人群——销售人员。当投影仪变得越来越小、越来越便宜时，几乎各个房间都为播放 PowerPoint 做好了准备。

现在，学校的孩子们也开始用 PowerPoint 撰写读书报告了。加斯金斯和奥斯丁对此深恶痛绝。他们坚持认为，孩子们需要按照完整的段落进行思考和写作。

不过，加斯金斯和奥斯丁并不赞成给 PowerPoint 强加一些莫须有的罪名。加斯金斯在设计这款软件前研究了搜集来的大量演示文稿。他说，在 PowerPoint 问世前很久，就有这种要点格式了。

尽管这两人肯定知道如何使用 PowerPoint，但他们却都认为自己算不上高手。他们甚至不清楚许多新增的高级功能。他们也对有些人在从事实际工作的伪装下花上几个小时调整字号和字体的做法感到反感。他们常愿意谈起这样一个笑话：麻痹反对阵营的最佳方式，就是让 PowerPoint 上场来干扰他们的决策。一些分析师说，五角大楼曾发生过这种情况。

加斯金斯和奥斯丁都属于不愿自我表现的类型，因此对 PowerPoint 的知名度远高于他们本人也没有什么怨言。每当他们告诉陌生人他们做了些什么时，往往听到的都是“如果没有这款软件，人们简直无法生活”诸如此类的话。

如果要说有什么让他们感到难过，那就是对 PowerPoint 的抱怨通常不是关于这款软件本身的，而是关于那些糟糕的演示文稿。奥斯丁说，这就如同平面媒体一样，各种各样的垃圾都可能被印刷在上面。

正如加斯金斯所说：如果用 PowerPoint 没有做好工作，那么他们用其他工具也会犯同样的错误。

项目六　计算机网络与信息安全

工作情景

在公司日常的内部管理与对外业务工作中，网络已成为不可或缺的工作环境。公司所有的办公计算机都连接成为一个内部网络系统，并可与外部网络相连通。各类管理信息、业务数据、内外联系都可以通过网络系统来实现。

随着公司规模的扩展，公司为小王所在部门新调配了三台计算机，经理给年轻能干的小王安排了工作：尽快将新配置的计算机接入公司内部网络，在内网中实现资源共享；接入互联网，收集整理网上最新的财经信息，通过电子邮件发送给公司驻外的营销主管；配置安全防护措施，保障计算机在网络环境下正常运行。

解决措施

经理需要小王完成的这些工作任务，可以分为三项：

（1）小型办公网络的连接。需要小王掌握计算机网络的基本知识、办公局域网的连接方法和局域网内部资源共享设置方法。

（2）查阅、保存 Internet 的资源和收发电子邮件。需要小王能掌握 Internet 的基本知识；掌握 IE 浏览器的使用、网页信息的查阅和保存、收发电子邮件等相关操作，并使用 Outlook Express 软件管理电子邮箱。

（3）计算机的安全管理。需要小王能掌握计算网络信息安全的基本知识、选择和安装安全防护软件的基本方法。

知识与能力目标

（1）掌握计算网络的基础知识。

（2）能将计算机接入局域网，并实现内部共享资源。

（3）能将计算机接入 Internet。

（4）能获取和保存网页信息。

（5）能利用网络收发电子邮件。

（6）能为个人计算机建立最基本的网络安全保护机制。

6.1　任务：小型办公网络的连接

小王需要完成的小型办公网络的连接的工作任务主要有：

（1）将计算机接入（或连接为）一个小型办公网络。公司提供了现有网络的相关参数：

公司的网络接口已安装于办公室内，新接入的计算机 IP 地址范围:192.168.0.2~4；网关地址:192.168.0.1。

（2）在这个小型办公网络实现资源共享。各计算机名分别为 PC1、PC2、PC3，并设置在名为“Office”的工作组中。资源共享的要求是各计算机的共享文件夹在计算机 D 盘目录下，文件名为“计算机名+共享”；在 PC1 计算机上设置 Z 盘为映射驱动器，映射至 PC2 计算机上的“PC2 共享”文件夹。

任务分析

（1）连接网络（包括了解公司网络设置要求、计算机网络的物理连接等）。

（2）设置内网的资源共享（包括计算机名和工作组的命名、设置共享文件夹、搜索和访问网络中的计算机、设置映射驱动器等），如图 6.1 所示。

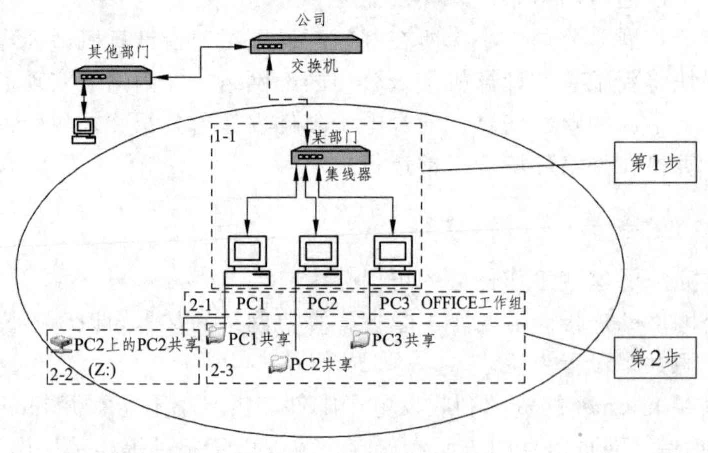

图 6.1 工作任务说明图

实施过程

在任务开始之前，首先要了解一下计算机网络的相关知识。

6.1.1 计算机网络的基础知识

1. 计算机网络的定义

从资源共享的角度可以将计算机网络定义为：“以能够相互共享资源的方式互联起来的自治计算机系统的集合。”最简单的计算机网络只连接了两台计算机，而复杂的计算机网络可以将世界范围内的计算机系统连接起来。

2. 计算机网络的功能

计算机网络具有丰富的功能，其中重要的功能是资源共享、数据通信、分布处理，而最主要的功能是资源共享。

3. 计算机网络的分类

计算机网络可以从不同的角度来进行划分，其中主要的分类方法有以下几种。

（1）按照网络使用的地理范围或规模划分，可以分为局域网、城域网和广域网。

① 局域网（LAN，Local Area Network）：局域网也称为局部区域网络，覆盖的地理范围小，网络传输速率高，网络构成方式较为简单，网络误码率低，资源共享方便。其覆盖范围从几十米到数千米，一般是在一个办公室、一栋楼宇、一个单位内组成的网络。

② 城域网（MAN，Metropolitan Area Network）：城域网也称为市域网，覆盖的地理范围一般是一个地区或城市，可以从几十千米到数百千米，是介于局域网和广域网之间的一种高速网络。城域网通过局域网之间的互联可以实现更大规模的资源共享，随着覆盖范围和网络规模的扩大，城域网的网络传输速率相对局域网要低一些。

③ 广域网（WAN，Wide Area Network）：广域网也称为远程网，覆盖的地理范围通常在几十千米到几千千米，可以覆盖整个城市、国家、大洲，甚至全球，但网络传输速率相对较低，其网络构成方式较为复杂。

（2）按照网络使用的通信方式来划分，可以分为点对点传输网络和广播式传输网络。

① 点对点传输网络（Point to Point Networks）：在点对点传输网络中，每条通信线路连接两台计算机，若网络中的两台计算机传递信息时没有直接的通信线路连接时，就需要通过其他计算机转发。而且，点对点网络结构可能很复杂，如何实现信息从一个结点到另一个结点高效率地传输，需要选择合适的路径。因此，存储、转发技术和路由选择算法是点对点网络的重要研究内容。

② 广播式传输网络（Broadcast Networks）：在广播式传输网络中，所有的计算机使用一个共同的通信信道，一台计算机发送的消息，其他计算机均可接收到，并根据消息中目的地址判断消息是否是传送给自己的。如果是，接收该消息；否则放弃。

（3）按照网络的拓扑结构来划分，可以分为星型、环型、总线型、树型和网状型拓扑结构。

网络拓扑（Network Topology）就是通过网中节点和通信线路之间的几何关系表示网络结构，反映出网络中各实体的结构关系。常见的拓扑结构如图 6.2 所示。

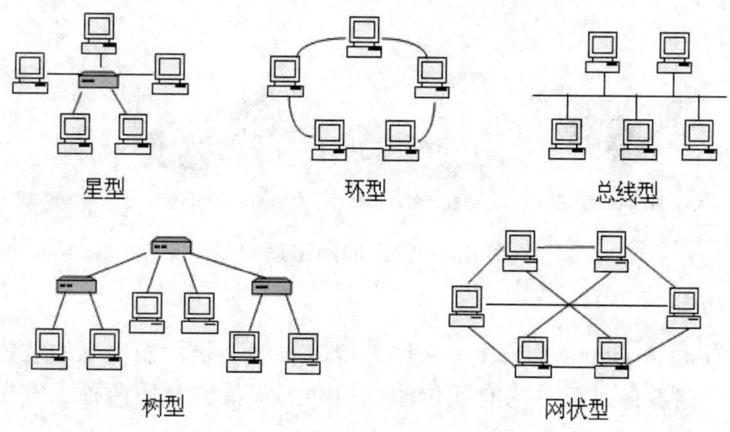

图 6.2　计算机网络的主要拓扑结构

6.1.2　计算机网络的基本组成

计算机网络系统由网络硬件和网络软件两个部分组成。

1. 网络硬件

网络硬件对网络的性能起着决定性的作用，是网络运行的实体。在计算机网络中，除了各种类型的计算机（服务器和客户机）设备外，还包括网络适配器、传输介质、网络通信设备等。下面简单介绍几种常见的网络设备的功能特点。

（1）计算机设备。

① 服务器：服务器是局域网的核心控制单元，一个计算机网络中至少需要一台服务器，用于管理网络并为网络用户提供网络服务。主要的功能有提供共享资源、管理网络文件系统、提供打印机共享等。

② 客户机：客户机也被称作用户工作站，是指通过网络适配器连接到网络上的计算机，正常情况下，客户机就是一台普通的计算机，既可独立使用，也可访问服务器。

提示：随着新技术的发展，一些移动设备也可以连接到网络服务器上，如带有操作系统的智能手机和掌上电脑等，都可以连接到网络上。使用网络资源，未来许多智能化的家电也将会成为网络的一部分。

（2）网络适配器。

网络适配器又称为网络接口卡（Network Interface Card，NIC），或简称为网卡，是计算机与通信介质的接口。网卡的主要作用是从计算机向网络发送或接收数据，实现网络数据与计算机数据的格式转换等。

以太网中较常使用的是 10Mbps 及 10/100Mbps 自适应网卡，一般带有 RJ-45 双绞线接口或是 BNC 细缆接口。此外还有主要应用于笔记本电脑上的 PCMCIA 接口网卡，适应于各类带 USB 接口的计算机设备的网卡也正被广泛使用，如图 6.3 所示。

提示：每一块网卡都有自己唯一的卡号，它在网络上向其他设备表明自己的位置或地址，以便与网络上的其他网卡区分开来。

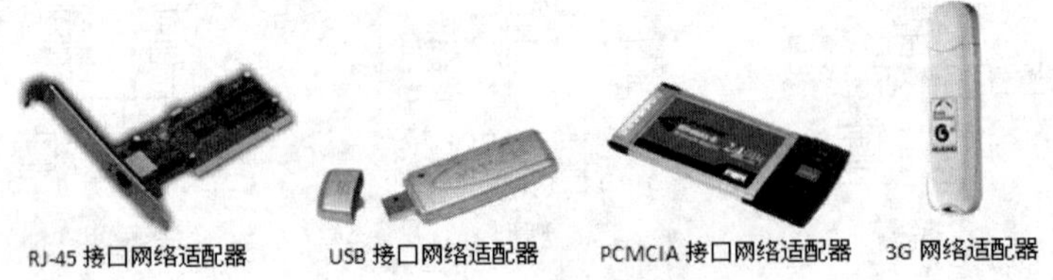

图 6.3 常见的网络适配器

（3）传输介质。

传输介质（Transmission Medium）又称为传输媒体，是传输信息的载体，即网络中负责信息传送的连接线路实体，可分为有线传输介质和无线传输介质两种。常见的传输介质如图 6.4 所示。

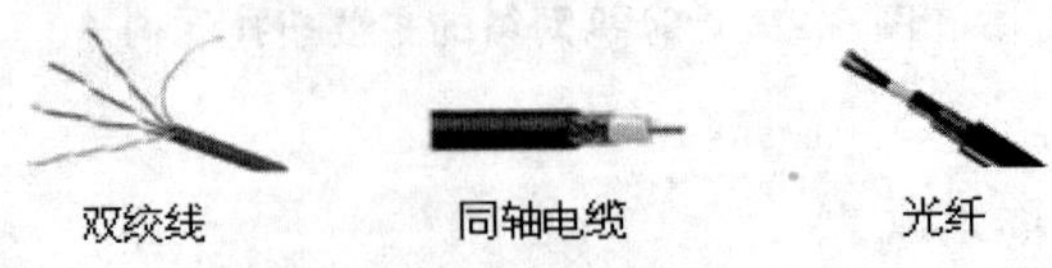

图 6.4 常见的传输介质

① 双绞线（Twisted Pairwire，TP）：双绞线是由两根 22 ~ 26 号具有绝缘保护层的铜导线相互缠绕而成的，通常分为非屏蔽双绞线(Unshielded Twisted Pair，UTP)和屏蔽双绞线(Shielded Twisted Pair，STP)。双绞线可以传递模拟信号，也可以传递数字信号。目前在局域网中大量使用的是非屏蔽双绞线，特点是直径小、重量轻、易安装、价格低廉。

② 同轴电缆（Coaxial Cable）：同轴电缆是由内部导体（铜缆）、环绕绝缘层、绝缘层外的金属屏蔽网和最外层的护套组成。它的特点是抗干扰能力强、传输数据稳定、价格高于双绞线，但目前在局域网中逐渐被双绞线代替，在较大规模的网络中又被光纤取代，主要应用于有线电视或某些网络中。

③ 光导纤维（Optical Fiber）：光导纤维又称光纤或光缆，是由两种或两种以上折射率不同的透明材料通过特殊复合技术制成的复合纤维，它的特点是传输速率高、抗干扰能力强、信号衰减小、价格较高，主要应用于高速网络或远程主干网络的连接。

④ 无线传输介质：主要有微波、激光与红外线等。

（4）网络通信设备。

由于传输介质在传输信号时会受到介质本身的电阻、电容和电感等影响，因此信号的有效传输距离会受到限制，随着网络规模和结构的不断扩展，需要通过一种称为中继器（Repeater）的设备对信号进行放大、整形，从而延伸网络的传输距离或便于网络布线。而在局域网中与中继器发挥同样的作用的还有集线器、交换机等设备，如图 6.5 所示。

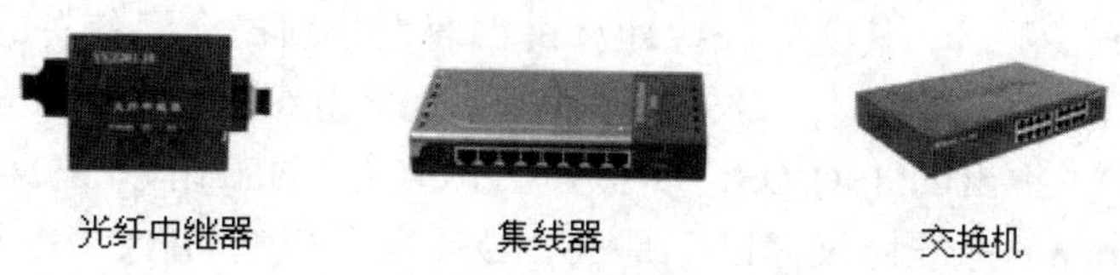

图 6.5　网络通信设备

① 集线器（HUB）：其本质就是一台多口中继器，用集线器构成的网络是一个星形拓扑结构的网络，集线器是该网络的中心节点。由于没有交换功能，因而价格比较低廉。

② 交换机（Switch）：是集线器的升级换代产品，虽然外观与集线器相近，但工作原理是不同的，交换机提供了许多集线器无法实现的网络互连功能。交换机能经济地将网络分成小的冲突网域，为每个工作站提供更高的带宽。

提示：并不能通过使用中继器来无限延伸网络距离，网络标准中对信号的延伸范围做了具体的规定，如以太网中最多只能使用四个中继器。

（5）网络连接设备。

① 网桥（Bridge）：用来连接两个或多个局域网，并对网络数据的流通进行管理。当网络负载过重时，网桥可以将其分成两个网络段，最大程度地提高通信效率。

② 网关（Gateway）：又称为协议转换器，用于连接不同协议的子网，组成异构的互联网。

③ 路由器（Router）：是一种连接多个网络或网段的网络设备，适合于连接复杂的大型网络。主要工作就是为不同网络的节点之间的通信选择一条最佳路径。路由器的信息量比网桥多，但处理速度比其慢。

④ 调制解调器（Modem）：是目前一台计算机通过电话线联网所必需的设备，它的功能是将使用电话拨号方式上网的计算机的数字信号与电话线的模拟信号进行相互转换。

2. 网络软件

网络软件包括网络操作系统、网络应用软件和网络通信协议等。

6.1.3 计算机网络的体系结构

1. 计算机网络协议

网络协议是管理网络上所有实体（网络服务器、计算机、交换机、路由器、防火墙等）之间通信规则的集合，是用来控制计算机之间数据传输的计算机软件。它规定了通信时信息必须采用的格式和这些格式的意义。

2. 计算机网络体系结构

计算机网络体系结构就是计算机网络的层次结构模型与分层协议的集合，是一个抽象的概念模型。在计算机网络的分层体系结构中，层次功能相对独立，每一层建立在它的下层基础之上，并向上一层提供服务。相同的层与层之间进行通信，遵守共同的协议，有利于促进网络标准化。

1974 年，美国 IBM 公司发布了世界上第一个系统网络体系结构标准 SNA（Systems Network Architecture）。随后，其他的一些计算机厂商也分别提出了各自的计算机网络体系结构。目前比较具有代表性的网络体系结构是国际标准化组织（International Organization for Standardization，ISO）推出的 ISO/OSI 参考模型和事实上的工业标准 TCP/IP 参考模型。而 TCP/IP 已成为 Internet 的标准协议。以下是 ISO/OSI 参考模型与 TCP/IP 模型对比，如图 6.6 所示。

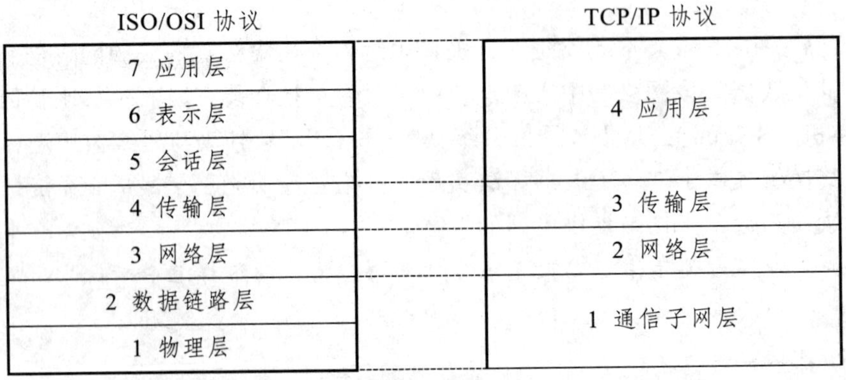

<table>
<tr><th>ISO/OSI 协议</th><th>TCP/IP 协议</th></tr>
<tr><td>7 应用层</td><td rowspan="3">4 应用层</td></tr>
<tr><td>6 表示层</td></tr>
<tr><td>5 会话层</td></tr>
<tr><td>4 传输层</td><td>3 传输层</td></tr>
<tr><td>3 网络层</td><td>2 网络层</td></tr>
<tr><td>2 数据链路层</td><td rowspan="2">1 通信子网层</td></tr>
<tr><td>1 物理层</td></tr>
</table>

图 6.6 ISO/OSI 参考模型与 TCP/IP 模型对应关系

3. TCP/IP 协议

TCP/IP 协议实际上是一组网络协议的集合，由 TCP 传输控制协议和 IP 网际协议组成。

（1）TCP（Transmission Control Protocol）传输控制协议，是一个面向连接的协议，允许一台计算机发出的报文流毫无差错地发往网上的其他计算机，在发送端把报文流分成报文发送出去，在接收端把收到的报文再组装成报文流输出。

（2）IP（Internet Protocol）网际协议，是 Internet 上使用的一个关键底层协议，常称为“IP 协议”。IP 协议精确地定义了计算机彼此通信过程中的全部规则。IP 协议使用统一的 IP 地址，负责在网络之间传递数据报。

4. IP 地址

IP 协议规定在 Internet 中每个节点都要有一个统一格式的地址，这个地址就称为符合 IP 协议的地址。IP 地址是整个 IP 协议的核心，对路由选择有着很大的影响。IP 协议为每一个网络接口分配一个 IP 地址，一台计算机可以有一个或多个 IP 地址，但两台或多台计算机不能共享一个 IP 地址。目前普遍使用的 IP 地址为 IPv4 协议。

（1）IP 地址的格式。

IPv4 规定 IP 地址是由 32 位二进制数构成的，为方便记忆，在表示 IP 地址时将其分成 4 组，每组 8 位（1 个字节）。通常写成 4 个十进制的整数，每个整数对应一个 8 位二进制数，用小数点隔开，这种表示方法称为“点分十进制表示法”，取值范围为 0 ~ 255。

IP 地址（32 位二进制）：11001010　01101100　00010110　00000101

分成 4 组：↓　↓　↓　↓

转换为十进制表示：202　.108　.22　.5

缩写后的 IP 地址：202.108.22.5

（2）IP 地址的分类。

一个 IP 地址可以划分为两个部分：网络地址和主机地址。网络地址标识一个逻辑网络的地址，也称网络号；主机地址标识该网络中一台主机的地址，也称为主机号。

根据 IP 地址用途和每个网络中可以包含的主机数的不同，IP 地址主要可以划分为 A、B、C 三类，如表 6.1 和表 6.2 所示。

表 6.1　三类 IP 地址结构

类别	IP 地址
A 类	0　+ 网络地址（7bit）　+ 主机地址（24bit）
B 类	10　+ 网络地址（14bit）+ 主机地址（16bit）
C 类	110　+ 网络地址（21bit）+ 主机地址（8bit）

表 6.2　三类 IP 地址范围

类别	IP 地址
A 类	1.0.0.0 ~ 126.255.255.255　（0 和 127 保留作为特殊用途）
B 类	128.0.0.0 ~ 191.255.255.255
C 类	192.0.0.0 ~ 223.255.255.255

（3）子网掩码。

在 Internet 上传输数据时需要先获取 IP 地址的网络号，从 IP 地址中获取网络号的方法是将 IP 地址与子网掩码进行逻辑“与”运算，而 A、B、C 类 IP 地址都有默认的子网掩码，如表 6.3 所示。

表 6.3　三类 IP 地址默认子网掩码

类别	默认子网掩码
A 类	255.0.0.0
B 类	255.255.0.0
C 类	255.255.255.0

（4）网关地址。

若要使两个完全不同的网络相互通信，一般要使用网关来进行连接。网关实际上能够重新封装信息，以使数据包可以被其他系统读取。为了使 TCP/IP 协议能够寻址，这个转接信息的通道将配置一个 IP 地址，这个 IP 地址就是网关地址。

6.1.4　局域网概述

局域网是一种在较小范围内，利用通信线路将众多计算机及外设连接起来，达到数据通信和资源共享目的的通信网络。局域网研究始于 20 世纪 70 年代，以太网（Ethernet）是其典型代表。

1. 局域网关键技术

决定局域网特性的主要技术有三个：网络的拓扑结构、传输介质及介质访问控制方法。

（1）局域网的拓扑结构主要有星形、总线型、环型、树型或网状型等，其中星形结构，特别是分布式星形结构在现代局域网中应用较多。

（2）局域网的传输介质主要分为有线传输介质与无线传输介质，可参看 6.1.2 节。

（3）介质访问控制方法即信道访问控制方法，是指网络中的多个站点如何共享通信媒体。协议简单、通道利用高、网内用户平等是好的介质访问控制协议要达到的目标。主要的控制方法有 CSMA/CD 协议（载波侦听、多路访问/冲突检测）、CSMA/CA 协议（载波侦听、多路访问/冲突避免）、Token Passing（令牌传递）等。

2. 无线局域网

无线局域网（Wireless Local Area Network，WLAN）以微波、激光和红外线等无线电波作为传输介质，由于其无需布置实体线路，可以避免实体线路的损耗、增加节点设备安置的机动性。无线局域网既可以作为一种独立的移动通信网络，又是有线局域网的补充与延伸形式，其应用日益普及和广泛。

3. 高速网络技术

早期的以太网只有 10Mbps 的吞吐量，使用的是 CSMA/CD（带有碰撞检测的载波侦听多路访问）的访问控制方法，我们将这种早期的以太网称之为标准以太网。随着网络的发展，标准的以太网技术已难以满足日益增长的网络数据流量速度需求，相继出现了百兆以太网（快速以太网）、千兆以太网（吉比特以太网）和万兆以太网（10 吉比特以太网）等高速网络技术。

6.1.5　局域网连接

1. 网络连接的设备与材料

网络要实现物理连接，需要准备的设备和材料如下：

（1）为每台计算机配置网卡。一般情况下，品牌厂商的标准 PC 机都配置有双绞线接口的网卡，可通过机箱背面的网卡接口来识别，如图 6.7 所示。

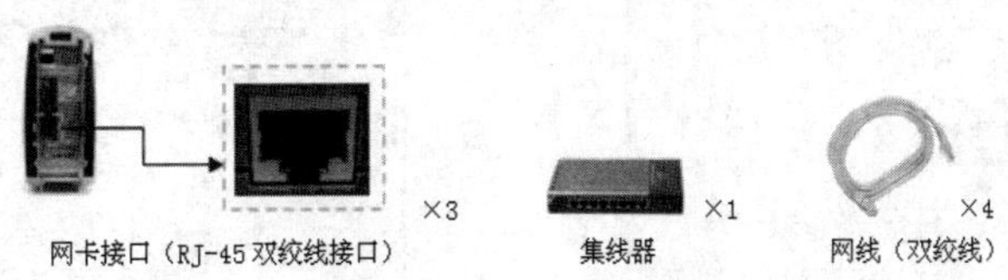

图 6.7　组建网络的主要设备和材料图

（2）集线器一台。本次新增加的计算机为三台，公司分配了三个局域网地址，可以考虑采购有 4 ~ 8 个端口数的集线器一台。

（3）带 RJ-45 接口的 5 类双绞线四条。长度根据计算机摆放的位置与距离而定，一般采购双绞线时可以要求经销商帮助加装 RJ-45 接口。

2. 架设网络

将每台计算机与集线器用双绞线连接起来，即将网线的一头插入计算机网卡插槽中，另一头插入集线器的端口，接上集线器电源，即可完成计算机网络的物理连接了，如图 6.8 所示。

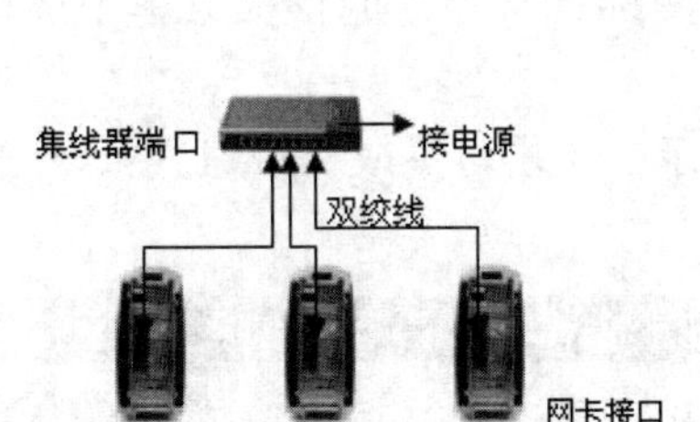

图 6.8　组建网络的线路连接示意图

图 6.9　“网络连接”窗口

3. 配置 TCP/IP

在 Windows 中一般已经安装好了 TCP/IP，只需要将其中的协议属性进行配置即可。操作步骤如下：

（1）右击“网上邻居”图标，在弹出的快捷菜单中选择“属性”项，即打开“网络连接”窗口，如图 6.9 所示。

（2）右击“本地连接”图标，在弹出的快捷菜单中选择“属性”项，即打开“本地连接”对话框，如图 6.10 所示。

（3）从对话框中的列表中选中“Internet 协议（TCP/IP）”复选框，单击“属性”按钮，即打开“Internet 协议（TCP/IP）属性”对话框，如图 6.11 所示。

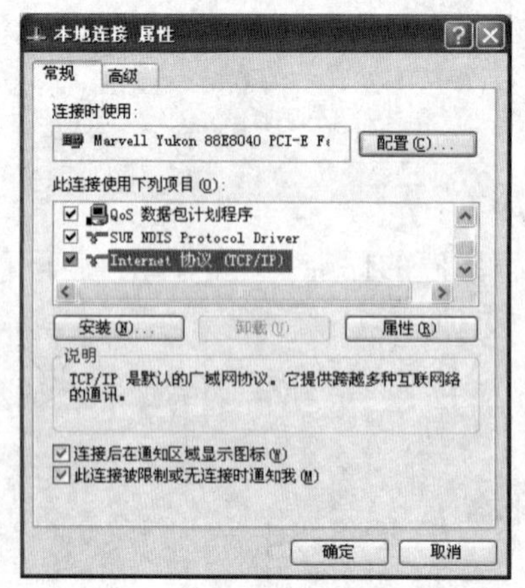

图 6.10 “本地连接 属性”对话框

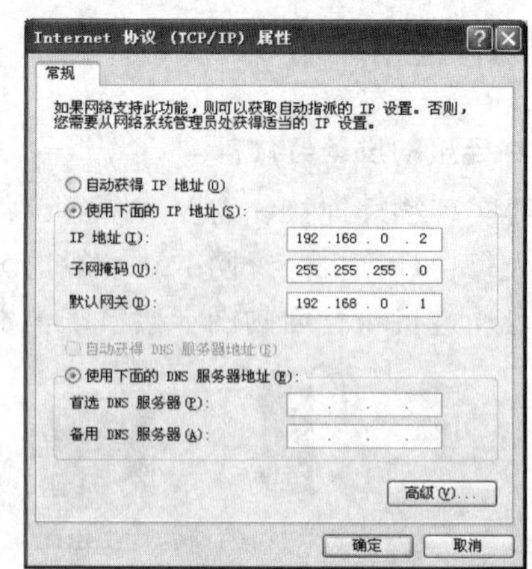

图 6.11 “Internet 协议（TCP/IP） 属性”对话框

（4）选择“使用下面的 IP 地址”按钮，将公司分配的 IP 地址、子网掩码、默认网关填入指定位置，最后单击“确定”按钮。

提示：IP 地址、子网掩码、默认网关必须按要求填写正确，否则将可能无法接入网络。查询计算机的 IP 地址等网络参数也可以通过上述步骤实现。

4. 设置计算机的网络标识

设置网络标识主要是为了能更好地管理和访问计算机。每台计算机需要设置工作组和计算机名称。还可以为一个部门将计算机合理地分成为几个工作组，每个工作组中有若干台计算机。现就将小王所在的办公室的计算机设置为一个工作组中的 1～3 号机，即“Office”工作组中的 pc1、pc2 和 pc3。具体操作步骤如下：

（1）打开“开始”菜单，右击“我的电脑”图标，从弹出的快捷菜单中选择“属性”命令，打开“系统属性”对话框。

（2）选择“计算机名”选项卡，如图 6.12 所示。点击“更改”按钮，打开“计算机更改”对话框，如图 6.13 所示。

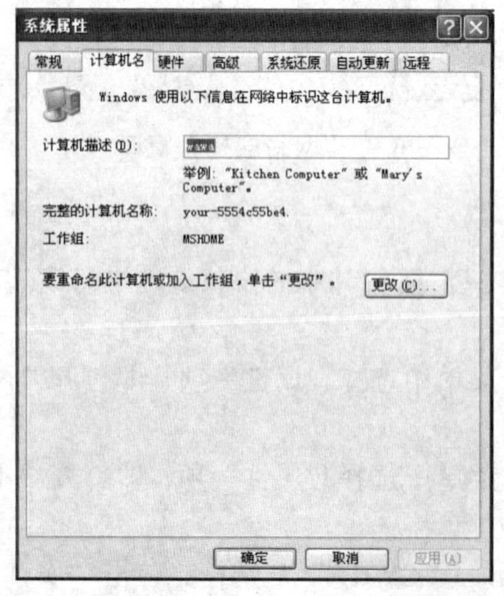

图 6.12 “计算机名”选项卡

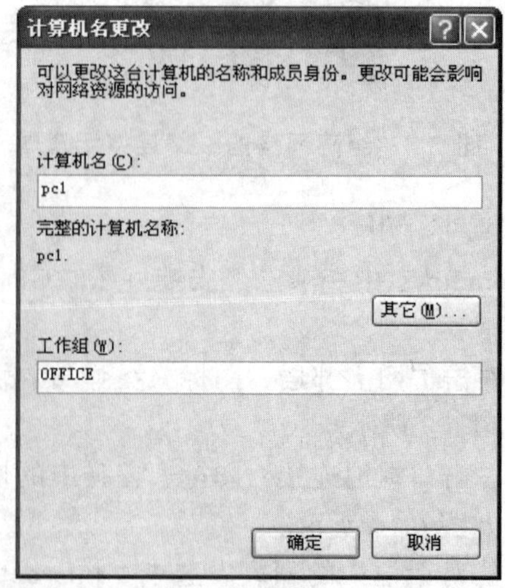

图 6.13 “计算机更名”对话框

（3）在对话框中输入新的计算机名和所属的工作组，单击“确定”按钮，即可完成更改。

提示：在多用户操作系统中，只有系统管理员才有权限更改这些设置，因此更改前需要用系统管理账号和密码登录计算机。

6.1.6　局域网共享设置

在局域网络中，连接的各台计算机都可以作为共享服务器，通过设置共享文件夹，可以使该文件夹被其他计算机通过网络来访问。此外，还可以设置对其访问的权限，即“只读”或是“更改”。

提示：共享只针对文件夹进行设置，不能将文件直接设为共享文件，共享的文件是通过共享它所在的文件夹来实现的。

1. 设置共享文件夹

设置共享文件夹的具体操作步骤如下：

（1）打开“我的电脑”窗口，找到需要共享的文件夹（如“OSG”计算机中的F盘下的“OSG共享”文件夹，或直接新建一个文件夹命名为“OSG共享”）。右击该文件夹，从弹出的快捷菜单中选择“共享和安全”命令，如图6.14和图6.15所示。

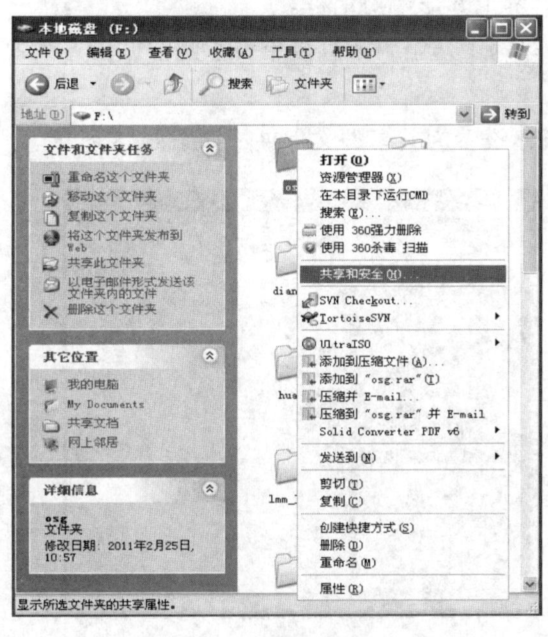

图 6.14　设置共享文件夹

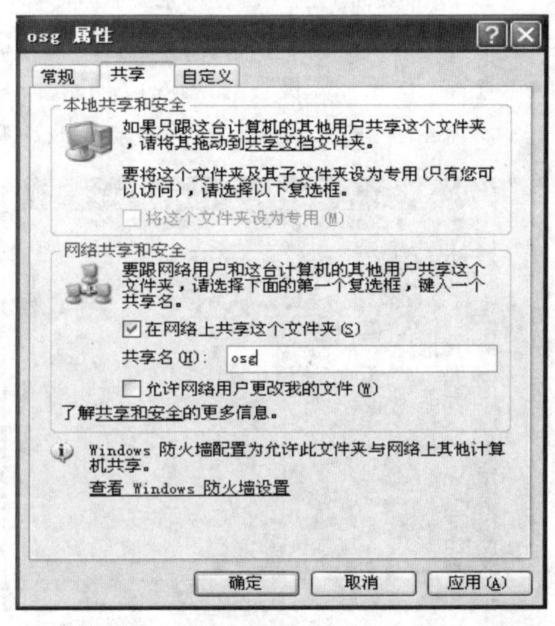

图 6.15　共享名和共享权限设置

（2）从弹出的文件夹属性对话框中，选择“共享”选项卡。勾选“在网络上共享这个文件夹（S）”，并可以根据需要重新设置共享后文件夹的名称。

提示：如果希望其他计算机的用户能共享此文件夹，选择“允许网络用户更改我的文件（w）”复选框，如图6.15所示。

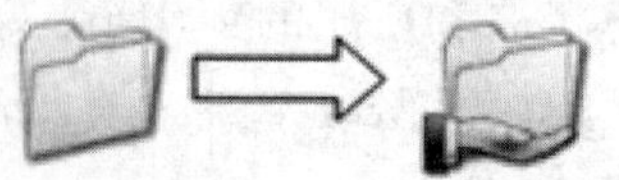

设置共享前　　设置共享后

图 6.16　文件夹在共享设置前与设置后的图标变化

（3）单击“确定”后，观察文件夹图标，当出现被手托起图标时，表示该文件夹已实现共享，如图 6.16 所示。

说明：共享驱动器的方法与共享文件夹的设置是一致的，只是选择共享的对象由一个文件夹变成了一个驱动器。

2. 查找和访问网上计算机及其共享资源

（1）查找计算机。

通过 Windows 桌面上的“网上邻居”，可以查找局域网内所有的计算机。在“PC1”计算机上操作查找“OFFICE”工作组下的名为“PC2”的计算机中的共享文件夹“PC2 共享”，具体操作步骤如下：

① 双击桌面上的“网上邻居”图标，弹出“网上邻居”对话框。

② 双击“整个网络”，可以查看到所有可连接的工作组，或直接单击左侧常见任务栏中的“查看工作组计算机”，如图 6.17 所示。

③ 双击“PC2”图标，即可查看到该计算机已设置为共享的文件夹，如图 6.18 所示。

图 6.17　“Microsoft Windows Network”窗口

图 6.18　工作组窗口

（2）搜索计算机。

如果不熟悉要查找和访问的计算机所在的工作组，可以使用系统的搜索功能，也可以网络查找共享的计算机，具体操作方法如下：

① 单击“开始→搜索”，在出现的“搜索结果”对话框中，点击“计算机或人→网络上的一个计算机”。

② 在计算机名中输入要查找的计算机名，如 PC1，点击“搜索”图标即可开始搜索，如图 6.19 所示。

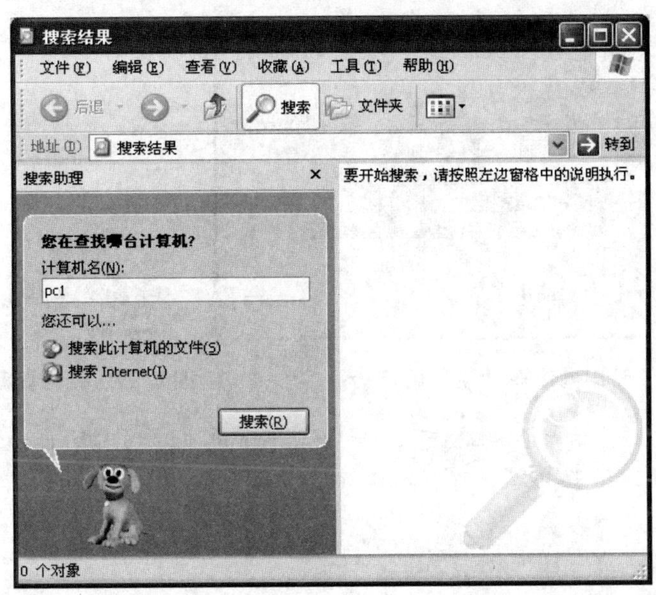

图 6.19 “搜索结果”对话框

提示：使用网络中的共享资源与使用本地计算机上的资源的操作是一致的，既可以直接打开（前提是本地计算机需要安装有能打开该程序的相应的应用程序），也可以复制到本地计算机后再进行相关操作，而如果要修改共享网络上的资源则需要其提供更改的权限才可以。

3. 映射网络驱动器和断开网络驱动器

针对常用的网络中的共享驱动器和文件夹，可以通过设置映射网络驱动器来实现网络中的快速连接，使网内的资源共享更方便和快捷。如将 PC2 计算机中的“PC2 共享”文件夹设置为 PC1 中的映射网络驱动器 Z 盘的操作步骤如下：

（1）参照前面搜索计算机及其共享文件夹的方法，找到提供共享的“PC2”计算机中的“PC2 共享”文件夹，单击选定该文件夹。

（2）单击菜单栏的“工具”选项，选择“映射网络驱动器”，即打开“映射网络驱动器”对话框，如图 6.20 所示。

（3）在“映射网络驱动器”对话框的“驱动器”下拉列表框中，自行选择驱动器盘符，如 Z:，代表网络驱动器名称为 Z 盘，如图 6.20 所示。

（4）单击“浏览”按钮，选择“网上邻居”中显示的已共享的文件夹“PC2 共享”文件夹图标。

（5）单击“完成”按钮即可。

设置完成后可在“我的电脑”中查看到如图 6.21 所示的网络驱动器。如果需要取消网络驱动器的映射，则可以单击菜单栏的“工具”选项，选择“断开网络驱动器”。

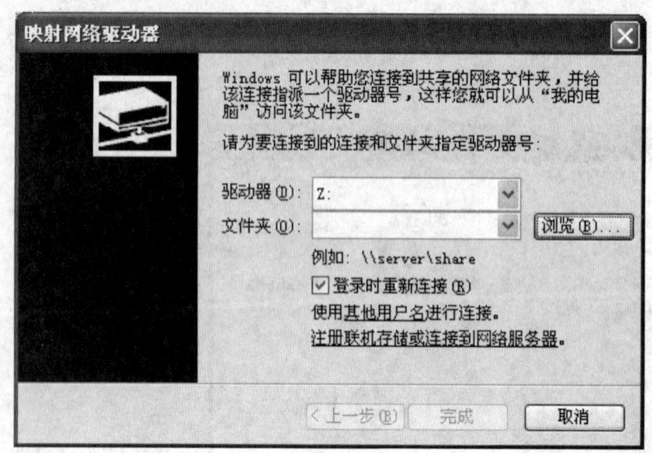

图 6.20 "映射网络驱动器"窗口

'Pc1 上的' Pc1 共享(Z:)

图 6.21 网络驱动器图标

提示：如果勾选"登录时重新连接"，则 Windows 每次启动时均自动连接此网络驱动器。如果用户很少使用此网络驱动器，可不勾选此项，以免影响 Windows 的启动速度。

知识拓展

计算机网络的发展史

第一代（20 世纪 60 年代早期）：远程终端连接阶段，面向终端的计算机网络。主机是网络的中心和控制者，终端（键盘和显示器）分布在各处并与主机相连，用户通过本地的终端使用远程的主机。只提供终端和主机之间的通信，子网之间无法通信。

第二代（20 世纪 60 年代中期至 70 年代）：计算机网络阶段（局域网）。多个主机互联，实现计算机和计算机之间的通信，包括通信子网、用户资源子网。终端用户可以访问本地主机和通信子网上所有主机的软硬件资源。

第三代（20 世纪 80 年代）：计算机网络互联阶段（广域网、Internet）。1981 年，国际标准化组织（ISO）制订开放体系互联基本参考模型（OSI/RM），实现不同厂家生产的计算机之间的互联；TCP/IP 协议诞生。

第四代（20 世纪 90 年代）：信息高速公路阶段（高速、多业务、大数据量）。宽带综合业务数字网，出现千兆以太网；交互性增强，如网上电视点播、电视会议、可视电话、网上购物、网上银行、网络图书馆等。

归纳小结

小型办公网络的连接涉及硬件和软件两大部分。硬件的选配包括带 RJ-45 接口的双绞线、网卡和网络连接设备，在实际操作中主要的焦点会集中在连接设备的选型上，是选择路由器、集线器还是交换机，需要根据实际的网络情况和购置预算而定。而在网络的物理连接完成后，还应该使用一些软件工具来测试一下网络的连通性。在软件的安装与设置方面，主要是对

TCP/IP 选项的设置，而相关参数应根据具体的网络环境设置而定，如运营商或上级网络管理部门提供的条件等。对于共享机制的设置，计算机名和工作组名的重命名、设置共享文件夹以及查询和使用网络上计算机内的共享资源是最基本的操作。在实际的操作中还应注意权限的设置，以免造成不必要的安全问题。

强化练习

一、填空题

1. 计算机网络最重要的功能是____________________。

2. 计算机网络按网络使用的地理范围或规模可划分为________、________、________。

3. 计算机网络按网络使用的通信方式可划分为______________、____________。

4. 网络的拓扑类型可以分为________、________、________、________、________。

5. TCP/IP 模型基于网络体系结构分层的思想，将网络划分为 4 层，从低到高分别是_______、_________、_________、_________。

6.TCP/IP 协议是由____________________和____________________两个协议组成的。

二、选择题

1. 局域网的网络硬件主要包括服务器、工作站、网卡和（　　）。

A. 网络拓扑结构　　B. 计算机

C. 网络传输介质　　D. 网络协议

2. 目前，局域网的传输介质主要是同轴电缆、双绞线和（　　）。

A. 电话线　　B. 通信卫星　　C. 光纤　　D. 公共数据网

3. 若干台有独立功能的计算机，在（　　）的支持下，用双绞线相连的系统属于计算机网络。

A. 操作系统　　B. TCP/IP 协议

C. 计算机软件　　D. 网络软件

4. 计算机网络的构成可分为（　　）、网络软件、网络拓扑结构和传输控制协议。

A. 体系结构　　B. 传输介质

C. 通信设备　　D. 网络硬件

5. 局域网是由（　　）统一指挥，提供文件、打印、通信和数据库等服务功能。

A. 网卡　　B. 磁盘操作系统 DOS

C. 网络操作系统　　D. Windows XP

6.2　任务：阅存 Internet 资源和收发电子邮件

小王需要将工作用的计算机网络接入 Internet。每天查阅热点的财经新闻信息，保存并整理后，再通过电子邮件发送给公司驻外管理人员。为使得电子邮箱的管理更加高效规范，小王需要通过邮箱管理软件来管理公务邮箱。

任务分析

通过 Internet 应用获取 Internet 资源，主要完成三项工作：第一是接入 Internet，即将局域网内的计算机接入 Internet；第二是通过 IE 获取信息资源并保存网页信息；第三是通过电子邮件实现办公资讯的定向传递。需要完成的工作如图 6.22 所示。可以把任务分解成四个步骤来完成：

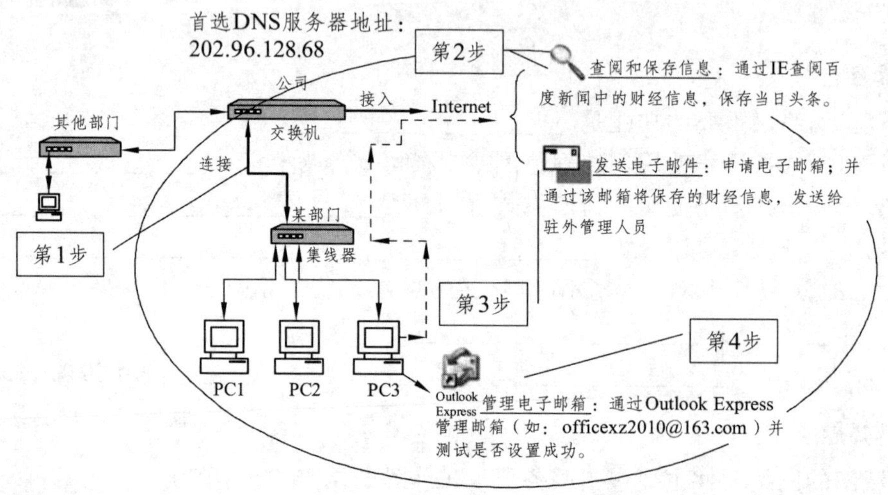

图 6.22 工作任务实施过程分解图

（1）接入 Internet。小王已获悉公司是有统一的连接 Internet 的出口，而每个办公室都已连接了线路至公司数据中心，网管提供了首选 DNS 服务器地址是 202.96.128.68。小王需要做的是连接线路和 TCP/IP 设置工作。

（2）使用 IE 浏览器查阅和保存网页信息。小王每天需要将从“百度新闻”（http://news.baidu.com）中搜索到的财经类的头条保存下来，整理成“今日百度新闻搜索财经新闻头条”的文档。

（3）使用 IE 浏览器收发邮件并实现信息的定向传送。小王需要申请一个电子邮箱，并通过这个电子邮箱将每天的财经新闻头条文档以附件的形式发送至公司驻外管理人员的电子邮箱中。

（4）使用 OE 管理电子邮箱。通过 Outlook Express 软件管理小王的公务邮箱，并通过 Outlook Express 软件来收发电子邮件、管理通讯录等。

实施过程

在上述工作实施开展之前，首先需要对 Internet 的基础知识有所了解和掌握。

6.2.1 Internet 的基本概念

1. 基本概念

Internet 的中文正式译名为“因特网”或“国际互联网”，指全球最大的、开放的、由众多网络相互连接而构成的世界范围的计算机网络。它不像局域网那样是一个单一的计算机网络，而是一个由遵循 TCP/IP 协议的众多网络互连构成的“网间网”。

2. 起源与发展

（1）Internet 的起源。

Internet 的前身是 1969 年美国国防部高级研究计划局（United States Department of Defense Advanced Research Project Agency）建立的 ARPAnet（阿帕网）。最初的 ARPAnet 只有四个网络节点（分布在美国的四个地区）进行连接实验，采用分组交换技术。分组交换技术就是把数据分割成一定长度的信息包来传送，这些信息包可能走不同的通信线路到达目标结点，从而使网络能够经受住故障的考验而维持正常工作。

20 世纪 80 年代，ARPAnet 分裂为两部分：ARPAnet 和纯军事用的 MILNET。1983 年 1 月，ARPA 把 TCP/IP 协议作为 ARPAnet 的标准协议。局域网和其他广域网的产生和蓬勃发展对 Internet 的进一步发展起了重要的作用。其中，1986 年，美国国家科学基金会 NSF（National Science Foundation）建立的包含六大超级计算机中心的美国国家科学基金网 NSFnet 与 APRAnet 连接，NSFnet 代替 ARPnet 成为 Internet 的新主干网络。当美国在发展 NSFnet 的时候，其他一些国家、地区和科研机构也在建设自己的广域网络，这些网络都是和 NSFnet 兼容的，它们最终构成 Internet 在各地的基础。20 世纪 90 年代以来，这些网络逐渐连接到 Internet 上，从而构成了今天世界范围内的互联网络。

（2）Internet 在中国的发展。

中国国家计算机网络（NCFC）代表中国于 1994 年 4 月正式连接 Internet，同年 5 月正式注册，建立起我国最高域名 CN 主服务器设置，可全功能访问 Internet 资源，中国正式被国际上承认为有 Internet 的国家。之后，相继建设了中国科技网（CSNET）、中国公用计算机互联网（CHINANET）、中国教育和科研计算机网（CERNET）和中国金桥网（GBNET）等骨干网络。

Internet 最大的特点是管理上的开放性。Internet 没有集中的管理机构，先后成立了一些承担对 Internet 进行必要管理的职责机构。这些机构都是非营利性组织，并遵循自下而上的结构原则，为使 Internet 获取最大效益而开展工作。在中国行使国家互联网信息中心职责的机构是成立于 1997 年 6 月的中国互联网信息中心（China Internet Network Information Center，CNNIC），CNNIC 在业务上接受工业和信息化部领导，在行政上接受中国科学院领导。CNNIC 以“为我国互联网络用户提供服务，促进我国互联网络健康、有序发展”为宗旨，负责管理维护中国互联网地址系统，引领中国互联网地址行业发展，权威发布中国互联网统计信息，代表中国参与国际互联网社群。

（3）Internet 发展中面临的问题。

随着 Internet 应用规模的飞速膨胀，Internet 的发展也面临着许多问题与瓶颈，其中最主要的有两个：

① 带宽资源。随着 Internet 接入量的不断增长，使得 Internet 的信息量急剧地增加（有统计显示在 Internet 中的信息流量每六个月就增长一倍），带宽的增长量已无法满足日益增长的信息需求，特别是对于多媒体服务（如视频等），带宽资源紧缺问题更为突出。

② IP 地址资源。采用 32 位的 IPv4 协议所提供的 IP 地址量约 43 亿个，这些地址预计将在 2010 年前后被分配完毕，全球面临着 IP 地址枯竭的危机。

为解决带宽资源瓶颈问题，目前各国都在积极推进网络基础通信线路的规划与建设工作；而对于解决 IP 地址资源问题，则应运而生了下一代互联网协议——IPv6 协议，这是一个采用 128 位编码的协议，地址空间容量为 2^{128}。有的专家形象地比喻说，它可以保证世界上每一粒沙子都有一个独立的 IP 地址。IPv6 在端到端的 IP 连接、服务质量、安全性、移动性、即插即用等方面有着更好的解决方案，将对 Internet 应用的拓展奠定重要的基础。

提示： IPv6 地址将 128 位二进制分成 8 组，每组 16 位，用 4 位 16 进制数来表示，IP 地址的范围为 0000:0000: 0000:0000: 0000:0000: 0000:0000 至 ffff:ffff: ffff:ffff: ffff:ffff: ffff:ffff。

6.2.2 域名和域名服务

接入 Internet 的计算机只要设置一个唯一的 IP 地址，就可以与其他计算机进行信息交换，但由于 IP 地址太抽象，不容易记忆，因此在使用时非常麻烦。为方便人们记忆，TCP/IP 设计了一种字符型的计算机命名机制，这就是域名（Domain Name）。

1. 域　名

（1）域名定义。

域名是网络上用来表示和定位网络主机的字符串组合，并由符号“.”分隔为若干部分。

（2）域名结构。

域名采用了一种树状的层次结构，一台主机的主机名由它所属各级域的域名和分配给该主机的名字共同构成。顶级域名放在最右面，分配给主机的名字放在最左面，各级名字之间用“.”隔开。例如，www.sina. com.cn 表示中国的、商业机构、新浪网络技术股份有限公司的一台 WWW 服务器。

www　.　sina　.　com　.　cn
WWW 主机　新浪网络技术股份有限公司　商业机构　中国

在域名系统中，常见的顶级域名有地理性顶级域名和组织性顶级域名，具体参见表 6.4。

表 6.4　常见的顶级域名及其含义

地理性顶级域名	含义	组织性顶级域名	含义
cn	中国	com	商业机构
us	美国	edu	教育机构
jp	日本	gov	政府部门
gb	英国	int	国际组织
au	澳大利亚	mil	军网网点
de	德国	net	网络机构
ru	俄罗斯联邦	org	上述以外的组织

提示：顶级域的管理权被分派给指定的管理机构，各管理机构对其管理的域继续进行划分，即划分为二级域并将二级域名的管理权授予其下属的管理机构，以此类推，向下就是三级域、四级域了，就形成了层次状的域名结构了。

2. 域名服务器

由于在 Internet 上真正区分机器的还是 IP 地址，因此需要一个将域名解释为 IP 地址的主机，这就是域名服务器。域名服务器（Domain Name Server，DNS）是指安装有域名解析处理软件的主机，用于实现域名解析（将主机名连同域名在一起映射成 IP 地址）。

域名到 IP 地址的变换由分布式数据库系统 DNS 服务器实现。一般子网中都有一个域名服务器，该服务器管理本地子网所连接的主机，也为外来的访问提供 DNS 服务，设置时可以向网络管理部门获取。

此外，要想从 Internet 上获取信息，客户端除了要正确地配置 IP 地址以外，还要配置 DNS 服务器。部分国内的常用 DNS 服务地址如表 6.5 所示。

表 6.5　国内常见的 DNS 服务器地址

省区市	主服务器	辅助服务器
北京	202.106.196.115	202.106.0.20
上海	202.96.0.133	202.96.0.133
天津	202.99.96.68	10.10.64.68
重庆	61.128.128.68	10.150.0.1
广西	202.96.128.68	202.103.224.68
湖南	202.103.0.68	202.103.96.68
贵州	202.98.192.68	10.157.2.15
云南	202.98.96.68	202.98.160.68

6.2.3　接入 Internet

用户接入 Internet，首先要选择一个互联网服务提供商 ISP（Internet Service Provider）。目前，国内主要的 ISP 商有中国电信、中国联通、中国移动以及有线电视数据中心等。然后，根据用户的规模、用途等方面的要求，选择不同的接入方式，常见的上网方式有：

1. 宽带 ADSL 接入

非对称数字用户线路（Asymmetrical Digtial Subscriber Line，ADSL）是通过普通电话线运行高速宽带的技术。理论上，ADSL 的上行传输速率可达到 640kbps，下行传输速率可达到 9Mbps，传输距离为 3～4 千米。用户只需要在电话线两端加装 ADSL 调制解调器，即可接入宽带网络中。ADSL 由于不产生电话费，只需要交 ADSL 月租费，因此成为目前国内家庭和小型办公网络主要的上网方式。

使用 ADSL 接入 Internet 的传输速率与用户到 ISP 机房的距离有关，距离越远，速率越低且不稳定，一般要求距离不超过 4 千米，否则 ADSL 可能无法工作。单台计算机通过 ADSL

的接入结构如图 6.23 所示。

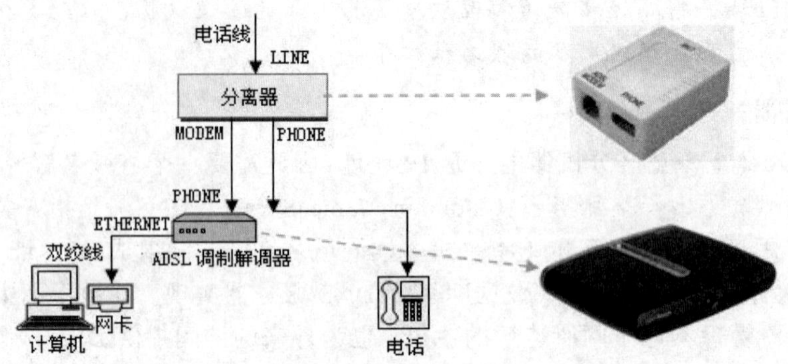

图 6.23 ADSL 接入 Internet 的线路基本结构

提示：从外线、分离器一直到 ADSL 调制解调器到计算机之间的线路为模拟信号，使用电话线；而从 ADSL 调制解调器到计算机之间的信道为数字信道，使用双绞线。ADSL 也可以为一个局域网提供接入 Internet 服务，如图 6.24 所示。

2. 局域网接入

局域网接入 Internet 是指将局域网中的客户机连接局域网的服务器，再通过服务器上网。局域网接入主要采用以太网技术，以信息化小区的形式为用户服务。其特点是：接入设备成本低、可靠性好，但随着用户数量的增加，网速会比较慢。图 6.25 是通过局域网接入 Internet 的一种基本结构。

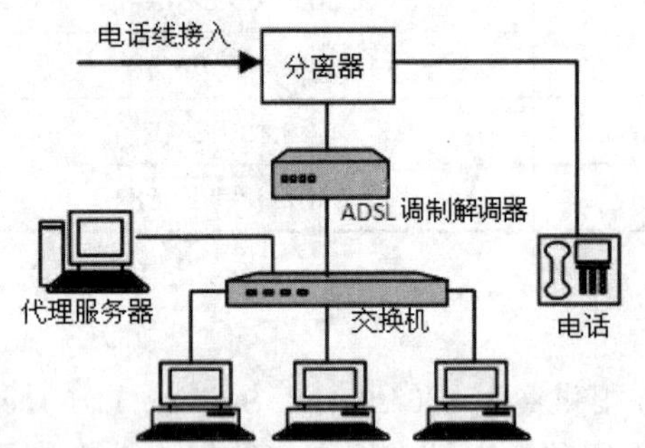

图 6.24 ADSL 接入局域网的基本结构

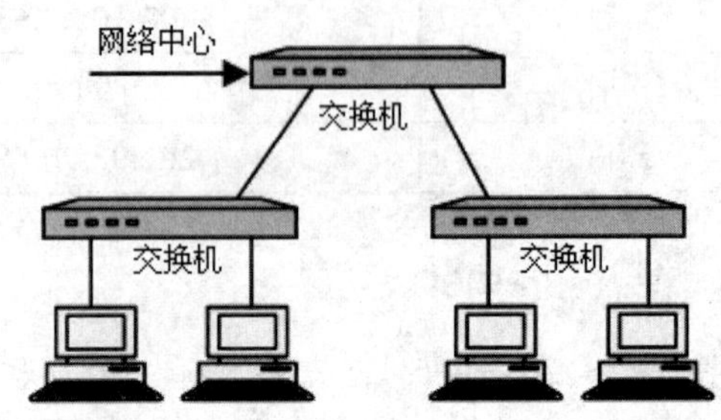

图 6.25 局域网接入 Internet 的基本结构

3. 电话拨号接入

电话拨号接入是通过调制解调器将数字信号与模拟信号进行转换实现网络接入的，网速比较慢，性能比较差，但由于其对接入设备的要求比较低，因此仍被部分用户使用。它可作为应急接入网络的一种选择。

4. 有线电视网接入

有线电视网络接入是利用电缆调制解调器接入实现电缆数据传输。其特点是布线方便，充分利用原有的有线电视线路实现接入 Internet。

5. DDN 专线接入

数字数据网 DDN（Digital Date Network）利用数字信道提供永久性和半永久性连接电路，是传输数据信号的数字传输网络。它能够为专线或专网用户提供中、高速数字点对点传输服务，与传统的模拟信道相比，具有传输质量高、速度快、带宽利用率高等优点。

6. 无线接入

无线接入是指从用户终端到网络的交换结点采用或部分采用无线手段的接入技术。随着接入终端的小型化、移动化，以及 ISP 服务商的大力推动，无线接入 Internet 成为一种重要的接入形式。无线接入的最大优点是灵活方便，无需要大规模布线，接入管理也更加快捷。

6.2.4 Internet 应用

1. Internet 提供的基本服务

（1）万维网（World Wide Web，WWW）。

万维网又称为“网络”、“WWW”、“3W”，英文“Web”，是一个资料空间。空间中的“资源”有一个全域“统一资源标识符”（URL）标识。这些资源通过超文本传输协议（Hyper Text Transfer Protocol，HTTP）传送给使用者，而后者通过点击链接来获得资源，这些资源包括了文本、图像、音频、视频等多媒体信息。

（2）电子邮件（Electronic Mail）。

电子邮件（简称 E-mail）又称电子信箱、电子邮政，它是一种用电子手段提供信息交换的通信方式，是 Internet 中应用最广的服务。通过网络的电子邮件系统，用户可以用非常低廉的价格，以非常快速的方式，与世界上任何一个角落的网络用户联系，这些电子邮件可以是文字、图像、声音等各种方式。

电子邮件都有一个地址是标识自己的电子邮箱的，全球的电子邮件地址都是不重复的，电子邮件的典型地址格式是：用户名@邮件服务器名。例如 officezs2010@163.com，其中@表示“在”的意思。

（3）文件传输（File Transfer Protocol，FTP）。

FTP 服务是由 TCP/IP 的文件传输协议支持的，是一种实时的联机服务。FTP 允许计算机之间的文件传输，使用 FTP 几乎可以传送任何类型的多媒体文件，如图像、声音、数据压缩文件等。

（4）远程登录（Telnet）。

远程登录是指在网络通信协议的支持下，用户的计算机通过 Internet 成为远程计算机终端的过程。Telnet 是常用的远程控制 Web 服务器的方法。

（5）电子新闻（Usenet News）。

Usenet 是世界范围的新闻组网络系统，由成千上万个新闻组组成，囊括了整个互联网上几乎所有的电子论坛信息。通过 Usenet，人们可以张贴个人信息，回答其他人的问题，等等。

（6）广域信息服务系统（Wide Area Information Server，WAIS）。

WAIS 是基于关键词的 Internet 检索工具，用户可根据关键词寻找自己所需要的信息。

（7）电子公告板（Bulletin Board System，BBS）。

BBS开辟了一块“公共”空间供所有用户读取和讨论其中的信息。通过BBS可随时取得国际最新的软件及信息、和别人讨论各种话题、刊登发布一些信息等。

2. Internet应用中常见的软件

（1）Internet Explorer。

浏览万维网是目前Internet最常用的服务，而浏览万维网的信息需要通过网页浏览器来实现。网页浏览器是显示网页服务器或档案系统内的文件，并让用户与这些文件互动的一种软件。而其中由微软公司推出的Internet Explorer（简称IE或MSIE）是一款使用范围较大的网页浏览器，目前使用比较广泛的有IE6.0、IE7.0和IE8.0版本。

（2）Outlook Express。

Outlook Express是微软操作系统中自带的一种电子邮件，简称为OE，是微软公司出品的一款电子邮件客户端。Outlook Express建立在开放的Internet标准基础之上，适用于任何Internet标准系统，例如简单邮件传输协议（SMTP）、邮局协议3（POP3）和Internet邮件访问协议（IMAP）。它提供对目前最重要的电子邮件、新闻和目录标准的完全支持，这些标准包括轻型目录访问协议(LDAP)、多用途网际邮件扩充协议超文本标记语言（MHTML）、超文本标记语言（HTML）、安全/多用途网际邮件扩充协议（S/MIME）和网络新闻传输协议（NNTP）。其最大的特点是可以管理多个邮件账户、实现邮件的本地化管理，跨邮箱的通讯管理功能可以极大地方便用户整理信息。

（3）腾讯QQ与微信。

腾讯QQ与微信是由深圳市腾讯计算机系统有限公司开发的一款基于Internet的即时通信（IM）软件，我们可以使用QQ或微信和好友进行交流，进行信息和自定义图片或相片的即时发送和接收，语音视频面对面聊天、点对点断点续传文件、共享文件，以及通过QQ邮箱收发邮件等，功能非常全面。还可与移动通讯终端等多种通讯方式相连。QQ与微信是目前使用最广泛的聊天软件。

小王所在的公司是一个管理较为规范的公司。公司采取以局域网接入Internet，各部门办公室的小型局域网内的计算机需要做的是连接到公司的局域网内，并按照公司网管的要求设置IP地址和DNS服务器地址即可。其中，设置IP地址、子网掩码、默认网关已在6.1任务中完成，因此本次接入Internet小王只需要做两项工作：

① 通过双绞线（上一个任务时采购了四根，还余有一根）接到上一级交换机到办公室的网络接口即可。

② 设置DNS服务器地址（如DNS地址为：202.96.128.68）。参照上一个任务中第1步中配置TCP/IP的操作步骤打开“Internet协议（TCP/IP）属性”对话框。在首选DNS服务器（P）中输入：202.96.128.68即可。

提示：测试本地计算机是否已接入Internet，可以通过ping命令进行测试。具体操作方法是：单击“开始→运行”，在“运行”对话框中输入“cmd”，在弹出的命令窗体中输入命令“ping www.baidu.com”（注意ping后有一个空格，后面可接任意网站地址，如果接的是局域网中的其他计算机的IP地址，则可以测试局域网计算机的连通情况）。如果可连接Internet，将出现该网站的IP地址。

6.2.5 查阅和保存网页信息

小王需要查阅的网页——百度新闻的地址是 http://news.baidu.com，为便于下次查阅该网站，小王将该财经新闻的网页收藏至 IE 收藏夹中的“财经新闻类”文件夹中；然后查阅和保存当天财经类头条新闻及图片，相关操作步骤如下：

1. 查阅网页信息

（1）启动 IE 浏览器。单击 Windows 桌面中的 IE 图标（或“开始→所有程序（p）→Internet Explorer”），即可启动 IE 浏览器。

（2）查阅网页：在 IE 浏览器的地址栏中输入 http://news.baidu.com，点击“转到”，即可进入百度新闻。单击网页上方导航条中的“财经”即可进入财经类新闻。如图 6.26 所示。

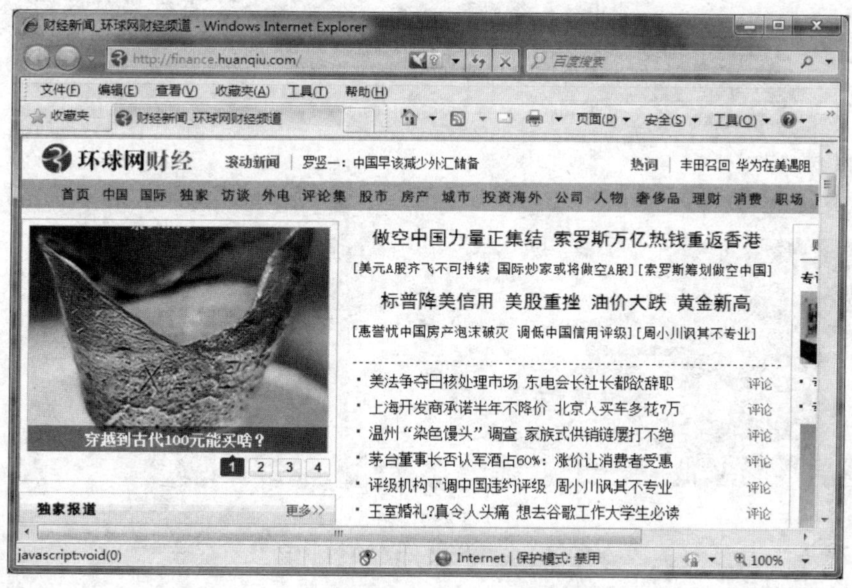

图 6.26 “百度新闻搜索——财经新闻”页面

2. 收藏网页

（1）打开百度新闻中的财经类网页后，单击菜单栏“收藏→添加到收藏夹”，即打开“添加到收藏夹”对话框。

（2）在“添加到收藏夹”对话框中，选择“创建到（C）”可将该网页收藏至指定的文件夹中，如单击“新建文件夹”按钮，即将“新建文件夹”对话框打开。

（3）在“新建文件夹”对话框中，输入“财经类新闻”，点击确定即可创建一个名为“财经类新闻”的收藏文件夹，如图 6.27 所示。

（4）在名称栏中可以修改网页的名称，最后点击确定即完成收藏操作，如图 6.28 所示。

提示：如果需要在打开 IE 浏览器时快速打开某一网页，可以通过设置主页的方式来完成，通过在“工具→Internet 选项”中的“主页-更改主页的”中输入地址，即可将 IE 浏览器打开时的页面设置为该网页。

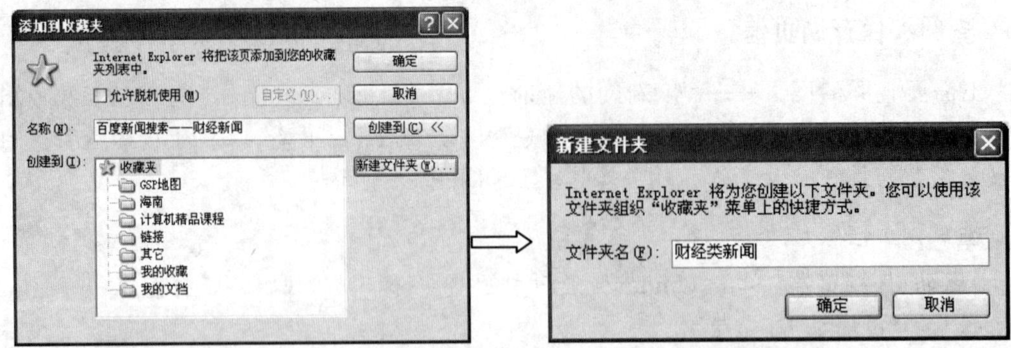

图 6.27 “添加到收藏夹”和“新建文件夹”对话框

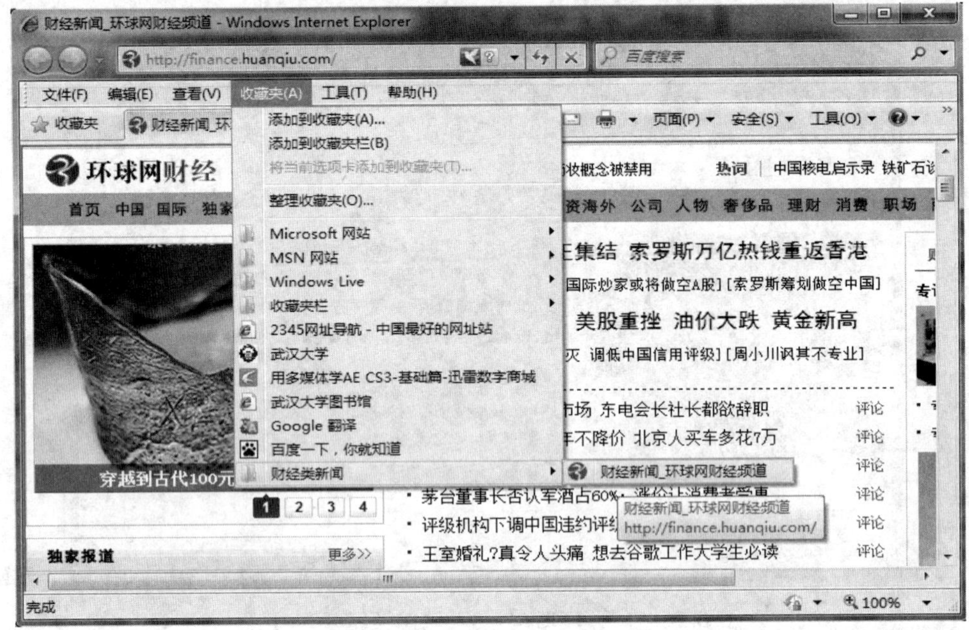

图 6.28 通过收藏夹登录网页

3. 保存网页

将百度新闻中财经新闻的今日头条新闻保存至本地计算机（D 盘的“PC1 共享”文件夹下），命名为“今天日期+百度新闻搜索财经头条”，文件类型为 mht 格式，具体操作步骤如下：

（1）单击财经新闻中的头条新闻的标题即可打开该网页，然后单击菜单栏“文件→另存为”，即打开“保存网页”对话框。

（2）在“保存网页”对话框中，选择保存地址和文件类型（mht），输入文件名（今天日期+百度新闻搜索财经头条），再点击确定就可以完成网页保存操作，如图 6.29 和图 6.30 所示。

提示： 网页的保存类型主要有三种：html 或 htm（网页、全部文件）、mht（Web 档案，单一文件）、txt（文本文件），保存类型不同，保存后的信息表现形式也将不同。

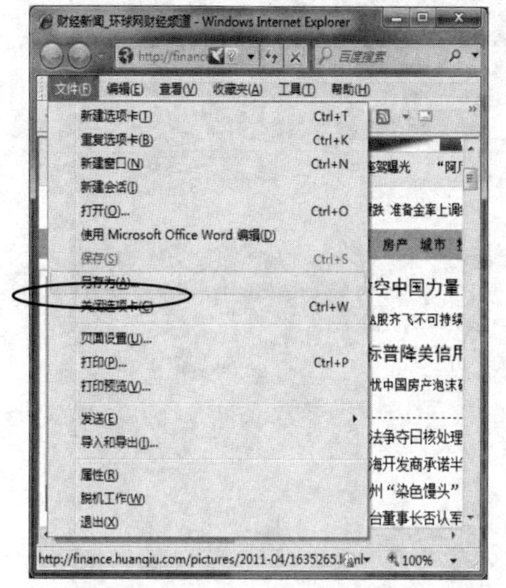

图 6.29 保存网页“另存为”操作

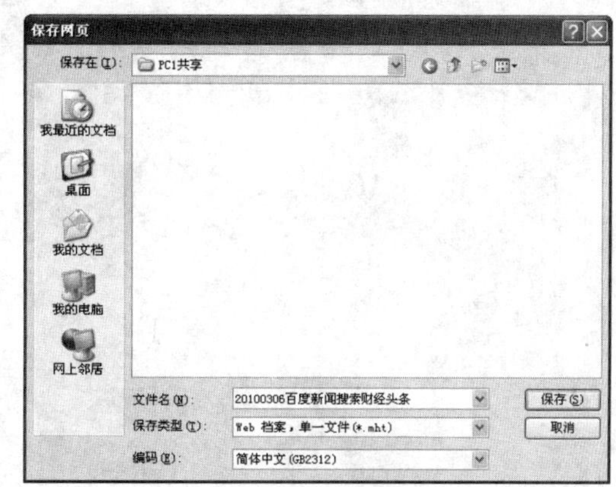

图 6.30 “保存网页”对话框

4. 保存网页中的图片

（1）在需要保存的图片上右击鼠标，在快捷菜单中选择“图片另存为”，即打开“保存图片”对话框，操作与保存网页相似。

（2）在“保存图片”对话框中，选择保存地址和文件类型，输入文件名，再点击确定就可以完成网页保存操作。

提示：网页中图片的保存类型与该网页中的原图片的类型有关，常见的网页图片类型有：gif、jpg、bmp 等，默认的图片类型与网页中的原图片类型一致，如果选择另存为其他类型的图片，可以从图片类型的下拉式选项中选择。

6.2.6 申请和使用电子邮箱

接下来小王将保存和整理好的网页文档，通过电子邮箱发送给公司驻外的管理人员。首先小王需要申请一个电子邮箱作为发送财经新闻的专用邮箱，小王选择了到“163 邮箱”（http://mail.163.com）申请一个电子邮箱；接着小王就要通过这个邮箱，将今天的财经新闻头条以附件的形式发送到驻外人员的电子邮箱中；最后小王将使用的“163 邮箱”设置到 Outlook Express（简称 OE）邮箱管理软件中，并通过 OE 软件再发送上述邮件，以测试设置是否成功。

提示：以下操作中，小王的邮箱以 Offficexz2010@163.com 为例，密码为 20102010，驻外人员的邮箱以 gswq123456789@163.com 为例，密码为 gswq123。

1. 申请电子邮箱

（1）选择一个电子邮箱服务商，登录其电子邮箱网页，如小王选择了 163 邮箱，打开 IE 浏览器，在地址栏中输入 http://mail.163.com，点击“转到”或敲击“Enter”键就可以进入该邮箱首页，如图 6.31 所示。

图 6.31 “163 邮箱”首页

（2）注册新邮箱。点击“立即注册”按钮，即进入“注册新用户”页面，如图 6.32 所示。

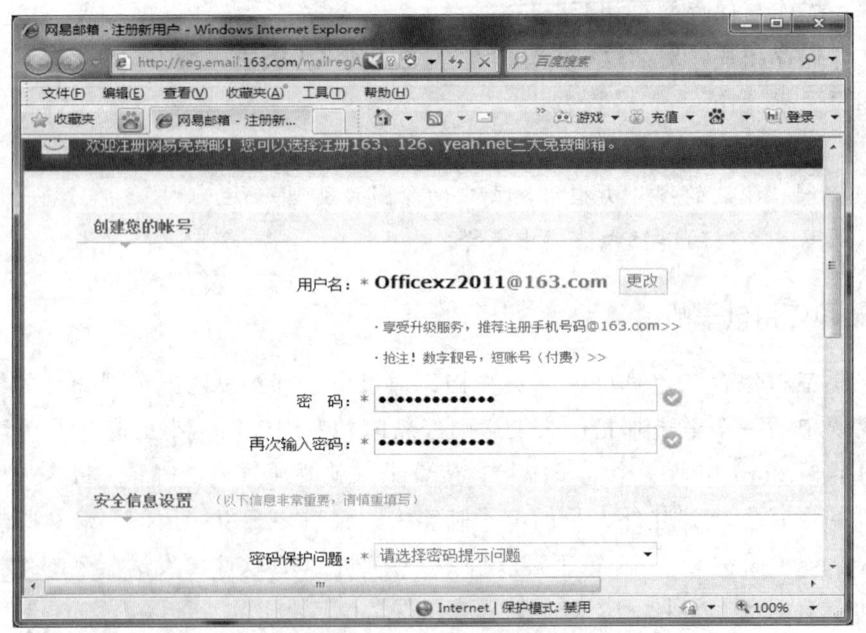

图 6.32 “163 邮箱–注册新用户”页面

按照要求填写相关信息，其中最重要的是邮箱的用户名，只能申请别人未申请过的邮箱用户名，大多数网站都会提供用户名测试功能，可以先测试拟申请的用户名是否有人使用。经过测试，小王选择了“Officexz2011”作为自己的邮箱用户名，输入两次相同的密码，并填写其他要求填写的项目，点击“确定”即可。如申请成功，页面会自动跳转至如图 6.33 所示页面。

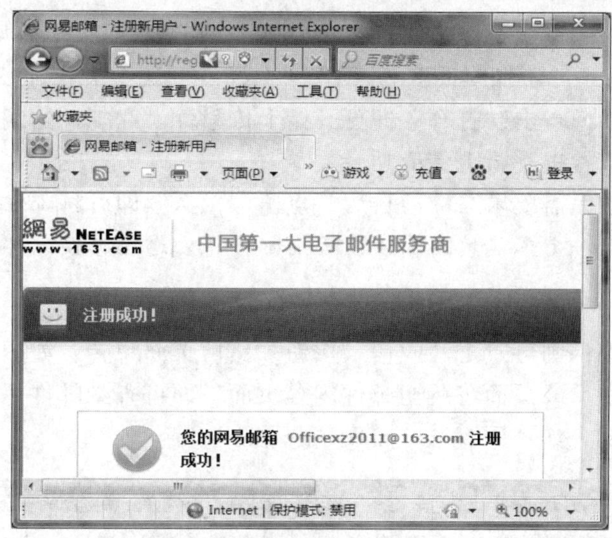

图 6.33　“163 邮箱注册成功提示”页面

（3）检查新邮箱。在注册成功提示的页面下方点击“进入邮箱”按钮，即可马上进入新申请的邮箱，也可以通过重新登录邮箱首页的形式，通过输入用户名和密码进入邮箱。

2. 发送电子邮件

（1）通过 IE 浏览器登录自己的电子邮箱后，点击页面左上角的“写信”按钮，即可进入编辑电子邮件的页面，如图 6.34 所示。

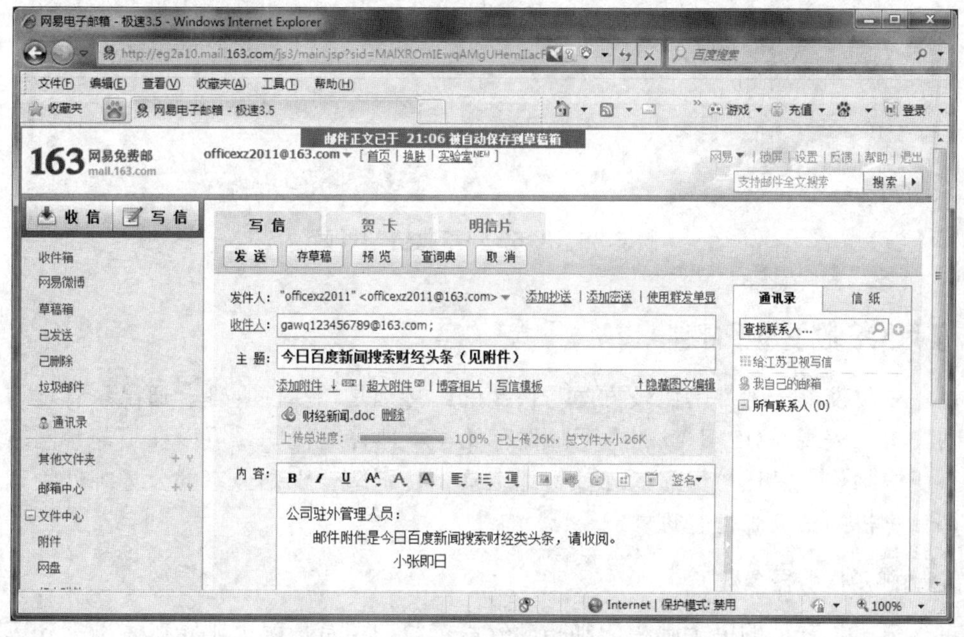

图 6.34　“163 邮箱编辑邮件”页面

（2）编辑邮件。分别填写“收件人”（填写“gawq123456789@163.com”）、“主题”[可参考填写“今日百度新闻搜索财经头条（见附件）”]“内容”（可参考填写“公司驻外管理人员：

邮件附件是今日百度新闻搜索财经类头条，请收阅。小王即日”）等信息。

（3）上传附件。点击“添加附件”，即弹出“选择要上载的附件自……”对话框，找到指定位置下的指定文件后，点击“打开”即可开始上传附件。在邮件的编辑页面中会显示上传的进度情况，用户可以检查是否上传成功。

（4）发送邮件。填完需要填写的项目后，点击“发送”即可将邮件发送出去。

提示：收件人地址一定不能填写错误，否则邮件将发送至错误的邮箱或根本无法发送。

3. 收取电子邮件

（1）要收取电子邮件则可点击“收信”按钮，然后页面跳转，如图 6.35 所示。

（2）点击邮件标题后，页面将跳至邮件内容页面，即可查看邮件，还可以在查看后根据需要选择邮件处理方式，如“回复”、“转发”、“删除”等。

图 6.35 “163 邮箱收信”页面

6.2.7 使用 OE 收发电子邮件

通过 OE 收发电子邮件是比较方便与快捷的，特别是在邮件管理、通讯录管理与任务管理上有着突出的表现。OE 下载的电子邮件存储在本地计算机中，可以在不连接网络的情况下查看到历史邮件，是比较可靠的邮件管理工具，特别适合于办公室的公务邮件管理，以及个人自用计算机的私人邮件管理。

1. 查询邮箱服务器参数

查询拟由 OE 管理的电子邮箱的邮箱服务器参数，通常情况下邮箱服务器的相关参数都在邮箱的“设置”栏中。163 邮箱的邮箱服务器参数查询的操作步骤如下：

（1）登录邮箱后，点击右上角的“设置”按钮，跳转页面后选择“邮件收发设置—客户端设置”。

（2）页面跳转进“设置 POP3/SMTP/IMAP”页面中，可以查看到 163 邮箱的服务器地址，参数如图 6.36 所示。查到 POP3 服务器：pop.163.com，　SMTP 服务器：smtp.163.com。

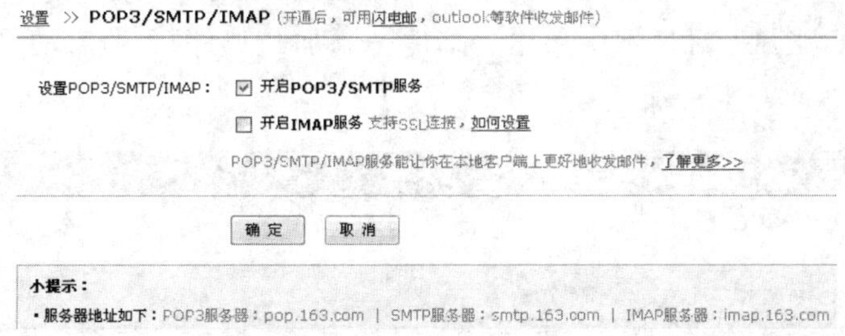

图 6.36　“163 邮箱-服务器地址参数”页面内容

2. 设置电子邮件账户

设置电子邮件账户的操作步骤如下：

（1）启动 Outlook Express。单击“开始→所有程序→Outlook Express”，即可启动 Outlook Express，如图 6.37 所示。

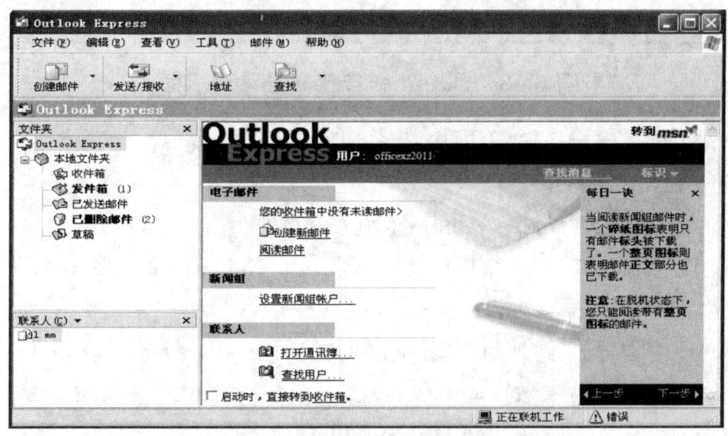

图 6.37　“Outlook Express”主窗口

提示：如果是第一次启动 Outlook Express，那么启动后会弹出“Internet 连接向导”对话框，如图 6.38 所示。如果不是，可参照以下步骤进行。

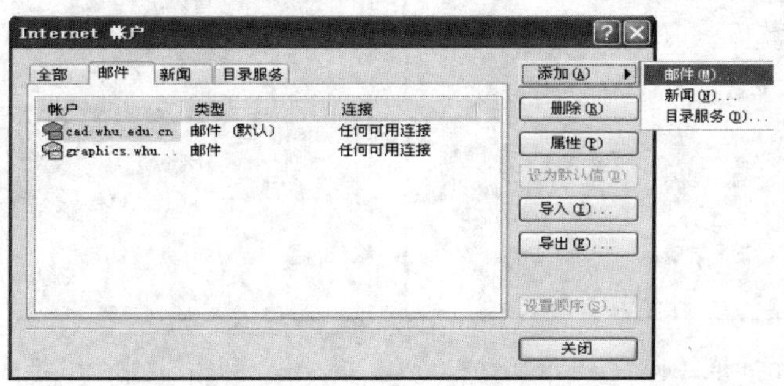

图 6.38　“Internet 账户”对话框

（2）设置电子邮箱账户。

① 在 OE 主窗口中单击菜单栏中的“工具→账号”，出现如图 6.38 所示的“Internet 账户”对话框。

② 在“Internet 账户”对话框中单击“邮件→添加→邮件”，即启动“Internet 连接向导”对话框，如图 6.39 所示。

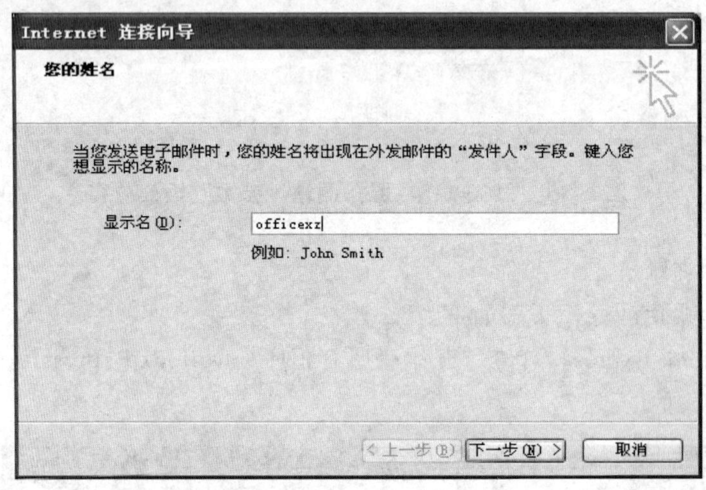

图 6.39 “Internet 连接向导”对话框

③ 在“Internet 连接向导”对话框中依次填写以下参数：

显示名：officexz（见图 6.39）

电子邮件地址：officexz2011@163.com（见图 6.40）

接收邮件（POP3，IMAP 或 HTTP）服务器：pop.163.com（见图 6.41）

发送邮件（SMTP）服务器：smtp.163.com（见图 6.41）

账户名：officexz（电子邮件地址填写正确时，此处系统会自动填写）

密码：与电子邮箱的密码一致

提示：如果需要添加多个邮箱，重复上述的操作即可。

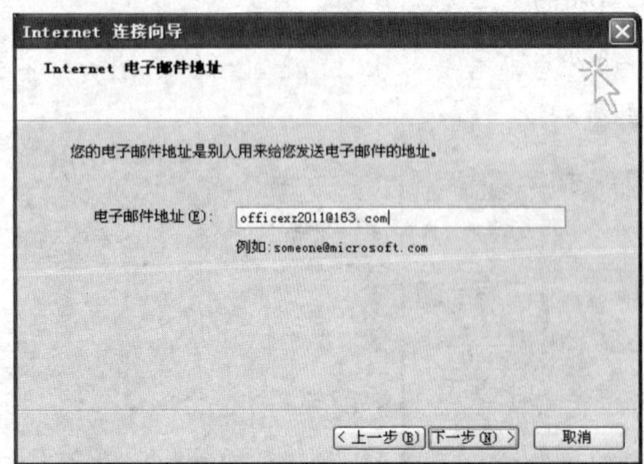

图 6.40 “Internet 连接向导-电子邮件地址”对话框

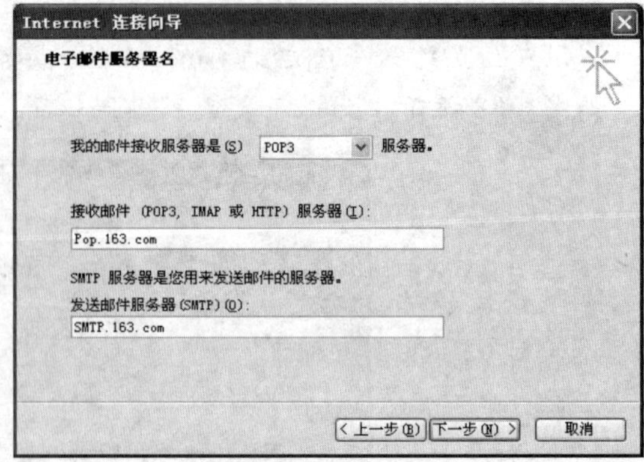

图 6.41 “Internet 连接向导-电子邮件服务器名”对话框

④ 填写完上述参数后，“Internet 连接向导”对话框会出现“恭贺您”的内容，单击“完成”按钮，即返回到“Internet 账户”对话框，此时新设置的电子邮件账户已经显示在对话框中。此时用户可以双击该邮件账户查阅或修改相关设置。

3. 发送电子邮件

使用 OE 发送电子邮件与使用 IE 发送电子邮件的操作步骤是基本一致的，主要是熟悉相关的界面，具体操作步骤如下：

（1）在 OE 主窗口中单击“创建邮件”按钮，即弹出如图 6.42 所示的“新邮件”窗口。

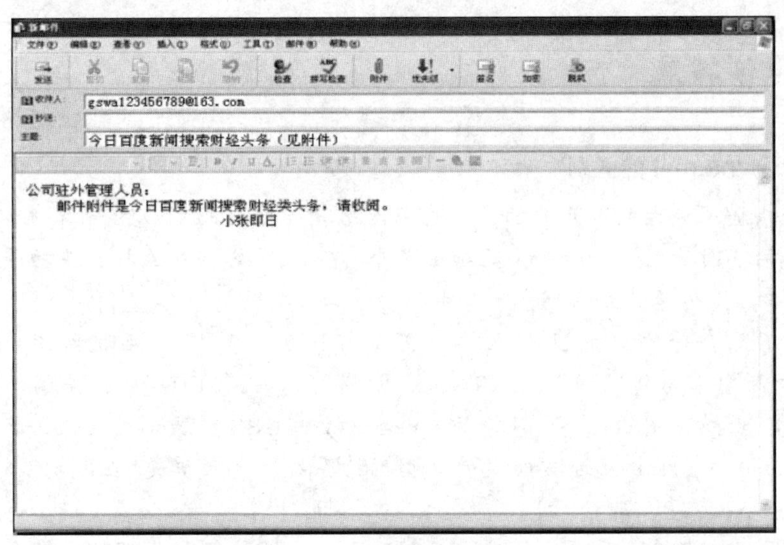

图 6.42　“新邮件”窗口

（2）编辑邮件。编辑方法与在 IE 上编辑邮件一样，填写相关信息即可。

提示：给多个用户同时发送电子邮件时，则在不同的邮件地址中间加“;”或“,”隔开即可。

（3）上传附件。点击工具栏上的“添加附件”或从菜单栏中点击“插入→附件”命令，如图 6.43 所示，从对话框中选择需要插入的文件，然后单击“附件”按钮即可。

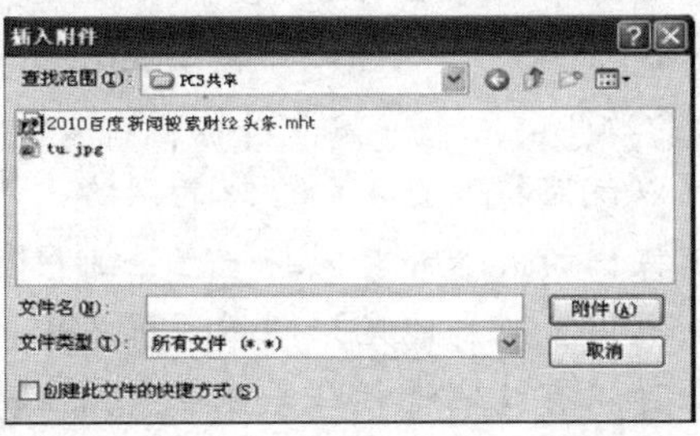

图 6.43　“插入附件”对话框

如果附件上传成功，会在主题下面新显示“附件”一行的内容，显示附件图标和文件名。

（4）发送邮件。填写完需要填写的项目后就可以点击“发送”，即可将邮件发送出去。

如果电子邮件发送成功，可以从“Outlook Express”主窗口左侧的工具栏中的“已发送邮件”中查到发送成功的电子邮件；而如果没有发送成功，则会转自“发件箱”中，则需要检查一下哪个环节出现了错误，更正后可重新调出“发件箱”中的该邮件再次发送。

4. 收取电子邮件

使用 OE 收取电子邮件与使用 IE 收取电子邮件的操作步骤也是基本一致的，具体操作步骤如下：

（1）在 OE 主窗口中单击“发送和接收”按钮，即可开始收取邮件。

（2）在“收件箱”窗口下即可查阅邮件，打开方法与 IE 上的操作一致。

知识拓展

1. Internet 与 internet 的区别

Internet 专指全球最大的、开放的、由众多网络相互连接而构成的计算机网络（就是全球网络），中文名为“因特网”。internet 泛指由多个计算机网络相互连接、在功能和逻辑上组成的一个大型网络，又称为“互联网”。

因特网并不是全球唯一的互联网络。例如在欧洲，跨国的互联网络就有“欧盟网”（Euronet）、“欧洲学术与研究网”（EARN）、“欧洲信息网”（EIN），在美国还有“国际学术网”（BITNET），世界范围的还有“飞多网”（全球性的 BBS 系统）等其他著名的网络。因特网和其他类似的由计算机相互连接而成的大型网络系统，都可算是“互联网”，因特网只是互联网中最大的一个。

《现代汉语词典》2002 年增补本对“互联网”和“因特网”所下的定义分别是“指由若干电子计算机网络相互连接而成的网络”和“目前全球最大的一个电子计算机互联网，是由美国的 ARPA 网发展演变而来的”。

2. Internet 与 Intranet 的区别

Intranet 称为企业内部网，是 Internet 技术在企业内部的应用，中文名为“内联网”。它利用 Internet 技术，以 TCP/IP 为基础，以 Web 为核心应用，构成的企业内部信息交换平台的计算。内联网的基本思想是：在内部网络上采用 TCP/IP 作为通信协议，利用 Internet 的 Web 模型作为标准信息平台，同时建立防火墙把内部网和 Internet 分开。使网络既有传统内网的安全性，又兼具 Internet 上的开放性。

因特网与内联网相比，可以说因特网是面向全球的网络，而内联网则是因特网技术在企业机构内部的实现，它能够以极少的成本和时间将一个企业内部的大量信息资源高效合理地传递到每个人。内联网为企业提供了一种能充分利用通讯线路，经济而有效地建立企业内联网的方案。应用内联网，企业可以有效地进行财务管理、供应链管理、进销存管理、客户关系管理，等等。

3. 关于 CERNET

CERNET 指是的中国教育和科研计算机网（China Education and Research Network），CERNET 是于 1994 年由国家投资建设，教育部负责管理，清华大学等高等学校承担建设和管理运行的全国性学术计算机互联网络。它主要面向教育和科研单位，是全国最大的公益性互联网络，1996 年被国务院确认为全国四大骨干网之一。

CERNET 分四级管理，分别是：① 全国网络中心；② 地区网络中心和地区主结点；③ 省教育科研网；④ 校园网。CERNET 全国网络中心设在清华大学，负责全国主干网的运行管理。地区网络中心和地区主结点分别设在清华大学、北京大学、北京邮电大学、上海交通大学、西安交通大学、华中科技大学、华南理工大学、电子科技大学、东南大学、东北大学等 10 所高校，它们负责地区网的运行管理和规划建设。CERNET 省级结点设在 36 个城市的 38 所大学，分布于全国除台湾省外的所有省、市、自治区。

CERNET 已经有 28 条国际和地区性信道，与美国、加拿大、英国、德国、日本和中国香港特区联网，总带宽达到 250 Mbps。与 CERNET 联网的大学、中小学等教育和科研单位达 1 000 多家（其中高等学校 800 所以上），联网主机 120 万台，用户超过 2 000 万人。

归纳小结

接入 Internet 的工作随着网络的普及以及运营商服务的提升，其操作难度已大为降低。但是，由于网络结构等因素，在选择接入设备时需要考虑到实际的网络情况和开支预算，一般情况下应以够用、经济和稳定为主要考虑因素来选购产品。而通过万维网浏览、保存信息和通过电子邮件系统收发邮件，是 Internet 中最常用的操作。其中，通过 OE 软件来收发和管理电子邮件的关键点在于账户的设置上，其中邮箱账户设置的对象是用户的邮箱，而不是接收者的邮箱，应注意区别。

强化练习

填空题

1. 域名是______________________________；URL 的中文意思是______________________。
2. Internet 的前身是美国国防部资助建成的___________ 网。
3. 局域网的网络硬件主要包括服务器、工作站、网卡和__________。
4. 目前，局域网的传输介质主要是同轴电缆、双绞线和__________。
5. WWW 引进了超文本的概念，超文本指的是________________________。
6. “Telnet”的功能是_________。
7. 在 Outlook 设置中，代表发送邮件服务器的是________。
8. 表示是教育机构的域名是___________。

6.3　任务：计算机网络的信息安全管理

计算机网络的信息安全管理已成为计算机日常使用中的重要内容。小王需要给办公室的计算机建立相应的安全防范措施，保障计算机能正常高效的使用。

任务分析

计算机网络的信息安全管理，从宏观层面上来看，需要在整个网络中从管理、技术、设备等多角度去构建；而从微观层面上来看，它实际上是在个人计算机中建立安全防范措施。而在本次任务中，小王可以通过安装一个综合性的安全管理软件来实现。这个管理软件的作用可以形象地比喻为：穿铠甲（安装软件）、补漏洞（系统补丁升级）、配盾牌（开启防火墙）、持利剑（查杀病毒）。小王为新增的计算机配置安全防护措施的工作，分为以下4个步骤来完成：① 安装计算机反病毒软件；② 修复系统漏洞；③ 防御计算机病毒；④ 查杀计算机病毒。如图6.44所示。

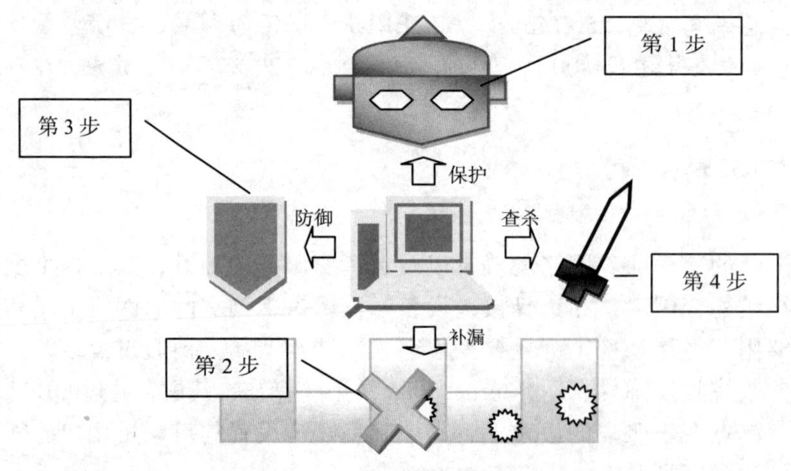

图6.44 任务实施过程分解图

实施过程

在开始完成任务之前，先来认识一下计算机网络信息安全方面的相关知识。

6.3.1 计算机网络信息安全基本知识

1. 计算机网络安全

参照ISO给出的计算机安全定义，认为计算机网络安全是指："保护计算机网络系统中的硬件、软件和数据资源，不因偶然或恶意的原因遭到破坏、更改、泄露，使网络系统连续可靠地正常运行，网络服务正常有序。"

计算机网络系统是由网络硬件、软件及网络系统中的共享数据组成的。因此，网络系统包含了计算机系统和信息数据，计算机网络安全问题本质上是网络上的信息安全问题。

2. 计算机网络安全的特征

（1）保密性：保密性指信息按给定要求不泄漏给非授权的个人、实体或过程，或提供其利用的特性，即杜绝有用信息泄漏给非授权个人或实体，强调有用信息只被授权对象使用的特征。

（2）完整性：完整性指信息在传输、交换、存储和处理过程中保持非修改、非破坏和非丢失的特性，即保持信息原样性，使信息能正确生成、存储、传输，这是最基本的安全特征。

（3）可用性：可用性指网络信息可被授权实体正确访问，并按要求能正常使用或在非正常情况下能恢复使用的特征，即在系统运行时能正确存取所需信息，当系统遭受攻击或破坏时，能迅速恢复并能投入使用。可用性是衡量网络信息系统面向用户的一种安全性能。

（4）不可否认性（即合法使用性）：不可否认性指通信双方在信息交互过程中，确信参与者本身，以及参与者所提供的信息的真实同一性，即所有参与者都不可能否认或抵赖本人的真实身份，以及提供信息的原样性和完成的操作与承诺。

3. 影响计算机网络安全的原因

（1）计算机网络的脆弱性。

Internet 是对全世界都开放的网络，任何单位或个人都可以在网上方便地传输和获取各种信息，Internet 这种具有开放性、共享性、国际性的特点就对计算机网络安全提出了挑战。网络的共享性和开放性意味着网络技术是全开放的，使得网络所面临的攻击来自多方面；网络的国际性意味着对网络的攻击不仅是来自于本地网络的用户，还可以是互联网上其他国家的黑客。

（2）计算机软件的漏洞。

有的软件系统本身也带有网络安全上的隐患。例如，操作系统本身结构体系的缺陷、自主和远程创建进程的开放性、系统开放时预留的后门等都给黑客攻击提供了可能。

（3）黑客的攻击。

“黑客”是英文 Hacker 的译音，一般指计算机网络的非法入侵者。黑客对计算机技术和网络技术非常精通。有数据显示，黑客攻击网络信息系统的事件比重高达 32%，并且还在继续提升中，虽然黑客的攻击动机有的是因为好奇，有的是因为展示个人计算机操作水平等，但黑客的行为正在不断地走向系统化和组织化，甚至是进行网络犯罪活动。

（4）自然环境的影响。

计算机系统硬件和通讯设施极易遭受到自然环境的影响，如各种自然灾害（地震、泥石流、水灾、风暴、建筑物破坏等）对计算机网络构成的威胁。还有一些偶发性因素，如电源故障、设备的机能失常、软件开发过程中留下的某些漏洞等，也会对计算机网络构成严重威胁。

（5）管理的欠缺。

目前，世界上现有的信息系统绝大多数都缺少足够的安全管理员，以及信息系统安全管理技术规范，缺少定期安全测试与检查、缺少安全监控。而个人用户的计算机安全维护与管理水平相对不足，也是导致计算机网络受到攻击的重要原因。

4. 解决计算机网络信息安全问题的举措

计算机网络安全是一项复杂的系统工程，涉及技术、设备、管理和制度等多方面的因素。解决计算机网络安全问题也是有多个层次的，不同的角度、不同的角色都有着不同的解决措施。

（1）对于网络监管机构人员，要做到管理和技术并重，安全技术必须结合安全措施，并加强计算机立法和执法的力度，建立备份和恢复机制，制订相应的安全标准等。

（2）对于网络安全管理人员，制订的安全解决方案需要从整体上进行把握。网络安全解决方案是综合各种计算机网络信息系统安全技术，将安全操作系统技术、防火墙技术、病毒防护技术、入侵检测技术、安全扫描技术等综合起来，形成一套完整的、协调一致的网络安全防护体系。

（3）对于普通的计算机用户，要提高个人的计算机信息安全意识。对于个人计算机系统的合理维护、规范个人操作计算机上网的行为、配置必要的计算机安全防护措施等。

6.3.2 计算机信息安全技术

计算机网络信息技术是信息安全服务的核心，是实施信息安全措施的技术保障。安全技术分为两个层次：第一层次是计算机系统安全；第二层次是计算机数据安全。针对不同层次采取的是不同的安全技术。

1. 系统安全技术

系统安全技术分为物理安全技术和网络安全技术。

（1）物理安全技术。

物理安全技术通常采取的措施有：

① 减少自然灾害对计算机软硬件的破坏；

② 减少外界环境对计算机系统运行的不良影响；

③ 减少计算机系统电磁辐射造成的信息泄露；

④ 减少非授权用户对计算机系统的访问和使用等。

（2）网络安全技术。

① 防火墙（Firewall）技术。

防火墙的定义：防火墙指的是一个由软件和硬件设备组合而成、在内部网和外部网之间、专用网与公共网之间的界面上构造的保护屏障，如图 6.45 所示。

图 6.45 防火墙在 Internet 与内部网中的位置

防火墙的基本功能有包过滤和代理服务。包（分组）过滤是防火墙最基本的实现形式，即在网络层中对所传递的数据进行有选择的放行。代理服务就是指定一台有访问 Internet 能力的主机作为网络中客户端的代理，去与 Internet 中的主机进行通信。

防火墙作为网络安全的屏障，可以强化网络安全策略，对网络存取和访问进行监控审计，防止内部信息的外泄，还可以支持具有 Internet 服务特性的企业内部网络技术体系的虚拟专用网。

② 虚拟专用网（VPN）技术。

虚拟专用网（Virtual Private Network）指的是依靠 ISP（Internet 服务提供商）和其他 NSP

（网络服务提供商），在公用网络中建立专用的数据通信网络的技术。在虚拟专用网中，任意两个节点之间的连接并没有传统专用网所需的端到端的物理链路，而是利用某种公众网的资源动态组成的。IETF 草案理解基于 IP 的 VPN 为“使用 IP 机制仿真出一个私有的广域网”，它是通过私有的隧道技术在公共数据网络上仿真一条点到点的专线技术。所谓虚拟，是指用户不再需要拥有实际的长途数据线路，而是使用 Internet 公众数据网络的长途数据线路。所谓专用网络，是指用户可以为自己制定一个最符合自己需求的网络。

虚拟专用网的功能：通过一个公用网络（通常是 Internet）建立一个临时的、安全的连接，它是一条穿过混乱的公用网络的安全、稳定的隧道。简而言之，VPN 的核心就是在利用公共网络建立虚拟私有网。

2. 数据安全技术

除了对计算机网络系统和计算机自身系统方面的安全保障，对数据进行加密，是保证数据安全最有效的方法之一。

（1）数据加密技术。

数据加密技术是一种用于信息保密的技术，它防止信息的非授权用户使用信息。其基本思想是通过变换信息的表示形式来伪装需要保护的敏感信息，使非授权用户不能看到被保护的信息内容。

（2）数据加密算法。

主要分为对称加密法和非对称加密法。

① 对称加密算法。其代表是 DES 算法，DES（Date Encryption Standard）是一种著名的分组密码对称式加密算法。它是由 IBM 公司开发的，在 1977 年被美国政府正式采纳，是使用最广泛的密钥系统之一。对称加密算法的特点：加密密钥与解密密钥都是相同的或等价的，加密算法比较简便、高效，密钥简短，破译困难。但是，密钥管理是其需要注意的关键。

② 非对称加密算法。其代表是 RSA 算法，RSA 是第一个既能用于数据加密，也能用于数字签名的算法。它易于理解和操作，也很流行。算法的名字以发明者的名字命名（RonalD. L. Rivest、Adi Shamir 和 Leonard Adleman）。非对称加密算法的特点是：收信方和发信方使用密钥各不相同，它由用于加密的公开密钥和用于解密的私有密钥组成，具有很高的安全性。

提示：个人应重视计算机及网络应用中的密码设置，采用如中英文、大小写、特殊键和特殊字符，甚至复合键的方式来设置密码，可以有效提高信息的安全性。

6.3.3　计算机信息安全法规

1. 有关计算机信息系统安全的法规

（1）1994 年国务院颁布施行的《中华人民共和国计算机信息系统安全保护条例》。

（2）1996 年国务院颁布施行的《中华人民共和国计算机信息网络国际联网管理暂行规定》。

（3）1996 年中华人民共和国公安部发布的《公安部关于对国际联网的计算机信息系统进行备案工作的通知》。

（4）1997 年中华人民共和国公安部发布的《中华人民共和国计算机信息网络国际联网安全保护管理办法》。

（5）2000 年国家保密局发布的《计算机信息系统国际联网保密管理规定》。

（6）中华人民共和国原邮电部发布的《计算机信息网络国际联网出入口信道管理办法》和《中国公共计算机互联网国际联网管理办法》。

（7）1997 年 10 月 10 日实施的新《刑法》中，特别增加了一些利用计算机犯罪的有关条款。

2. 有关知识产权的法规

（1）中华人民共和国第七届全国人民代表大会常务委员会 1990 年 9 月 7 日通过、1991 年 6 月 1 日施行的《中华人民共和国著作权法》。

（2）1991 年 10 月 11 日实施的《计算机软件保护条例》。

（3）1994 年 7 月 5 日实施的《全国人民代表大会常务委员会关于惩治著作权的犯罪的决定》。

提示：《中华人民共和国著作权法》明确规定计算机软件作为九大类作品的一类受到该法保护；《刑法》中明确指出制作和施放计算机病毒，破坏计算机信息系统安全，也是一种犯罪行为。

6.3.4 计算机病毒与防治

1. 计算机病毒的定义

在《中华人民共和国计算机信息系统安全保护条例》中第二十八条明确指出，“计算机病毒是指编制或者在计算机程序中插入的破坏计算机功能或者破坏数据，影响计算机使用并且能够自我复制的一组计算机指令或程序代码”。

2. 计算机病毒的特点

当前流行的计算机病毒主要由三个模块组成：病毒安装模块、病毒传染模块、病毒激发模块。病毒程序的组成决定了病毒具有以下特点：

（1）传染性。传染性是计算机病毒最重要的特点，是判断一段程序代码是否为计算机病毒的依据。病毒程序一旦入侵计算机系统便开始搜索可以传染的程序或者磁介质，然后通过复制迅速传播。而在计算机网络中用户带病毒操作时，病毒传播速度更快。

（2）隐藏性。计算机病毒是一种特制的短小精悍的可执行程序，通常黏附在正常程序之中，或隐藏在内存和其他不易被察觉的区域。

（3）潜伏性。计算机病毒具有依附于其他媒体而寄生的能力，依靠这种寄生能力，病毒可以不立即发作，在用户未察觉的情况下进行传染。而病毒的潜伏性越好，它在系统中存在的时间也就越长，其传染的范围也将越广，而危害性也就越大。

（4）可激发性。计算机病毒一般都有一个或几个激发条件，激发的本质是一种条件的控制，病毒程序根据病毒制作者的设定，在一特定条件下实施攻击。这个条件可以是一个日期、一个特定字符的出现、一个特定的文件，甚至是病毒内置一个计算器达到一定的次数等。

（5）破坏性。计算机病毒的主要目的就是破坏计算机系统，影响系统的正常运行，使资源被破坏或窃取，甚至导致系统崩溃、数据丢失等。这也正体现了病毒设计的真正意图。

3. 计算机病毒的分类

依据不同的分类标准，计算机病毒可以分为以下几类：

（1）按破坏性分类。

① 良性病毒。良性病毒一般不会彻底破坏系统和数据，但会大量占用 CPU 时间，增加系统开销，降低系统工作效率。这种病毒多是恶作剧者的产物。

② 恶性病毒。恶性病毒会破坏系统或数据，造成计算机系统瘫痪。从恶性病毒的破坏程度又可以分为恶性病毒、极恶性病毒和灾难性病毒三个等级。

（2）按传染方式分类。

① 引导型病毒。引导型病毒是指寄生在磁盘引导区或主引导区的计算机病毒。此类病毒利用系统引导时，不对主引导区的内容正确与否进行判别，在系统引导过程中侵入系统，驻留内存，监视系统运行，伺机传染和破坏。

② 文件型病毒。文件型病毒指能够寄生在文件中的计算机病毒。这类病毒感染可执行文件或数据文件。

③ 混合型病毒。混合型病毒是具有引导型病毒和文件型病毒寄生方式的计算机病毒。

（3）按计算机病毒入侵的途径分类。

① 源码型病毒。这类病毒攻击高级语言编写的程序，在高级语言编写过程中插入到源程序中，经编译成为合法程序的一部分。

② 入侵型病毒。这类病毒将自身嵌入到正常的程序中，把计算机病毒的主体程序与其攻击对象插入的方式链接。

③ 外壳型病毒。这类病毒将自身包围在主程序的开头或结尾，而不修改原来的程序，如同给正常的程序加了一个外壳。

④ 操作系统型病毒。这类病毒可以将自身部分加入或替代操作系统的部分功能进行工作，具有很强的破坏力。

（4）按特有的算法分类。

① 伴随型病毒。这一类病毒并不改变文件本身，它们根据算法产生.EXE 文件的伴随体，具有同样的名字和不同的扩展名（.COM）。例如，XCOPY.EXE 的伴随体是 XCOPY.COM。病毒把自身写入.COM 文件并不改变 EXE 文件，当 DOS 加载文件时，伴随体优先被执行，再由伴随体加载执行原来的 EXE 文件。

②“蠕虫”型病毒。与一般病毒不同，蠕虫病毒不需要将其自身附着到宿主程序，它是一种独立智能程序。通过计算机网络传播，不改变文件和资料信息，利用网络从一台机器的内存传播到其他机器的内存。有时它们在系统中存在，一般不占用内存。

③ 寄生型病毒。除了伴随型和“蠕虫”型，其他病毒均可称为寄生型病毒，它们依附在系统的引导扇区或文件中，通过系统的功能进行传播。

其他的病毒类型还有练习型病毒、诡秘型病毒、变型病毒（又称幽灵病毒）等。

4. 计算机病毒的传染途径

（1）通过软盘、光盘、U 盘和移动硬盘传染；

（2）通过硬盘传染；

（3）通过网络传染。

其中，网络传染已成为最主要的、最快速的传染途径。而网络中发送带病毒的电子邮件是网络传染中一种重要的形式。

5. 计算机病毒防治

（1）计算机抗病毒技术。

计算机抗病毒技术有两类，即抗病毒硬件技术和抗病毒软件技术。

① 抗病毒硬件技术的代表是防病毒卡。其优点是自我保护能力强，因为病毒大部分都是针对计算机软件的；但缺点是升级周期比较长。

② 抗病毒软件技术的代表是反病毒软件。其优点是升级方便、成本低、操作简便；缺点是由于其本身也是一个软件，易受病毒程序的攻击。

（2）日常防范计算机病毒措施。

① 安装反病毒软件。安装反病毒软件如同给计算机配上一把利剑，从而增强计算机清除病毒的能力。

② 安装并开启防火墙。安装并开启防火墙如同给计算机加上一副盾牌，从而增强计算机的自我防护能力。防火墙的审核机制可以有效过滤非法入侵，是抵御病毒的第一道防线。单纯具有杀毒功能的软件只能针对已感染的病毒进行查杀，而将病毒抵挡在计算机外才是避免损失的上策。

③ 及时修补系统漏洞。这如同给防御的铠甲进行定期检查和维修。由于各种原因，计算机的操作系统和应用软件本身会有一些漏洞，从而给病毒或黑客以可乘之机。因此，通过反病毒软件、操作系统或应用软件制作方，定期更新和下载补丁或升级程序，可以及时修复存在的安全隐患。

④ 规范移动存储器的使用。使用 U 盘、移动硬盘等移动存储器时，尽可能避免接触可能存在安全隐患的计算机设备。随着计算机病毒问题的日益严重，在可能无法杜绝不安全的计算机设备时，应规范移动存储器的使用流程，在接入移动存储器时先通过反病毒软件的查杀后再使用，以最大程度地避免计算机通过移动存储器感染到病毒。

⑤ 提高密码设置的等级。在计算机系统账户和网络应用软件的账户密码设置时，应避免使用过于简单的密码。尽可能避免使用系统自动记忆密码的功能。如果有可能，应定期更换密码，如一个月或半年更换一次。

⑥ 定期备份重要数据。对于重要的程序、数据进行定期的备份，有条件的还应该考虑备份到其他计算机设备上，以便在遭到严重破坏时将损失降到最低程度。

⑦ 关闭不必要的共享设置。共享设置本身就存在着一定的安全隐患，因此在共享文件夹设置时应以“只读”权限为宜，而共享结束后及时关闭共享设置。此外，应避免共享整个硬盘或系统盘，那样可能会造成极严重的后果。

⑧ 避免浏览非法网站和不安全的下载操作。许多病毒、木马和间谍软件都来自于黑客网站和色情网站；如需要通过网站获取共享程序和软件，应到信誉比较好的网站；对于来历不明的电子邮件和附件，也应该避免打开或下载。

（3）常见的反病毒软件简介。

国内著名的反病毒软件有瑞星、江民、金山毒霸、奇虎 360 等，国外的则有诺顿（Norton AntiVirus）、卡巴斯基（Kaspersky Anti-Virus）、迈克菲（McAfee VirusScan）等。每种反病毒软件都有着各自的特点与长处，而且更新较快。新技术与新服务不断出现，在此不作赘述，具体可以通过表 6.6 所示的官方网站查阅。

表 6.6　国内外主要反病毒软件官方网站和产品简介地址

反病毒软件制作者	官方网站地址	反病毒软件产品地址
瑞星 （北京瑞星信息技术有限公司）	www.rising.com.cn	pC. rising.com.cn
金山毒霸 （金山软件股份有限公司）	www.kingsoft.com	www.dubA. net
江民 （北京江民新科技术有限公司）	www.jiangmin.com	dl.jiangmin.com
奇虎 360 （北京奇虎科技有限公司）	www.360.cn	www.360.cn
诺顿 （Symantec 赛门铁克公司）	www.symanteC. com/zh/cn （中国站）	www.symanteC. com/zh/cn/ norton/products/index.jsp
卡巴斯基 （Kaspersky 卡巴斯基公司）	www.kaspersky.com.cn （中国站）	www.kaspersky.com.cn/KL-Produc ts.htm
迈克菲 （McAfee 迈克菲公司）	www.mcafee.com/cn （中国站）	home.mcafee.com/Default.aspx

值得一提的是奇虎 360 公司提供的反病毒软件组合，因为该软件的提供者宣称永久免费，因此可以作为普通家庭用户或小型企业计算机的防护选择之一。

提示：关于 360 杀毒组合套装（360 安全卫士+360 杀毒）

① 360 安全卫士是当前功能强、效果好、受用户欢迎的上网必备安全软件之一。不但永久免费，还独家提供多款著名杀毒软件的免费版。由于使用方便，用户口碑好，目前在 3 亿多中国网民中，首选安装 360 安全卫士的已超过 2.5 亿。目前，木马威胁之大已远超病毒，360 安全卫士运用云安全技术，在杀木马、防盗号、保护网银和游戏的账号密码安全、防止电脑变肉鸡等方面表现出色，被誉为“防范木马的第一选择”。360 安全卫士自身非常轻巧，查杀速度比传统的杀毒软件快 10 倍以上；同时还优化系统性能，可大大加快电脑运行速度。

② 360 杀毒无缝整合了国际知名的 BitDefender 病毒查杀引擎，以及 360 安全中心潜心研发的木马云查杀引擎。双引擎的机制拥有完善的病毒防护体系，不但查杀能力出色，而且对于新产生的病毒木马能够第一时间进行防御。360 杀毒完全免费，无需激活码，误杀率远远低于其他杀毒软件，能为电脑提供全面保护。

知识拓展

1. 木　马

特洛伊木马病毒。特洛伊木马（Trojan）这个名字来源于古希腊传说（荷马史诗中木马计的故事，Trojan 一词的本意是特洛伊的，即代指特洛伊木马，也就是木马计的故事）。

“木马”程序是目前比较流行的病毒文件，与一般的病毒不同，它不会自我繁殖，也并不“刻意”地去感染其他文件，它通过将自身伪装吸引用户下载执行，向施种木马者提供打开被种者电脑的门户，使施种者任意毁坏、窃取被种者的文件，甚至远程操控被种者的电脑。“木马”与计算机网络中常常要用到的远程控制软件有些相似，但由于远程控制软件是“善意”

的控制，因此通常不具有隐蔽性；“木马”则完全相反，木马要达到的是“偷窃”性的远程控制，如果没有很强的隐蔽性的话，那就是“毫无价值”的。

2. 网页挂马

网页挂马指的是把一个木马程序上传到一个网站里面，然后用木马生成器生一个网马，再上传到空间里面，再加代码使得木马在打开网页时运行。挂马最大的危害就是被黑客盗取账户等重要的用户个人信息和资料。

归纳小结

提升计算机网络的信息安全，要从管理、技术、设备等多角度去构建。这是一个系统工程，要从规划、采购、建设和使用等多个环节去全方位地开展工作。而作为一名网络终端使用者，更多的是要保障个人计算机的安全性，主要从计算机维护和个人操作规范两个角度去实现。在本节任务部分，小王要做的正是计算机维护。常用的维护工作包括了安装反病毒软件、设置反病毒软件（如防火墙设置）、定期通过反病毒软件检测计算机并采取相应的措施（如查杀病毒、查杀木马、清理插件、修复漏洞、修复 IE 等），还可以对系统中安装的其他应用软件进行升级检测，以提高软件本身的安全性。此外，个人在使用计算机浏览网站、使用移动存储器时要注意正确的操作。

强化练习

填空题

1. 计算机信息安全技术分为两个层次，第一层次是______________；第二层次是__________。

2. ________年国务院颁布施行的《中华人民共和国计算机信息系统安全保护条例》。

3. 中华人民共和国第七届全国人民代表大会常务委员会_____年 9 月 7 日通过、_____年 6 月 1 日施行的《中华人民共和国著作权法》，明确规定___________作为九大类作品的一类受到该法保护。

4. 计算机病毒是指编制或者在计算机程序中插入的_____________或者__________，影响计算机使用并且能够_______________的一组__________________。

5. 病毒的特点是：_________、_________、_________、_________和_________。

6. 计算机抗病毒技术分为_______________技术和_______________技术。

7. 防病毒卡的优点是：安全性____，缺点是：升级_____；反病毒软件的优点是：升级____、操作_____，缺点是：安全性_____。

8. 按照病毒的破坏程度，可分为两类病毒，分别是：___________和____________。

9. 文件型病毒传染的对象主要是_________类文件。

10. 目前计算机病毒传染最快的途径是通过___________传染。

项目总结

本项目通过三个工作任务的完成，要求了解计算机网络的概念、功能和分类，了解 Internet 的基本概念和主要的网络应用，学习计算机信息安全管理方面的知识。掌握网络连接及网络资源共享的基本操作，主要包括了解常见的网络连接设备、掌握最基本的网络软件操作方法；掌握 Internet 的接入方式，以及 Internet 中的主要应用，包括 IE 浏览器的使用、网页的保存和网页图片的保存、申请免费电子邮箱和收发电子邮件，以及通过 Outlook Express 软件管理电子邮件。重点是计算机 TCP/IP 协议的设置、网页和网页图片的保存、通过 OE 收发电子邮件等。

设计性实训

利用 QQ 交流和宣传。创建自己的 QQ 空间，上传照片和编写日志，向网友和同学介绍自己的生活和学习以及自己对人生、对社会、对未来的美好憧憬，在 QQ 空间中对网友的留言及时认真回复，在 QQ 论坛和网友讨论问题并发帖跟帖。用 QQ 组织一个有几人参与的小型网络同学聚会，同学之间可进行视频、音频聊天，将各自收集的音乐、电影通过 QQ 的文件传输与同学分享。

练习与提高

百度搜索工具的应用

关于百度搜索（度娘）的应用与依赖感是当今使用计算机、手机等工具的人们查询资料的首选，但是有很多的应用技巧却鲜为人知。也许是因为太“技术”了，所以很少有人去使用，现在就分享一些百度搜索支持的高级搜索指令以便大家更好地使用搜索服务，而不是去搜“广告”。

（1）intitle 搜索范围限定在网页标题。

网页标题通常是对网页内容提纲挈领式的归纳。把查询内容范围限定在网页标题中，有时能获得良好的效果。intitle:和后面的关键词之间不要有空格。

试一试，在百度中输入:职业教育 intitle:陕西。

（2）site 搜索范围限定在特定站点中。

您如果知道某个站点中有自己需要找的东西，就可以把搜索范围限定在这个站点中，提高查询效率。

例如百度输入：百度影音 site:

“site:”后面跟的站点域名，不要带“http://”。site:和站点名之间，不要带空格。

（3）inurl 搜索范围限定在 url 链接中。

网页 url 中的某些信息，常常有某种有价值的含义。您如果对搜索结果的 url 做某种限定，可以获得良好的效果。

例如百度输入：ps 视频教程 inurl:video

查询词“auto 视频教程”是可以出现在网页的任何位置，而“video”则必须出现在网页url 中。

（4）双引号“”和书名号《》精确匹配。

查询词加上双引号“”则表示查询词不能被拆分，在搜索结果中必须完整出现，可以对查询词精确匹配。如果不加双引号“”经过百度分析后可能会拆分。

查询词加上书名号《》有两层特殊功能：一是书名号会出现在搜索结果中；二是被书名号扩起来的内容，不会被拆分。书名号在某些情况下特别有效果，比如查询词为手机，如果不加书名号在很多情况下出来的是通讯工具手机，而加上书名号后，《手机》结果就都是关于电影方面的了。

（5）－不含特定查询词。

查询词用减号－语法可以帮您在搜索结果中排除包含特定关键词的所有网页。

例如百度输入：电影 －qvod

查询词“电影”在搜索结果中，“qvod”被排除在搜索结果中。

（6）+包含特定查询词。

查询词用加号+语法可以帮您在搜索结果中必须包含特定关键词的所有网页。

例如百度输入：电影 +qvod

查询词“电影”在搜索结果中，“qvod”被必须包含在搜索结果中。

（7）Filetype 搜索范围限定在指定文档格式中。

查询词用 Filetype 语法可以限定查询词出现在指定的文档中，支持文档格式有 pdf，doc，xls，ppt，rtf，all(所有上面的文档格式)。这对于找文档资料相当有帮助。

例如百度输入：photoshop 实用技巧 filetype:doc

（8）百度高级搜索页面。

通过访问高级搜索网址，百度高级搜索页面将上面的所有的高级语法集成，用户不需要记忆语法，只需要填写查询词和选择相关选项就能完成复杂的语法搜索。

运用搜索指令不看推广广告案例。

例如：搜索“注册会计师考试”，你一定会发现一堆讨厌的广告!!

试试这么做：搜索“注册会计师考试－推广－推广链接”，对比一下就会发现，多年前的互联网体验，又回来了！

这样其实是从结果中去除“推广”和“推广链接”字样，就可以获得相对的自然的搜索结果了。

（9）保护自己的搜索隐私。

怎么告诉百度，不要追踪我的浏览记录？

浏览器的 Cookie 会带来隐私泄露的问题，其实百度是给了用户不被浏览习惯追踪的选择权的，只是藏得比较深，你可能从来都不知道……

你可以这样设置：“百度首页”→“使用百度前必读”→“隐私权保护声明”→“个性化配置工具设置”→“选择停用”。

巩固练习

选择题

1. 局域网的网络硬件主要包括服务器、工作站、网卡和（　　）。

A. 网络拓扑结构　　B. 计算机

C. 网络传输介质　　D. 网络协议

2. 上 Internet，必须安装的软件是（　　）。

A. C 语言　　B. 数据管理系统　　C. 文字处理系统　　D. TCP/IP 协议

3. WWW 引进了超文本的概念，超文本指的是（　　）。

A. 包含多种文字的文本　　B. 包含图像的文本

C. 包含超链接的文本　　D. 包含多种颜色的文本

4. 网址中的 http 是指（　　）。

A. 超文本传输协议　　B. 文本传输协议

C. 计算机主机名　　D. TCP/IP 协议

5. 电子邮件系统的主要功能是：建立电子邮箱、生成邮件、发送邮件和（　　）。

A. 接收邮件　　B. 处理邮件

C. 修改电子邮箱　　D. 删除邮件

6. 局域网由（　　）统一指挥，提供文件、打印、通信和数据库等服务功能。

A. 网卡　　B. 磁盘操作系统 DOS

C. 网络操作系统　　D. Windows 98

7. 网络服务器是指（　　）。

A. 具有通信功能的 386 或 486 高档微机

B. 32 位总线结构的高档微机

C. 带有大容量硬盘的计算机

D. 为网络提供资源，并对这些资源进行管理的计算机

8. 我国将计算机软件的知识产权列入（　　）权保护范畴。

A. 合同　　B. 技术

C. 软件　　D. 著作

9. 在 Outlook 设置中，代表收件服务器的是（　　）。

A. POP3　　B. SMTP　　C. MIME　　D. X 400

10. FTP 是（　　）。

A. 文件下载　　B. 文件上载

C. 文件复制　　D. 都不是

11. 在电子邮件中，“邮局”一般放在（　　）。

A. 发送方的个人计算机中　　B. ISP 主机中

C. 接送方的个人计算机中　　D. 都不正确

12. WWW 是（　　）。

A. WORLD WIDE WEB　　B. WIDE WORLD WEB

C. WEB WORLD WIDE　　D. WEB WIDE WORLD

13. E-mail 地址（例如：cry@mail.jhptt.zj.cn）中@的含义是（　　）。

A. 非　　B. 和　　C. 或　　D. 在

14. E-mail 地址格式为：usename@hostname，其中 usename 称为（　　）。

A. 用户名　　B. 某网站名　　C. 某网络公司名　　D. 主机域名

15. 下面是某单位的主页的 Web 地址 URL，其中符合 URL 格式的是（　　）。

A. Http//www.jnu.edu.cn　　B. Http:www.jnu.edu.cn

C. Http://www.jnu.edu.cn　　D. Http:/www.jnu.edu.cn

16. 计算机网络的拓扑结构中所谓的“节点”不能是（　　）。

A. 光盘　　B. 计算机

C. 打印机　　D. 路由器

17. 传输速率的单位是 bps，其含义是（　　）。

A. Hytes Per Second　　B. Baud Per Second

C. Bite Per Second　　D. Billion Per Second

18. 网上“黑客”是指（　　）的人。

A. 总在晚上上网　　B. 匿名上网

C. 不花钱上网　　D. 在网上私闯他人计算机系统

19. 在下列传输中，抗干扰能力最强的是（　　）。

A. 微波　　B. 光纤　　C. 同轴电缆　　D. 双绞线

20. 局域网的网络软件主要包括（　　）。

A. 网络操作系统，网络数据库管理系统和网络应用软件

B. 服务器操作系统，网络数据库管理系统和网络应用软件

C. 网络数据库管理系统和工作站软件

D. 网络传输协议和网络应用软件

21. 计算机病毒主要对（　　）造成损坏。

A. 磁盘驱动器　　B. 磁盘及其中的程序和数据

C. 程序和数据　　D. 磁盘

22. 发现计算机病毒后，比较彻底的清除方法是（　　）。

A. 用查毒软件处理　　B. 用杀毒软件处理

C. 删除磁盘文件　　D. 格式化磁盘

23. 计算机病毒的传染途径有多种，其中危害最大的传染途径是（　　）。

A. 通过软盘传染　　B. 通过硬盘传染

C. 通过网络传染　　D. 通过光盘传染

24. 在使用杀毒软件之前，必须首先（　　）。

A. 把硬盘上的文件全部删除　　B. 对硬盘进行格式化

C. 修改计算机的日期.　　D. 使用干净无毒的启动盘启动计算机

25. 计算机信息系统的脆弱性表现在（　　）等方面。

A. 硬件、软件、数据　　B. 数据输入、数据输出、数据处理

C. 程序、数据　　D. 操作系统、应用程序

26. 以下的论述中，正确的说法是（　　）。

A. 所有软件都可以自由复制和传播

B. 软件没有著作权，不受法律保护

C. 应当使用自己花钱买来的软件

D. 受法律保护的计算机软件不能随便复制

27. 计算机病毒是一种（　　）。

A. 人为制造出来的具有破坏性的程序

B. 计算机自身产生的软、硬件故障

C. 由于使用计算机内数据存放不当而产生的软、硬件故障

D. 由于使用计算机的方法不当而产生的软、硬件故障

28. 在下列四项中，不属于计算机病毒特征的是（　　）。

A. 潜伏性　　B. 可激活性

C. 传播性　　D. 免疫性

29. 下面关于计算机病毒的两种论断：① 计算机病毒也是一种程序，它在某些条件下激活，起干扰破坏作用，并能传染到其他程序中去。② 计算机病毒只会破坏磁盘上的数据。经判断（　　）。

A. ①②正确　　B. ①②都不正确

C. 只有①正确　　D. 只有②正确

30. 目前使用的防病毒软件的作用（　　）。

A. 清除已感染的任何病毒　　B. 查出并清除任何病毒

C. 查出任何已感染的病毒　　D. 查出已知的病毒，清除部分病毒

31. 防止计算机软盘感染病毒的有效方法是（　　）。

A. 有毒软盘与无毒软盘应分开放　　B. 用杀毒软件杀除病毒

C. 用清洗盘进行清洗　　D. 打开写保护口

32. Internet 的前身是美国国防部资助建成的（　　）网。

A. ARPA　　B. TelNet

C. UNIX　　D. Intranet

阅读资料

Internet Explorer 以外的常用浏览器简介

除 IE 以外的常用浏览器，如 Maxthon、GreenBrowser、搜狗浏览器、360 浏览器、腾讯 TT、The Word（世界之窗）等都是目前较受欢迎的浏览器。值得一提的是，根据与欧盟达成的协议，微软取消了 Windows 对 IE 的捆绑，开始向欧洲 Windows XP、Vista 和 Windows 7 用户提供浏览器选择界面（ballot screen），下面介绍几款在国内接触较多的浏览器。

1. 傲游浏览器（Maxthon Browser）

傲游浏览器是一款基于 IE 内核的、多功能、个性化、多标签浏览器。它允许在同一窗口内打开任意多个页面，减少浏览器对系统资源的占用率，提高网上冲浪的效率。同时，它又能有效防止恶意插件，阻止各种弹出式、浮动式广告，加强网上浏览的安全。Maxthon Browser 支持各种外挂工具及 IE 插件，使用户在 Maxthon Browser 中可以充分利用所有的网上资源。

2. 搜狗浏览器

搜狗浏览器即“搜狗高速浏览器”，是首款给网络加速的浏览器，可明显提升公网教育网互访速度 2～5 倍，通过业界首创的防假死技术，使浏览器运行快捷流畅且不卡不死，具有自动网络收藏夹、独立播放网页视频、Flash 游戏提取操作等多项特色功能，并且兼容大部分用户使用习惯，支持多标签浏览、鼠标手势、隐私保护、广告过滤等主流功能。

3. 360 安全浏览器

360 安全浏览器（360SE）拥有全国最大的恶意网址库，采用恶意网址拦截技术，可自动拦截挂马、欺诈、网银仿冒等恶意网址。独创沙箱技术，在隔离模式即使访问木马也不会感染。除了在安全方面的特性，360 安全浏览器在速度、资源占用、防假死不崩溃等基础特性上表现同样优异，在功能方面拥有翻译、截图、鼠标手势、广告过滤等几十种实用功能。

附录:

国家信息化计算机教育认证办公自动化理论模拟试题

第一部分　必答模块

必答模块 1: 基础知识（每项目 1.5 分，14 项，共 21 分）

一、计算机的发展阶段通常是按计算机采用的__1__来划分的。按照冯·诺依曼的设计思想，计算机的硬件系统应由：运算器、存储器、输入设备、输出设备和__2__五大部分组成。软件系统应由__3__组成。下列__4__软件不属于同一类软件

1. A.内存容量　B. 电子器件　C. 程序设计语言　D. 操作系统

2. A.控制器　B. 显示器　C. 磁盘驱动器　D. 鼠标器

3. A. 程序和数据　B. 操作系统和计算机语言
   C. 系统软件和应用软件　D. DOS 和 Windows

4. A. DOS　B. Windows　C. Unix　D. Word

二、CPU 由运算器和__5__组成，它的两个重要性能指标是字长和__6__。若一台计算机的字长为 4 个字节，这意味着它__7__。在选购 PC 机时，常可以听到"PII/450"其中，"450"的含义是__8__。

5. A. RAM　B. ROM　C. 控制器　D. 主板

6. A. 主频　B. 运算速度　C. 控制能力　D. 内存容量

7. A. 能处理的数值最大为 2 位十进制数 99
   B. 在 CPU 中作为一个整体同时加以传送和处理的数据是 32 位的二进制代码串
   C. 能处理的字符串最多为 2 个英文字母组成
   D. 在 CPU 中运行的结果最大为 2 的 16 次方

8. A. 内存容量　B. 运算速度　C. 字长　D. CPU 的时钟频率

三、你认为最能准确反映计算机主要功能的表述是__9__。计算机的应用范围广、自动化程度高是由于__10__。

9. A. 计算机可以代替人的脑力劳动　B. 计算机可以存储大量信息
   C. 计算机是一种信息处理　D. 计算机可以实现高速运算

10. A. 设计先进，元件质量高　B. CPU 速度快
    C. 内部采用二进制方式工作　D. 采用程序控制工作方式

四、对于硬盘驱动器，__11__说法是错误的。CAD 的含义是__12__。

11. A. 内部封装刚性硬盘，不会破碎，搬运时不必像显示器那样注意避免震动
    B. 耐震性差，要避免震动
    C. 内部封装多张盘片，存储容量比软盘大得多
    D. 不易损坏，数据可永久保存

12. A. 计算机科学计算　B. 办公自动化　C. 计算机辅助设计　D. 管理信息系统

五、计算机外部设备的功能是__13__。微机与外部交换信息通过__14__进行。

13. A. 把信息以各种形式方便地输入计算机，进行处理后存储在计算机内
    B. 把信息以各种形式从计算机输出
    C. 把图像以各种方式输入计算机
    D. 把信息以各种形式方便地输入计算机，或以各种形式输出，或二者兼备

14. A. 键盘　B. 输入输出设备　C. 显示器　D. 鼠标

必答模块 2：操作系统（每项目 1.5 分，14 项，共 21 分）

一、Windows 操作系统是一个__15__操作系统。以下是关于操作系统的描述，不正确的是__16__。

15. A. 单用户单任务　B. 单用户多任务　C. 多用户多任务　D. 多用户单任务

16. A. 操作系统是最基本的系统软件
    B. 操作系统直接运行在裸机之上，是对计算机硬件系统的第一次扩充
    C. 操作系统与用户对话的界面必定是图形界面
    D. 用户程序必须在操作系统的支持下才能运行

二、在 Windows 中，文件名中不合法的是__17__。在 Windows 中，操作具有__18__的特点。关于任务栏的叙述，错误的是__19__。

17. A. system.2000.txt　B. 中国广西.doc　C. A< >b　D. abc.doc

18. A. 先选择操作命令，再选择操作对象　B. 先选择操作对象，再选择操作命令
    C. 需同时选择操作命令和操作对象　D. 允许用户任意选择

19. A. 任务栏的位置和大小均可以改变
    B. 快速启动栏中的按钮可以添加或删除
    C. 已打开的窗口以按钮的形式显示于任务栏中
    D. 不能隐藏任务栏

三、在“我的电脑”，不可以做的操作是__20__。一个带有通配符的文件名“F*.?”可以代表的文件是__21__。Windows 的文件夹中不可存放__22__。

20. A. 格式化硬盘　B. 对磁盘进行全盘复制
    C. 不通过“控制面板”直接添加打印机　D. 对文件进行查找

21. A. F.COM　B. FABC.TXT　C. FA.C　D. FF.EXE

22. A. 文件　B. 多个文件　C. 文件夹　D. 字符

四、剪贴板是__23__中的一个区域，用于临时存放数据，若在某一文档中连续进行了多次复制操作，并关闭了系统，再次启动 Windows 系统后，“剪贴板”中存放的是__24__。

23. A.内存　B.显示存储器　C.应用程序　D.硬盘

24. A.空白　B.所有复制过的内容

C.最后一次复制的内容　　D. 第一次复制的内容

五、在 Windows 的“资源管理器”窗口中，单击目录树窗口中的一个文件夹，则__25__。在“资源管理器”的窗口内不能实现的操作是__26__。

25. A. 删除文件夹　　B. 创建文件夹
C. 弹出对话框　　D. 选定当前文件夹，显示其内容

26. A. 同时显示出几个磁盘各自的树形文件夹结构
B. 同时显示出某个磁盘中几个文件夹各自下属的子文件夹树形结构
C. 同时显示出几个文件夹各自下属的所有文件名
D. 显示出文件夹下属的所有文件简要列表或详细情况

六、在 Windows 中，屏幕保护程序的作用是__27__。通过“显示属性”对话框不可以完成的操作是__28__。

27. A.保护用户的眼睛　　B. 保护用户的身体
C. 保护计算机系统的显示器　　D. 保护整个计算机系统

28. A. 设置桌面背景　　B. 设置屏幕保护程序
C. 设置屏幕分辨率　　D. 更改桌面上图标的排列

必答模块 3：字表处理（每项目 1.5 分，12 项，共 18 分）

一、在计算机中汉字按__29__编码。汉字信息处理过程分为汉字输入、__30__和输出 3 个阶段。

29. A.国标码　　B. ASCII 码　　C. 二进制码　　D. 区位码

30. A. 信息输入　　B. 加工处理　　C. 打印　　D. 输出

二、Word 是一种__31__软件。在 Word 中，新文档默认的文件主名是__32__。

31. A. 图形处理　　B. 表格处理
C. 具有文字、图形混合排版功能的文字处理　　D. 数据库处理

32. A. 系统自动以用户输入的前 8 个字符作为文件主名。
B. 自动命名为“BOOK”。
C. 自动命名为“文档 1”或“文档 2”等。
D. 没有文件主名。

三、把 Word 文档的标准字符间距加宽的正确操作命令是__33__。如果要在文档中插入页码，执行__34__命令。在 Word 文档中，要把多处同样的文字内容更正为另外的文字，一次操作就能完成的方法是__35__。

33. A. 在字间加入空格
B. 选择“格式”菜单中的“字体”命令
C. 选择“插入”菜单中的“符号”命令
D. 选择“工具”菜单中的“自定义”命令

34. A.“插入”菜单中的“页码”
B.“插入”菜单中的“符号”
C.“格式”菜单中的“段落”
D.“格式” 菜单中的“样式”

35. A. 使用“撤销”与“恢复”命令

B. 使用“编辑”菜单中的“替换”命令

C. 使用“工具”菜单申的“修订”命令

D. 用插入光标逐处查找，先删除错误文字，再输入正确文字

四、Excel 启动后默认的文件类型是__36__。在 Excel 中最多可创建__37__个工作表。

36. A..BMP　　B.. XLS　　C..TXT　　D..XLM

37. A.254　　B. 256　　C. 16　　D. 255

五、在 Excel 中，为了输入一批有规律的递减数据，在使用填充柄实现时，应先选中__38__。若单元格 Al，Bl，Cl，Dl 中的数据分别为 5，6，7，3，则公式=SUM(Al:Cl)/D1 的结果为__39__。在 Excel 中，要查找数据清单中的内容，可以通过筛选功能，__40__符合指定条件的数据行。

38. A. 有关系的相邻区域　　B. 任意有值的一个单元格

C.不相邻的区域　　D. 不要选择任意区域

39. A. 6　　B. 4　　C. 9　　D. 18

40. A. 部分隐藏　　B. 只隐藏　　C. 部分显示　　D. 只显示

必答模块 4：计算机网络技术（每项目 1.75 分，12 项，共 21 分）

一、Internet 的前身是美国国防部资助建成的__41__网。它的中文译名是__42__。连接到 WWW 页面的协议是: __43__。

41. A. ARPA　　B. Internet　　C. UNIX　　D. TelNet

42. A. 国际网　　B. 校园网　　C. 因特网　　D. 邮电网

43. A. HTML　　B. HTTP　　C. SMTP　　D. DNS

二、计算机网络的构成可分为__44__、网络软件、网络拓扑结构和传输协议。连接 Internet 需用一些专门的硬件设备，比如__45__，通过它能实现数字信号与模拟信号之间的转换。“URL”的意思是__46__。

44. A. 体系结构　　B. 传输介质　　C. 通信设备　　D. 网络硬件

45. A. 网卡　　B. 集线器 HUB　　C. 路由器　　D. 调制解调器 Modem

46. A. 统一资源定位器　　B. Internet 协议

C. 简单邮件传输协议　　D. 传输控制协议

三、病毒产生的原因是__47__。在下列 4 项中，不属于计算机病毒特征的是__48__。下列关于计算机病毒的叙述中，__49__是错误的

47. A. 用户程序有错误　　B. 计算机硬件故障

C. 计算机系统软件有错误　　D. 人为制造

48. A. 潜伏性　　B.可激活性　　C. 传播性　　D.免疫性

49. A. 计算机病毒具有破坏性和传染性　　B. 计算机病毒会破坏计算机的显示器

C. 计算机病毒是一种程序　　D. 杀毒软件并不能杀除所有计算机病毒

四、局域网由__50__统一指挥，提供文件、打印、通信和数据库等服务功能。因特网的地址系统的表示方法有__51__种。IP 地址由__52__个字节组成。

50. A. 网卡　　B. 磁盘操作系统 DOS

C. 网络操作系统　　D. Windows 98

51. A. 1　　B. 2　　C. 3　　D. 4

52. A. 1　　B. 2　　C. 3　　D. 4

第二部分　选答模块

选答模块 1：数据库（每项目 1.9 分，10 项，共 19 分）

一、数据库是按一定的结构和规则组织起来的__53__的集合。数据库的主要特点是__54__。

53. A. 相关数据　B. 无关数据　C. 杂乱无章的数据　D. 排列整齐的数据

54. A. 数据可以共享，数据结构化，数据独立性，统一管理和控制
B. 数据结构化，数据互换性，数据冗余小，统一管理和控制
C. 数据可以共享，数据冗余小，数据独立性，数据的完整性，数据的安全性
D. 数据非结构化，数据独立性，数据冗余小，统一管理和控制

二、建立 Access 数据库有两种方法，分别是__55__。关系数据模型有以下特性：一个二维表中，所有记录的格式、记录的长度、行和列的排列顺序分别__56__。

55. A. 通过输入数据建立数据库，建立和修改表之间的关系
B. 使用设计视图，使用数据库向导
C. 使用数据库向导，创建空数据库
D. 使用表向导，使用表设计器

56. A. 相同、相同、并不重要　B. 相同、相同、不能变更
C. 不相同、不相同、并不重要　D. 不相同、不相同、不能变更

三、在数据库中，定义表结构时，不必定义__57__。基本表字段的数据类型中，没有__58__类型。

57. A. 字段名　B. 数据库名　C. 字段类型　D. 字段长度

58. A. 文本　B. 日期　C. 备注　D. 索引

四、在 Access 数据库中设计好一个查询后，下列操作__59__可以让系统执行查询。数据的筛选可以在表、查询或窗体中进行，可以用四种方法筛选记录：按选定内容筛选、__60__、按窗体筛选、高级筛选/排序。

（1）在查询设计器 (或称查询设计视图)窗口，用鼠标单击工具栏的“运行”按钮。
（2）在数据库窗口中，直接双击某个已设计好的查询图标。

59. A.（1）和（2）都不　B.（1）　C.（2）　D.（1）和（2）都

60. A. 按表筛选　B. 按内容排除筛选　C. 按查询筛选　D. 按应用筛选

五、在两个表之间建立关系，在下列叙述正确的是__61__。创建报表的数据来源不能是__62__。

61. A. 两个表变成了一个表
B. 只要访问其中的任一个表就可以得到两个表的信息
C. 每个表的关键字必须是相同的
D. 两个表至少要有一个同名的字段，这样才能建立关系。

62. A. 任意的　B. 一个由多表创建的查询
C. 一个由单表创建的查询　D. 一个表

选答模块 2：多媒体技术基础（10 项，每项 1.9 分，共 19 分）

一、下列各项中，不属于多媒体技术特点的是__63__，不属于多媒体信息处理的技术的是__64__。

63. A. 多样性　　B. 交互性　　C. 实时性　　D. 兼容性

64. A. 多媒体数据存储技术　　B. 多媒体交互技术
C. 多媒体软件技术　　D. 多媒体通信技术

二、在下列各项中，__65__不属于声音文件的格式。数字音频采样和量化过程中所用的主要硬件是__66__。

65. A. wav　　B.mid　　C.cad　　D.mp3

66.A. 数字编码器
B. 从模拟到数字的转换器（A/D 转换器）
C. 数字解码器
D. 从数字到模拟的转换器（D/A 转换器）

三、计算机能处理的多媒体信息从时效上可以分为__67__和动态媒体两大类。在下列各项中，属于动态媒体的是__68__。

67. A. 静态媒体　　B. 影像媒体　　C. 动画媒体　　D. 数字媒体

68. A. 声音　　B. 文字　　C. 图形　　D. 图像

四、在多媒体计算机中常用的图像输入设备是__69__。

① 数码照相机　② 彩色扫描仪　③ 视频信号数字化仪　④ 彩色摄像机

69.A.仅 ①　　B.①②　　C.①②③　　D.①②③④

五、MIDI 的音乐合成器有__70__。

① FM　② 波表　③ 复音　④ 音轨

70.A.仅 ①　　B.①②　　C.①②③　　D.①②③④

四、PowerPoint 中，在__71__视图中，可以精确设置幻灯片的格式，下面有关复制幻灯片的说法中错误的是__72__。

71. A. 备注页　　B. 浏览　　C. 幻灯片　　D. 黑白

72. A. 可以在演示文稿内使用幻灯片副本
B. 可以使用“复制”和“粘贴”命令
C. 选定幻灯片后选择“插入”菜单中的“幻灯片副本”命令
D. 可以在浏览视图中按住 SHIFT，并拖动幻灯片

五、在 PowerPoint 中，“格式”下拉菜单中的__73__命令可以用来改变某一幻灯片的布局；有关修改图片，下列说法错误的是__74__。

73. A. 背景　　B. 幻灯片版面设置
C. 幻灯片配色方案　　D. 字体

74. A. 裁剪图片是指保持图片的大小不变，而将不希望显示的部分隐藏起来
B. 当需要重新显示被隐藏的部分时，还可以通过“裁剪”工具进行恢复
C. 如果要裁剪图片，单击选定图片，再单击“图片”工具栏中的“裁剪”按钮
D. 按住鼠标右键向图片内部拖动时，可以隐藏图片的部分区域

选答模块 3：信息获取与发布（10 项，每项 1.9 分，共 19 分）

一、关于信息，以下说法不正确的是__75__。下列__76__不属于信息的特性。

75. A. 信息就是指计算机中保存的数据　B. 信息可以影响人们的行为和思维
C. 信息需要通过载体才能传播　D. 信息有多种不同的表示形式

76. A. 可获取性　B.可传输性　C. 可取消性　D. 可存储性

二、网络信息资源的获取途径有很多，下列__77__不是网络信息资源的获取途径。以下__78__不是搜索引擎网站。

77. A. 网页　B. 搜索引擎　C. 虚拟图书馆　D. 网络信息资源数据库

78. A. www.google.com　B. www.baidu.com
C. www.yahoo.com　D. www.bgy.gd.cn

三、网页按其表现形式可分为__79__两种。将制作好的网页上传到网上的过程即是__80__。

79. A. 一般网页和特殊网页　B. 文字网页和图片网页
C. 静态网页和动态网页　D. 以上都不是

80. A. 发布　B. 收集　C. 发送　D. 下传

六、__81__是保存在 Flash 库中可以多次重复使用的元素，它可以是一个静态图形，也可以是一段动画，还可以是一个按钮。淡入、淡出效果使用的动画类型是__82__。

81. A. 图层　B. 帧　C. 面板　D. 元件

82. A. 逐帧动画　B. 动作补间动画　C. 变形补间动画　D. 以上都不是

答　案

1.B　2.A　3.C　4.D　5.C　6.A　7.B　8.D　9.C　10.D　11.A
12.C　13.D　14.B　15.C　16.C　17.C　18.B　19.D　20.C　21.C　22.D
23.A　24.A　25.D　26.C　27.C　28.D　29.C　30.B　31.C　32.C　33.B
34.A　35.B　36.B　37.D　38.A　39.C　40.D　41.A　42.C　43.A　44.D
45.D　46.A　47.D　48.D　49.B　50.C　51.B　52.D　53.A　54.C　55.C
56.A　57.B　58.D　59.D　60.B　61.B　62.A　63.D　64.B　65.C　66.B
67.A　68.A　69.D　70.B　71.C　72.D　73.B　74.D　75.A　76.C　77.A
78.D　79.C　80.A　81.D　82.B

国家信息化计算机教育认证办公自动化实操模拟试题

Word 部分：

问题：

小陈从网上收集了一些台风方面的资料，需要进一步的美化，请你替他完成文档的排版，并制作封面和目录。

数据准备：

参照“了解台风（样例）.pdf”，对“了解台风（素材）.doc”进行排版。

请打开“了解台风（素材）.doc”文件，并另存为“了解台风.doc”，

注意：必须保存在考生文件夹中。

要求如下：

一、页面、属性设置

1. 页面设置：

纸张：16 开；页边距：上、下 2.5 厘米，左、右 3 厘米；版式：页眉页脚：奇偶页不同。

2. 设置文档属性

标题：台风知识多了解

作者：大树

单位： hzvtc

二、应用新样式

新建一个名为“专用”的样式，并将所有绿色的文字设置为“专用”样式。

要求：样式类型为“段落”、样式基于“正文”；后续段落样式为“正文”；“华文行楷”、四号、加粗、居中、1.5 倍行距、大纲级别为 3 级。

三、应用样式

将所有红色的文字设置为“标题 1”样式；将所有蓝色的文字设置为“标题 2”样式。

四、修改样式

按要求修改“标题 1”、“标题 2”样式的字体格式和段落格式。

样式名称	字体格式	段落格式
标题 1	华文彩云；二号；加粗；黑色	段前、段后 20磅；1.75倍行距
标题 2	华文仿宋；三号；加粗；黑色	段前、段后 12磅；1.25倍行距

五、添加多级编号

按要求为“标题 1”、“标题 2”添加多级编号。

样式名称	多级编号
标题 1	**X**、 其中，X的编号样式为：一、二、三、…
标题 2	**X**． 其中，X的编号样式为：1，2，3,…
要求："标题 2"需要重新编号	

六、为文档添加目录

1. 在第 2 行（即文字"目录"）之后，插入目录，目录显示级别为三级。

2. 按下表要求修改"目录 1"、"目录 2"样式。

样式名称	字体格式	段落格式
目录1	黑体、小三	2倍行距
目录2	黑体、小四	1.5倍行距

七、插入分隔符、尾注

1. 插入分节符：将文档按封面、目录和正文各分为一节（总共分为 3 节）。

2. 插入分页符：使"二、台风研究"单独分页（参见样例）。

3. 插入尾注：为第一行标题"了解台风"添加尾注"内容摘自中国台风网"，位置在文档结尾，格式为"i，ii，iii，…"。

八、为文档添加页眉、页脚（页码）

要求如下：

1. 封面页没有页眉、页码。

2. 目录页没有页眉，但有页码，页码位置：底端、右侧，格式为 A，B，C…，起始页码为 A。

3. 正文的页码位置：底端、奇数页右对齐，偶数页左对齐；页码格式为：1，2，3…；起始页码为 1。

4. 从文档正文开始设置页眉。 要求：必须利用"域"完成。

（1） 奇数页页眉：左侧为文档属性中的"标题"，右侧为样式的"标题 1 段落编号+标题 1"；

（2） 偶数页页眉：左侧为样式的"标题 1"， 右侧为样式的"标题 2"。

九、 更新目录

十、 美化文档

1. 制作封面

（1） 将"了解台风"设置为艺术字（艺术字的样式自定）。

（2） 插入图片"tf.jpg"，放置在封面的中部。

（3） 插入竖排文本框，对其边框自行美化。

（4） 在竖排文本框中添加文字"作者"信息（要求：利用"域"完成），放置在封面的下部。

2. 将"目录"这两个字设置为黑体、二号、字间距加宽 10 磅、居中、段后距 2 行。

十一、对照样例，浏览完成排版后的文档，使其与样例效果尽量相同。

Excel 部分：

问题

食堂管理员记录了一周来菜品销售的流水账，方便财务人员进行统计和分析。

要求如下：

一、在“原始销售数据”工作表中，根据给出的数据及批注内的要求，进行如下操作：根据“代号”列，利用 VLOOKUP 函数填写出“菜名”、“价格”列数据；

注意：区域命名必须命名为“张三”。

利用公式计算“金额”；

（1）金额 = 价格 * 数量；

（2）将“价格”和“金额”两列的单元格格式设置为：货币符号 ¥，水平居中。

食堂根据各菜品的销售数量，可以分析出菜品受欢迎程度。请根据“数量”，利用 IF 函数填写“等级”：

其中，数量>=15 的菜品为“受欢迎菜品”；数量>=5 的菜品为“一般菜品”；数量<5 的菜品为“不重要菜品”。

条件格式设置：用黄底红字来突出显示“等级”为“受欢迎菜品”的情况。

二、在“汇总数据”工作表中，根据给出的数据，进行如下操作：

建立数据透视表：

（1）将“菜名”放到行字段，“星期”放到列字段；

（2）将“数量”放到数据区中，汇总方式选择“求和”；

（3）数据透视表显示位置为新工作表，将新建的数据透视表命名为“数据透视表”。

美化“汇总数据”工作表：

（1）首行（字段名行）底纹为绿色，字体为白色；

（2）首行行高为 15，水平、垂直对齐方式均为居中；

（3）冻结首行；

按“类别”对“数量”和“金额”进行分类汇总，汇总方式“求和”，屏蔽明细数据。

利用上面分类汇总的“金额”统计结果，绘制出分离型三维饼图，图表设置如下：

（1）图表类型为：“分离型三维饼图”；

（2）系列产生在“列”；

（3）图表标题：“各类菜品销售情况”；

（4）图例位置：“底部”，数据标志包括：“类别名称”和“百分比”；

（5）图表位置：“作为其中的对象插入”；

（6）图表区域格式的填充效果：“雨后初晴”→“斜上”；

（7）将图表中图表标题字体大小设置为 12，其余所有字体大小设置为 10。

三、在“菜品统计和查询”工作表中，进行如下操作：（10 分）

（1）填写“各类菜品数量统计（星期一）”区域，数量利用 COUNTIF 函数统计。

提示：计数区域仅仅为星期一所在的区域。

（2）实现一周菜品销售查询功能：当选择星期和菜品名称后，能查询到相应的销售数量。

提示：用IF函数、ISERROR函数和VLOOKUP函数完成，查询区域为“数据透视表”中的数据。

PowerPoint 部分

问题：

小王准备要以“打造企业核心竞争力”为题进行一个学术报告的演讲，请你替他完成演示文稿的制作。

要求如下：

一、设置幻灯片版式及幻灯片模板

1. 在所有幻灯片之前插入一张新幻灯片，标题为“打造企业核心竞争力”，并将该幻灯片的版式设置为“标题幻灯片”。

2. 将所有幻灯片的模板应用于“诗情画意.ppt”模板。

3. 选择标题为“3.1 基于公司战略与核心竞争力的胜任能力模型”的幻灯片（即第6张），将该幻灯片拆分成两张幻灯片，并适当调整标题和文本的位置，结果如下图所示。

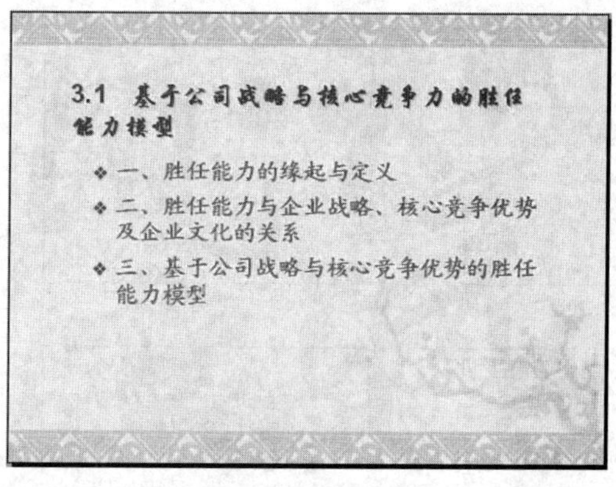

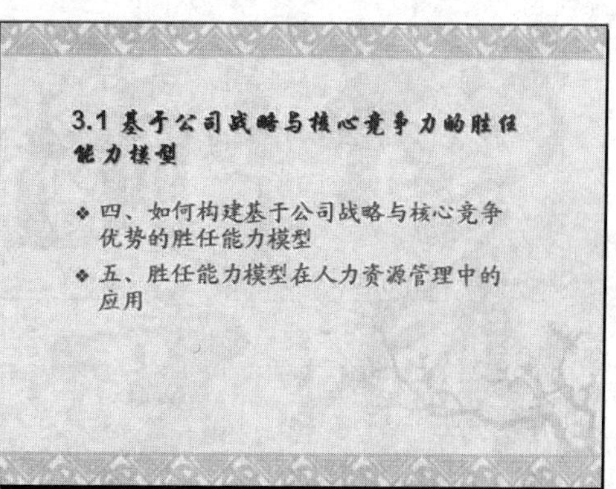

二、设置幻灯片的页眉和页脚，要求如下：

1. 能够自动更新日期时间；

2. 页脚内容为：“打造企业核心竞争力”；

3. 幻灯片具有编号；

4. 标题幻灯片不显示页眉页脚和编号；

三、应用幻灯片母版，统一设置幻灯片的标题样式和文本样式

1. 设置母板标题样式为“华文新魏”、48号及文本阴影；

2. 设置母板文本样式为“楷体_GB2312”、32号；

3. 将图片“图标.gif”插入母版，并放在右上角，适当调整图标的大小。

四、为幻灯片设置动画效果

1. 选择标题为“目录”幻灯片（即第2张幻灯片），将该幻灯片切换效果设置为“顺时针回旋，8根轮辐”。

2. 选择标题为“目录”的幻灯片，将标题文字“目录”的自定义动画的“进入”效果设置为“玩具风车”；将该幻灯片中其他文字自定义动画的“强调”效果设置为“更改字体”，字体更改为“华文细黑”。

五、创建交互式演示文稿

1. 选择标题为“目录”的幻灯片，分别对“第一部分导论”、“第二部分几个关系”和“第三部分强化核心竞争力”建立超级链接，链接到各自同名标题的幻灯片中。

2. 分别在以“第一部分导论”、“第二部分几个关系”和“第三部分强化核心竞争力”为标题的幻灯片中建立返回按钮，返回标题为“目录”的幻灯片中。

3. 最终结果如下图所示：

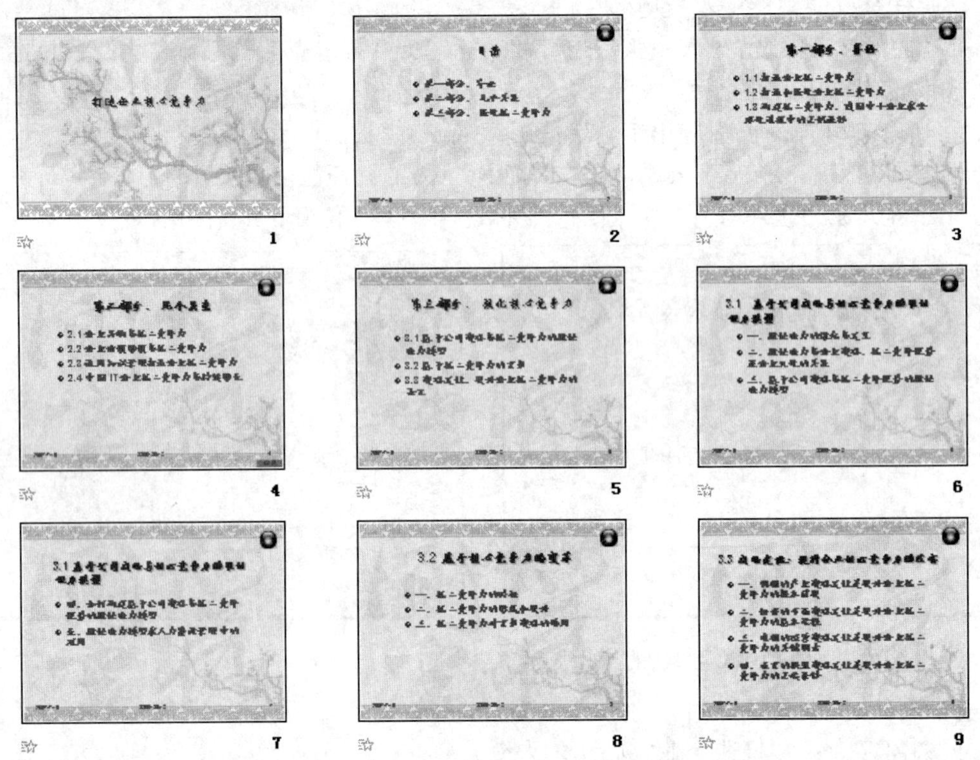

提示： 实操部分相关样例及素材请联系作者 E-mail：z_hl1898@126.com获取。

参考文献

[1] 周庆麟，等. Excel高效办公. 北京：人民邮电出版社，2008.

[2] 周庆麟，等. Excel 应用大全. 北京：人民邮电出版社，2008.

[3] 黄冬梅，王爱继. 大学计算机应用基础案例教程. 北京：清华大学出版社，2006.

[4] 全国专业技术人员计算机应用能力考试命题中心. 计算机应用能力考试专用教程. 北京：人民邮电出版社，2010.

[5] 李红卫，等. 计算机应用基础上机指导与测试. 长沙：湖南教育出版社，2009.

[6] 张汉林，等. 计算机应用基础实训教程. 成都：西南交通大学出版社，2010.